“十四五”高等职业教育电子信息类新形态一体化系列教材

电子技术基础与应用

杨 菁 胡亚波◎主 编
白桂银 程礼磊◎副主编

中国铁道出版社有限公司
CHINA RAILWAY PUBLISHING HOUSE CO., LTD.

内 容 简 介

本书是“十四五”高等职业教育电子信息类新形态一体化系列教材之一，以电子技术的实际应用为核心目标，将理论知识和实践应用有机结合，遵循“易懂、够用、必需”的原则，注重学生素质和能力的培养。

本书共10个项目，包括：常用半导体器件的认知与检测，基本放大电路的实现与测试，集成运算放大电路的应用实现与测试，直流稳压电源的实现与测试，数字信号的认知与数字电路基础，逻辑门电路的实现、应用与测试，组合逻辑电路的分析与测试，触发器电路的实现、应用与测试，时序逻辑电路的分析与应用，555定时器电路及应用。

本书适合作为高等职业院校电子信息类、通信类、机电类、自动控制类等专业教材，也可供相关成人教育院校、工程技术人员选用或作为学习参考书。

图书在版编目(CIP)数据

电子技术基础与应用/杨菁，胡亚波主编. —北京：中国铁道出版社有限公司，2023. 12

“十四五”高等职业教育电子信息类新形态一体化系列教材

ISBN 978-7-113-30752-3

Ⅰ. ①电… Ⅱ. ①杨…②胡… Ⅲ. ①电子技术-高等职业教育-教材 Ⅳ. ①TN

中国国家版本馆CIP数据核字(2023)第234196号

书　　名：电子技术基础与应用
作　　者：杨　菁　胡亚波

策　　划：王春霞　　**编辑部电话：**(010)63551006
责任编辑：王春霞　绳　超
封面设计：付　巍
封面制作：刘　颖
责任校对：苗　丹
责任印制：樊启鹏

出版发行：中国铁道出版社有限公司(100054，北京市西城区右安门西街8号)
网　　址：http://www.tdpress.com/51eds/
印　　刷：北京联兴盛业印刷股份有限公司
版　　次：2023年12月第1版　2023年12月第1次印刷
开　　本：850 mm×1 168 mm 1/16　**印张：**17.5　**字数：**410千
书　　号：ISBN 978-7-113-30752-3
定　　价：53.00元

前 言

为了响应国家对职业教育发展的新要求，切实提高高素质技能人才培养质量，体现以岗位胜任、终身学习、成人成才为方向的职业教育人才培养目标，我们编写了本书。

考虑到目前很多学校电子技术课程的开设课时较少，我们在教材编写中，尽量做到主要内容尽可能详细，以便于学生能够进行较系统的自学。同时兼顾到学生学情的差异，遵循“易懂、够用、必需”的原则，以电子技术的实际应用为核心目标，紧跟行业产业发展趋势及对人才的需求和岗位的变化，将新技术、新工艺、新规范，通过理论知识和实践应用有机结合融入教学中，采用总结式、启发式、探究式、讨论式、参与式等方法，突出应用实践。通过课程思政和拓展阅读，融入对家国情怀、产业发展、技术突破、爱岗敬业、踏实诚恳等优秀品质的锤炼，注重培养学生素质和能力，响应落实党的二十大关于“加强国家科普能力建设”“加快建设教育强国、科技强国、人才强国”“加快建设世界重要人才中心和创新高地”的精神。

本书共10个项目，包括：常用半导体器件的认知与检测，基本放大电路的实现与测试，集成运算放大电路的应用实现与测试，直流稳压电源的实现与测试，数字信号的认知与数字电路基础，逻辑门电路的实现、应用与测试，组合逻辑电路的分析与测试，触发器电路的实现、应用与测试，时序逻辑电路的分析与应用，555定时器电路及应用。每个项目均包含学习目标、相关知识、项目实践、考核评价、拓展阅读、小结、自我检测题、习题等内容，相关知识和项目实践的每个知识点都有“想一想”，以方便学生实现从知识和技能学习，到技能应用训练，再到知识技能和应用的反思总结，最后到学习效果的自我检测和提高等全过程的学习与训练，全面帮助学生学习、总结、检查、复习巩固所学知识。

本书由湖北交通职业技术学院杨菁、胡亚波任主编，湖北交通职业技术学院白桂银、科大讯飞高教实验室业务线AI研究主管程礼磊任副主编。具体分工如下：杨菁编写项目5、项目8、项目9、项目10等项目的理论部分，胡亚波编写项目1、项目2、项目4等项目的理论部分，白桂银编写项目3、项目6、项目7等项目的理论部分，程礼磊编写全书项目实践、拓展阅读部分。

本书编写过程中，得到了很多同行和专家的指导和帮助，在此向他们表示衷心感谢。

由于编者水平有限，书中难免会有疏漏和不妥之处，恳请读者批评指正。

编　者

2023年10月

目　录

项目1

常用半导体器件的认知与检测

学习笔记

半导体(semiconductor)器件是在20世纪50年代初发展起来的器件,由于具有体积小、质量小、使用寿命长、输入功率小、功率转换效率高等优点,已广泛应用于家电、汽车、计算机及工控技术等众多领域,被人们视为现代电子技术的基础。我们身边的计算机、电话、洗衣机、冰箱、空调、电视机、汽车、医疗设备,都离不开半导体器件,甚至白炽灯,也被半导体器件控制的LED灯取代。半导体对世界的改变,已经持续了几十年,这种改变还将持续。

通过本项目学习并在网络上搜索半导体器件的发展历史,学习科学家勇于探索、不断创新、精益求精的精神。通过中外半导体器件以及集成电路芯片等核心技术的对比,结合国家科教兴国战略,认清自己所肩负的使命,自觉投身祖国各项事业的建设之中。

学习目标

(1)了解半导体的基本概念,理解PN结的单向导电性。

(2)熟悉二极管的图形符号、伏安特性;掌握二极管应用电路及分析方法。

(3)熟悉三极管的结构、类型及判别方法;了解三极管特性曲线,掌握三极管三个工作区域的工作条件及特点。

(4)了解场效应管的基本结构和工作原理。

(5)会识别、检测二极管,利用万用表判断二极管极性。

(6)会识别、检测三极管,利用万用表判断三极管类型和引脚。

相关知识

一、半导体与PN结

(一)半导体

半导体是导电能力介于导体(例如,金、银、铜、铁、铝等材料)和绝缘体(例如,塑料、橡胶、陶瓷、环氧树脂、云母等材料)之间的物质,而且导电性还受光、热、掺杂物等因素的影响,所以具有热敏特性、光敏特性和掺杂特性。常用的半导体材料有硅、锗、硒、砷化镓、硫化物等。

学习笔记

纯净的、不含任何杂质的半导体材料(例如硅、锗等四价元素)称为本征半导体。组成本征半导体的原子因为按照一定的晶格结构有规律地整齐排列,所以本征半导体属于晶体。在热激发的作用下,半导体内部将出现自由电子的移动,从而出现显正电的"空穴"(电子离开后留下的空位)。半导体内的自由电子和空穴统称为载流子。半导体导电时的电流就是由载流子定向移动形成的。

(二)N 型半导体

在硅或锗等本征半导体材料中掺入微量的磷、锑、砷等五价元素,就变成了以自由电子导电为主的半导体,称为 N 型半导体。在 N 型半导体中,自由电子是多数载流子,空穴是少数载流子。

(三)P 型半导体

在硅或锗等本征半导体材料中掺入微量的硼、铟、镓或铝等三价元素,就变成了以空穴导电为主的半导体,称为 P 型半导体。在 P 型半导体中,空穴是多数载流子,自由电子是少数载流子。

P 型半导体和 N 型半导体示意图如图 1.1 所示。

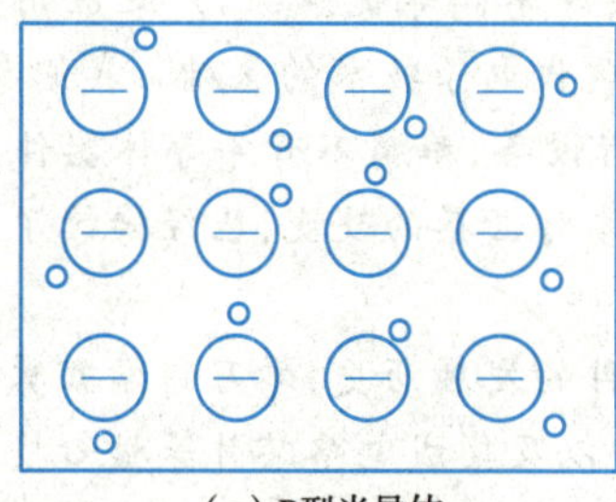
(a) P型半导体

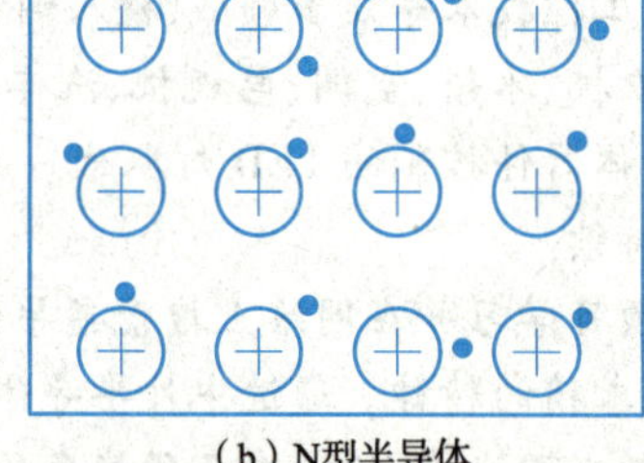
(b) N型半导体

图 1.1　P 型半导体和 N 型半导体

(四)PN 结

通过特殊的"掺杂"制作工艺,将一块本征半导体的一半掺入微量的三价元素,变成 P 型半导体;而将其另一半掺入微量的五价元素,变成 N 型半导体。在 P 型半导体区和 N 型半导体区的交界面处就形成了一个具有特殊导电性能的薄层,这就是 PN 结,PN 结是构成二极管、三极管、集成运算放大器等多种半导体器件的基础。

1. PN 结的形成

视频

PN结的形成

P 型半导体和 N 型半导体结合时,由于两个区的同一类型载流子的浓度不同,将产生多数载流子的扩散运动,即 P 区的空穴向 N 区扩散,N 区的自由电子向 P 区扩散,如图 1.2 所示。在交界面附近,随着空穴与自由电子的复合,P 区出现了带负电的离子区,N 区出现了带正电的离子区。离子不能任意流动,这些不能移动的带电离子形成了很薄的空间电荷区,产生了内电场,如图 1.3 所示。

由浓度差引起的多数载流子的运动,称为扩散运动。在内电场的作用下少数载流子的运动称为漂移运动。开始时,扩散运动占优势,随着扩散运动的不断进行,内电场不断增强,于是漂移运动随之增强,扩散运动相对减弱。最后,因浓度差而产生的扩散力被电场力所抵消,使扩散和漂移运动达到动态平衡。由于空间电荷区内没有载流子,所以空间电荷区也称为耗尽区(层);又因为空间电荷区的内电场对扩散有阻挡作用,好像壁垒一样，所以又称它为阻挡区或势垒区，也就是PN结。

学习笔记

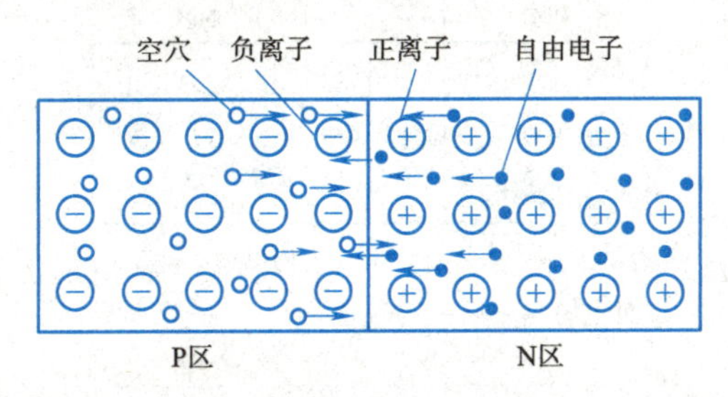

图1.2　多数载流子扩散运动

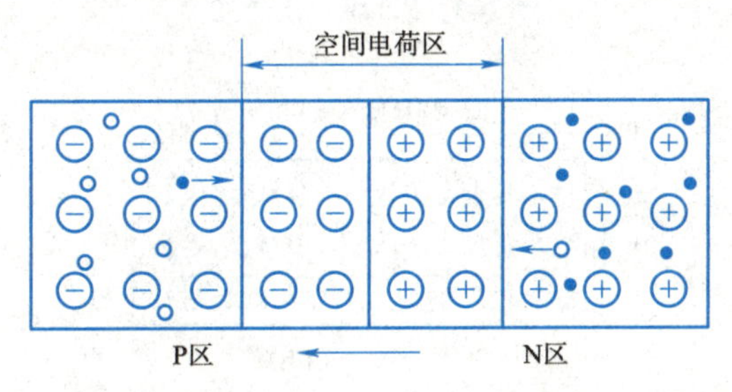

图1.3　PN结的形成

注意：当多数载流子的扩散运动和少数载流子的漂移运动到达动态平衡时，它们的作用大小相等、方向相反，外部(宏观)不显现电流。

2. PN结的单向导电性

视频

PN结的单向导电性

PN结在未加外加电压时，扩散运动与漂移运动处于动态平衡，通过PN结的电流为零。当电源正极接P区，负极接N区时，称为给PN结加正向电压或正向偏置，如图1.4所示。在PN结上产生一个外电场，其方向与内电场相反，在它的推动下，N区的自由电子要向左边扩散，并与原来空间电荷区的正离子中和，使空间电荷区变窄。同样，P区的空穴也要向右边扩散，并与原来空间电荷区的负离子中和，使空间电荷区变窄。结果使内电场减弱，破坏了PN结原有的动态平衡。于是扩散运动超过了漂移运动，扩散又继续进行。与此同时，电源不断向P区补充正电荷，向N区补充负电荷，结果在电路中形成了较大的正向电流。在正常工作范围内，PN结上外加正向偏置电压稍有变化，便能引起电流的显著变化。这样在PN结正向偏置时，表现为一个很小的电阻。

当电源正极接N区、负极接P区时，称为给PN结加反向电压或反向偏置，如图1.5所示。反向电压产生的外加电场的方向与内电场的方向相同，使PN结内电场加强，它把P区的多子(空穴)和N区的多子(自由电子)从PN结附近拉走，使PN结进一步加宽，PN结的电阻增大，打破了PN结原来的平衡，在电场作用下的漂移运动大于扩散运动。这时通过PN结的电流，主要是少子形成的漂移电流，称为反向电流。由于在常温下，少数载流子的数量不多，故反向电流很小。少数载流子的浓度取决于温度。因此，在温度一定的情况下，反向偏置电压增加，反向电流几乎不变。所以，PN结在反向偏置时，可以认为基本上是不导电的，表现为一个很大的电阻。

综上所述，PN结正偏时，正向电流较大，相当于PN结导通；PN结反偏时，反向电流很小，相当于PN结截止。这就是PN结的单向导电性。

学习笔记

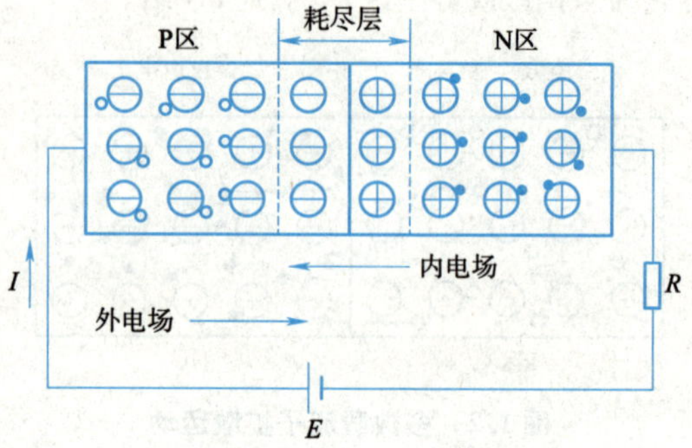

图 1.4　PN 结正向导通

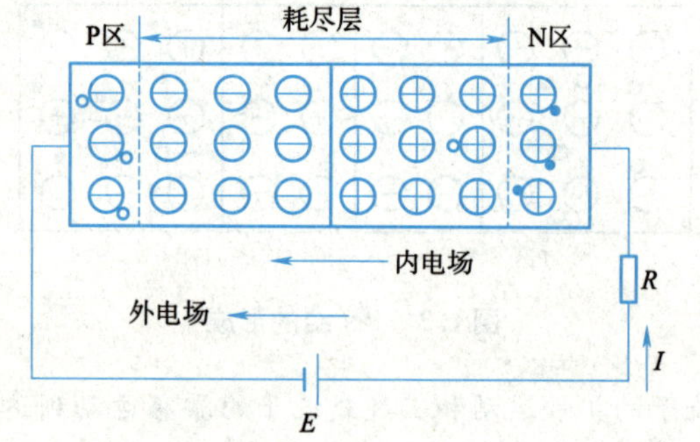

图 1.5　PN 结反向截止

想一想:

(1)P 型半导体中的空穴多于自由电子,是否意味着带正电?

(2)N 型半导体中的自由电子多于空穴,是否意味着带负电?

二、二极管

(一)二极管的结构、图形与文字符号

从一个 PN 结的 P 区和 N 区各引出一个电极,并用玻璃或塑料等绝缘材料将两种半导体封装起来,在封装体表面上 N 型半导体所在的那一端涂上标记就制成一个二极管,如图 1.6(a)所示。

由 P 区引出的电极为正极,也称阳极;由 N 区引出的电极为负极,也称阴极。二极管的文字符号是 VD 或者 D,图形符号如图 1-6(b)所示。

利用硅本征半导体制造的二极管称为硅二极管,利用锗本征半导体制造的二极管称为锗二极管。在本书中出现的二极管,若没有特别说明,都是指硅二极管。

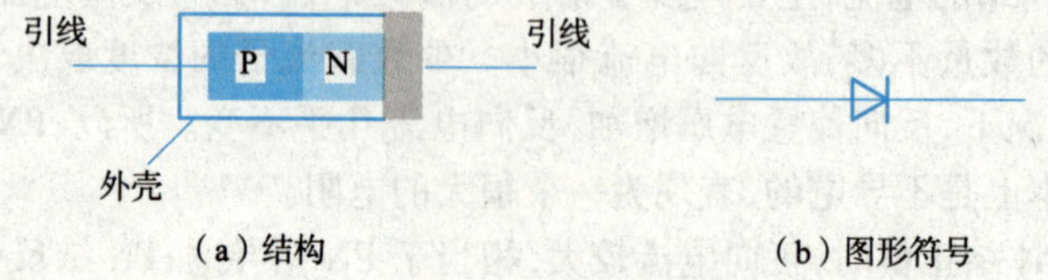

(a)结构　　(b)图形符号

图 1.6　二极管的结构、图形符号

(二)二极管的伏安特性

学习笔记

视频

二极管的伏安特性

二极管实际上就是一个PN结,所以二极管的主要特性表现为单向导电性。

二极管的伏安特性曲线能完整描述二极管的导电特性。所谓“伏安特性”,就是指加到被测元器件两端的电压与通过电流之间的关系。二极管的伏安特性曲线如图1.7所示。

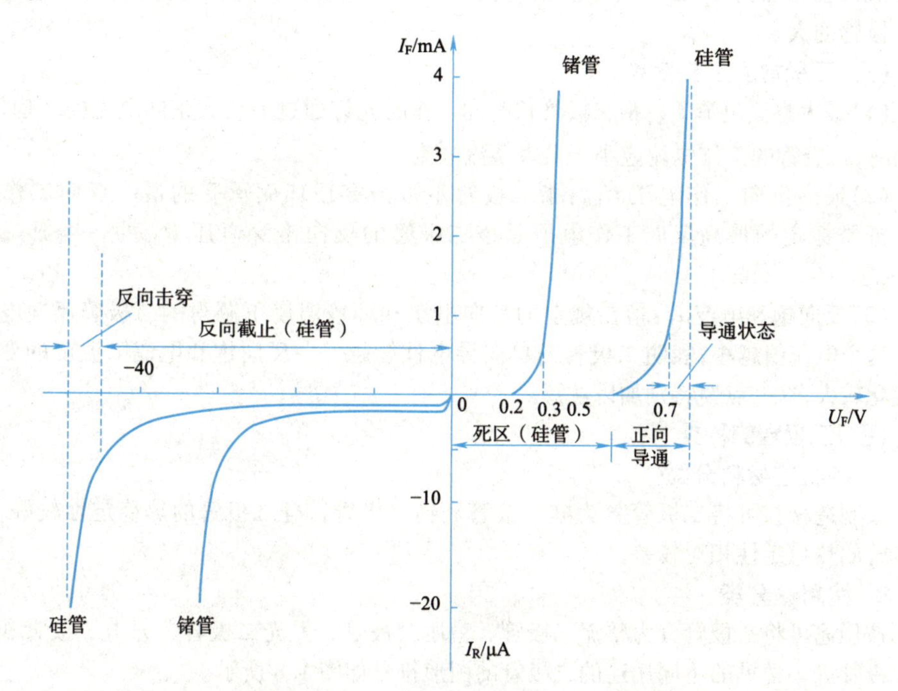

图1.7　二极管的伏安特性曲线

1. 正向特性

正向特性是指二极管加正向电压时的伏安特性。二极管的正向特性如图1.7中第Ⅰ象限内的曲线所示。当二极管两端所加的正向电压 U 较小时,正向电流 I 极小(近似为0),二极管像绝缘体一样,表现为电阻很大的截止状态;当正向电压 U 超过一定数值的时候(此电压称为死区电压或截止电压),正向电流开始出现,并随电压的升高而增大。二极管的导通电流开始增加较为缓慢,以后急剧增大,就像导体一样,表现为电阻很小的导通状态。当二极管处于导通状态以后,它两端的电压几乎不随电流的变化而变化,近似于定值,这个电压称为二极管的正向压降或导通电压。

实验表明,硅二极管和锗二极管的伏安特性相似,只是死区电压和导通电压不一样。普通硅二极管的死区电压约为0.5 V,导通电压约为0.7 V;普通锗二极管的死区电压约为0.2 V,导通电压约为0.3 V。正向电压从0 V至死区电压的区域通常称为“死区”。

2. 反向特性

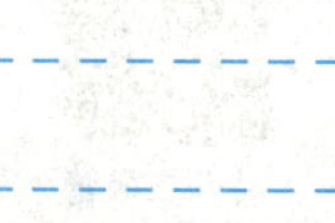
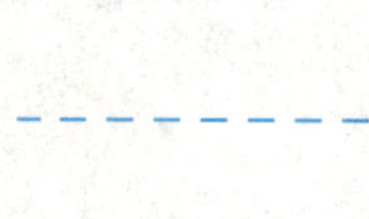

反向特性是指二极管两端加上反偏电压时的伏安特性,如图1.7中第Ⅲ象限的曲线所示。在起始的一定范围内,二极管中存在很小的反向电流,且不随反向电压的增大而变化,这个电流称为二极管的反向饱和电流;当反向电压增加到某一数值(此电

压值称为反向击穿电压)时,反向电流突然增大,这种现象称为反向电击穿,简称反向击穿。二极管反向击穿后,反向电压再轻微增大,击穿电流将急剧增大,很大的电流会使PN结温度迅速升高而烧毁PN结,由电击穿转化为热击穿。如果限制电击穿后的反向电流,使它和反向电压的乘积(瞬时功率)不超过PN结允许的耗散功率,就不会导致二极管热击穿,二极管还能恢复正常。实验表明,锗二极管的反向饱和电流比硅二极管的大。

(三)二极管的主要参数

(1)最大整流电流 I_{FM}:指二极管长时间工作时允许通过的最大正向电流的平均值。使用时,二极管的工作电流应小于最大整流电流。

(2)最高反向工作电压 U_{RM}:指二极管不被击穿损坏而承受的最大反向工作电压。通常标定的最高反向工作电压是该二极管的反向击穿电压 U_{BR} 的一半或三分之一。

(3)反向饱和电流 I_R:指在规定的反向电压和环境温度下测得的二极管反向电流值。这个电流值越小,表明二极管的单向导电性能越好。反向饱和电流随温度的变化而变化较大,这一点要特别加以注意。

(四)二极管的种类

1. 按制造材料分类

按制造材料可将二极管分为硅二极管和锗二极管。硅二极管的热稳定性较好,锗二极管的热稳定性相对较差。

2. 按用途分类

按用途可将二极管分为整流二极管、稳压二极管、发光二极管、光电二极管和变容二极管等。常见的不同用途的二极管的图形符号如图1.8所示。

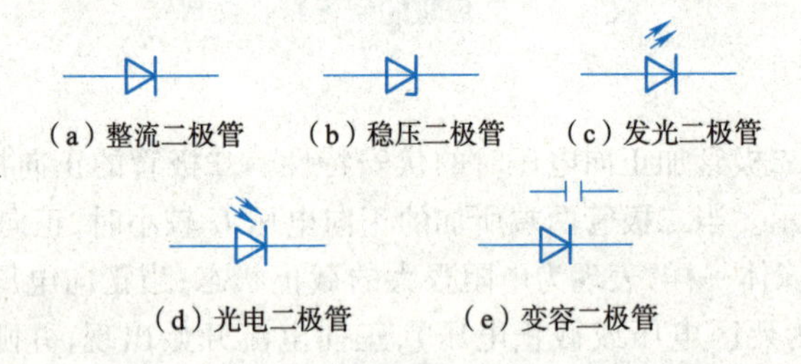

图1.8 常见不同用途二极管的图形符号

(五)特殊二极管简介

1. 发光二极管

视频

特殊二极管简介

发光二极管(LED)通常由砷化镓、磷化镓等材料制成。当有一定的电流通过时,这种二极管将发出红外光或红、绿、黄、蓝、白等颜色的可见光。LED常用来做显示器件,如电源指示、七段数码显示器、矩阵显示器等。当前,研发成功的高亮LED,电能转化率很高,亮度高,寿命长,是节能的理想照明光源,已经成为照明灯具的主流。

LED正常工作电流一般为几毫安到几十毫安,但不同颜色LED正常工作时的正向电压各不一样。如红色和黄色LED一般是1.6~2.2 V,绿色和蓝色LED一般是2.5~3.2 V。LED不能直接接在电源上,需要串联一只合适的分压限流电阻才能正常工作。

2. 光电二极管

光电二极管的结构与普通二极管相似,但在它的PN结处,通过管壳上的玻璃窗口能接受外部的光线。光电二极管在反向电压下工作,没有光照时,反向电流很小(反向电阻大);有光照时,反向电流变大(反向电阻变小),光照强度越大,反向电流也越大。

3. 变容二极管

变容二极管是利用PN结的电容效应来工作的一种特殊二极管。它在反向电压下工作,改变反向电压,就可以改变PN结的结电容(反向电压升高,结电容变小)。变容二极管常用于电视机、收音机等电器的调谐电路中,通过改变它的反向电压来改变结电容的大小,从而改变接收电路中的谐振频率,实现选台的目的。

4. 稳压二极管

稳压二极管是利用二极管的反向特性来工作的。和普通二极管相比,它能承受较大的反向击穿电流,工作在电击穿状态。稳压二极管的稳压值就是它被反向击穿时的电压值,所以使用稳压二极管时,需要将它反向接入电路,即给它加上反向电压。稳压二极管上标注的“5V1”和“6V2”等字符表示它的稳压值(分别是5.1 V、6.2 V)。使用稳压二极管时,还必须给它串联分压限流电阻来保护它,使它不至于热击穿。

(六)二极管应用电路

1. 二极管电路分析方法

(1)先确定相应的参考点。

(2)假设所有二极管全部断开,判断二极管原来位置两端(P端电位为V_P,N端电位为V_N)的电位差。

①$V_P > V_N$,则二极管导通;否则截止。

②有多个二极管符合$V_P > V_N$时,$V_P - V_N$最大的二极管优先导通,再分析其他的二极管是否导通。

视频

二极管电路分析方法

(3)确定了二极管的工作状态后,用基尔霍夫定律分析求解电路。

(4)理想情况下,正向导通时二极管两端电压$U_{VD}=0$ V;实际上二极管正向导通时的工作电压,一般是硅管约为0.7 V,锗管约为0.3 V。

例1.1　电路如图1.9所示,求:U_{AB}。

取B点作为参考点,断开二极管,分析二极管阳极和阴极的电位。

$V_{阳} = -6$ V,$V_{阴} = -12$ V,$V_{阳} > V_{阴}$二极管导通。

若为理想二极管,则二极管可看作短路,$U_{AB} = -6$ V。

若为硅管,$U_{AB} = (-0.7-6)$ V $= -6.7$ V。

若为锗管,$U_{AB} = (-0.3-6)$ V $= -6.3$ V。

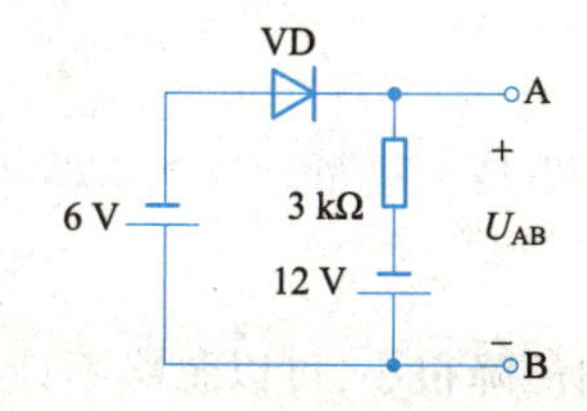

图1.9　例1.1电路图

学习笔记

2. 整流电路

二极管最基本的应用是整流，即把交流电转换成脉动的直流电，如图 1.10(a)所示为半波整流电路。若把二极管看成理想二极管，当输入电压为正半周期时，二极管导通，$u_o = u_i$；当输入电压为负半周期时，二极管截止，$u_o = 0$，波形如图 1.10(b)所示。

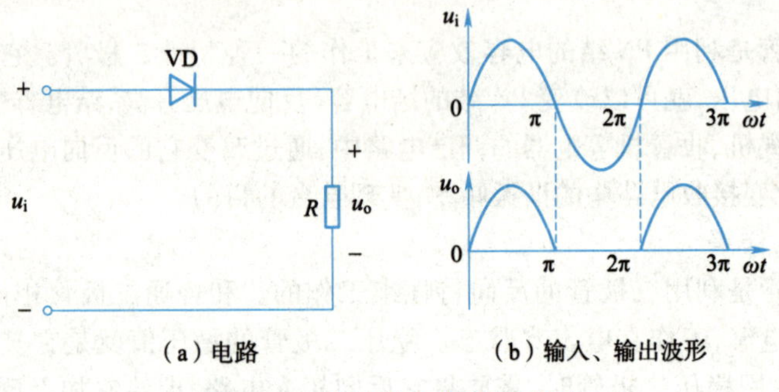

图 1.10 半波整流电路及波形

3. 限幅电路

限幅电路的作用是把输出电压的幅度限制在一定的范围内，电路如图 1.11 所示，若输入电压为 $u_i = U_m \sin \omega t$。当 $-E_2 < u_i < E_1$ 时，VD_1 和 VD_2 均承受反向电压而截止，$u_o = u_i$；当 $u_i > E_1$ 时，VD_1 承受正向电压而导通，$u_o = E_1$；当 $u_i < -E_2$ 时，VD_2 承受正向电压而导通，$u_o = -E_2$。波形如图 1.12 所示。这个电路将 u_o 的幅值限制在 $-E_2$ 和 E_1 之间，起到了限幅的作用。

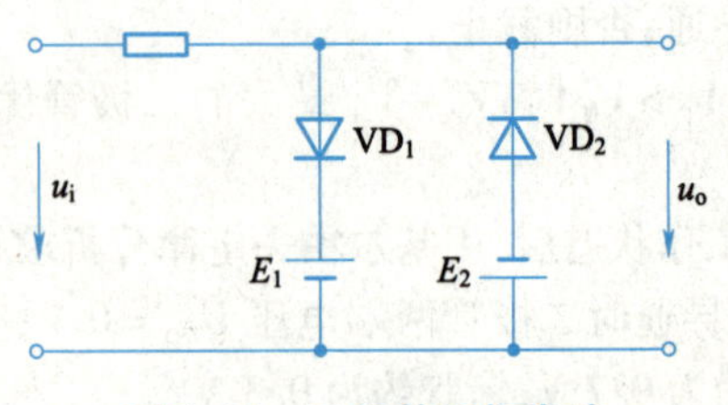

图 1.11 二极管限幅电路

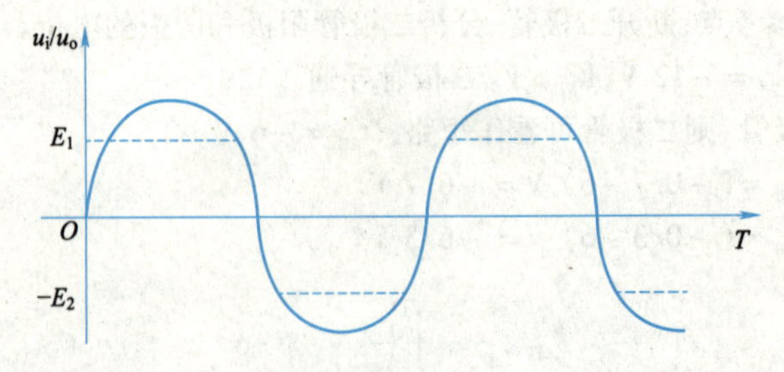

图 1.12 限幅电路的输入和输出波形图

4. 钳位电路

当二极管正向导通时，正向压降很小，可以忽略不计，所以可以强制使其阳极电位与阴极电位基本相等，这种作用称为二极管的钳位作用。二极管钳位电路如图 1.13 所示。

学习笔记

判断二极管是导通还是截止，先把两个二极管的两端断开。输入端 A 的电位为 +3 V，F 点电位为 −12 V，则 VD_1 两端的电压 $U_{VD1}=[3-(-12)]\ V=15\ V$；输入端 B 的电位为 0 V，则 VD_2 两端的电压 $U_{VD2}=[0-(-12)]\ V=12\ V$。因为 $U_{VD1}>U_{VD2}$，所以 VD_1 优先导通，假设 VD_1 和 VD_2 为理想二极管，则 F 点电位为 +3 V。因 F 点电位高于 B 点电位，VD_2 承受反向电压而截止。在此电路中，VD_1 起钳位作用，把输出端 F 的电位钳制在 +3 V；VD_2 起隔离作用，把输入端 B 和输出端 F 隔离开。

想一想：

(1)二极管加正向电压就一定导通吗？加反向电压就一定截止吗？

(2)分析图 1.14 中二极管的状态：导通还是截止？

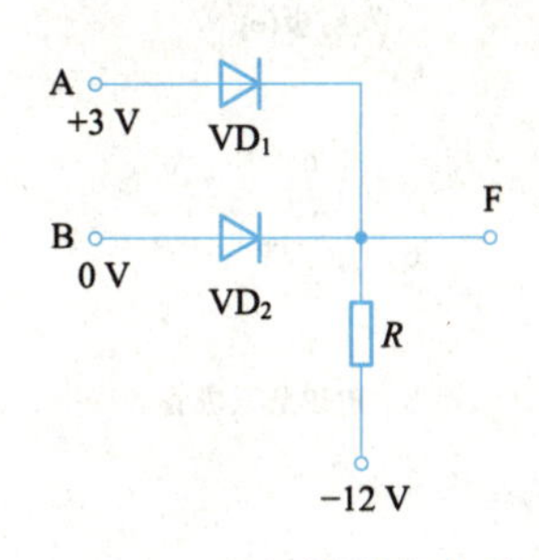

图 1.13　二极管钳位电路

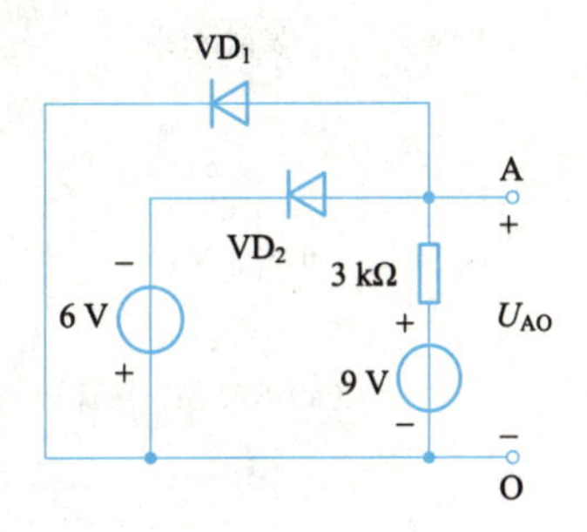

图 1.14　想一想第(2)题电路

三、三极管

(一)三极管的结构和符号

三极管全称为半导体三极管，又称双极型晶体管、晶体三极管。三极管是半导体基本元器件之一，具有电流放大作用，是电子电路的核心元件，其外形如图 1.15 所示。

视频

三极管的结构和符号

图 1.15　常见三极管外形

三极管是在一块半导体基片上制作两个相距很近的 PN 结，两个 PN 结把整块半导体分成三部分，中间部分是基区，两侧部分是发射区和集电区，三个区分别引出三个引脚，分别是基极(b)、发射极(e)、集电极(c)。按照 PN 结空间结构方式不同，三极管分为 NPN 型和 PNP 型；按照材料不同分为硅管和锗管。三极管的结构示意图及图形符号如图 1.16 所示。符号中发射极上的箭头方向，表示发射结正偏时电流的流向。

学习笔记

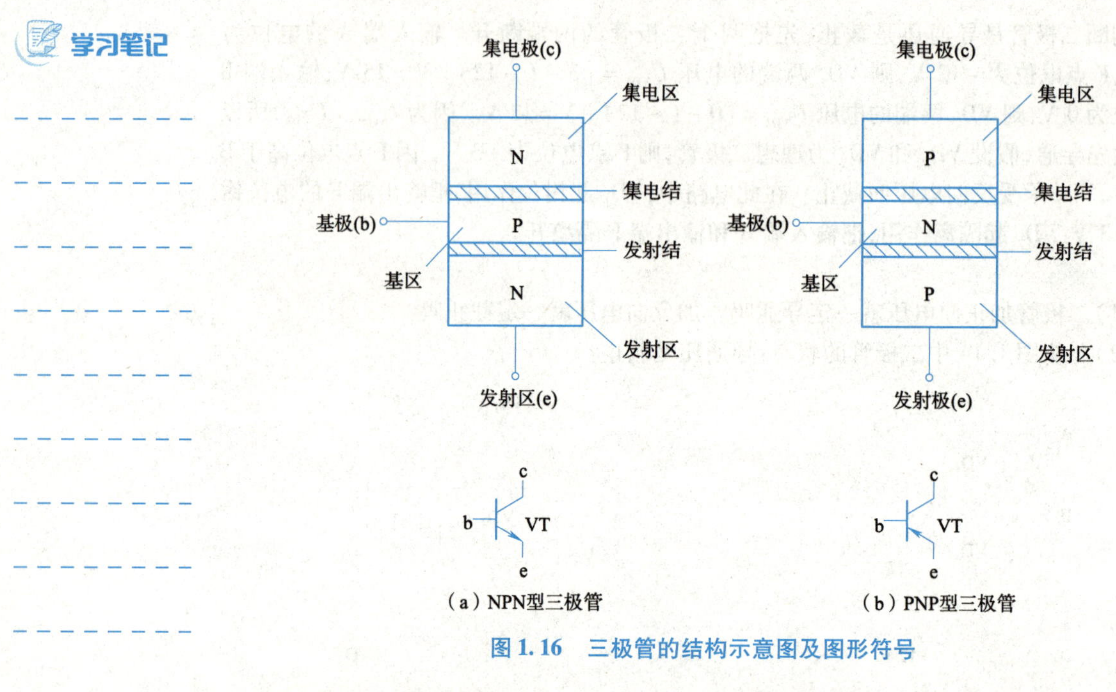

（a）NPN型三极管　　（b）PNP型三极管

图 1.16　三极管的结构示意图及图形符号

三极管制作时，通常它们的基区做得很薄（几微米到几十微米），且掺杂浓度低；发射区的杂质浓度则比较高；集电区的面积则比发射区做得大，这是三极管实现电流放大的内部条件。

（二）三极管的三种连接方式

三极管所组成的电路中，其输入端应有两个外接端点与外接电路相连组成输入回路；其输出端也应有两个外接端点与外接电路相连组成输出回路，所以它的三个电极中，必须有一个电极作为输入和输出回路的共用端点，称为“公共端”，那么有三种基本连接方式（或称为组态），具体如下：

1. 共基极接法

以发射极为输入端，集电极为输出端，基极为输入、输出两回路的公共端，如图 1.17（a）所示。

2. 共发射极接法

以基极为输入端，集电极为输出端，发射极为输入、输出两回路的公共端，如图 1.17（b）所示。

3. 共集电极接法

以基极为输入端，发射极为输出端，集电极为输入、输出两回路的公共端，如图 1.17（c）所示。

常用的是共发射极电路，这里只研究该电路。

（三）三极管的电流放大作用

视频

三极管的电流放大作用

三极管的基本功能是对信号放大，要使三极管具有放大作用，除了三极管本身内部结构外，还必须满足外部条件，即发射结加正向电压（正偏），集电结加反向电压（反偏）。

为了定量了解三极管的电流分配关系和电流放大作用，现以 NPN 型三极管为例搭建如图 1.18 所示电路进行实验。

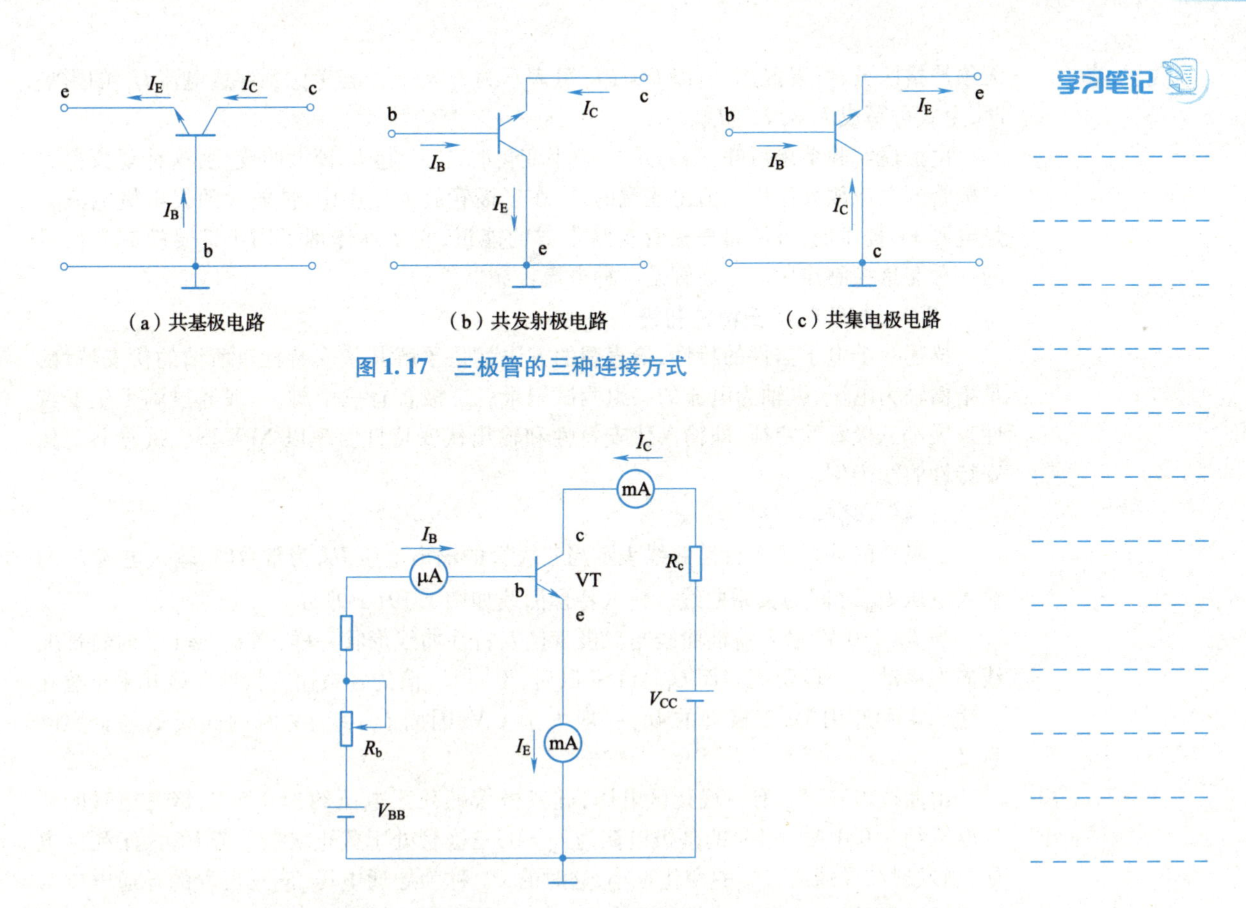

图 1.17　三极管的三种连接方式

图 1.18　三极管电流放大实验电路

实验时，加电源 V_{BB}，让发射结正偏，并加一个集电极电源 V_{CC}，且 $V_{CC}>V_{BB}$，使得集电结反偏，以满足三极管放大电路实现电流放大的条件。用三个电流表分别测量发射极电流 I_E、基极电流 I_B、集电极电流 I_C。调节 R_b 改变基极电流 I_B，测得与之对应的集电极电流 I_C 和发射极电流 I_E，表 1.1 所示为一组实验数据。

表 1.1　实验数据

I_B/mA	0	0.02	0.04	0.06	0.08	0.10
I_C/mA	<0.001	0.7	1.50	2.30	3.10	3.95
I_E/mA	<0.001	0.72	1.54	2.36	3.18	4.05

根据实验结果可以得到如下结论：

实验数据中的每一列数据均满足关系：$I_E=I_C+I_B$，符合基尔霍夫电流定律。

每一列数据都有 I_C 比 I_B 大很多，因为 I_B 很小，所以 $I_E\approx I_C$。$I_C/I_B=\bar{\beta}$，其值近似为常数，$\bar{\beta}$ 称为三极管的直流电流放大系数。

I_B 较小的变化会引起 I_C 较大的变化，$\Delta I_C/\Delta I_B=\beta$，其值近似为常数，$\beta$ 称为三极管的交流电流放大系数。

一般情况下，同一只三极管的 $\bar{\beta}$ 比 β 略小，但是两者很接近，即 $\beta\approx\bar{\beta}$。通常 $\bar{\beta}$ 和 β

学习笔记

无须严格区分，可以混用，所以 $I_C=\bar{\beta}I_B$ 可表示为 $I_C=\beta I_B$。若考虑到穿透电流 I_{CEO} 的影响时，上式可写成 $I_C=\beta I_B+I_{CEO}$。

由上述实验结果可知，当 I_B 有一微小变化时，能引起 I_C 较大的变化，这种现象称为三极管的电流放大作用。值得注意的是，在三极管放大作用中，被放大的集电极电流 I_C 是电源 V_{CC} 提供的，并不是三极管自身生成的能量，它实际体现了用小信号控制大信号的一种能量控制作用。三极管是一种电流控制器件。

(四)三极管的伏安特性曲线

描述一个电子器件的特性，最直观的方法就是了解其伏安特性。所谓的伏安特性，是指横轴为电压、纵轴为电流的一组测试记录。三极管有三个脚，一般通过两个伏安特性性来展示三极管的特征，即输入伏安特性和输出伏安特性。现以 NPN 型三极管共射伏安特性曲线为例。

1. 输入特性曲线

三极管的共射输入特性曲线表示当三极管的输出电压 U_{CE} 为常数时，输入电流 I_B 与输入电压 U_{BE} 之间的关系曲线。输入特性曲线如图 1.19(a)所示。

当 $U_{CE}=0$ V，输入特性曲线与二极管伏安特性曲线形状一样，当 $U_{CE}\geqslant 1$ V 时特性曲线向右移动了一段距离。而 $U_{CE}\geqslant 1$ V 以后，不同 U_{CE} 值的各条输入特性曲线几乎重叠在一起。实际应用中，三极管的 U_{CE} 一般大于 1 V，因而 $U_{CE}\geqslant 1$ V 时的曲线更具有实际意义。

由曲线可知，U_{BE} 有一段死区电压，硅三极管的死区电压约为 0.5 V，锗三极管的死区电压约为 0.1 V。这时的基极电流为 $I_B=0$，三极管处于截止状态。若 U_{BE} 大于死区电压，当发射结导通后，U_{BE} 的变化很小，这时的 U_{BE} 称为导通电压，硅三极管的导通电压为 0.6 ~ 0.8 V，锗三极管的导通电压为 0.2 ~ 0.3 V。

2. 输出特性曲线

输出特性曲线是指一定基极电流 I_B 下，三极管的集电极电流 I_C 与集电极电压 U_{CE} 之间的关系曲线，如图 1.19(b)所示。

视频

三极管的伏安特性曲线——输出特性曲线

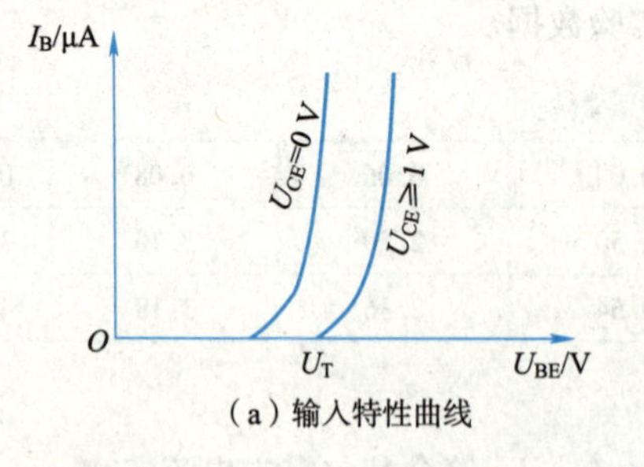

(a) 输入特性曲线

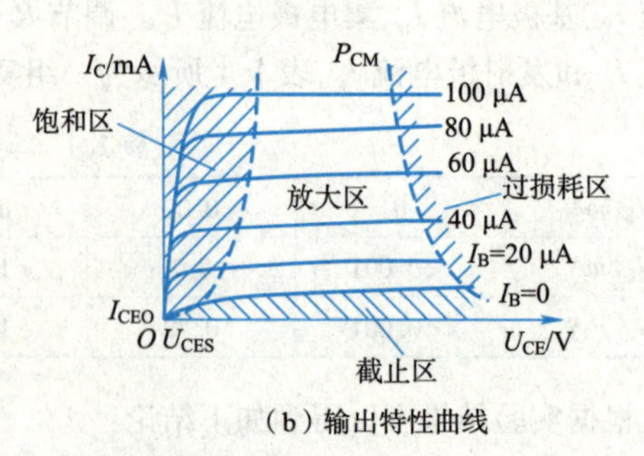

(b) 输出特性曲线

图 1.19　三极管输入、输出特性曲线

三极管输出特性曲线分为四个区。

1)放大区

放大区是指 $i_B>0$ 和 $u_{CE}>1$ V 的区域，就是曲线的平坦部分。要使三极管静态时工作在放大区(处于放大状态)，发射结必须正偏，集电结反偏。此时，三极管是电流受控源，i_B 控制 i_C：当 i_B 有一个微小变化，i_C 将发生较大变化，体现了三极管的电流放大作用,图中曲线间的间隔大小反映出三极管电流放大能力的大小。

注意:只有工作在放大状态的三极管才有放大作用。放大时硅管 $U_{BE}\approx0.7$ V,锗管 $U_{BE}\approx0.3$ V。

2)饱和区

饱和区是指 $i_B>0$,$u_{CE}\leqslant0.3$ V 的区域。工作在饱和区的三极管,发射结和集电结均为正偏。此时,i_C 随着 u_{CE}变化而变化,却几乎不受 i_B 的控制,三极管失去放大作用。当 $u_{CE}=u_{BE}$时集电结零偏,三极管处于临界饱和状态。处于饱和状态的 u_{CE}称为饱和压降,用 U_{CE}表示。小功率硅管 U_{CE}约为 0.3 V,小功率锗管 U_{CE}约为 0.1 V。

3)截止区

截止区就是 $i_B=0$ 曲线以下的区域。工作在截止区的三极管,发射结零偏或反偏,集电结反偏,由于 u_{BE}在死区电压之内,处于截止状态。此时,三极管各极电流均很小(接近或等于零),e、b、c 极之间近似看作开路。

4)过损耗区

为了三极管能正常工作,应避免三极管工作在过损耗区。

综上所述,三极管可工作在三种状态,若应用于电流放大时,应工作在放大区;若作为开关使用,应工作在饱和区或截止区。

(五)三极管的主要参数

三极管的参数是选择和使用三极管的重要依据。三极管的参数可分为性能参数和极限参数两大类。值得注意的是,由于制造工艺的离散性,即使同一型号规格的三极管,参数也不完全相同。

1. 共发射极电流放大系数 β

电流放大系数 β 是衡量三极管电流放大能力的参数。一般小功率三极管的 β 值为 20~50。β 值越大热稳定性越差。

2. 穿透电流 I_{CEO}

I_{CEO}是当三极管基极开路即 $I_B=0$ 时,集电极与发射极之间的电流。它受温度的影响很大,该电流值越小,三极管的质量越好。

3. 集电极最大允许电流 I_{CM}

三极管的集电极电流 I_C 增大时,其 β 值将减小,当由 I_C 的增加使 β 值下降到正常值的 2/3 时的集电极电流,称为集电极最大允许电流 I_{CM}。I_{CM}是三极管工作电流 I_C 允许的最大极限值。超过这个值,三极管可能损坏。

4. 集电极最大允许耗散功率 P_{CM}

P_{CM}是三极管集电结上允许的最大功率损耗,集电极耗散功率超过 P_{CM}将烧坏三极管。对于功率较大的三极管,应加装散热器,可以提高 P_{CM}。

5. 集电极-发射极反向击穿电压 U_{CEO}

U_{CEO}是三极管基极开路时,集电极-发射极(简称“集射极”)之间的最大允许电压。当集射极之间的电压大于此值,三极管将被击穿损坏。

想一想:

(1)三极管具有电流放大作用的内部条件和外部条件是什么?

(2)为了使 PNP 型三极管工作在放大区,应满足哪些外部条件?

学习笔记

四、场效应管

场效应管是一种利用电场效应来控制其电流大小的半导体器件，是一种电压控制型器件，而普通三极管是一种电流控制型器件。场效应管不仅具有体积小、耗电省、寿命长等特点，还有输入阻抗高、噪声小、抗辐射能力强和制造工艺简单等优点，因而应用范围广泛，特别是在大规模和超大规模集成电路中得到了更加广泛的应用。

根据结构的不同，场效应管可分为两大类：结型场效应管（JFET）和绝缘栅场效应管（MOSFET），而每种又有N沟道和P沟道之分。所谓沟道，就是电流通道。

（一）结型场效应管

1. 结构

结型场效应管有N沟道和P沟道两种。图1.20(a)所示为N沟道结型场效应管的结构。从图中可见，N沟道结型场效应管是在一块N型半导体基片的两边扩散出高浓度的反型层（P型区），形成两个PN结。两边的P型区各引出一个电极并接在一起称为栅极（g），在N型半导体本身的两端各引出一个电极，分别称为源极（s）和漏极（d）。两个PN结之间的N型区域称为导电沟道，这种管子称为N沟道结型场效应管。场效应管的栅极（g）、源极（s）和漏极（d），分别相当于三极管的基极（b）、发射极（e）和集电极（c）。图1.20(b)是N沟道结型场效应管在电路中的图形符号。

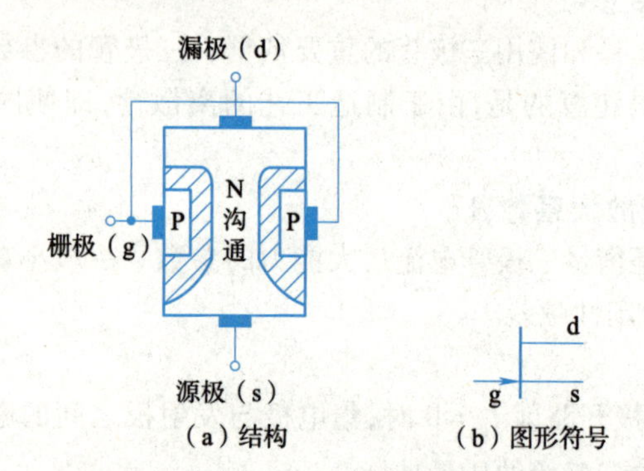

（a）结构　（b）图形符号

图1.20　N沟道结型场效应管的结构与图形符号

按照同样的方法，可制成P沟道结型场效应管，其结构与图形符号如图1.21所示。

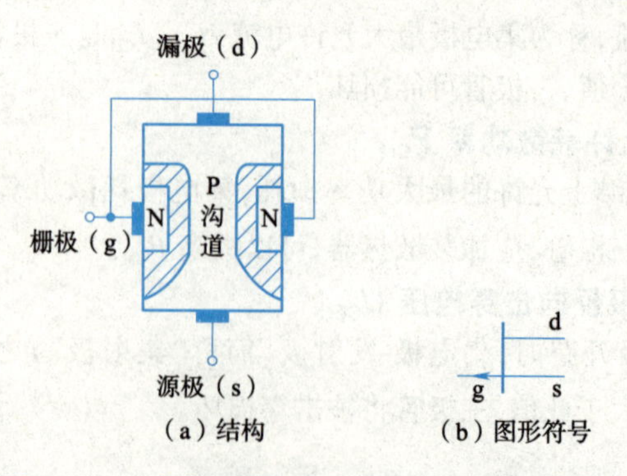

（a）结构　（b）图形符号

图1.21　P沟道结型场效应管的结构与图形符号

学习笔记

2. 工作原理

两种沟道的结型场效应管的工作原理是一样的,区别在于管子工作电压的极性是相反的。下面以N沟道结型场效应管为例进行分析,如图1.22所示。

1)栅源电压 U_{GS}

结型场效应管工作时,其内部两个PN结要加反偏电压。对于N沟道结型场效应管而言,其栅极是P区、源极是N区,PN结反偏时P区电位要低于N区电位,所以N沟道结型场效应管的 U_{GS} 小于0。

2)漏极电流 I_D

场效应管内,多数载流子要从源极向漏极运动(可把源极理解为多数载流子的触发源头,而漏极是多数载流子的流出点)。对于N沟道结型场效应管,因其多数载流子是自由电子,所以其源极应接电源负极,而漏极应接电源正极,此电压即为漏源电压 U_{DS},可见N沟道结型场效应管的 U_{DS} 大于0。在此 U_{DS} 下,N沟道内的自由电子从s极向d极运动,但管子工作电流是从d极进入、s极流出,此电流称为漏极电流 I_D。

3)栅源电压 U_{GS} 控制漏极电流 I_D

在 U_{DS} 保持不变的条件下,PN结空间电荷区的宽度随所加反向电压 U_{GS} 而变化,U_{GS} 越高,PN结空间电荷区就越宽。由图1.22可知,PN结空间电荷区变宽时,N沟道就变窄,沟道的电阻就变大,所以漏极电流 I_D 就变小。因此,改变 U_{GS} 即可控制 I_D,可见,结型场效应管是一种电压控制型器件。场效应管通常用g和s作为输入端使用,而两极之间的PN结是反偏的,所以输入电阻很大。

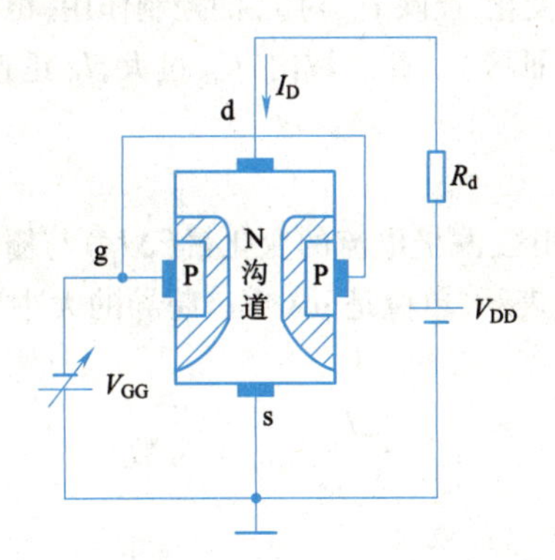

图1.22　N沟道结型场效应管的工作原理

从以上分析可见,场效应管在工作时,载流子的通道只能是N区或P区,所以场效应管是单极型器件;而普通三极管工作时,载流子必须流过N区和P区,所以普通三极管是双极型器件(又称BJT)。

3. 结型场效应管的特性曲线和跨导

结型场效应管的特性曲线有两种,即转移特性曲线和输出特性曲线。

1)转移特性曲线

转移特性曲线显示在一定的 U_{DS} 下,I_D 与 U_{GS} 之间的关系反映了 U_{GS} 对 I_D 的控制作用。图1.23所示为N沟道结型场效应管的转移特性曲线。图中 I_{DSS} 称为漏极饱和电流,U_P 称为夹断电压。

学习笔记

2)输出特性曲线

结型场效应管的输出特性曲线显示在一定的U_{GS}下,I_D与U_{DS}之间的关系,类似于普通三极管的输出特性曲线,也分为三个区域。图1.24所示为N沟道结型场效应管的输出特性曲线。

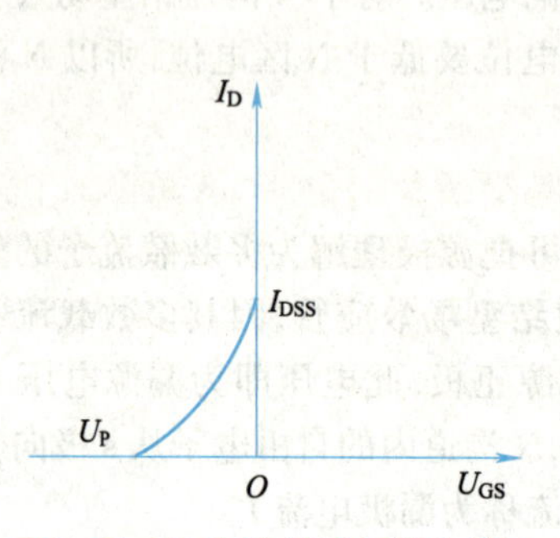

图1.23 N沟道结型场效应管的转移特性曲线

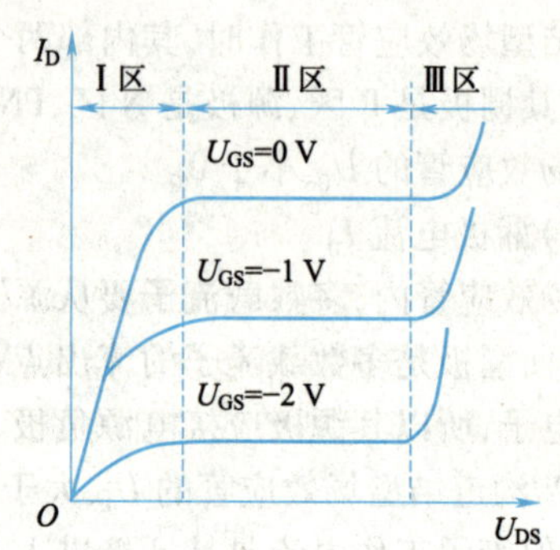

图1.24 N沟道结型场效应管的输出特性曲线

(1)可调电阻区(图1.24中Ⅰ区)。此区域内,在某一固定U_{GS}下,I_D随着U_{DS}作线性变化,类似于线性电阻;对于不同U_{GS},曲线斜率不同,相当于电阻阻值在变化。

(2)饱和区(图1.24中Ⅱ区)。又称恒流区。此区域内曲线是平直的,横向看I_D不随着U_{DS}变化,纵向看I_D随着U_{GS}变化,反映U_{GS}对I_D的控制作用,相当于三极管的放大区。

(3)击穿区(图1.24中Ⅲ区)。此区域内,U_{GS}过大,I_D迅速增大,若不加以限制则会损坏场效应管。

3)跨导

在输出特性曲线的饱和区,漏极电流的变化量(ΔI_D)与栅源电压变化量(ΔU_{GS})之比称为场效应管的跨导,用g_m表示,单位是μA/V。跨导的大小反映了ΔU_{GS}对ΔI_D的控制能力。定义式如下:

$$g_m = \frac{\Delta I_D}{\Delta U_{GS}} (U_{DS} = \text{常数})$$

4. 综合结论

(1)结型场效应管栅极、沟道之间的PN结是反向偏置的,因此,栅极电流$I_G \approx 0$,输入电阻极高。

(2)场效应管是单极型电压控制电流器件,U_{GS}控制I_D;普通三极管是双极型电流控制电流器件,I_B控制I_C。

(二)绝缘栅场效应管

1. 与结型场效应管比较

绝缘栅场效应管又称MOS场效应管,它的结构、工作原理与结型场效应管均不相同,具体如下:

(1)从结构上看,结型场效应管的漏极、源极直接从半导体基片本身引出,栅极从扩散成的反型区引出;而MOS场效应管的半导体基片是衬底,漏极、源极从扩散成的反型区引出,栅极从生长在基片上的绝缘层引出,故称为绝缘栅。

(2)结型场效应管是利用 PN 结的反向偏置进行工作的，而 MOS 场效应管是利用半导体表面的电场效应进行工作的，是表面场效应器件。

绝缘栅场效应管分为增强型和耗尽型两种，每种又有 N 沟道与 P 沟道之分。

2. N 沟道增强型绝缘栅场效应管

1)结构与符号

图 1.25(a)是 N 沟道增强型绝缘栅场效应管的结构。从结构上看，N 沟道增强型绝缘栅场效应管是在一块 P 型半导体基片中扩散出两个高浓度的 N^+ 区，再在 P 型基片的表面生长一层很薄的 SiO_2 绝缘层，然后分别在 SiO_2 绝缘层及两个 N^+ 区安置三个铝电极——栅极(g)、源极(s)和漏极(d)。由于栅极安置 SiO_2 绝缘层上，所以称为绝缘栅场效应管。它的组成材料包含了金属(M)、氧化物(O)及半导体(S)，所以称为 MOS 场效应管。增强型绝缘栅场效应管的图形符号如图 1.25(b)所示。

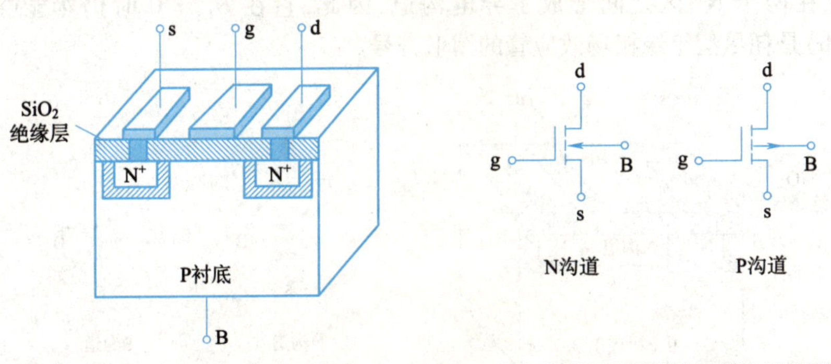

(a) N沟道增强型绝缘栅场效应管的结构　　(b) 增强型绝缘栅场效应管的图形符号

图 1.25　增强型绝缘栅场效应管的结构与图形符号

2)工作原理

前面讲过，结型场效应管是利用栅源反偏电压控制 PN 结空间电荷区、的宽度，来改变导电沟道的宽窄，从而控制漏极电流的大小。而绝缘栅场效应管是利用栅源电压在半导体表面感生电荷的多少，来改变导电沟道的宽窄，从而控制漏极电流的大小。其工作原理如图 1.26 所示。

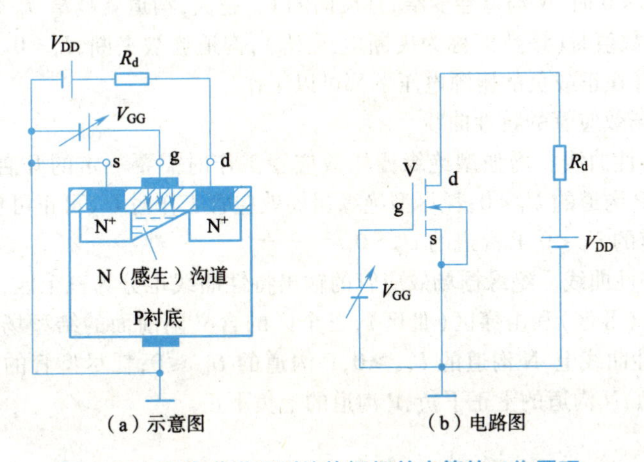

(a) 示意图　　(b) 电路图

图 1.26　N 沟道增强型绝缘栅场效应管的工作原理

学习笔记

对于N沟道增强型绝缘栅场效应管,加上正向电压U_{GS}(栅极接正、源极接负),在U_{GS}的作用下,半导体表面两个N^+型区之间就感生出自由电子,形成N沟道;如果在漏极、源极之间加上正向电压(漏正源负),就会产生一个漏极电流I_D。改变U_{GS}的大小就可以改变感生电荷的多少,从而改变导电沟道的宽窄,控制I_D的大小。

当然,$U_{GS}=0$时是没有导电沟道的,只有当U_{GS}增大到一定的数值(该数值称为开启电压U_T)时,才会有漏极电流I_D的产生。这种必须依靠栅源电压的作用,才能形成导电沟道的场效应管称为增强型场效应管。

3. N沟道耗尽型绝缘栅场效应管

1)结构与符号

图1.27(a)是N沟道耗尽型绝缘栅场效应管的结构。从图中可以看出,耗尽型绝缘栅场效应管与增强型绝缘栅场效应管的结构基本相同,但耗尽型绝缘栅场效应管制造时就已经在两个N^+区之间形成了导电沟道,因此,它在$U_{GS}=0$时仍然能够导通。图1.27(b)是耗尽型绝缘栅场效应管的图形符号。

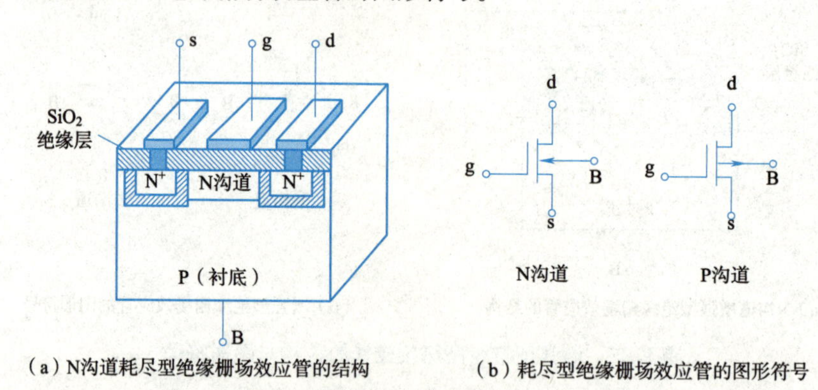

(a)N沟道耗尽型绝缘栅场效应管的结构　　(b)耗尽型绝缘栅场效应管的图形符号

图1.27　耗尽型绝缘栅场效应管的结构与图形符号

2)工作原理

N沟道耗尽型绝缘栅场效应管在制造时,已经在两个N^+区之间形成了导电沟道,当栅源电压$U_{GS}\geqslant 0$时,场效应管就会导通,产生漏极电流I_D,且正向U_{GS}越大,I_D就越大;当栅源电压$U_{GS}<0$时,N沟道会变窄,且反向的U_{GS}越大,沟道就越窄,I_D就越小,当反向U_{GS}增大到某一数值时(该数值称为夹断电压U_P),沟道会被夹断,$I_D=0$。所以,耗尽型绝缘栅场效应管在正或负的栅源电压下都可以工作。

3)绝缘栅场效应管的特性曲线

(1)转移特性曲线。增强型绝缘栅场效应管工作时需要一定的开启电压U_T,且N沟道的$U_T>0$,P沟道的$U_T<0$;耗尽型绝缘栅场效应管工作时U_{GS}可正可负,但存在夹断电压U_P,N沟道的$U_P<0$,P沟道的$U_P>0$。

(2)输出特性曲线。绝缘栅场效应管的输出特性曲线也分为三个区,即可调电阻区(Ⅰ区)、饱和区(Ⅱ区)和击穿区(Ⅲ区),三个区的含义同前面的结型场效应管。增强型管的输出特性曲线上,N沟道的$U_{GS}\geqslant 0$,P沟道的$U_{GS}\leqslant 0$;耗尽型管的输出特性曲线上,U_{GS}可正可负,N沟道的上正下负,P沟道的上负下正。

4. 各种场效应管的符号及特性曲线比较(见表1.2)

学习笔记

表1.2 场效应管分类、符号及特性曲线

管型	分类		符号	输入特性曲线	输出特性曲线
结型	N沟道		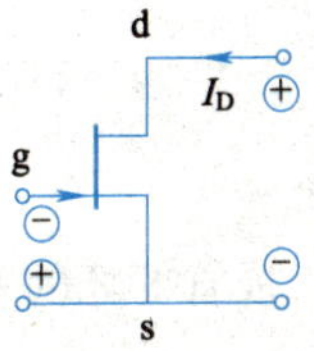 d I_D ⊕ g ⊖ ⊕ ⊖ s	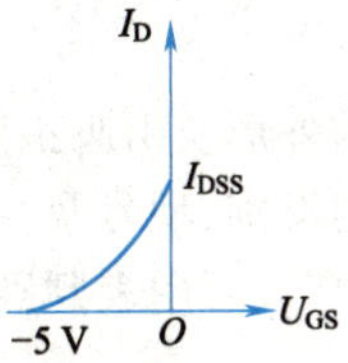 I_D I_{DSS} −5 V O U_{GS}	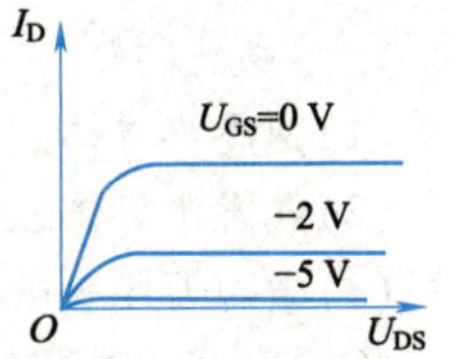 I_D U_{GS}=0 V −2 V −5 V O U_{DS}
	P沟道		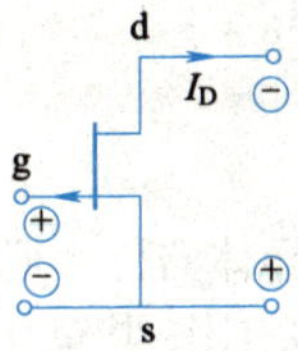 d I_D ⊖ g ⊕ ⊖ ⊕ s	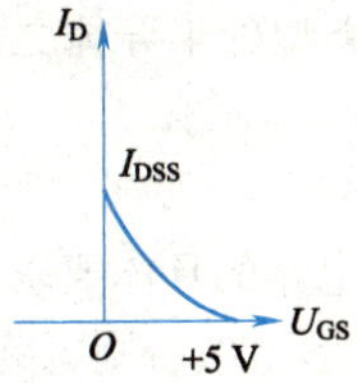 I_D I_{DSS} O +5 V U_{GS}	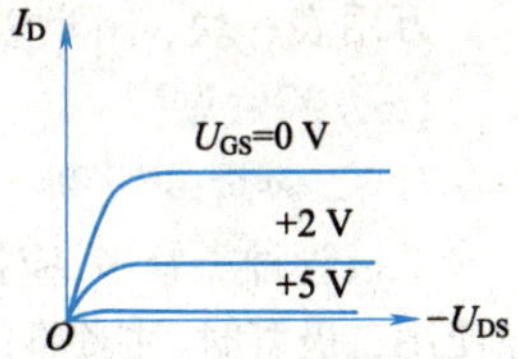 I_D U_{GS}=0 V +2 V +5 V O $-U_{DS}$
绝缘栅型	增强型	N沟道	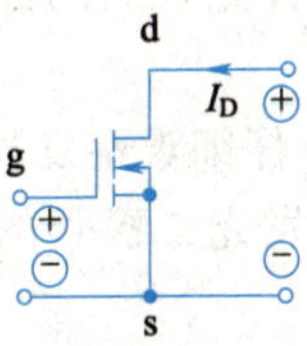 d I_D ⊕ g ⊕ ⊖ ⊖ s	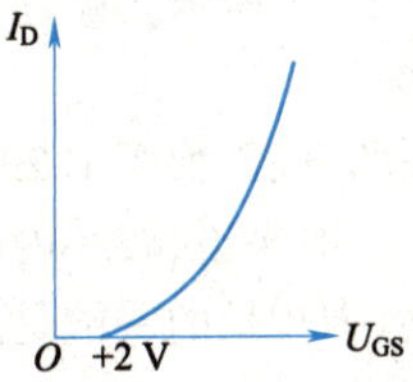 I_D O +2 V U_{GS}	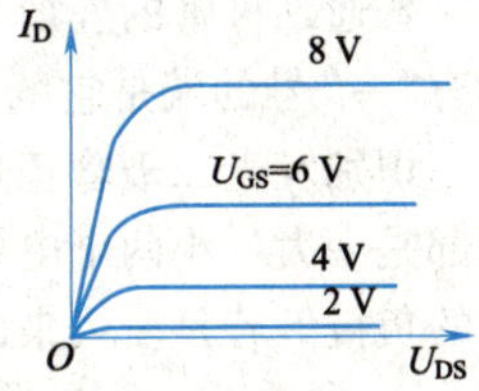 I_D 8 V U_{GS}=6 V 4 V 2 V O U_{DS}
		P沟道	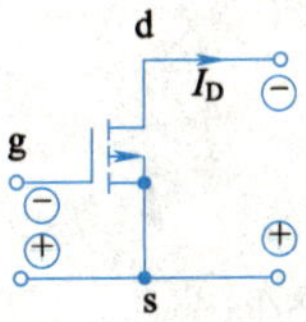 d I_D ⊖ g ⊖ ⊕ ⊕ s	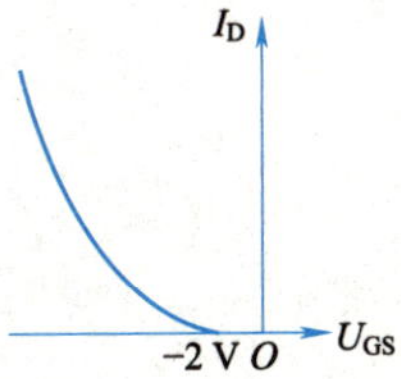 I_D −2 V O U_{GS}	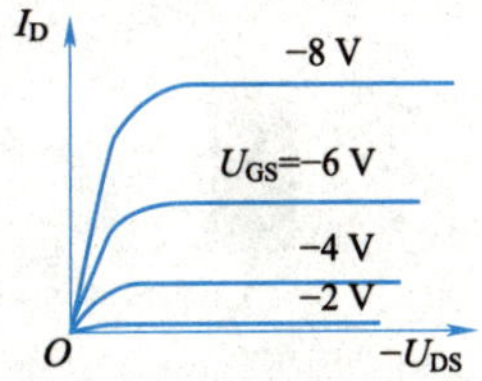 I_D −8 V U_{GS}=−6 V −4 V −2 V O $-U_{DS}$
	耗尽型	N沟道	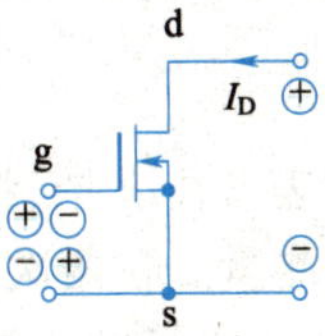 d I_D ⊕ g ⊕⊖ ⊖⊕ ⊖ s	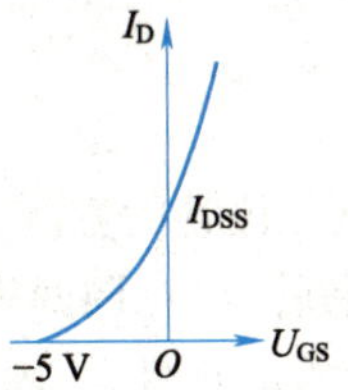 I_D I_{DSS} −5 V O U_{GS}	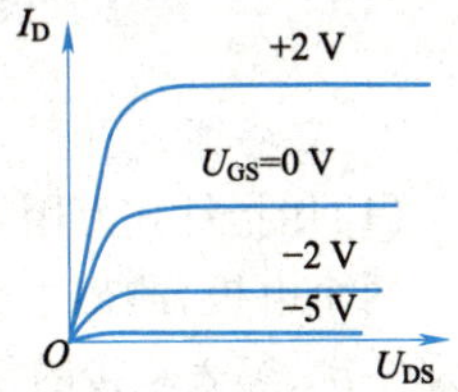 I_D +2 V U_{GS}=0 V −2 V −5 V O U_{DS}
		P沟道	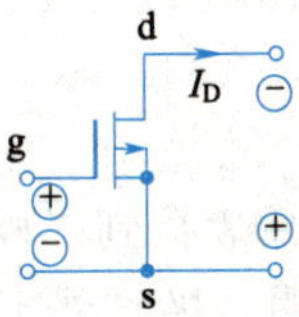 d I_D ⊖ g ⊕ ⊖ ⊕ s	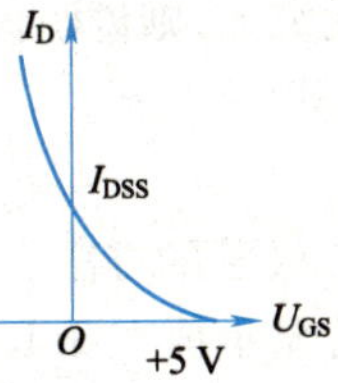 I_D I_{DSS} O +5 V U_{GS}	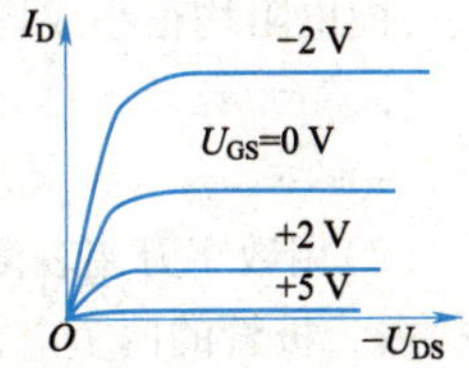 I_D −2 V U_{GS}=0 V +2 V +5 V O $-U_{DS}$

想一想:

场效应管和三极管有什么异同?

学习笔记

项目实践

任务1.1 二极管的测量

(一)实践目标

(1)熟悉半导体二极管的外形及引脚识别方法。

(2)熟悉半导体二极管的类别、型号及主要性能参数。

(3)学习万用表的使用,掌握万用表判别半导体二极管好坏的方法。

(二)实践设备和材料

万用表一块,不同规格、类型的半导体二极管若干。

(三)实践过程

1. 二极管的识别

二极管种类繁多,应根据电路的具体要求,参阅半导体器件手册,选用合适的二极管。在使用二极管时,注意不能接错极性,否则电路不能正常工作,甚至会烧毁其他元器件。

普通二极管的外形如图1.28所示。极性可根据管壳外面的标记确定,标有色环或标有"-"号的端是它的负极。

识别发光二极管正负极的方法,如图1.29所示。仔细观察发光二极管,可以发现其内部是一大一小两个电极。一般来说,较小的电极是发光二极管的正极,较大的电极是它的负极。若是新买来的,引脚较长的一端是正极。

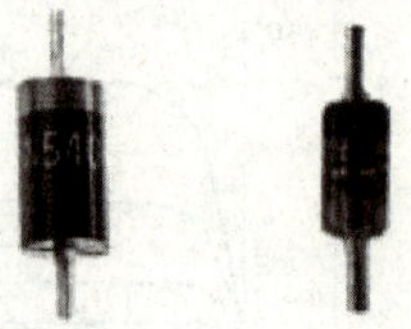

图1.28 普通二极管的外形

插件发光二极管　贴片发光二极管

图1.29 发光二极管的正负极识别

2. 二极管的测试

(1)用指针式万用表测试二极管的方法。用万用表R×1k挡,将两表笔分别接二极管的两个电极,测出一个结果后,再对调两表笔进行测量。在两次测量结果中,阻值较小那一次,黑表笔接的是二极管的正极,红表笔接的是二极管的负极。若测得二极管的正、反向电阻均很小或均为无穷大,则说明该二极管已击穿或开路损坏。

注意: 指针式万用表拨到欧姆挡时,黑表笔接的是表内电源正极,红表笔接的是表内电源负极。

(2)用数字万用表测试二极管的方法。将数字万用表拨到二极管挡,用两支表笔分别接触二极管的两个电极,若显示值在0.1~1 V,说明二极管处于正向导通状态,显示器显示出二极管正向导通的电压值,对调两支表笔若显示溢出符号"OL",说明二极管处于反向截止状态,开路电压为无穷大,这说明二极管是正常的。显示导通状态下的红表笔接的是二极管的正极,黑表笔接的是二极管的负极。若两次测量状态都为导通,说明二极管内部已经短接;若两次测量状态都为截止或者电阻值很大,说明二极管内部已经断开。这两种现象都说明二极管已经损坏,不能使用。

学习笔记

注意:数字万用表拨到二极管挡时。红表笔接的是表内电源正极,黑表笔接的是表内电源负极。

(3)按以上方法进行二极管极性与性能判断,完成表1.3。

表1.3 二极管极性与性能判断

序号	二极管类型	二极管型号	正向电阻(电压)	反向电阻(电压)	质量判断(优或劣)
1	整流二极管	1N4001	30 Ω	500 Ω	优

想一想:

(1)数字万用表显示"OL"表示什么含义?

(2)用指针式万用表和数字万用表判断二极管的极性有何不同?

任务1.2 三极管的测量

(一)实践目标

(1)熟悉三极管的外形及引脚识别方法。

(2)学习万用表的使用,掌握用万用表判别三极管的引脚和三极管类型的方法,以及估算电流放大系数β。

(二)实践设备和材料

指针式万用表一块,不同规格、类型的三极管若干。

(三)实践过程

1. 判别基极和三极管的类型

选用欧姆挡的R×100(或R×1k)挡,先用红表笔接一个引脚,黑表笔分别接另一个引脚,可测出两个电阻值,然后再用红表笔接另一个引脚。重复上述步骤,又测得一组电阻值,这样测三次,其中有一组两个阻值都很小的,对应测得这组值的红表笔接的为基极,且三极管是PNP型的;反之,若用黑表笔接一个引脚,重复上述做法,若测得两个阻值都小,对应黑表笔为基极,且三极管是NPN型的。

2. 判别集电极

因为三极管发射极和集电极正确连接时β大(指针摆动幅度大),反接时β就小得多。因此,先假设一个集电极,用欧姆挡连接(对NPN型管,发射极接红表笔,集电极接黑表笔)。

测量时,用手捏住基极和假设的集电极,两极不能接触,若指针摆动幅度大,而把两极对调后指针摆动小,则说明假设是正确的,从而确定集电极和发射极。

3. 用万用表估测电流放大系数

一般情况下,指针式万用表和数字万用表都具备测量β的功能,只需要将三极管插入测试孔中就可以从表头上直接读出β值。若依此方法来判断发射极和集电极也很容易,只要将e、c引脚对调一下,在指针偏转较大的那一次测量中,从万用表插孔旁的标记就可以直接辨别出三极管的发射极和集电极。

学习笔记

4. 按以上方法进行三极管类型和引脚的判断(完成表 1.4)

表 1.4　三极管类型和引脚的判断

序号	三极管型号	三极管类型	判别引脚(画示意图)	对照三极管说明书核对判断的正误

想一想:

(1)简述万用表判别三极管基极和类型的基本原理。

(2)判别出三极管集电极和类型后,集电极和发射极的判断有哪两种方法?

考核评价

根据任务完成情况及评价项目,学生进行自评。同时组长负责组织成员讨论,对小组每位成员进行评价。结合教师评价、小组评价及自我评价,完成评价考核环节。考核评价表见表 1.5。

表 1.5　考核评价表

任务名称					
班级		小组编号		姓名	
小组成员	组长	组员	组员	组员	组员
自我评价	评价项目	标准分	评价分	主要问题	
	任务要求认知程度	10			
	相关知识掌握程度	15			
	专业知识应用程度	15			
	信息收集处理能力	10			
	动手操作能力	20			
	数据分析处理能力	10			
	团队合作能力	10			
	沟通表达能力	10			
	合计评分				
小组评价	专业展示能力	20			
	团队合作能力	20			
	沟通表达能力	20			
	创新能力	20			
	应急情况处理能力	20			
	合计评分				
教师评价					
总评分					
备注	总评分 = 教师评价 ×50% + 小组评价 ×30% + 自我评价 ×20%				

学习笔记

林兰英——中国半导体材料之母

林兰英(1918—2003),福建省莆田市人,半导体材料科学家、物理学家,中国科学院院士。1940年从福建协和大学(福建师范大学前身)物理系毕业后留校任教;1948年赴美留学,1955年获得宾夕法尼亚大学固体物理学博士学位。她于1957年冲破重重阻碍,带着半导体新材料回到中国。回国后,长期从事半导体材料科学研究工作,是我国半导体科学事业开拓者之一。先后负责研制成我国第一根硅、锑化铟、砷化镓、磷化镓等单晶,为我国微电子和光电子学的发展奠定了基础。

宾夕法尼亚大学第一位女博士

林兰英出生于福建莆田的名门望族,祖上是明朝的御史林润。林兰英的父亲是一位知识分子,曾就读于上海大学。由于莆田当地重男轻女思想盛行,林兰英的求学之路并不顺利。为了从母亲那里得到上学的机会,7岁的林兰英曾把自己关在房间里,绝食近3天。

林兰英学习勤奋刻苦、天资聪慧,成绩在班上一直名列前茅。在初中的六个学期她都保持全年级第一名的成绩,是当之无愧的优秀生,并因此免除了学杂费。因学业成绩优异,家人最终接受了她走读书这条路。1936年,林兰英以出色的成绩考入福建协和大学物理系。在校期间,她凭借学习能力和研究能力得到同学和老师的认可,最后以优秀毕业生的身份留校任教。在校任教的8年时间里,林兰英亲手编写“光学实验”课程的教科书,并以此获得讲师的任职资格。

随着身边越来越多的老师公派出国学习,不甘落后的林兰英几经周折终于申请到宾夕法尼亚州迪金森学院的交流项目。1949年,她获得迪金森学院数学学士学位,同时获得美国大学荣誉学会迪金森分会奖励她的一枚金钥匙;她在学术上的出色表现也深得导师的赞赏,她的导师有意推荐她到芝加哥大学数学系继续深造,深思熟虑后,林兰英婉言谢绝了。林兰英思考的不仅是自己的兴趣和爱好,更是自己如何才能运用所学真正帮助祖国。数学虽然是她的兴趣所在,但蓬勃兴起的固体物理也正在悄然改变着世界。怀着“一切都应该服从祖国建设事业的迫切需要”的想法,林兰英果断地选择改学固体物理专业,当时这门学科在我国还是一片空白。同年秋,林兰英进入宾夕法尼亚大学研究生院,开始了固体物理专业的研究。1951年,她获得宾夕法尼亚大学固体物理学硕士学位,之后继续攻读博士学位,师从米勒教授。1955年6月,凭借博士论文《离子晶体缺陷的研究》获得宾夕法尼亚大学固体物理学博士学位,是该校建校以来,第一位获得博士学位的中国人,也是该校有史以来的第一位女博士。

冲破阻挠归国

1955年,完成博士学业的林兰英因美国政府的施压,暂时无法回国。美国的半导体科学正在蓬勃发展,为了将实践和理论相结合,深度接触半导体材料研究的前沿领域,学习实用技术,为回国工作打下牢固的基础,林兰英来到美国著名的索菲尼亚公司担任高级工程师,专注于半导体材料研究。当时该公司正在依据美国科学家研究的方法和工序拉制硅单晶并屡遭挫折,林兰英经过观察和研究,不仅找出了失败的症结,而且提

学习笔记

出了改进操作规程和设备的建议，最终使得拉制硅单晶的任务圆满完成。随后她据此发表的有关论文还被美国当局列为专利技术。在索菲尼亚公司任职的一年多时间里，林兰英开阔了眼界、增长了学识，深受公司的赏识。

尽管美国拥有良好的工作环境和优越的生活条件，但一有机会，思乡心切的林兰英依旧决定返回祖国。1956 年秋，林兰英以母亲病重为由，向美国当局递交了回国的申请，并通过印度驻美大使馆的帮助，办好了回国手续。然而在登机前，美国的调查员对林兰英的行李进行了详细的搜查，检查完行李后，调查员又对林兰英进行了搜身，并在她身上找到了 6 800 美元的旅行支票。美国人再次以此作为威胁，让她留在美国。林兰英坚决拒绝了，她想，“扣就扣吧，就是平民百姓，我也下决心回国了”。

自力更生搞研究

1957 年，林兰英回国后进入中国科学院工作，从事半导体方面的研究。当时，我国的半导体事业十分落后，单晶硅计划在 1968 年开始进行。外国专家也预测，中国要到 20 世纪 60 年代才能着手单晶材料的研制。然而在林兰英的带领下，我国于 1957 年拉制成功第一根锗单晶，于 1958 年拉制成功第一根硅单晶，中国也成为世界上第三个生产出硅单晶的国家。之后，林兰英又把视野从元素周期表上的锗、硅之类的第四族扩展到第三、五族，重点从事新型材料砷化镓的研究。砷化镓是一种有发展潜力的新型半导体材料。砷化镓的熔点高达 1 238 ℃，加上砷的剧毒特性，国外众多科学家先后放弃了对其的研究。在很多学者都认为该项研究没有前途时，林兰英却看到了砷化镓研究的前景。

林兰英是世界上最早在太空制成半导体材料砷化镓单晶的科学家。起初林兰英想通过国际合作开展太空砷化镓单晶的生产合作，而在 1986 年的空间科学研讨会上，德方专家态度傲慢，对我国的技术力量极为不屑。这反而激发出林兰英强大的民族责任感，她决定利用我国的返回式人造卫星，自力更生开展这一研究工作。从 1987 年到 1990 年，林兰英进行砷化镓单晶太空生长实验 3 次，均获得成功，并用它研制成半导体激光器。林兰英也因此被人们称为“中国半导体材料之母”。

1989 年 7 月，美国国家航空航天局发来邀请，请林兰英前往参加国际宇航会议，并向大会作中国利用人造卫星进行半导体材料研制试验的报告。报告引起了各国专家的关注。曾经出言讽刺我们的德国专家走过来握着林兰英的手，惊讶地对她表示祝贺。这是一次戏剧性的相遇，两人的处境已经发生了微妙的变化。不过在林兰英的心里却丝毫没有轻视对方的念头，并提出希望日后能有机会进行交流合作。林兰英感激这位异国科学家曾经激发了她炽热的爱国情怀，使她焕发出更大的决心和力量。她宽广的胸怀是促使她不断进步的原因。

林兰英在科研道路上克服了种种困难，永远充满干劲，挑战自己，不断突破自己。凭借满腔的爱国热情、强大的自信、持久的毅力、宽广的心胸，在科学界诠释了真正的“女性力量”。我国半导体材料从无到有，从低级到高级，从落后到先进，每一次进步都与林兰英和伙伴们的艰苦奋斗息息相关。林兰英 1996 年获何梁何利基金科学与技术进步奖，1998 年获霍英东成就奖。她的研究成果不仅普遍使用在工业领域中，而且为中国的国防工业和太空领域研究作出了巨大贡献。

（来源：人民网）

学习笔记

小结

(1)半导体材料中有两种载流子,即带负电荷的自由电子和带正电荷的空穴。在纯净的半导体中掺入不同种类的杂质元素,可以分别得到P型半导体和N型半导体。

(2)采用一定的工艺措施,使P型半导体和N型半导体结合在一起,就形成了PN结。PN结在形成过程中其内电场逐渐建立,最终达到空穴和自由电子扩散运动的动态平衡。在外加电压作用下,PN结的宽度和内电场的强度还会发生变化,从而表现出单向导电性。

(3)半导体二极管在不同的外加电压作用下,会产生不同的电流,对应于其三个工作区:正向特性区、反向特性区和反向击穿区。

(4)二极管应用很广泛,其主要用途有限幅、整流、钳位等。

(5)半导体三极管是一种电流放大作用的器件,有PNP和NPN两种结构。三极管有三个工作区:截止区、饱和区、放大区。

自我检测题

一、判断题

1. 普通二极管正向导通后,硅管管压降约为0.5 V,锗管管压降约为0.2 V。 (　　)
2. 二极管的伏安特性说明:二极管加上正向电压就导通,加上反向电压就截止。 (　　)
3. 二极管加上正向电压时,它的正极电位比负极电位高。 (　　)
4. 空穴是半导体中特有的一种带正电的电荷。 (　　)
5. 晶体三极管为电压控制型器件。 (　　)
6. 场效应管又称单极型晶体三极管。 (　　)
7. 开启电压 U_T 是耗尽型场效应管的重要参数。 (　　)
8. MOS型场效应管有N沟道、P沟道及增强型、耗尽型之分。 (　　)
9. 场效应管的输出特性曲线有可调电阻区、放大区和饱和区三个区。 (　　)
10. 场效应管放大电路中,放大的能量由场效应管提供。 (　　)

二、选择题

1. 晶体硅或锗中,参与导电的是(　　)。

A. 离子　　B. 自由电子
C. 空穴　　D. 自由电子和空穴

2. 下列说法正确的是(　　)。

A. N型半导体带负电
B. P型半导体带正电
C. PN结为电中性体
D. PN结内存在内电场,短接两端会产生电流

3. 稳压二极管是利用PN结的(　　)来实现稳压性能的。

A. 反向击穿特性　　B. 正向导通性
C. 反向截止性　　D. 单向导电性

学习笔记

4. 锗二极管导通时,它两端电压约为( )。

A. 1 V B. 0.7 V C. 0.3 V D. 0.5 V

5. 与N型半导体有关的下列说法中,错误的是( )。

A. 自由电子是多数载流子

B. 在二极管中由N型半导体引出的线是二极管的阴极

C. 在纯净的硅晶体中加入三价元素硼,可形成N型半导体

D. 在PNP型三极管中,基区是N型半导体

6. PN结正向导通的条件是( )。

A. P区电位低于N区电位 B. N区电位低于P区电位

C. P区电位等于N区电位 D. 都不对

7. 半导体PN结是构成各种导体器件的基础,其主要特性是( )。

A. 具有放大特性 B. 具有改变电压特性

C. 具有单向导电性 D. 具有增强内电场性

8. 某稳压二极管,其管体上标有“5V6”字样,则该字样表示( )。

A. 该稳压二极管的稳压值为5.6 V

B. 该稳压二极管的稳压值为56 V

C. 该稳压二极管的稳压值为5 V,误差为6%

D. 厂家生产编号

9. 使用稳压二极管时,以下做法错误的是( )。

A. 所加的反向电压不要超过它的反向击穿电压

B. 要反向接入电路

C. 要给稳压二极管串联保护电阻

D. 要合理选用稳压二极管的功率

10. 关于二极管的功能,下列说法中错误的是( )。

A. 整流 B. 滤波 C. 钳位 D. 小范围稳压

11. 本征半导体是( )。

A. 掺杂半导体 B. 纯净半导体

C. P型半导体 D. N型半导体

12. 当三极管工作在放大区时,发射结电压和集电结电压应为( )。

A. 前者反偏,后者也反偏 B. 前者正偏,后者反偏

C. 前者正偏,后者也正偏 D. 前者反偏,后者正偏

13. 工作在放大区的某三极管,如果当I_B从12 μA增大到22 μA时,I_C从1 mA变为2 mA,那么它的β约为( )。

A. 83 B. 91 C. 100 D. 10

14. 三极管是( )器件。

A. 电流控制电流 B. 电流控制电压

C. 电压控制电压 D. 电压控制电流

15. 用直流电压表测得放大电路中某三极管电极1、2、3的电位分别为2 V、6 V、2.7 V,则( )。

A. 1为e,2为b,3为c B. 1为e,3为b,2为c

C. 2 为 e,1 为 b,3 为 c　　　　D. 3 为 e,1 为 b,2 为 c

16. 晶体管共发射极输出特性常用一族曲线表示,其中每一条曲线对应一个特定的(　　)。

A. i_C　　B. u_{CE}　　C. i_B　　D. i_E

17. 需要开启电压才能工作的场效应管是(　　)。

A. 结型场效应管　　　　B. 增强型场效应管

C. N 沟道场效应管　　　　D. P 沟道场效应管

18. 三极管是(　　)极型器件,场效应管是(　　)极型器件。

A. 单,单　　B. 双,单　　C. 单,双　　D. 双,双

习题

1.1　二极管的伏安特性曲线上有一个死区电压。什么是死区电压?硅管和锗管的死区电压的典型值约为多少?

1.2　把一个 1.5 V 的干电池直接接到(正向接法)二极管的两端,会不会发生什么问题?

1.3　三极管的发射极和集电极是否可以调换使用,为什么?

1.4　二极管双向限幅电路如图 1.30 所示,设 $u_i = 10 \sin \omega t$ V,二极管为理想器件,试画出 u_i 和 u_o 的波形。

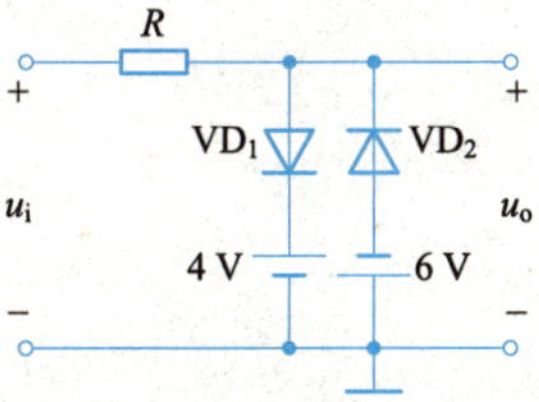

图 1.30　习题 1.4 图

1.5　二极管电路如图 1.31 所示,判断图中二极管是导通还是截止,并确定各电路的输出电压 U_o,设二极管的导通压降为 0.7 V。

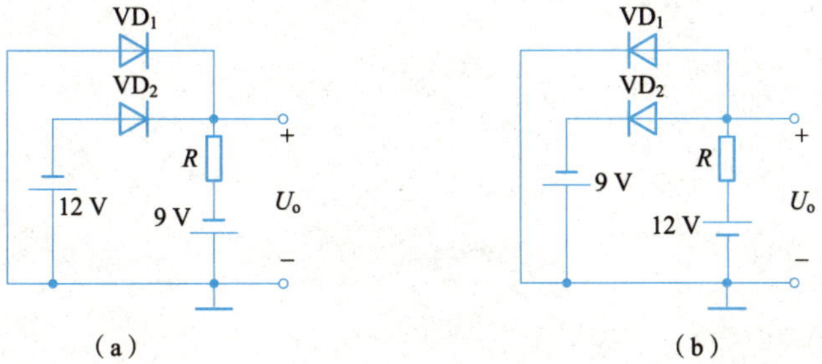

(a)　　(b)

图 1.31　习题 1.5 图

1.6　在三极管放大电路中,测得三个三极管的各个电极的电位如图 1.32 所示,试判断各三极管的类型(PNP 型管还是 NPN 型管,硅管还是锗管),并区分 e、b、c 三个电极。

学习笔记

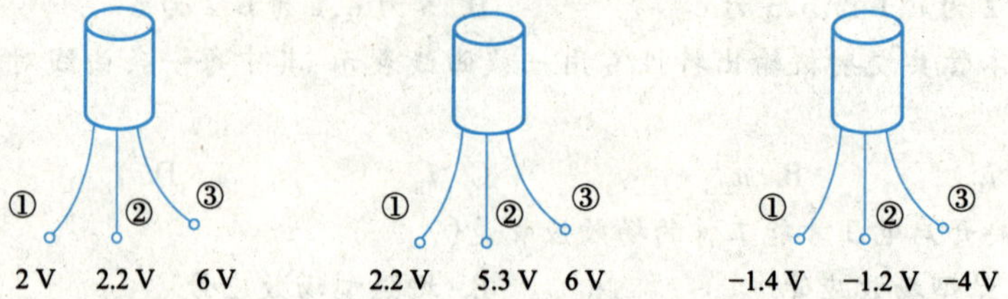

图 1.32　习题 1.6 图

项目2

基本放大电路的实现与测试

自然界中的物理量大部分是模拟量，如温度、压力、长度、图像及声音等，它们都需要利用传感器转化成电信号，而转化后的电信号一般都很弱，不足以驱动负载工作（或进行某种转化和传输）。例如，声音通过传声器（俗称"话筒"）转化成的信号电压往往在几十毫伏以下，它不可能使扬声器发出足够音量的声音；而从天线上接收的无线电信号电压更小，只有微伏数量级。因此信号放大电路是电路系统中最基本的电路，应用十分广泛。

通过本项目学习并在网上查阅器件说明书和资料，设计电路、搭建电路的过程中，培养在解决工程问题时具有钉子精神，同时树立实业报国、知行统一、严谨治学的精神。

学习笔记

学习目标

（1）了解基本放大电路框图的组成，理解放大倍数和增益的概念。

（2）掌握基本共发射极放大电路的电路图，会分析各元件的作用和工作原理。

（3）掌握基本共发射极放大电路直流通路和交流通路的画法，理解 r_{be}、r_i、r_o、A 的含义及其计算。

（4）掌握放大器的常用技术指标，理解放大倍数、输入电阻、输出电阻、通频带、线性失真、最大输出幅度、功率与效率的含义及其计算。

（5）掌握图解法、估算法的解题方法。

（6）了解共集电极和共基极放大电路的放大原理。

（7）了解差分放大电路、多级放大电路和功率放大电路。

（8）会搭建三极管共发射极放大电路。

（9）会使用电子仪表仪器调试三极管的静态工作点，会调整静态工作点。

（10）会在实践中合理使用三极管。

学习笔记

相关知识

视频

放大电路定义

一、共发射极放大电路

(一)放大电路概述

1. 放大电路的定义

放大电路习惯上也称为放大器,是电子电路中应用最广泛的电路之一,如:电视机、收音机、扩音器等电子产品都离不开放大电路。所谓的“放大”是将微弱的电信号(电压或电流)转变为较强的电信号,如图 2.1 所示。

图 2.1　放大器“放大”作用示意图

这种能把微弱电信号转换成较强电信号的电路称为放大电路。放大电路的放大作用,实质是把直流电源 V_{CC} 的能量转移给输出信号。输入信号的作用则是控制这种转移,使放大电路输出信号的变化重复或反映输入信号的变化。放大电路的核心元件是三极管,因此,放大电路若要实现对输入小信号的放大作用,必须首先保证三极管工作在放大区。三极管工作在放大区的外部偏置条件是:其发射结正向偏置、集电结反向偏置。此条件是通过外接直流电源,并配以合适的偏置电路来实现的。

2. 放大电路的分类

(1)按三极管的连接方式分类,有共发射极放大电路、共基极放大电路和共集电极放大电路等。

(2)按放大信号的工作频率分类,有直流放大电路、低频(音频)放大电路和高频放大电路等。

(3)按放大信号的形式分类,有交流放大电路和直流放大电路等。

(4)按放大电路的级数分类,有单级放大电路和多级放大电路等。

(5)按放大信号的性质分类,有电流放大电路、电压放大电路和功率放大电路等。

(6)按被放大信号的强度分类,有小信号放大电路和大信号放大电路等。

(7)按元器件的集成化程度分类,有分立元件放大电路和集成电路放大电路等。

3. 放大电路的放大倍数

(1)放大倍数的分类。放大电路的基本性能是具有放大信号的能力。通常用放大倍数 A 来表示放大电路的放大能力。可分为下列三种:

①电压放大倍数 A_u 是放大电路输出电压瞬时值 u_o 与输入电压瞬时值 u_i 的比值,即

$$A_u=\frac{u_o}{u_i}$$

②电流放大倍数 A_i 是放大电路输出电流瞬时值 i_o 与输入电流瞬时值 i_i 的比值,即

$$A_i=\frac{i_o}{i_i}$$

学习笔记

③功率放大倍数 A_p 是放大电路输出功率 p_o 与输入功率 p_i 的比值，即

$$A_p=\frac{p_o}{p_i}$$

它们之间的关系是

$$A_p=\frac{p_o}{p_i}=\frac{i_o u_o}{i_i u_i}=A_i A_u$$

(2)放大电路的增益。放大倍数用对数表示称为增益 G。电压放大倍数用对数表示称为电压增益，电流放大倍数用对数表示称为电流增益，功率放大倍数用对数表示称为功率增益，单位为分贝(用 dB 表示)。

$$A_u(\mathrm{dB})=20\lg\frac{u_o}{u_i}$$

$$A_i(\mathrm{dB})=20\lg\frac{i_o}{i_i}$$

$$A_p(\mathrm{dB})=20\lg\frac{p_o}{p_i}$$

注意：分贝定义时，电压(电流)增益和功率增益的公式是不同的。

(二)基本共发射极放大电路

1. 电路的组成及各元件的作用

电路的组成及各元件的作用

NPN 型三极管组成的基本共发射极放大电路如图 2.2 所示。外加微弱信号 u_i 从基极 b 和发射极 e 输入，经放大后信号 u_o 由集电极 c 和发射极 e 输出；因此，发射极 e 为输入和输出回路的公共端，故称为共发射极放大电路。u_s 与 R_s 是交流信号的电压和内阻，u_i 是输入电压，R_L 是负载，R_L 的端电压即是输出电压 u_o。

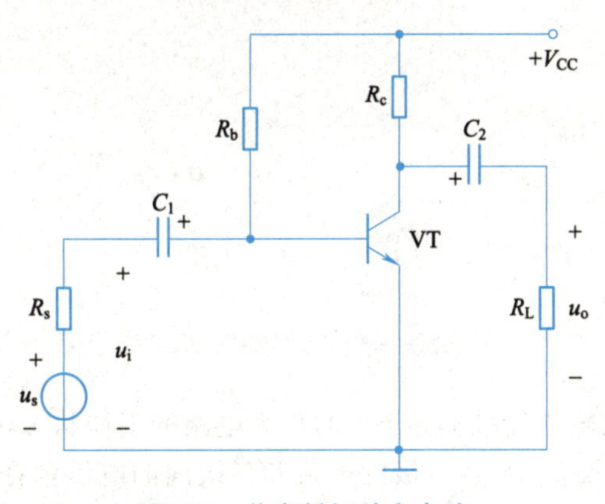

图 2.2　共发射极放大电路

电路中各元件的作用如下：

(1)三极管 VT——起放大作用。工作在放大状态，起电流放大作用，因此是放大电路的核心元件。

(2)电源 V_{CC}——直流电源，其作用一是通过 R_b 和 R_c 为三极管提供工作电压，保证三极管工作在放大状态；二是为电路的放大信号提供能源。

(3)基极电阻 R_b——使电源 V_{CC} 给三极管的基极 b 提供一个适合的基极电流 I_B(又

学习笔记

称基极偏置电流），并向发射结提供所需的正向电压 U_{BE}，以保证发射结正偏。该电阻又称偏流电阻或偏置电阻。

(4)集电极电阻 R_c——使电源 V_{CC} 给放大管集电结提供所需的反向电压 U_{CE}，与发射结的正向电压 U_{BE} 共同作用，使三极管工作在放大状态；另外，还使三极管的电流放大作用转换为电路的电压放大作用。该电阻又称集电极负载电阻。

(5)耦合电容 C_1 和 C_2——输入耦合电容和输出耦合电容；在电路中起隔直流通交流的作用，因此又称隔直电容。

2. 放大电路中的直流通路和交流通路

视频

放大电路中的直流通路和交流通路

放大电路中既含有直流又含有交流：直流是加偏置而产生的，为正常放大提供必要的条件；交流就是要放大的变化信号，交流信号是叠加在直流上进行放大的，是放大的目的。

(1)直流通路。"静态"是指放大电路未加入输入信号即 $u_i=0$ 时电路的工作状态。此时电路中各处的电压电流都是恒定不变的直流量。静态时，三极管各电极的直流电流及各电极间的直流电压分别用 I_B、I_C、I_E、U_{BE} 和 U_{CE} 表示。由于上面这些电流、电压数值可用三极管特性曲线上的一个特定的点来表示，故称此点为静态工作点，用 Q 表示。

静态工作点可以由放大电路的直流通路用近似估算法求得。直流通路是放大电路中直流电流通过的路径。直流通路中电容相当于开路，负载和信号源被电容隔断，所以电路中只需将耦合电容 C_1 和 C_2 看作断路而去掉，剩下的部分就是直流通路。图 2.3 所示为共发射极放大电路的直流通路。

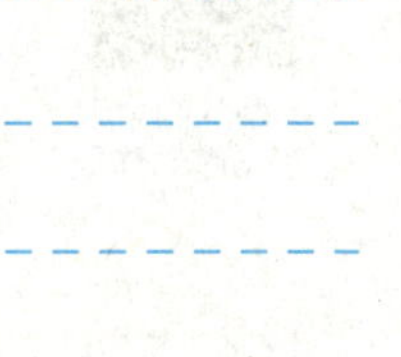

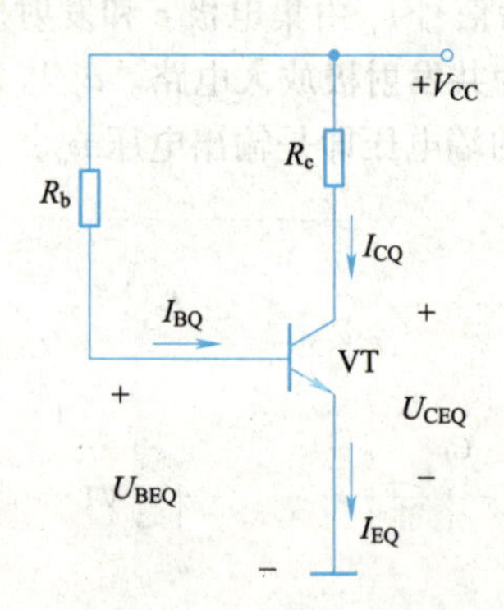

图 2.3 共发射极放大电路的直流通路图

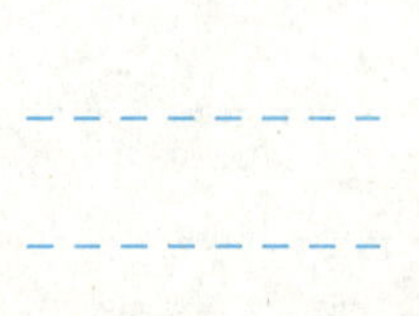

(2)交流通路。在输入信号不等于零时放大电路的工作状态称为"动态"，这时，电路中既有直流量，又有交流量，各电极的电流和各级间的电压都在静态值的基础上，随输入信号的变化而变化，一般用放大电路的交流通路来研究交流量及放大电路的动态特性。

交流通路是放大电路中交流信号通过的路径。交流通路用来分析放大电路的动态工作情况，计算放大电路的放大倍数。绘制交流通路的原则是：对于频率较高的交流信号，电容相当于短路；固定不变的电压源视为短路，固定不变的电流源视为开路。图 2.4 所示为共发射极放大电路的交流通路。

视频

共发射极放大电路的静态分析

3. 共发射极放大电路的静态分析

对共发射极放大电路进行静态分析，就是确定放大电路中的静态工作点 Q 的值

学习笔记

(I_{BQ}、I_{CQ}、I_{EQ}、U_{BEQ}和 U_{CEQ})。可以采用近似估算法,也可以采用图解法来确定。

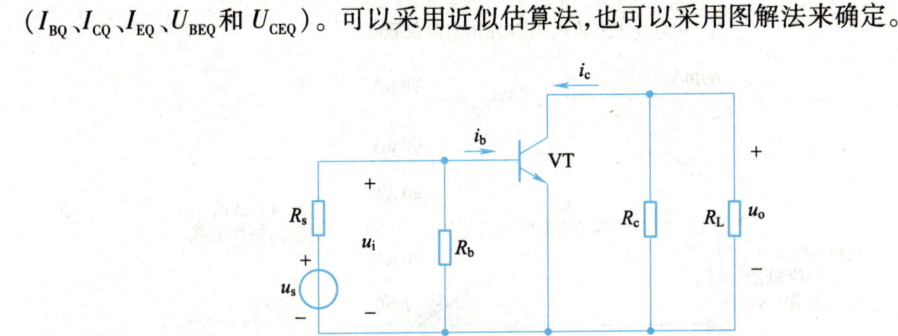

图 2.4 共发射极放大电路的交流通路图

(1)近似估算法。由图 2.3 可知

$$I_{BQ}=\frac{V_{CC}-U_{BEQ}}{R_b}\approx\frac{V_{CC}}{R_b}$$

式中,三极管的 U_{BEQ}很小,通常硅管的管压降 U_{BEQ}约 0.7 V,锗管的管压降 U_{BEQ}约 0.3 V。由于 $V_{CC}\gg U_{BEQ}$,所以,$V_{CC}-U_{BEQ}\approx V_{CC}$。

由三极管的电流放大作用,有

$$I_{CQ}=\beta I_{BQ}$$

由集电极回路可得

$$U_{CEQ}=V_{CC}-R_cI_{CQ}$$

发射极电流为

$$I_{EQ}=I_{BQ}+I_{CQ}$$

(2)图解法。在三极管的输入/输出特性曲线上,通过作图的方法来分析放大电路的工作情况,这种方法称为图解法。

用图解法确定放大电路的静态工作点的步骤如下:

步骤一:先用近似估算法求出基极电流 I_{BQ}(如 40 μA)。也可以在输入特性曲线上用作图的方法确定。

步骤二:根据 I_{BQ},在输出特性曲线中找到对应的曲线。

步骤三:画直流负载线。

由图 2.3 中的输出回路,可列出输出回路的电压方程:

$$U_{CE}=V_{CC}-I_CR_c$$

这个电路中的 I_C 和 U_{CE}既要满足三极管的输出特性 $I_C=f(U_{CE})\big|_{I_B=常数}$,又要满足外部电路的伏安关系 $U_{CE}=V_{CC}-I_CR_c$,因此,Q 点只能工作在两者的交点。

在三极管的输出特性曲线上,画出与输出回路方程相应的直线,即为输出回路的直流负载线如图 2.5 所示。

步骤四:求静态工作点直流负载线与 I_B 对应的那条输出特性曲线的交点 Q 即为静态工作点。点 Q 的横坐标值是静态电压 U_{CEQ},纵坐标值是静态电流 I_{CQ}。

例 2.1 分别用近似估算法和图解法求图 2.6(a)所示放大电路的静态工作点,已知该电路中三极管的 $\beta=37.5$,电路的直流通路、输出特性曲线如图 2.6(b)、(c)所示。

学习笔记

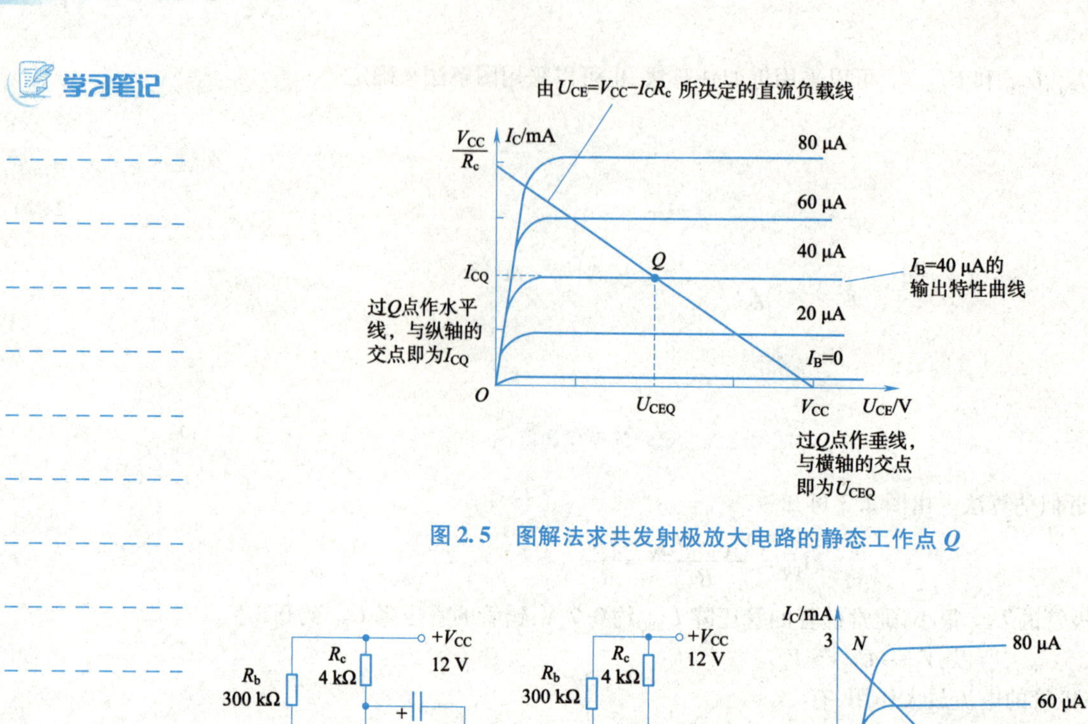

图 2.5　图解法求共发射极放大电路的静态工作点 Q

（a）三极管放大电路　（b）直流通路　（c）输出特性曲线

图 2.6　例 2.1 图

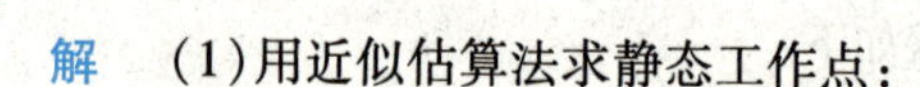

解　(1)用近似估算法求静态工作点：

$$I_{BQ} \approx \frac{V_{CC}}{R_b} \approx \frac{12\ \text{V}}{300\ \text{k}\Omega} = 0.04\ \text{mA}$$

$$I_{CQ} = \beta I_{BQ} = 37.5 \times 0.04\ \text{mA} = 1.5\ \text{mA}$$

$$U_{CEQ} = V_{CC} - I_{CQ}R_c = (12 - 1.5 \times 4)\ \text{V} = 6\ \text{V}$$

(2)用图解法求静态工作点。由直流负载线 $U_{CE} = V_{CC} - I_C R_c$，得 $U_{CE} = 12 - 4I_C$。

求得直线和坐标轴的交点：$M(12,0)$ 和 $N(0,3)$。

直线 MN 与 $I_B = 40\ \mu\text{A}$ 输出特性曲线的交点，即 Q 点。从曲线上可知，$I_{CQ} = 1.5\ \text{mA}$，$U_{CEQ} = 6\ \text{V}$。

与近似估算法所得结果一致。

4. 共发射极放大电路的动态分析

静态工作点确定以后，放大电路在输入电压 u_i 的作用下，若三极管始终工作在特性曲线的放大区域，则放大电路输出端就能获得基本上不失真的放大输出电压信号 u_o，放大电路的动态分析就是要对放大电路中信号的传输过程、放大电路的特性指标等问题进行分析讨论。对放大电路进行动态分析，既可以采用图解法，也可以采用微变等效电路法。

学习笔记

(1)图解法:

①根据输入电压 u_i,在输入特性曲线上求 i_B 和 u_{BE}。设输入信号为正弦电压 $u_i=U_{im}\sin\omega t$,则三极管发射结上的总电压为

$$u_{BE}=U_{BEQ}+u_i=U_{BEQ}+U_{im}\sin\omega t$$

如图2.7(a)中曲线①所示,在三极管输入特性曲线上可以画出对应 i_B 的波形,如图2.7(a)中曲线②所示。i_B 也随着输入信号按正弦规律变化,即

$$i_B=I_{BQ}+i_b=I_{BQ}+I_{bm}\sin\omega t$$

②画出交流负载线,在输出特性曲线上求 i_C 和 u_{CE}。进行动态分析时,要利用图2.4所示的交流通路。在输出回路中电压与电流的关系为

$$u_{ce}=-i_cR'_L$$

式中,$u_{ce}=u_{CE}-U_{CE}$,$i_c=i_C-I_C$,$R'_L=R_c/\!/R_L$,R'_L为输出端交流等效负载电阻。代入后,则上式变为

$$u_{CE}-U_{CE}=-(i_C-I_C)R'_L$$

整理后为

$$u_{CE}=U_{CE}+I_CR'_L-i_CR'_L$$

上式表示动态时 i_C 与 u_{CE}的关系仍为一直线,斜率为 $1/R'_L$。由交流负载电阻 R_L 决定。另外,当输入信号 u_i 的瞬时值为零时,放大电路工作在静态工作点 Q 上,因此 Q 点也是动态过程中的一个点;所以,过 Q 点作一条斜率为 $1/R'_L$的直线 AB,直线 AB 称为交流负载线。

随着 i_B 的变化,在 i_B 的正半周期放大电路的工作点将由静态工作点 Q 点沿交流负载线移到 Q'点,再由 Q'点回到 Q 点。同样在 i_B 的负半周期,工作点先由 Q 点移到 Q'',再由 Q''回到 Q 点,这样就可画出对应的 i_C 和 u_{CE}的波形,如图2.7中曲线③和④所示。u_{CE}中的交流部分 u_{ce}的波形就是输出电压 u_o 的波形。发现 u_o 和 u_i 相位相反。

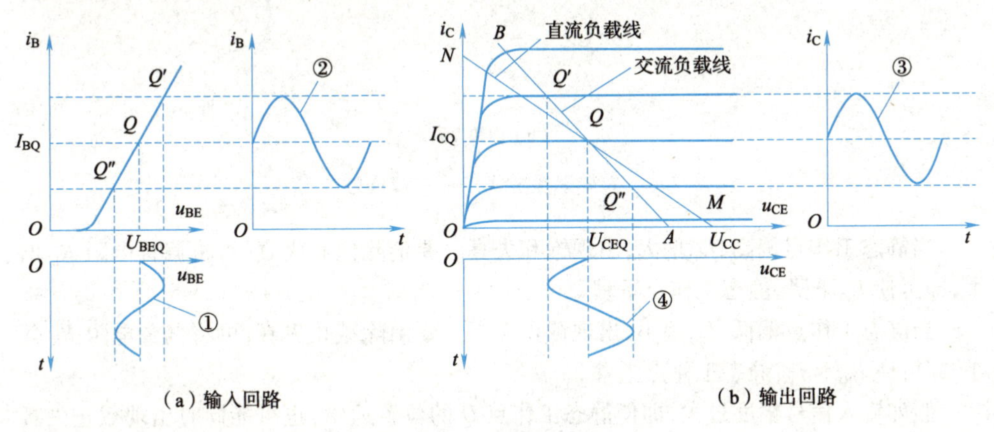

图2.7 共发射极放大电路的动态分析

视频

共发射极放大电路的非线性失真分析

③共发射极放大电路的非线性失真分析。所谓失真,是指输出信号的波形与输入信号的波形不一致。

静态工作点 Q 选择不当,会使放大器工作时产生信号波形的失真。若静态工作点在交流负载线上位置过低,则输入信号负半周可能进入截止区,造成输出电压的上半周

学习笔记

被部分切掉，产生“截止失真”，如图 2.8(a)所示。反之，若 Q 点在交流负载线上的位置过高，输入信号的正半周可能进入饱和区，造成输出电压波形负半周被部分削除，产生“饱和失真”，如图 2.8(b)所示。由于它们都是三极管的工作状态离开线性放大区进入非线性的饱和区和截止区所造成的，因此，称为非线性失真。显然，为了获得幅度大而不失真的交流输出信号，放大器的静态工作点应选在交流负载线中点处。

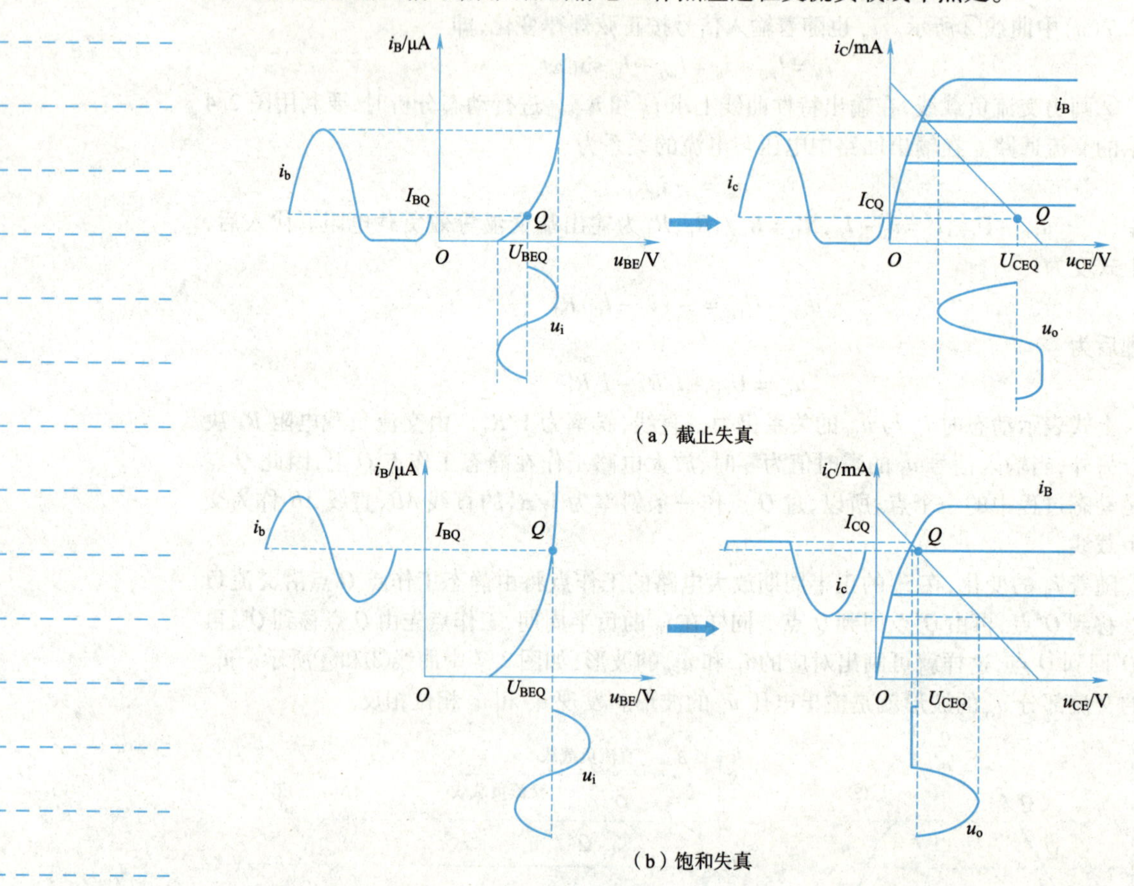

图 2.8 共发射极放大电路的非线性失真

当静态工作点偏高，I_{BQ}偏大，出现饱和失真。要消除饱和失真，可将偏置电阻 R_b 增大，即可使 I_{BQ}下降，静态工作点下移。

当静态工作点偏低，I_{BQ}偏小，出现截止失真。要消除截止失真，可将偏置电阻 R_b 减小，即可使 I_{BQ}上升，静态工作点上移。

假如输入信号幅度过大，即使静态工作点 Q 的位置适中，也可能同时出现截止失真和饱和失真，称为双向失真。

(2)微变等效电路法：

①三极管微变等效电路。所谓“微变”是指微小变化的信号，即小信号。在低频小信号条件下，工作在放大状态的三极管在放大区的特性可近似看成线性的。这时，具有非线性的三极管可用线性电路来等效，称之为微变等效模型。图 2.9 所示为三极管简化微变等效电路图。

图 2.9 中 r_{be} 称为三极管的输入电阻。低频小功率三极管输入电阻常用以下公式估算：

$$r_{be}=300+(1+\beta)\frac{26(\mathrm{mV})}{I_{EQ}(\mathrm{mA})}$$

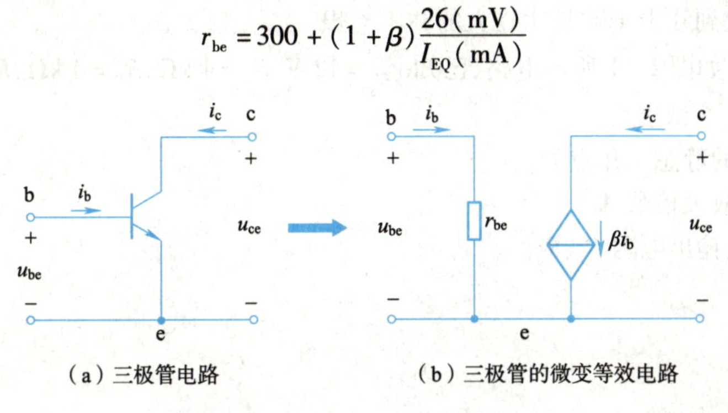

图 2.9　三极管简化微变等效电路图

②共发射极放大电路的微变等效电路分析。在共发射极放大电路的交流通路中，将三极管用微变等效电路代替就得到了该放大电路的微变等效电路，如图 2.10 所示。

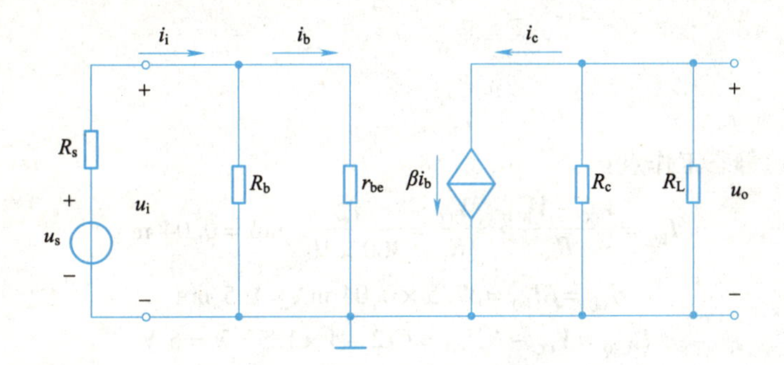

图 2.10　共发射极放大电路的微变等效电路

a. 电压放大倍数 $\dot{A}_u$。放大电路的电压放大倍数 $\dot{A}_u$ 定义为输出电压相量与输入电压相量的比值，即

$$\dot{A}_u=\frac{\dot{U}_o}{\dot{U}_i}=\frac{-R'_L\dot{I}_C}{r_{be}\dot{I}_b}=\frac{-R'_L\beta\dot{I}_b}{r_{be}\dot{I}_b}=-\frac{\beta R'_L}{r_{be}}$$

式中，$R'_L=R_c/\!/R_L$；负号表示输出电压 u_o 和输入电压 u_i 相位相反。

b. 输入电阻 R_i。放大电路的输入电阻 R_i 是指从信号的输入端向放大电路内看进去的等效电阻，即

$$R_i=\frac{\dot{U}_i}{\dot{I}_i}=R_b/\!/r_{be}$$

一般情况下，R_b 的值远大于 r_{be}，所以放大器的输入电阻可近似为

$$R_i\approx r_{be}$$

c. 输出电阻 R_o。放大电路的输出电阻 R_o 是指从放大电路的输出端看进去的等效电阻。

$$R_o\approx R_c$$

学习笔记

对于负载而言，放大器的输出电阻 R_o 越小，负载电阻 R_L 的变化对输出电压的影响就越小，表明放大器带负载的能力越强，因此总希望 R_o 越小越好，共发射极放大电路中 R_o 值在几千欧到几十千欧是比较大的并不理想。

例2.2 如图2.11所示电路，已知 $V_{CC}=12\ \text{V}$，$R_c=4\ \text{k}\Omega$，$R_L=4\ \text{k}\Omega$，$R_b=300\ \text{k}\Omega$，$r_{be}=1\ \text{k}\Omega$，$\beta=37.5$ 试求：

(1)电路的静态工作点 Q；

(2)电压放大倍数 A_u；

(3)输入、输出电阻 R_i、R_o。

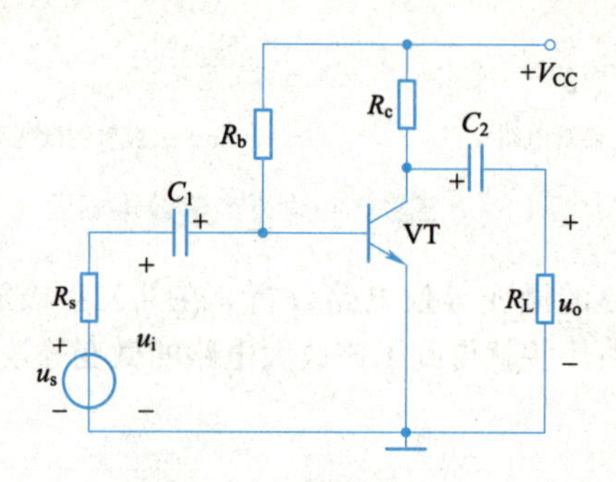

图2.11 例2.2电路

解 (1)静态工作点：

$$I_{BQ}=\frac{V_{CC}-V_{BEQ}}{R_b}\approx\frac{V_{CC}}{R_b}=\frac{12}{300\times10^3}\ \text{mA}=0.04\ \text{mA}$$

$$I_{CQ}=\beta I_{BQ}=37.5\times0.04\ \text{mA}=1.5\ \text{mA}$$

$$U_{CEQ}=V_{CC}-R_cI_{CQ}=(12-4\times1.5)\ \text{V}=6\ \text{V}$$

(2)

$$R_L'=R_c/\!/R_L=\frac{4\times4}{4+4}\ \text{k}\Omega=2\ \text{k}\Omega$$

$$A_u=-\beta\frac{R_L'}{r_{be}}=-37.5\ \frac{2}{1}=-75$$

(3)输入电阻 R_i 为

$$R_i=R_b/\!/r_{be}=\frac{300\times1}{300+1}\ \text{k}\Omega\approx1\ \text{k}\Omega$$

输出电阻 R_o 为

$$R_o=R_c=4\ \text{k}\Omega$$

想一想：

(1)改变 R_c 和 V_{CC} 对放大电路的直流负载线有什么影响？

(2)发现输出波形失真是否说明静态工作点一定不合适？

(3)为什么说放大电路的输入电阻 R_i 越大越好，输出电阻 R_o 越小越好？

二、分压式偏置共发射极放大电路

在共发射极基本放大电路中(见图2.2)，由电源和基极偏置电阻 R_b 提供了基极电流，若 R_b 固定，则 I_{BQ} 也就固定了，所以该电路又称固定偏置(或固定偏流)电路。但是由

学习笔记

于非线性器件易受环境因素影响，从而导致静态工作点不稳定，最终影响放大器的工作质量。温度变化引起三极管参数的变化，是导致静态工作点不稳定的诸多因素中最主要的。因此，在某些要求较高的场合，通常采用能自动稳定工作点的电路——分压式偏置电路。

（一）分压式偏置电路的结构

为了稳定静态工作点，常采用分压式偏置共发射极放大电路，其电路结构如图2.12所示。与固定偏置电路相比较，图中增加了下偏置电阻 R_{b2}、发射极电阻 R_e、射极旁路电容 C_e。由于基极回路采用电阻 R_{b1} 和 R_{b2} 构成分压电路，故称为分压式偏置电路。

（二）稳定静态工作点原理

视频

稳定静态工作点原理

分压式偏置电路的直流通路如图2.13所示。由图可知 $I_1=I_{BQ}+I_2$，通过选取适当参数，使 $I_2>>I_{BQ}$，则 $I_2\approx I_1$。因而基极电位 U_B 为

$$U_B\approx\frac{R_{b2}}{R_{b1}+R_{b2}}V_{CC}$$

由上式可见，U_B 的大小与三极管的参数无关，只由 V_{CC} 和 R_{b1}、R_{b2} 的分压决定，不会受温度的影响。

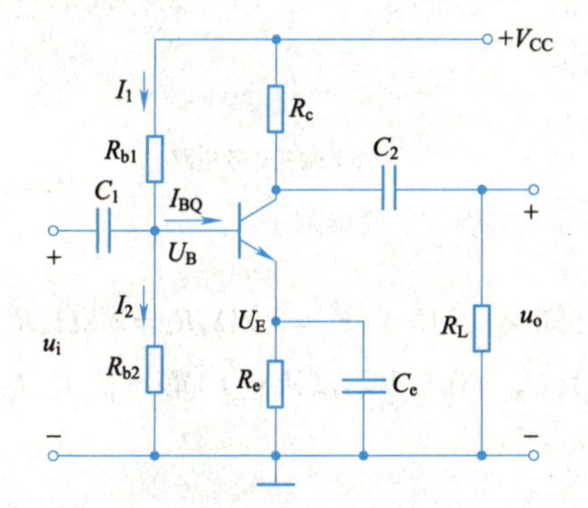

图2.12　分压式偏置共发射极放大电路

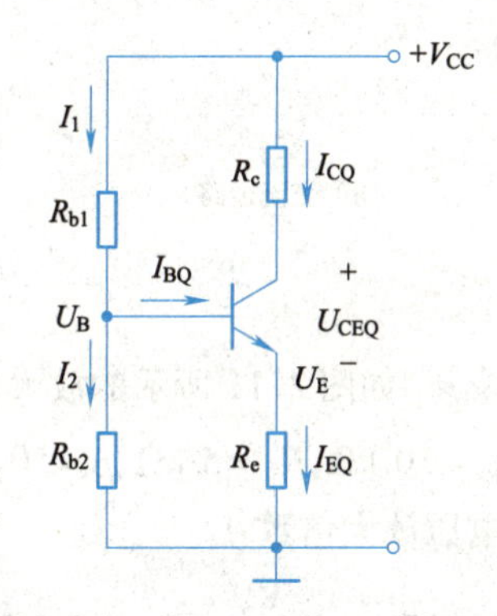

图2.13　分压式偏置电路的直流通路

当温度升高时，I_C 将增大，则 I_E 流经 R_e 产生的电压 U_E 随之增加，因 U_B 是一个稳定值，因而 $U_{BE}=U_B-U_E$ 将减小，从而使得基极电流 I_B 减小，I_C 亦必然减小，从而抑制 I_C 的增大，使工作点力求恢复到原有的状态。

上述稳定静态工作点的过程可表示为

$$T(\text{温度})\uparrow(\text{或}\beta\uparrow)\rightarrow I_C\uparrow\rightarrow I_E\uparrow\rightarrow U_E\uparrow\rightarrow U_{BE}\downarrow\rightarrow I_B\downarrow\rightarrow I_C\downarrow$$

电路中，通过电阻 R_e 将 $I_E(I_C)$ 的变化送回了输入端，从而稳定了电路的静态工作点。该电路又称分压式电流负反馈偏置电路。在分压式偏置电路中，与 R_e 并联的旁路电容 C_e 的作用是提供交流信号的通道，使放大电路的交流放大能力不因 R_e 而降低。

（三）静态分析

分析图2.13所示直流通路可得

$$I_2\gg I_B$$

$$U_{BQ}\approx\frac{R_{b2}}{R_{b1}+R_{b2}}V_{CC}$$

$$I_{CQ}\approx I_{EQ}=\frac{U_{BQ}-U_{BEQ}}{R_e}$$

学习笔记

$$I_{BQ}=I_{CQ}/\beta$$
$$U_{CEQ}=V_{CC}-I_{CQ}(R_c+R_e)$$

(四)动态分析

动态分析时,首先应画出放大电路的交流通路和微变等效电路,如图2.14所示。

由图2.14可知,分压式偏压放置放大电路的交流通路、微变等效电路与共发射极基本放大电路基本相同。所以分压式偏置放大电路也属于共发射放大电路的组态。其动态指标的计算公式与前面分析的共发射极基本放大电路相同,即

$$A_u=-\beta\frac{R'_L}{r_{be}},\text{其中 }R'_L=R_c/\!/R_L$$
$$r_i=R_{b1}/\!/R_{b2}/\!/r_{be}$$
$$r_o=R_c$$

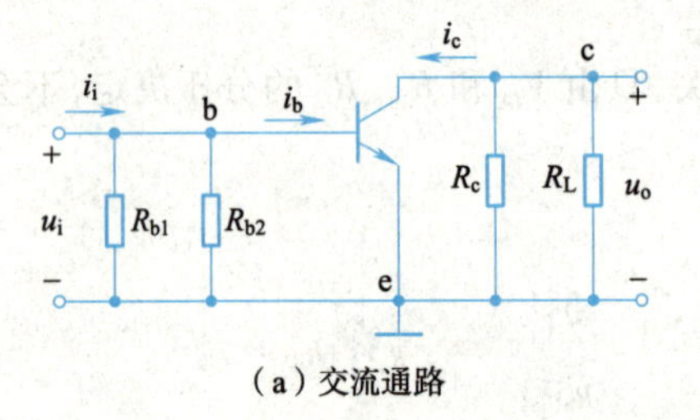

(a)交流通路

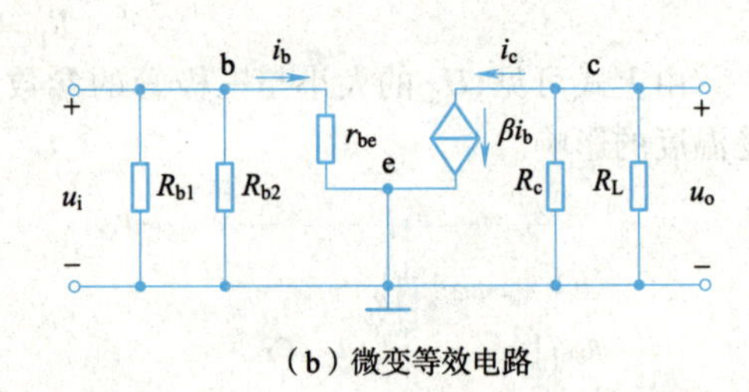

(b)微变等效电路

图2.14 放大电路的交流通路和微变等效电路

例2.3 如图2.11所示的放大电路中,已知$V_{CC}=15\text{ V}$,$R_c=3\text{ k}\Omega$,$R_e=2\text{ k}\Omega$,$R_{b1}=25\text{ k}\Omega$,$R_{b2}=10\text{ k}\Omega$,$R_L=5\text{ k}\Omega$,$\beta=50$,$r_{be}=1\text{ k}\Omega$,$U_{BE}=0.7\text{ V}$。试求:(1)静态值I_B、I_C和U_{CE};(2)电压放大倍数A_u。

解 (1)$U_B=\dfrac{V_{CC}}{R_{b1}+R_{b2}}R_{b2}=4.3\text{ V}$

$$I_C\approx I_E=\frac{U_B-U_{BE}}{R_e}=\frac{4.3-0.7}{2}\text{ mA}=1.8\text{ mA}$$
$$I_B=\frac{I_C}{\beta}=\frac{1.8}{50}\text{ mA}=0.036\text{ mA}$$
$$U_{CE}=V_{CC}-(R_c+R_e)I_C=[15-(3+2)\times1.8]\text{ V}=6\text{ V}$$

(2)$A_u=-\beta\dfrac{R'_L}{r_{be}}=-50\times\dfrac{3\times6}{3+6}=-100$

想一想:

(1)R_e的旁路电容C_e有什么作用?

(2)对分压式偏置电路而言,当更换三极管时,对放大电路的静态值有无影响?试说明原因。

三、共集电极和共基极放大电路

前面已经重点讨论了共发射极放大电路,下面介绍共集电极放大电路和共基极放大电路。

学习笔记

(一)共集电极放大电路

图 2.15 所示为共集电极放大电路及其直流通路和交流通路

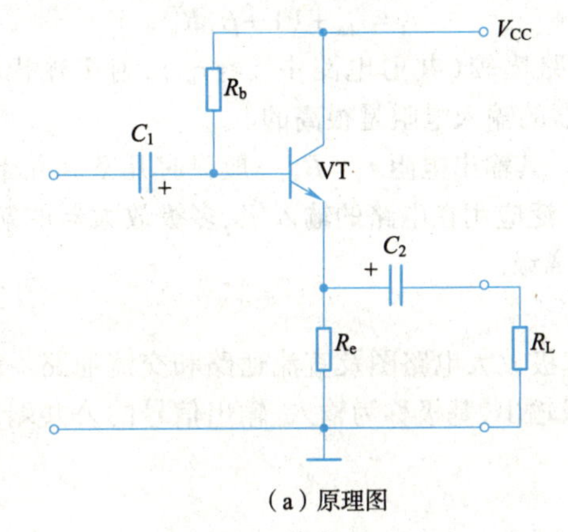

(a) 原理图

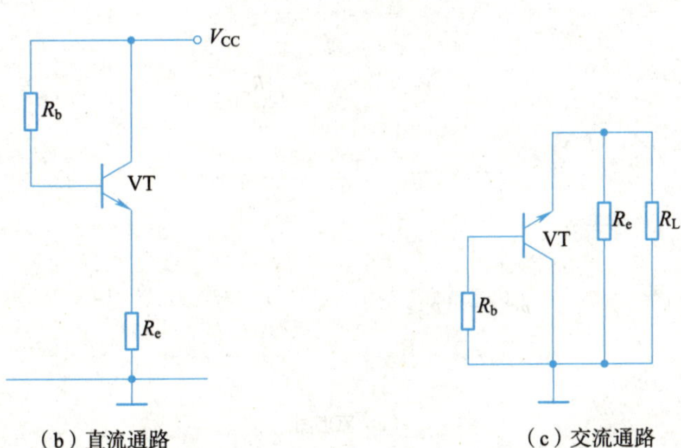

(b) 直流通路　　(c) 交流通路

图 2.15　共集电极放大电路及其直流通路和交流通路

从交流通路看,三极管的集电极接地,输入信号和输出信号以它为公共端,故称为共集电极放大电路。由于被放大的信号从发射极与地之间输出,所以又称射极输出器。

电路的特点:

(1)输出电压与输入电压同相略小于输入电压。从图 2.15(c)所示电路的电压极性可以看出,由于输出电流自发射极输出,由它在输出负载产生的输出电压 u_o 与输入电压 u_i 的瞬时极性相同,即 u_o 与 u_i 同相位变化。

在输入回路,有

$$u_i = u_{be} + u_o$$

式中,$u_{be} = i_b r_{be}$,其值很小,故可近似认为

$$u_i \approx u_o$$

由于输出信号电压近似等于输入信号电压,即电压放大倍数近似等于 1,好似输出电压等值地跟随输入电压而变化,故又将该电路称为射极跟随器。虽然该电路没有电压增益,但对电流而言,i_e 仍为基极电流的$(1+\beta)$倍,它有较强的电流放大能力。

(2)输入电阻 r_i 大。在图 2.15 中,射极输出器的负载电阻

学习笔记

$$R'_L = R_e // R_L$$

现将其折算为输入端，射极输出器的输入电阻

$$r_i = r_{be} + (1+\beta)R'_L$$

与共发射极放大电路比较（共射电路中 $r_i \approx r_{be}$），射极输出器的输入电阻增加了 $(1+\beta)R'_L$，故射极输出器的输入电阻是很高的。

(3)输出电阻 r_o 小。其输出电阻 $r_o = R_e$ 一般只有几欧到几十欧。由于射极输出器有上述3个特点，它被广泛应用在电路的输入级、多级放大器的输出级或用于两级共发射极放大电路之间的隔离级。

（二）共基极放大电路

图2.16所示为共基极放大电路图及直流通路和交流通路。就交流通路而言，信号从发射极注入，从集电极输出，基极称为输入、输出信号的公共端，故将这种电路称为共基极放大电路。

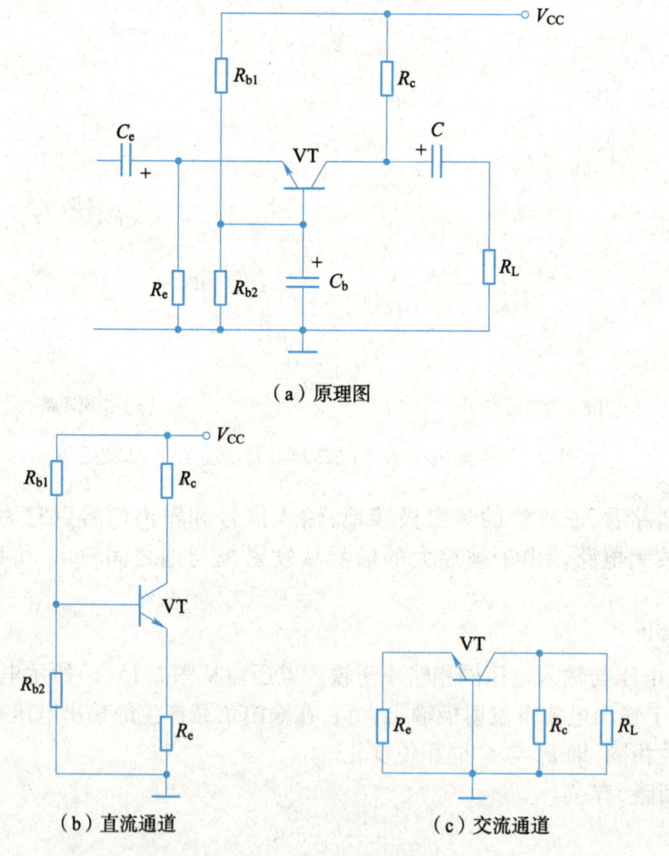

图2.16　共基极放大电路图及直流通路和交流通路

图中 R_{b1}、R_{b2} 为电路的基极偏置电阻，R_c 是集电极负载电阻，R_e 构成信号输入回路电阻，同时，也作为射极偏置电阻。

由于 $i_c \approx i_e$，因而该电路的电流增益近似为1，通过分析可知，该电路的输入电阻很小，约为几欧到几十欧，输出电阻很大，电压增益接近共发射极放大电路。

三类放大电路的性能比较见表2.1。

表2.1　三类放大电路的性能比较

电路类型	性能			
	电流放大倍数	电压放大倍数	输入电阻	输出电阻
共发射极放大电路	β	$-\frac{\beta R_L'}{r_{be}}$	r_{be}	R_c
共集电极放大电路	$1+\beta$	约等于1	$r_{be}+(1+\beta)R_L'$	几欧到几十欧
共基极放大电路	约等于1	$\frac{\beta R_L'}{r_{be}}$	几欧到几十欧	几百欧至几千欧

想一想：

(1)射极输出器有何特点？有何用途？

(2)共基极放大电路的特点是什么？有何用途？

四、多级放大电路

(一)多级放大电路概述

在实际应用中,需要放大的信号往往是很微弱的。当要把微弱的信号放大到足以推动负载工作,仅靠单级的放大电路往往是不够的,那么就需要采用多级放大电路。图2.17所示为多级放大电路框图。通过多级放大电路使信号逐级连续地放大到足够大,以推动负载工作。

图2.17　多级放大电路框图

前置放大级与中间放大级的主要作用是实现电压放大。最后一级的主要作用是放大信号功率,以推动负载工作,故称为功率放大级。

在多级放大电路中,各级之间的信号传递或级与级之间的连接方式称为耦合。常见的耦合方式有阻容耦合、变压器耦合和直接耦合三种。阻容耦合多用于低频电压放大器;变压器耦合多用于高频调谐放大器;直接耦合多用于直流放大器。

(二)电路耦合方式

1. 阻容耦合

视频

电路耦合方式

阻容耦合是指通过电阻和电容将前级和后级连接起来的耦合方式,电路如图2.18所示。

该电路为两级阻容耦合放大器。输入信号u_i通过耦合电容C_1进入一级放大电路,然后在VT_1的集电极输出,再经耦合电容C_2将信号送入第二级VT_2的输入端进行放大,再次放大后的信号最后通过耦合电容C_3送到负载R_L。因此,各级之间的信号传递是通过耦合电容完成的。

由于耦合电容的隔直作用,使前、后级的静态工作点互不干扰,彼此独立,因而给分析计算和调整电路都带来了方便,亦使前级的信号能顺利地传输到后一级。

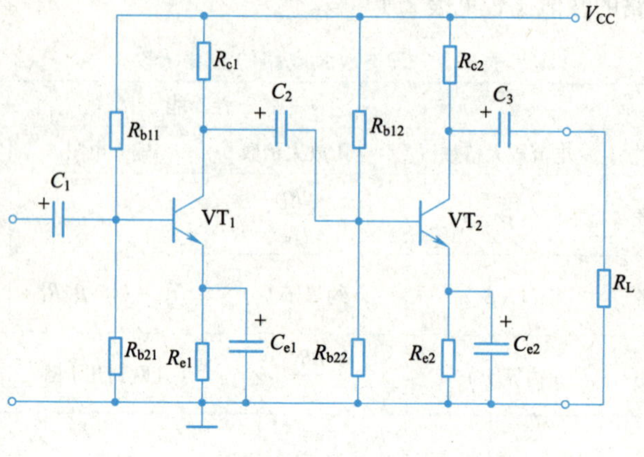

图 2.18　阻容耦合

2. 变压器耦合

变压器耦合是指通过变压器将前级和后级连接起来的耦合方式，电路如图 2.19 所示。

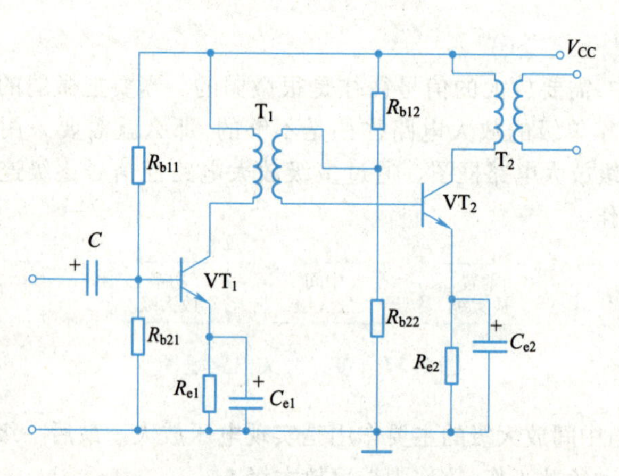

图 2.19　变压器耦合

电路的前、后级是利用变压器 T_1 连接起来的。变压器 T_1 利用电磁感应将交流信号从变压器的一次绕组感应到二次绕组，从而将信号从前级传到后级，同时变压器也有隔直作用，使前、后级的静态工作点互不干扰，彼此独立；另外，变压器耦合还可以实现电路之间的阻抗变换。适当地选择变压器的一、二次绕组的匝数比（变化），使二次绕组折合到一次绕组的负载等效电阻与前级电路的输出电阻相等（或近似），就可达到阻抗比配，从而使负载获得最大的输出功率。

3. 直接耦合

直接耦合是指各级之间的信号采用直接传递的耦合方式，电路如图 2.20 所示。

直接耦合电路前级的输出端和后级的输入端直接相连，即 VT_1 的集电极输出直接与 VT_2 的基极连接，使交流信号畅通无阻地传递。但该电路的静态工作点彼此互相影响、互相制约。因而这种电路更广泛地用于直流放大器和集成电路中。

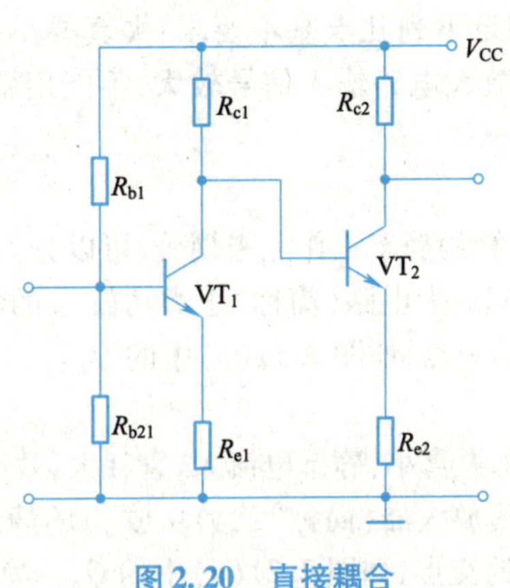

图 2.20　直接耦合

（三）电路特点

1. 电压放大倍数 A_u

设第一级放大电路的电压放大倍数为 A_1，第二级放大电路的电压放大倍数为 A_2，以此类推，第 n 级放大电路的电压放大倍数为 A_n，则此多级放大电路的电压放大倍数 A_u 为

$$A_u = A_1 A_2 \cdots A_n$$

应该注意的是，这里每一级的电压放大倍数并不是孤立的，而是考虑后级输入电阻对前级的影响后所得的放大倍数。

2. 输入电阻 r_i

多级放大电器的输入电阻等于第一级放大电路的输入电阻。

3. 输出电阻 r_o

多级放大电路的输出电阻等于最后一级放大电路的输出电阻。

想一想：

（1）某多级放大电路由三部分组成，各级的电压放大倍数分别为 20、40 和 10 倍，求总的电压放大倍数是多少？

（2）多级放大电路有几种耦合方式？各有什么特点和问题？

五、功率放大电路

一般电子设备中的放大系统常常由输入级、中间级和输出级构成。输入级和中间级一般工作在小信号状态，要求具有较高的电压放大倍数；而输出级要求能带动一定的负载，因此必须具备较大的电压、电流输出幅度，即能够输出足够大的功率，一般把这类放大电路称为功率放大电路，简称“功放”。

（一）功率放大电路的特点与分类

1. 功率放大电路的特点

从能量转换的角度来看，功率放大电路与电压放大电路没有本质的区别，只是研究问题的侧重点不同。电压放大电路一般用于小信号放大，一般输入及输出的电压和电流都较小。它主要讨论放大电路的电压增益、频率特性、输入和输出电阻等指标；功率放大电路主要向负载提供足够大的信号功率，一般输入及输出的电压和电流都较大。它通常研究电路的输出功率、能量转换效率、信号失真及功耗器件的散热等问题。一个

学习笔记

性能良好的功率放大电路满足下列几点基本要求：失真要小；有足够大的输出功率；效率要高；散热性能好。功率放大电路输入信号较大，不能用微变等效电路进行分析，通常采用图解分析方法。

视频

功率放大电路的分类

2. 功率放大电路的分类

功率放大电路按照三极管的静态工作点来划分，可以分为以下三类。

(1)甲类功放。甲类功率放大电路（简称“甲类功放”）的静态工作点 Q 设置在特性曲线的放大区，交流负载线的中点，如图 2.21(a)中的 Q_A。三极管在输入信号整个周期内始终处于放大状态。

特点：甲类功放工作状态失真小，静态电流大，管耗大，效率低。

(2)乙类功放。乙类功率放大器（简称“乙类功放”）的静态工作点设置在交流负载线和输出特性曲线中 $i_B=0$ 的交点，如图 2.21(a)中的 Q_B。静态时三极管的 $I_C\approx0$，三极管只对半个周期的信号进行放大，输出的信号也只有半个波形。没有信号输入时，$I_{CQ}=0$，没有管耗，因此效率比较高。

特点：乙类功放工作状态失真严重，静态电流小，管耗小，效率高。

(3)甲乙类功放。甲乙类功率放大电路（简称“甲乙类功放”）的静态工作点设置在交流负载线上略高于乙类工作点，如图 2.21(a)中的 Q_C。接近截止区而仍在放大区，就是使 I_{CQ} 稍大于零，此时三极管处于弱导通状态。因此在大于半个周期内有电流 i_C 通过三极管。这种工作方式输出波形也有一定的失真，但比乙类工作方式有所改善。

特点：甲乙类功放工作状态失真较大，静态电流小，管耗小，效率较高。

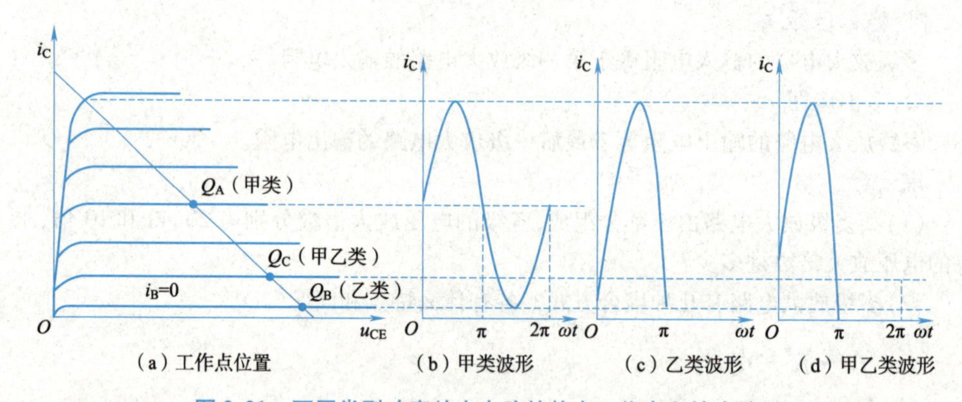

图 2.21　不同类型功率放大电路的静态工作点和输出波形

(二)基本功率放大电路

1. OCL 乙类互补对称功率放大电路

OCL 是 output capacitorless 的缩写，即无输出电容功率放大电路。

(1)电路组成。OCL 乙类互补对称功率放大电路如图 2.22(a)所示。电路由一个 NPN 型三极管和一个 PNP 型三极管组成，两管的基极和发射极分别连接在一起，输入信号从两管的基极输入，输出信号从两管的发射极输出。实际上，电路是由两个工作在乙类状态的射极输出器组合而成，要求电路中正负电源对称，两个三极管的特性一致。该电路是由 VT_1、VT_2 组成的互补对称共集电极推挽功率放大电路，属于乙类互补对称功率放大电路。

视频

OCL乙类互补对称功率放大电路

(2)工作原理。图2.22(a)所示乙类互补对称功率放大电路可以看成是由图2.22(b)、(c)两个射极输出器组合而成。两个射极输出器的特点是输出电阻小、带负载能力强,适合作为功率输出级。但是,因为没有偏置,它的输出电压只有半个周期的波形,造成输出波形严重失真。为了提高效率、减少失真,采用两个极性相反的射极输出器组成乙类互补对称功率放大电路。

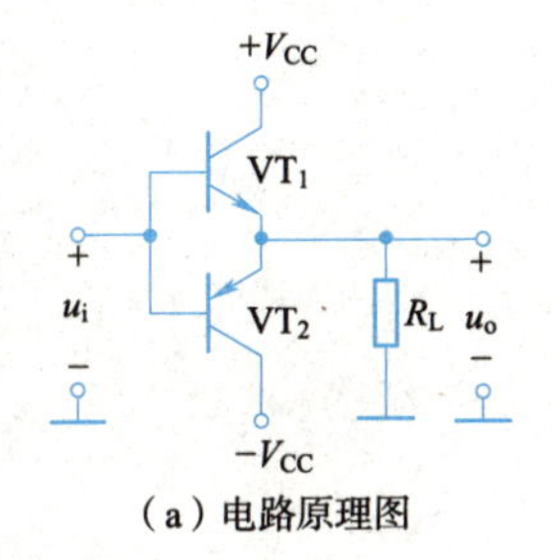

(a)电路原理图

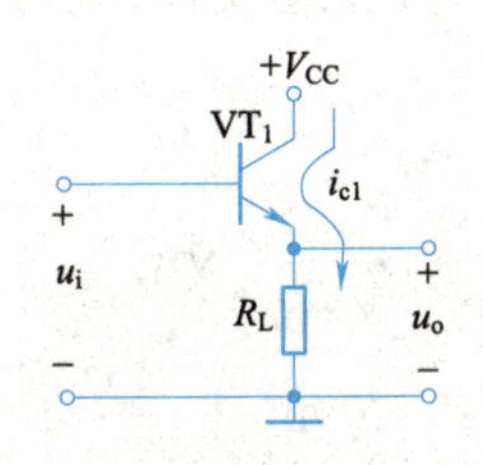

(b)输入信号正半周时的电路

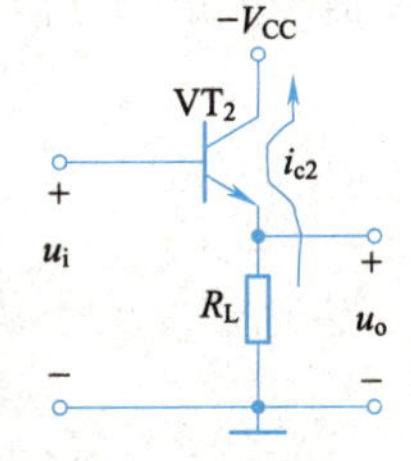

(c)输入信号负半周时的电路

图2.22　OCL功率放大电路

图2.22(a)所示的放大电路实现了在静态时三极管不取电流,减少了静态功耗。而在有输入信号时VT_1和VT_2轮流导电,称为推挽。由于两个三极管互补对方的不足,工作性能对称,所以这个电路通常称为乙类互补推挽功率放大电路,简称乙类互补功放电路。

静态时($u_i=0$),由图2.22(a)可见,两管均未设置直流偏置,因此,$I_B=0$,$I_C=0$,两管基本处于截止状态。在输入信号正半周时,VT_1的基极与发射极之间加正向电压,VT_1导通,信号放大后,在负载上得到一个正半周电流[电流i_{c1}方向如图2.22(b)中所示]。VT_2因加反向电压而截止;反之,输入信号为负半周时,VT_1截止,VT_2导通,信号放大后,在负载上得到一个负半周电流[电流i_{c2}方向如图2.22(c)所示]。于是两个三极管正半周、负半周轮流导电,在负载上将正半周和负半周合成在一起,得到一个完整的波形,如图2.23(a)所示。

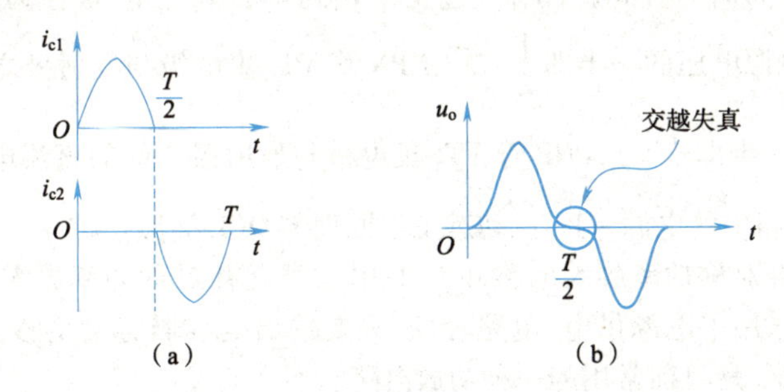

图2.23　乙类互补对称功率放大电路输出波形

严格说,输入信号很小时,达不到三极管的开启电压,三极管不导电。因此在正、负半周交替过零处会出现一些非线性失真,这个失真称为交越失真,如图2.23(b)所示。

2. OCL甲乙类互补对称功率放大电路

为消除交越失真,可以给每个三极管一个很小的静态电流,这样既能减少交越失真,又不至于使功率和效率有太大影响。通常在三极管的基极加一定的偏置电路,如电

学习笔记

位器、二极管、热敏电阻等。增大 U_{BE1} 和 U_{BE2}，让三极管在甲乙类状态下工作，以消除交越失真。

图 2.24 所示为 OCL 甲乙类互补对称功率放大电路。利用二极管 VD_1、VD_2 上的正向压降给 VT_1、VT_2 的发射结提供一个正向偏置电压，使电路工作在甲乙类状态，从而消除了交越失真。由于 VD_1、VD_2 的动态电阻很小，其上的信号压降也很小，则 VT_1、VT_2 基极的交流信号大小仍近似相同，可保证两管交替对称导通。

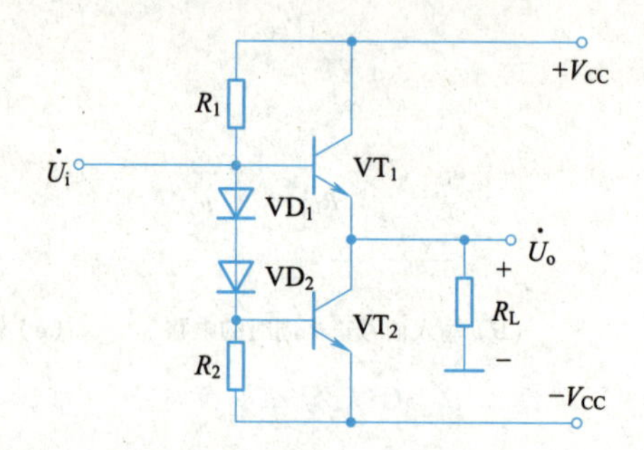

图 2.24 OCL 甲乙类互补对称功率放大电路

上述两类互补对称功率放大电路中，均由正负对称的两个电源供电。静态时，输出端电位为零，可直接接上对地的负载电阻 R_L，无须输出电容耦合，这种电路称为无输出电容的互补对称功率放大电路，又称 OCL 电路。

3. OTL 功率放大电路

OTL 是 output transformerless 的缩写，意思是无输出变压器。

OTL 电路与 OCL 电路工作原理基本相同。电路中放大元件仍是两个不同类型单特性和参数对称的三极管。

OTL 电路与 OCL 电路的不同之处在于：OCL 电路采用正、负双电源供电，而 OTL 电路采用电源供电；OCL 电路负载直接接地，而 OTL 电路由大容量输出电容与负载相连接地。静态（即 $u_i=0$）时，电源电压 V_{CC}经过 VT_1、R_L对电容 C 充电，极性为左正右负，电容两端电压 U_C 为电源电压的一半即$\frac{1}{2}V_{CC}$。NPN 管 VT_1 集电极与发射极之间的直流电压也为电源电压的一半即$\frac{1}{2}V_{CC}$，PNP 管 VT_2 集电极与发射极之间的直流电压为 $-\frac{1}{2}V_{CC}$，从而代替 OCL 电路中的电源 $-V_{CC}$。动态工作原理与 OCL 类似。

OTL 乙类互补对称功率放大电路和 OTL 甲乙类互补对称功率放大电路如图 2.25 所示。OTL 电路采用单电源供电，电路轻便，只要输出电容器容量足够，电路的频率特性就可以得到保证，是目前常用的一种功放电路。

4. 集成功率放大器

目前国内的集成功率放大器已有多种型号的产品，它们都具有体积小，工作稳定，易于安装和调试等优点，只要了解其外部特性和外接线路的正确连接方法，就能方便地使用它们。下面以 LM386 集成功率放大器为例，简单介绍集成功率放大器。

（1）性能和引脚介绍。LM386 是一种低电压通用型音频集成功率放大器，广泛应用于收音机、对讲机和信号发生器中。

LM386 外形与引脚排列如图 2.26 所示。

学习笔记

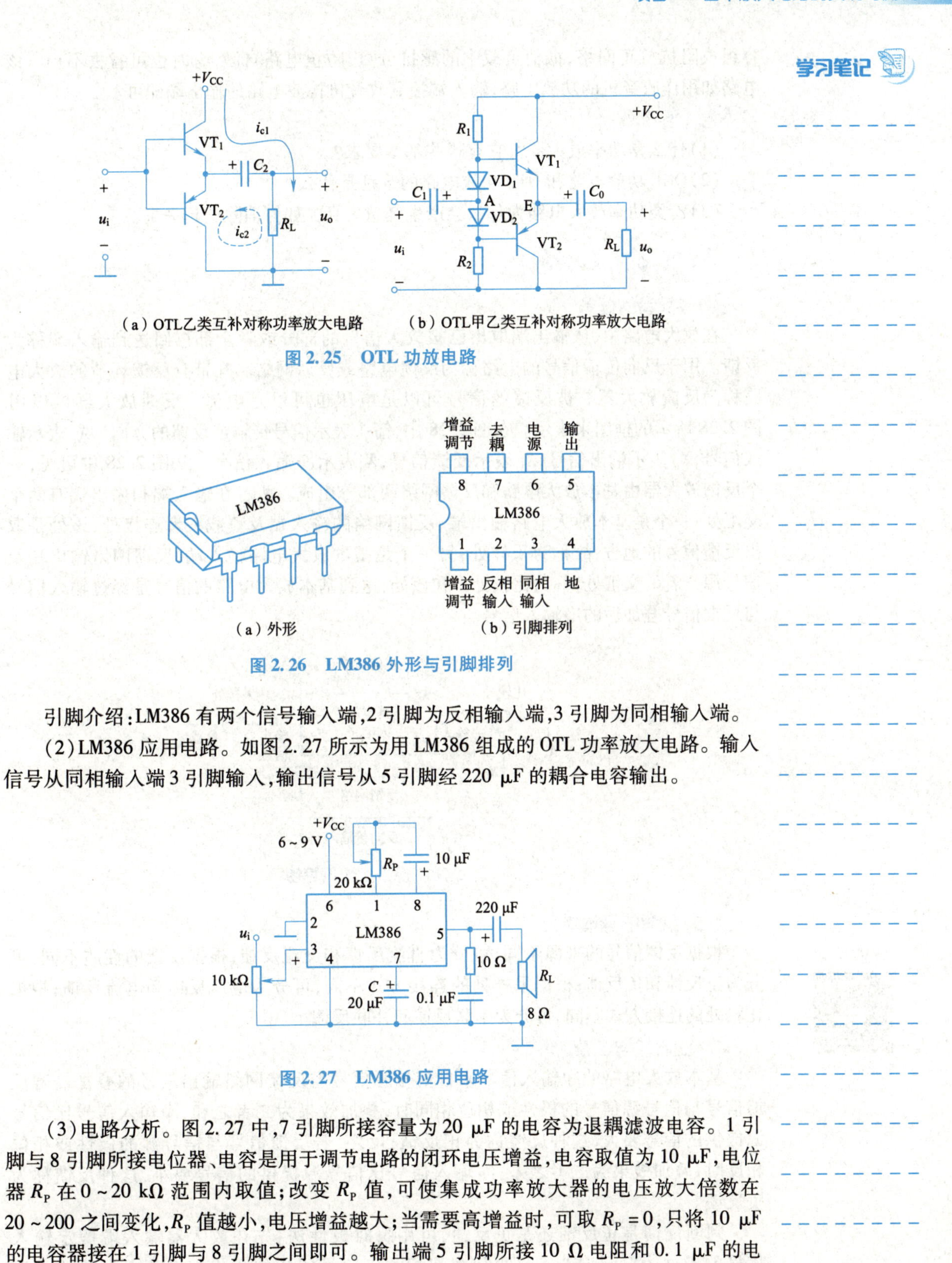

(a) OTL乙类互补对称功率放大电路　　(b) OTL甲乙类互补对称功率放大电路

图 2.25　OTL 功放电路

(a) 外形　　(b) 引脚排列

图 2.26　LM386 外形与引脚排列

引脚介绍:LM386 有两个信号输入端,2 引脚为反相输入端,3 引脚为同相输入端。

(2) LM386 应用电路。如图 2.27 所示为用 LM386 组成的 OTL 功率放大电路。输入信号从同相输入端 3 引脚输入,输出信号从 5 引脚经 220 μF 的耦合电容输出。

图 2.27　LM386 应用电路

(3) 电路分析。图 2.27 中,7 引脚所接容量为 20 μF 的电容为退耦滤波电容。1 引脚与 8 引脚所接电位器、电容是用于调节电路的闭环电压增益,电容取值为 10 μF,电位器 R_P 在 0~20 kΩ 范围内取值;改变 R_P 值,可使集成功率放大器的电压放大倍数在 20~200 之间变化,R_P 值越小,电压增益越大;当需要高增益时,可取 $R_P=0$,只将 10 μF 的电容器接在 1 引脚与 8 引脚之间即可。输出端 5 引脚所接 10 Ω 电阻和 0.1 μF 的电

容组成阻抗校正网络，抵消负载中的感抗分量，防止电路自激，有时也可省去不用。该电路如用作收音机的功放电路，输入端接到收音机检波电路的输出端即可。

想一想：

（1）什么是功率放大器？它有哪些基本要求？

（2）OCL 功放电路和 OTL 功放电路的区别是什么？

（3）乙类功率放大电路为什么会产生交越失真？如何消除交越失真？

六、负反馈放大器

（一）反馈的概念

在放大电路中，从输出端取出已被放大信号的部分或者全部再回送到输入端称为反馈。用于反向传输信号的电路称为反馈电路或反馈网络。凡带有反馈环节的放大电路称为反馈放大器。被反馈的信号可以是电压也可以是电流。反馈放大器可以用图 2.28 所示的框图来表示。在图 2.28 中，箭头表示信号传输或反馈的方向。X_i 表示输入信号，X_o 表示输出信号，X_f 表示反馈信号，X_i'表示净输入信号。从图 2.28 中可见，一个反馈放大器由基本放大电路和反馈网络两部分组成。两者在输入端和输出端有两个交汇处：一个是基本放大电路输出端、反馈网络的输入端及负载三者连接处，该处是取出反馈信号的地方，故称为采样处；另一个是基本放大电路输入端、反馈网络输出端及信号源三者的交汇处，称为比较处。在该处，送到基本放大电路的信号是经过输入信号与反馈信号叠加后的净输入信号。

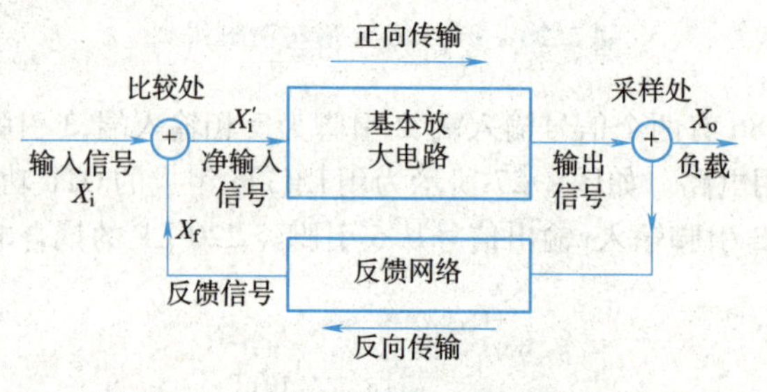

图 2.28　反馈放大器框图

（二）反馈的基本类型

视频

反馈的基本类型

根据反馈信号的来源不同，可分为直流反馈和交流反馈；根据反馈的性质不同，可分为正反馈和负反馈；根据采样处的连接方式不同，可分为电压反馈和电流反馈；根据比较处的连接方式不同，可分为串联反馈和并联反馈。

1. 正反馈与负反馈

基本放大电路的净输入信号来自信号源信号与反馈网络输出信号的叠加。若反馈信号与信号源信号的极性或相位相同时，叠加效果为二者之和，净输入信号比信号源提供的信号要大，这种反馈称为正反馈；反之，若反馈信号与信号源的极性或相位相反时，叠加效果为二者之差，净输入信号比信号源提供的信号要小，这种反馈称为负反馈。

判断反馈是正反馈还是负反馈，可用瞬时极性法：先在放大器输入端假定输入信号的极性为“+”或“-”，再依次按相关点信号的相位变化推出各点对地的交流

学习笔记

瞬时极性，再根据反馈回输入端（或输入回路）的反馈信号瞬时极性，比较反馈与输入信号的叠加结果，使原输入信号减弱的是负反馈，使原输入信号增强的是正反馈。关于正、负反馈类型的具体判断示例这里就不做介绍了，有兴趣的读者可以自行学习。

2. 电压反馈与电流反馈

在电路的采样处，基本放大电路的输出端、反馈网络的输入端和负载三者的连接，可有如图2.29所示的两种方式。图2.29（a）表示三者并联，基本放大电路的输出电压、反馈网络的输入电压和负载上得到的电压都相同，这说明反馈信号取自输出电压，并与输出电压成正比，这种反馈称为电压反馈。图2.29（b）表示三者串联，基本放大电路的输出电流、反馈网络输入端的输入电流和负载中通过的电流都一样，这时反馈网络的输出信号与该电流成正比，这种反馈称为电流反馈。

判断电压反馈还是电流反馈的方法：设想把输出端短路，如反馈信号消失，则属于电压反馈；如反馈信号依然存在，则属于电流反馈。

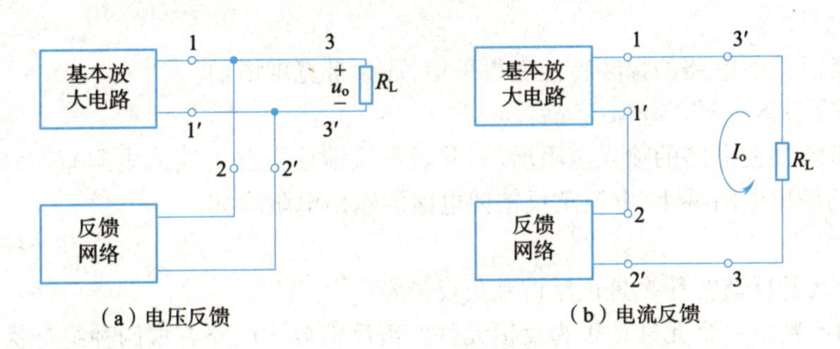

图2.29　电压反馈和电流反馈

3. 串联反馈与并联反馈

在电路的比较处，基本放大电路的输入端、反馈网络的输出端和信号源三者之间连接也有两种方式。图2.30（a）表示三者串联，即基本放大电路的净输入信号X_i'是由信号源输入信号X_i与反馈信号X_f串联而成的，这种反馈称为串联反馈。这时$X_i'=X_i-X_f$。如果基本放大电路的净输入信号X_i'是信号源输入信号X_i与反馈信号X_f并联而成，这种反馈称为并联反馈。这时，输入到放大器的净电流i_i'为信号源所提供的电流i_i和反馈电压形成的电流i_f之差，即$i_i'=i_i-i_f$。

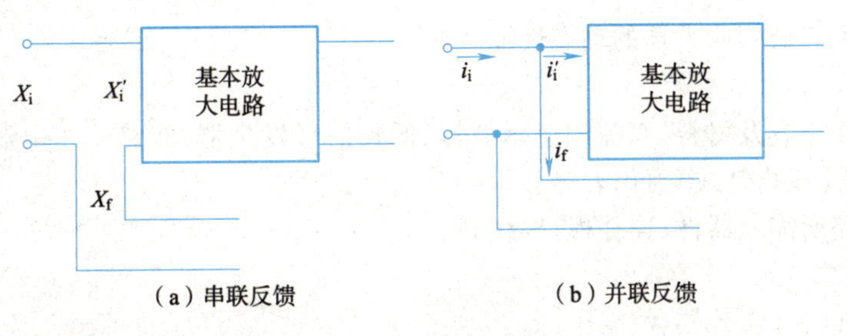

图2.30　串联反馈和并联反馈

判断是串联反馈还是并联反馈的方法是：设想输入端短路，若反馈电压为零则为并

学习笔记

联反馈,若反馈电压仍然存在,则是串联反馈。要注意的是:串联反馈总是以反馈电压的形式作用于输入回路,而并联反馈总是以反馈电流的形式作用于输入回路。

(三)负反馈对放大器性能的影响

通过分析推导,可以得出负反馈可使放大电路在很多方面的性能得到改善。主要体现在以下几个方面。

1. 降低放大倍数,提高放大信号的稳定性

引入负反馈后,放大电路的放大倍数比开环时的放大倍数低,此时放大电路的放大倍数只取决于反馈网络,而与基本放大电路几乎无关。反馈网络一般是由一些性能比较稳定的无源元件(如电阻器、电容器等)所组成,因此引入负反馈后放大倍数是比较稳定的。

2. 减少非线性失真

由于三极管的非线性,在无负反馈放大电路中,当输入信号较大时,会产生非线性失真。引入负反馈后,非线性失真有明显改善。

3. 展宽频带

引入负反馈使电路的幅频特性变得平坦,通频带宽度增加。

4. 改变输入电阻和输出电阻

串联负反馈使电路的输入电阻增加,并联负反馈使电路的输入电阻减小;电压负反馈使电路的输出电阻减小,电流负反馈使电路的输出电阻增加。

想一想:

(1)什么是反馈?什么是正反馈和负反馈?

(2)如何判断一个元件是否为反馈元件?负反馈放大电路有哪四种组合状态?

项目实践

任务2.1　共发射极分压式偏置电路的安装与测试

(一)实践目标

(1)熟悉常用的电子元器件和仪器、仪表的使用。

(2)学会放大器静态工作点的调试方法及其对放大器性能的影响。

(3)掌握放大器电压放大倍数、输入电阻、输出电阻及最大不失真输出电压的测试方法。

(4)学习三极管放大器的动态性能。

(二)实践设备和材料

(1)焊接工具及材料、双踪四迹示波器、低频信号发生器、双路稳压电源、晶体管毫伏表、数字式(或指针式)万用表等。

(2)电路所需元器件、连孔板、导线等。

(三)实践过程

1. 清点与检查元器件

根据电路原理图2.31清点元器件数量,同时对元器件进行识别和检测,将结果填写在表2.2对应的空格中。

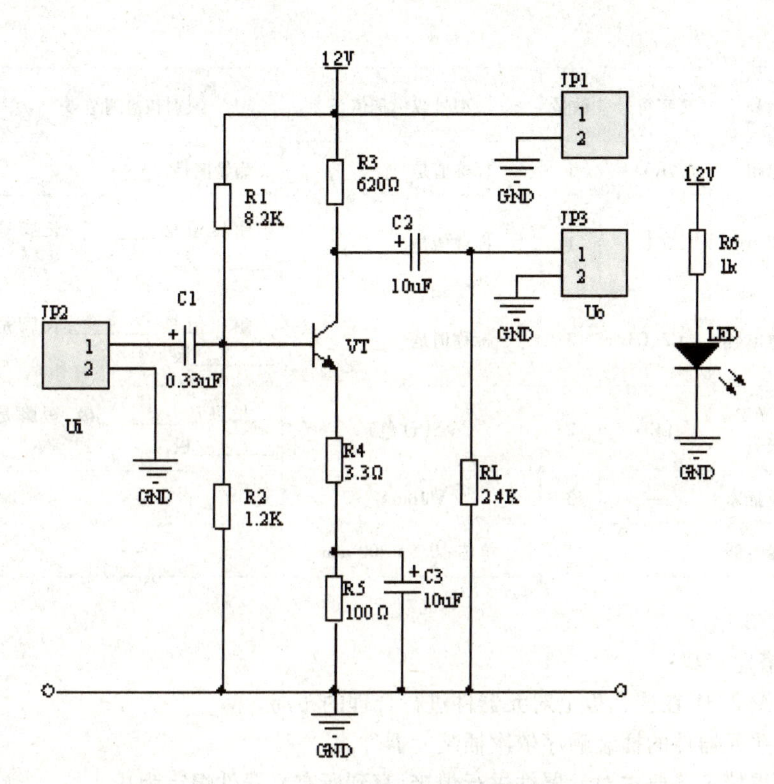

图 2.31　共发射极分压式偏置电路①

表 2.2　共发射极分压式偏置电路元器件识别和检测表

序号	名称	文字符号	数量	型号或标称值	识别和检测结果	质量判定
1	三极管	VT	1	8050 1 2 3	在左图所示的外形示意图中： 1 引脚是________极； 2 引脚是________极； 3 引脚是________极； 管型是________	
2	电阻	R1	1	标称值是________	测量值是________	
3	电阻	R2	1	标称值是________	测量值是________	
4	电阻	R3	1	标称值是________	测量值是________	
5	电阻	R4	1	标称值是________	测量值是________	
6	电阻	R5	1	标称值是________	测量值是________	

①项目实践中的电路图为电路仿真软件中的原图，其中图形符号与国家标准符号不符，其对照关系参见附录 A。仿真电路图中 0.33uF 即 0.33 μF，1.2K 即 1.2 kΩ，下同。

学习笔记

续表

序号	名称	文字符号	数量	型号或标称值	识别和检测结果	质量判定
7	电阻	R6	1	标称值是________	测量值是________	
8	电解电容	C1	1	标称值是________	耐压值是________,长脚是________极	
9	电解电容	C2、C3	2	标称值是________	耐压值是________,长脚是________极	
10	发光二极管	LED	2	ϕ5(红色)	长脚是________极,短脚是________极	
11	防反插座	—	3	2pin	—	—
12	绝缘导线	—	1	单芯 ϕ0.5×400 mm	—	—

2. 电路搭建

(1)搭建步骤:

①按图2.31在连孔板上对元器件进行合理的布局。

②按照元器件的插装顺序依次插装元器件。

③按焊接工艺要求对元器件进行焊接,直到所有元器件焊完为止。

④将元器件之间用导线进行连接。

⑤焊接电源输入线和信号输入、输出引线。

(2)搭建注意事项:

①操作平台不要放置其他器件、工具与杂物。

②操作结束后,收拾好器材和工具,清理操作平台和地面。

③插装元器件前须按工艺要求对元器件的引脚进行成形加工。

④元器件排列要整齐,布局要合理并符合工艺要求。

⑤三极管引脚、二极管正负极不要弄错,以免损坏元器件。

⑥不漏装、错装,不损坏元器件。

⑦焊点表面要光滑、干净,无虚焊、漏焊和桥接。

⑧正确选用合适的导线进行器件之间的连接,同一焊点的连接导线不能超过2根。

(3)搭建实物图。共发射极分压式偏置电路搭建实物图如图2.32所示。

3. 电路通电及测试

(1)装接完毕,认真检查无误后,用万用表测量电路的电源两端,若无短路,方可接入12 V电源。用万用表测试三极管各极电压,填写表2.3。

表2.3 单管放大电路静态电压测量表

类型	U_b	U_c	U_e
测量值			

根据测量值,判断该三极管工作在____________(放大、饱和、截止)状态。

学习笔记

图 2.32 共发射极分压式偏置电路搭建实物图

(2)电路放大性能测试。在信号输入端加上一个峰-峰值为 120 mV(示波器上测出的值),频率为 1 kHz 的正弦信号,在输出端接示波器观察、测量输出信号 u_o。其峰-峰值电压为__________ V,u_o 相对于 u_i 的电压放大倍数为__________;电压增益为__________。若信号出现失真,则该失真为__________(饱和、截止)失真。

想一想:

(1)三极管 VT 工作在放大状态,其中 R3 的作用是什么?

(2)若电路出现了饱和失真,可以改变 R1 的值,使其__________(增大、减小),也可以调节 R2 的值,使其__________(增大、减小)。

(3)电容 C1、C2 在电路中的作用是__________(耦合、滤波)。

(4)改变电阻 R4,使其增大,则电路的放大倍数会__________(增大、减小)。

(5)电阻 R4、R5 及电容 C3 为电路的反馈电路,那么电阻 R5 在电路中引入的反馈为__________(交流、直流)反馈。

任务 2.2 OTL 功率放大电路的搭建

(一)实践目标

(1)了解 OTL 功率放大电路的组成及工作原理。

(2)学会调试 OTL 功率放大电路的静态工作点。

(3)学会测试 OTL 功率放大电路的主要性能指标。

(二)实践设备和材料

(1)焊接工具及材料、双踪四迹示波器、低频信号发生器、双路稳压电源、晶体管毫伏表、数字式(或指针式)万用表等。

(2)电路所需元器件、连孔板、导线等。

(三)实践过程

1. 清点与检查元器件

根据电路原理图 2.33 清点元器件数量,同时对元器件进行识别和检测,将结果填写在表 2.4 对应的空格中。

学习笔记

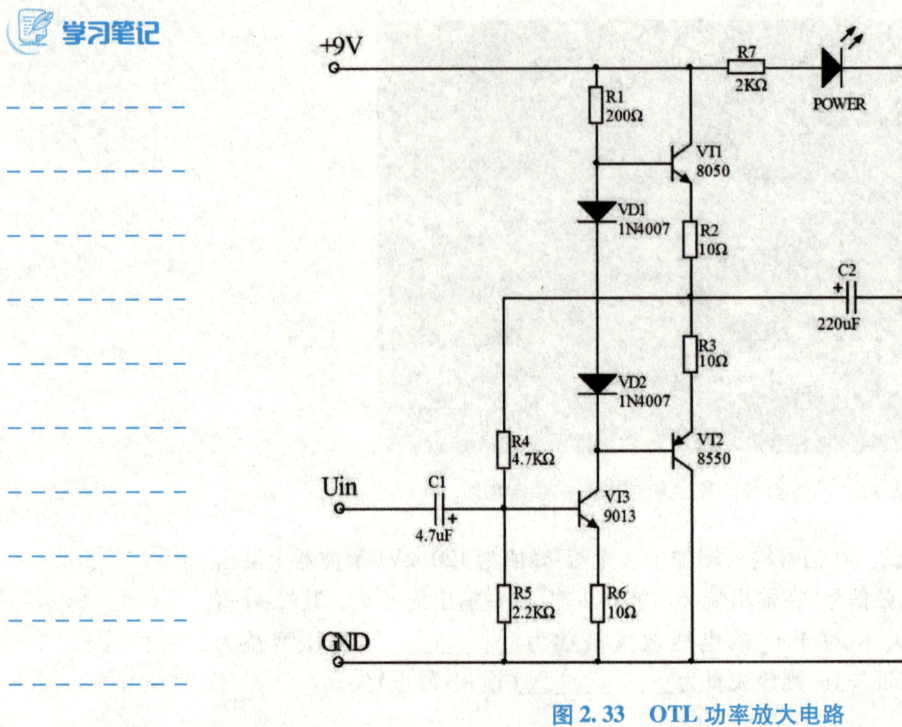

图 2.33　OTL 功率放大电路

表 2.4　元器件检测记录表

序号	名称	文字符号	数量	型号或标称值	识别和检测结果	质量判定
1	三极管	VT1	1	8050 1 2 3	在左图所示的外形示意图中： 1 引脚是________极； 2 引脚是________极； 3 引脚是________极； 管型是____________	
2	三极管	VT2	1	8550 1 2 3	在左图所示的外形示意图中： 1 引脚是________极； 2 引脚是________极； 3 引脚是________极； 管型是____________	
3	三极管	VT3	1	9013 1 2 3	在左图所示的外形示意图中： 1 引脚是________极； 2 引脚是________极； 3 引脚是________极； 管型是____________	

学习笔记

续表

序号	名称	文字符号	数量	型号或标称值	识别和检测结果	质量判定
4	电阻	R1	1	标称值是________	测量值是________	
5	电阻	R2、R3、R6	3	标称值是________	测量值是________	
6	电阻	R4	1	标称值是________	测量值是________	
7	电阻	R5	1	标称值是________	测量值是________	
8	电阻	R7	1	标称值是________	测量值是________	
9	电解电容	C1	1	标称值是________	耐压值是________,长引脚是________极	
10	电解电容	C2	1	标称值是________	耐压值是________,长引脚是________极	
11	发光二极管	POWER	1	ϕ5(红色)	长引脚是________极,短引脚是________极	
12	二极管	VD1、VD2	2	1N4007	有银色标记的一端是________极；正向电阻是________kΩ；反向电阻是________kΩ	
13	小喇叭	Y(8 Ω)	1	8 Ω,0.5 W	—	
14	防反插座	—	1	2pin	—	—
15	绝缘导线	—	1	单芯 ϕ0.5×400 mm	—	—

2. 电路搭建

(1)搭建步骤:

①按图2.33在连孔板上对元器件进行合理的布局。

②按照元器件的插装顺序依次插装元器件。

③按焊接工艺要求对元器件进行焊接,直到所有元器件焊完为止。

④将元器件之间用导线进行连接。

⑤焊接电源输入线和信号输入、输出引线。

(2)搭建注意事项:

①操作平台不要放置其他器件、工具与杂物。

②操作结束后,收拾好器材和工具,清理操作平台和地面。

③插装元器件前须按工艺要求对元器件的引脚进行成形加工。

④元器件排列要整齐,布局要合理并符合工艺要求。

学习笔记

⑤三极管引脚、二极管正负极不要弄错，以免损坏元器件。

⑥不漏装、错装，不损坏元器件。

⑦焊点表面要光滑、干净，无虚焊、漏焊和桥接。

⑧正确选用合适的导线进行器件之间的连接，同一焊点的连接导线不能超过2根。

(3)搭建实物图。OTL功率放大电路搭建实物图如图2.34所示。

图2.34 OTL功率放大电路搭建实物图

3. 电路通电及测试

装接完毕，检查无误后，用万用表测量电路的电源两端，若无短路，方可接入9 V电源。加入电源后，如无异常现象，可开始调试。

(1)静态测试。用万用表测量对管的中点电位(即C2的正极)____________V。

(2)输入端加入正弦信号测试。从音频输入端加上一个峰-峰值为120 mV(示波器上测出的值)，频率1为kHz的正弦信号，此时应听到扬声器发出响声。用示波器测量输出信号u_o的峰-峰值电压为____________V，可求出u_o相对于u_i的电压放大倍数为____________；电压增益为____________。

想一想：

(1)电路中VT1、VT2和VT3的作用是什么？

(2)电路中C2的作用是什么？

考核评价

根据任务完成情况及评价项目，学生进行自评。同时组长负责组织成员讨论，对小组每位成员进行评价。结合教师评价、小组评价及自我评价，完成考核评价环节。考核评价表见表2.5。

表2.5　考核评价表

任务名称					
班级		小组编号		姓名	
小组成员	组长	组员	组员	组员	组员
自我评价	评价项目	标准分	评价分	主要问题	
	任务要求认知程度	10			
	相关知识掌握程度	15			
	专业知识应用程度	15			
	信息收集处理能力	10			
	动手操作能力	20			
	数据分析处理能力	10			
	团队合作能力	10			
	沟通表达能力	10			
	合计评分				
小组评价	专业展示能力	20			
	团队合作能力	20			
	沟通表达能力	20			
	创新能力	20			
	应急情况处理能力	20			
	合计评分				
教师评价					
总评分					
备注	总评分 = 教师评价 ×50% + 小组评价 ×30% + 自我评价 ×20%				

学习笔记

拓展阅读

大力弘扬科学家精神　实现科技自立自强

在中华民族伟大复兴的征程上，一代又一代科学家心系祖国和人民，不畏艰难，无私奉献，为科学技术进步、人民生活改善、中华民族发展做出了重大贡献。新时代更需要继承发扬以国家民族命运为己任的爱国主义精神，更需要继续发扬以爱国主义为底色的科学家精神。

我国科技事业取得的历史性成就，是一代又一代矢志报国的科学家前赴后继、接续奋斗的结果。科学家精神具有丰富内涵——胸怀祖国、服务人民的爱国精神，勇攀高峰、敢为人先的创新精神，追求真理、严谨治学的求实精神，淡泊名利、潜心研究的奉献精神，集智攻关、团结协作的协同精神，甘为人梯、奖掖后学的育人精神。

学习笔记

新时代,加快建设科技强国,实现高水平科技自立自强,需要大力弘扬科学家精神。

爱国、创新

科学无国界,科学家有祖国。爱国是科学家精神之魂,也是立德之源、立功之本。

1947年,36岁的钱学森成为美国麻省理工学院教授,拥有许多人一辈子梦寐以求的地位、名誉和生活。但他清楚地知道,美国只是他人生的一个驿站,祖国才是他的家园。为让同胞过上有尊严的幸福生活,1955年9月,钱学森突破重重困难,登上了归国的航船。"我作为一名中国的科技工作者,活着的目的就是为人民服务。"这是他一生践行的信念。

二十世纪五六十年代,响应国家研制"两弹一星"的战略决策号召,像钱学森、王希季一样,许多优秀的科技工作者,怀着对新中国的满腔热爱,义无反顾地投身到这一神圣而伟大的事业中来。

爱国是最高的道德,报国是最大的成功。胸怀祖国、服务人民的爱国精神,生动展示了我国科学家的高尚情怀和优秀品质。他们的一生追求与祖国需要紧紧联系在一起。他们的事业,因自觉与国家需要和民族命运相结合而倍显光辉。

科学探索永无止境,创新就要勇攀高峰、敢为人先。

在一间仅有6平方米的简陋房间里,陈景润攻克了世界著名数学难题"哥德巴赫猜想"中的"1+2",让人类距离数论皇冠上的明珠"1+1"只有一步之遥。世界数学大师、美国学者阿威尔称赞道:"陈景润的每一项工作,都好像是在喜马拉雅山山巅行走。"

创新既是科研工作的内在要求,也是不可或缺的精神特质。从人工合成结晶牛胰岛素到量子计算机,从汉字激光照排到载人航天,基础科学和工程技术上一系列举世瞩目的成果,无不说明我国具有强大的创新底蕴和实力。

创新意味着攻坚克难。过去,敢为天下先、勇闯"无人区"的实践,让我们收获了创新的自信和勇气,铸就了勇攀高峰的信念。如今,从根本上改变我国关键核心技术受制于人的局面,必须立足自主创新、自立自强。

求实、奉献

科技创新特别是原始创新,是一个不断观察、思考、假设、实验、求证、归纳的复杂过程,唯实唯真是立足之本。

钱三强做出原子三分裂的实验报告前,国际科学界普遍认为,原子核分裂只可能分为两个碎片。1946年11月18日,钱三强领导研究小组提出原子核裂变可能一分为三。这一观点很快引起国际关注。紧接着,钱三强夫妇提出原子存在四分裂的可能性。

追求真理、严谨治学,意味着坚持解放思想,不迷信学术权威。这既是科研的态度,也是潜心研究的高尚品格。屠呦呦带领团队数十年如一日,无数次试验,一次次失败,不断筛选、改进提取方法,终于发现青蒿素。正是热爱科学、探求真理的追求,立德为先、诚信为本的底色,老一辈科学家脚踏实地,做出一个又一个了不起的成就,卓越的品格随之升华。

淡泊明志,宁静致远。科学是持之以恒的事业,只有静心笃志,肯下"十年磨一剑"的苦功夫,甘于奉献,才能创造出一流科研成果。

"苦干惊天动地事,甘做隐姓埋名人。"新中国成立以来,我国许多优秀科学家不畏困难、不慕虚荣,为科学事业舍身探索,为国家民族鞠躬尽瘁,为造福人类无私奉献,犹如一座座丰碑,令人敬仰。

当前,面临激烈的国际竞争,我们更加需要弘扬求实、奉献的精神,要把原始创新能力提升摆在更加突出的位置，努力实现更多“从0到1”的突破。不论是从事基础研究，瞄准世界一流，还是从事应用研究，解决实际问题，力争实现关键核心技术自主可控，都更加需要科学家们甘坐冷板凳，淡泊名利，勇做新时代科技创新的排头兵。

协同、育人

集智攻关、甘为人梯的自觉在接力奋斗中凝结。

现代科学发展日新月异，融合深度、广度和复杂程度前所未有，集智攻关、团结协作是大科学时代的必然趋势。

协同是我国科学界的优良传统。新中国成立以来的科技发展史，也是一部集智攻关、团结协作的历史。没有万众一心、众志成城的精神，我们就难以创造一个又一个科技发展的奇迹。

完成第一颗原子弹试验，集中了26个部门、900多家工厂、科研机构和大专院校的智慧；标志着“中国植物学界终于站起来了”的《中国植物志》出版工作，前后4代科学家接力，由80多家单位、300多位作者，历时近50年完成。

近年来，我国载人航天、探月工程、载人深潜、“中国天眼”工程等，无一不是团队联合攻关，群策群力的智慧结晶。

科学事业是接力事业，只有薪火相传才能拾级而上、登高望远。

1950年，华罗庚到中山大学做学术报告，慧眼识珠，发现了陆启铿。此后，华罗庚亲自致信多次协调，把他调到中国科学院数学研究所。陆启铿不负华罗庚的指导和期待，在多复变函数论研究上硕果频出：1958年至1959年间，华罗庚与陆启铿建立起了典型域上的调和函数理论。两位数学家相互成就的故事，书写了我国数学界的一段佳话。

和华罗庚一样，我国许多优秀科学家，既是科研事业的开拓者，又是提携后学的领路人。站在三尺讲台，黄大年对求知若渴的青年才俊倾囊相授，为了让学生们做好研究，他自掏腰包，给班上24名同学每人买了一台笔记本电脑；中科院院士、著名作物遗传育种学家卢永根，在罹患重症之际，捐出毕生积蓄，奖励贫困学生与优秀青年教师……

科学事业的未来属于年轻人。大力弘扬甘为人梯、奖掖后学的育人精神，善于发现、培养青年科技人才，甘做致力提携后学的铺路石，我国的科技事业才能活水涌流、基业长青。

实践证明，我国自主创新事业是大有可为的！我国广大科技工作者是大有作为的！新时代，广大科技工作者面向世界科技前沿、面向经济主战场、面向国家重大需求、面向人民生命健康，大力弘扬科学家精神，有信心、有意志、有能力登上科学高峰，为实现中华民族伟大复兴，为推动构建人类命运共同体做出应有贡献！

（来源：新华网）

小结

（1）三极管电流放大作用的实质就是用基极电流控制集电极电流，使基极微小的电流变化导致集电极上产生较大的电流变化，所以三极管是一种电流控制器件。

（2）放大电路的性能指标主要有放大系数、输入电阻和输出电阻等。

（3）由三极管组成的基本放大电路有共发射极、共集电极和共基极三种基本组态。广泛采用的是共发射极组态。

（4）图解法和估算法是分析放大电路的两种基本方法。图解法可直观地了解放大

学习笔记

电路的工作原理,它的关键是要会画直流负载线和交流负载线。估算法可以简捷地了解放大电路的工作状况,必须熟练记忆估算静态工作点的公式及估算输入电阻、输出电阻和放大倍数等公式。

(5)温度变化是引起放大电路静态工作点不稳定的主要原因,解决这一问题的办法之一是采用分压式偏置放大电路。

(6)射极输出器是共集电极放大电路,它的特点是:输入电阻高、输出电阻低、电压放大倍数略小于1、电压跟随性好,而且具有一定的电流放大能力和功率放大能力。

(7)共基极放大电路的特点是:输入电阻低、输出电阻高;电流放大倍数略小于1,输入、输出同相位,工作稳定,适合于在频率较高的信号范围内工作。

(8)多级放大电路可以把信号经过多次放大,得到所需的放大倍数。多级放大电路的级间耦合方式有:阻容耦合、变压器耦合、直接耦合3种。

(9)多级放大电路的放大倍数等于各级放大电路的放大倍数的乘积。

(10)功率放大电路主要任务是不失真地放大信号功率,并有效地传输给负载。为提高工作效率,功放管的静态工作点应在不产生交越失真的情况下尽量设置低一些,即甲乙类工作状态。

(11)目前较广泛应用的功率放大电路是OTL和OCL互补对称功放电路。它们都是由两只配对管组成的两个射极跟随器互补组合而成。两管交替工作,轮流导通,负载上就得到放大后的整个周期信号。

自我检测题

一、判断题

1. 单管共射放大电路具有反相作用。 (   )
2. 放大器设置静态工作点不恰当时,会产生非线性失真。 (   )
3. 改变三极管基极电阻会改变三极管的静态工作点。 (   )
4. 共集电极放大电路的电压放大倍数约等于1,因此该电路不具备放大能力。 (   )
5. 多级放大电路是由二级或二级以上的放大电路按一定的方式组合而成。(   )
6. 三极管是构成放大器的核心,三极管具有电压放大作用。 (   )
7. 三极管集电极和基极上的电流总能满足 $I_c = \beta I_b$ 的关系。 (   )
8. 放大电路中的输入信号和输出信号的波形总是反相关系。 (   )
9. 射极输出器的输入阻抗低,输出阻抗高。 (   )
10. 共集电极放大电路又称射极输出器。 (   )
11. 阻容耦合电路温漂小,但不能放大直流信号。 (   )
12. 分压偏置式共发射极放大电路中,基极采用分压偏置的目的是提高输入电阻。 (   )

二、选择题

1. 在共发射极放大电路中,其输入信号与输出信号的波形相位差为(   )。
   A. 0°　　B. 90°　　C. 45°　　D. 180°
2. 放大电路中饱和失真和截止失真称为(   )。
   A. 线性失真　　B. 非线性失真

C. 交越失真　　D. 频率失真

3. 无信号输入时，放大电路的状态为(　　)。

A. 静态　　B. 动态

C. 稳态　　D. 静态或动态

4. 解决共发射极放大电路截止失真的方法是(　　)。

A. 增大 R_b　　B. 增大 R_c

C. 减小 R_b　　D. 减小 R_c

5. 三极管的放大作用主要体现在(　　)。

A. 正向放大　　B. 反向放大

C. 电流放大　　D. 电压放大

6. 三极管具有放大作用，其实质是(　　)。

A. 可把小能量放大成大能量　　B. 可把小电压放大成大电压

C. 可把小电流放大成大电压　　D. 可用小电流控制大电流

7. 当温度升高时，三极管的电流放大系数 β 将(　　)。

A. 增大　　B. 减小

C. 不变　　D. 不确定

8. 某放大器的电压放大倍数为 -80，该负号表示(　　)。

A. 衰减　　B. 同相放大

C. 无意义　　D. 反相放大

9. 三极管在组成放大器时，根据公共端的不同，连接方式有(　　)种。

A. 1　　B. 2　　C. 3　　D. 4

10. 固定偏置共射放大电路中，当环境温度升高后，在三极管的输出特性曲线上其静态工作点将(　　)。

A. 不变　　B. 沿直线负载线下移

C. 沿交流负载线上移　　D. 沿直流负载线上移

11. 三极管工作于饱和状态时，它的集电极电流将(　　)。

A. 随基极电流的增大而增大　　B. 随基极电流的增大而减小

C. 与基极电流变化无关　　D. 以上都不对

12. 在共发射极、共基极、共集电极三种基本放大电路中，u_o 与 u_i 相位相反，$|A_u|>1$ 的只可能是(　　)。

A. 共集电极放大电路　　B. 共基极放大电路

C. 共发射极放大电路　　D. 都不对

13. 在基本单管共射放大电路中，集电极电阻 R_c 的作用是(　　)。

A. 限制集电极电流

B. 将三极管的电流放大作用转换成电压放大作用

C. 没什么作用

D. 将三极管的电压放大作用转换成电流放大作用

14. 电路如图2.35所示，电路中 R_e 的作用是(　　)。

A. 提高电压放大倍数　　B. 引入直流负反馈

C. 引入交流负反馈　　D. 引入直流正反馈

学习笔记

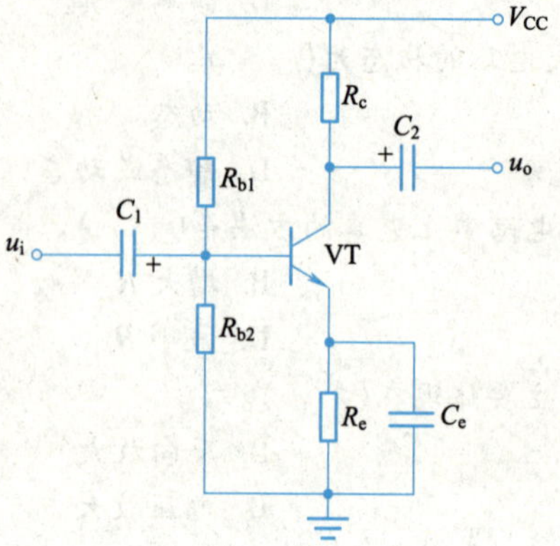

图 2.35　选择题 14 电路

15. 基极电流 I_b 的数值较大时，易引起静态工作点 Q 接近(　　)。

A. 截止区　　B. 饱和区　　C. 放大区

16. 阻容耦合放大电路能放大(　　)。

A. 直流信号　B. 交流信号　　C. 交直流信号

17. 三极管具有放大能力，放大电路的能源来自(　　)。

A. 基极信号源　　　　B. 集电极电源

C. 基极电源　　　　D. B 和 C

18. 直接耦合放大电路能放大(　　)。

A. 直流信号　　　　B. 交流信号

C. 交直流信号　　　　D. 上述都对

19. 如要放大器带载能力强，则放大器的输出电阻应(　　)。

A. 很小　　　　B. 很大

C. 很大或很小都行　　　　D. 不确定

20. 关于射极跟随器的“跟随”特性，下列说法正确的是(　　)。

A. 输出信号和输入信号相位相反

B. 输出信号幅度比输入信号幅度大很多

C. 输出信号幅度和输入信号幅度之比约为 1

D. 输入信号和输出信号相位差为 90°

21. 某二级放大器，第一级电压放大倍数为 −20，第二级电压放大倍数为 50，则该放大器总的电压放大倍数为(　　)。

A. 30　　B. 70　　C. −1 000　　D. 1 000

22. 在 NPN 三极管共射放大电路中，在输入端输入一定的正弦波信号，如输出端所测信号波形如图 2.36 所示，则原因是(　　)。

A. Q 点偏高出现截止失真

B. Q 点偏高出现饱和失真

C. Q 点合适，输入信号过大

D. Q 点偏低出现截止失真

学习笔记

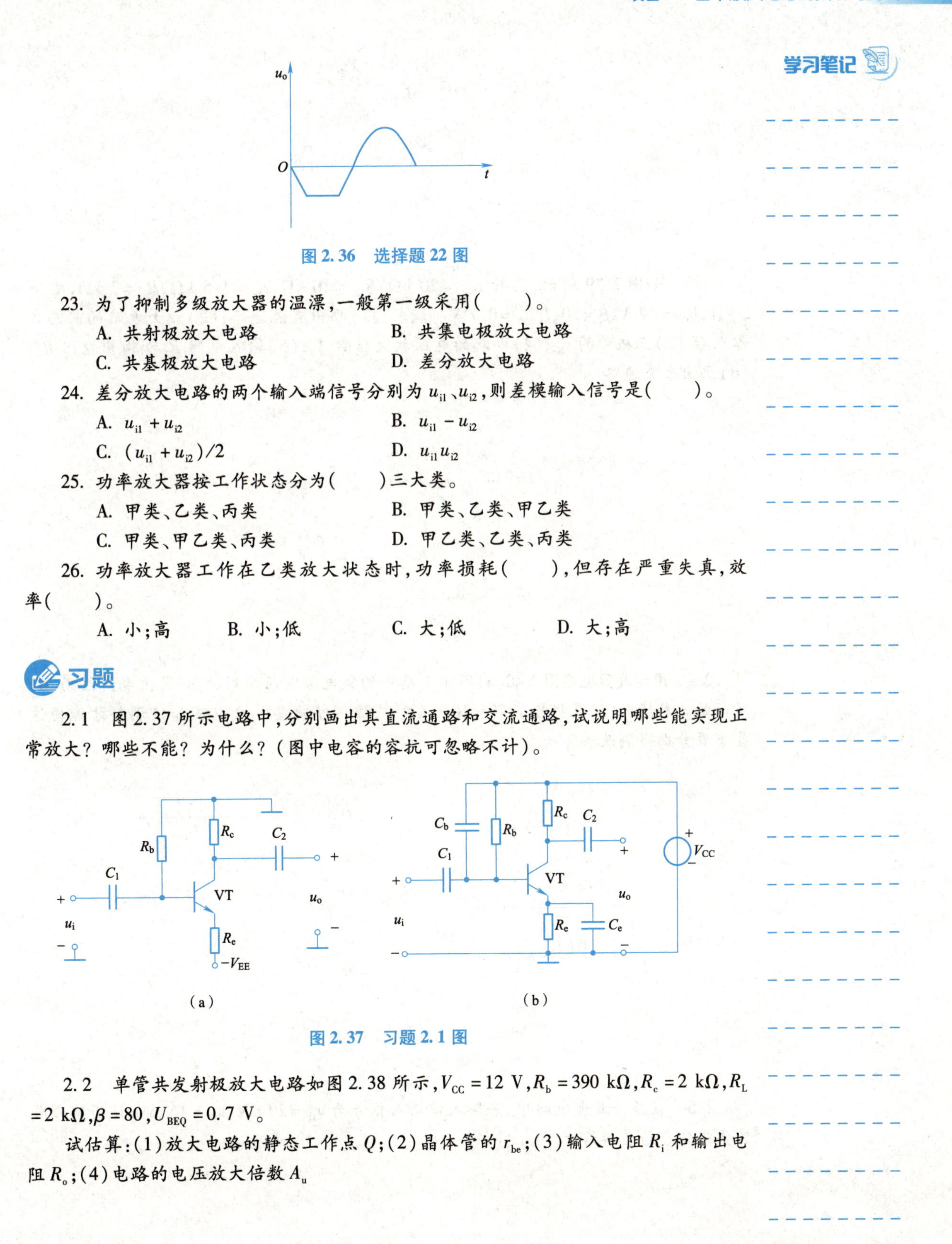

图 2.36 选择题 22 图

23. 为了抑制多级放大器的温漂，一般第一级采用（ ）。

A. 共射极放大电路　　B. 共集电极放大电路

C. 共基极放大电路　　D. 差分放大电路

24. 差分放大电路的两个输入端信号分别为 u_{i1}、u_{i2}，则差模输入信号是（ ）。

A. $u_{i1}+u_{i2}$　　B. $u_{i1}-u_{i2}$

C. $(u_{i1}+u_{i2})/2$　　D. $u_{i1}u_{i2}$

25. 功率放大器按工作状态分为（ ）三大类。

A. 甲类、乙类、丙类　　B. 甲类、乙类、甲乙类

C. 甲类、甲乙类、丙类　　D. 甲乙类、乙类、丙类

26. 功率放大器工作在乙类放大状态时，功率损耗（ ），但存在严重失真，效率（ ）。

A. 小；高　　B. 小；低　　C. 大；低　　D. 大；高

习题

2.1 图 2.37 所示电路中，分别画出其直流通路和交流通路，试说明哪些能实现正常放大？哪些不能？为什么？（图中电容的容抗可忽略不计）。

图 2.37 习题 2.1 图

2.2 单管共发射极放大电路如图 2.38 所示，$V_{CC}=12$ V，$R_b=390$ kΩ，$R_c=2$ kΩ，$R_L=2$ kΩ，$\beta=80$，$U_{BEQ}=0.7$ V。

试估算：(1) 放大电路的静态工作点 Q；(2) 晶体管的 r_{be}；(3) 输入电阻 R_i 和输出电阻 R_o；(4) 电路的电压放大倍数 A_u

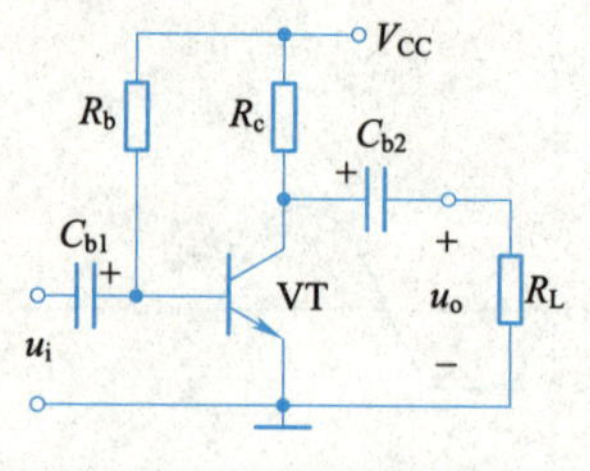

图 2.38　习题 2.2 图

2.3　如图 2.39 所示，已知 $R_{b1}=20\ k\Omega$，$R_{b2}=10\ k\Omega$，$R_e=1.5\ k\Omega$，$R_c=2\ k\Omega$，$R_L=2\ k\Omega$，$V_{CC}=12\ V$，$\beta=50$，$U_{BEQ}=0.7\ V$。试求：(1) 画出直流通路；(2) 放大电路的静态工作点 Q；(3) 三极管的 r_{be}；(4) 电路的电压放大倍数 A_u；(5) 输入电阻 R_i 和输出电阻 R_o；(6) 画出交流通路。

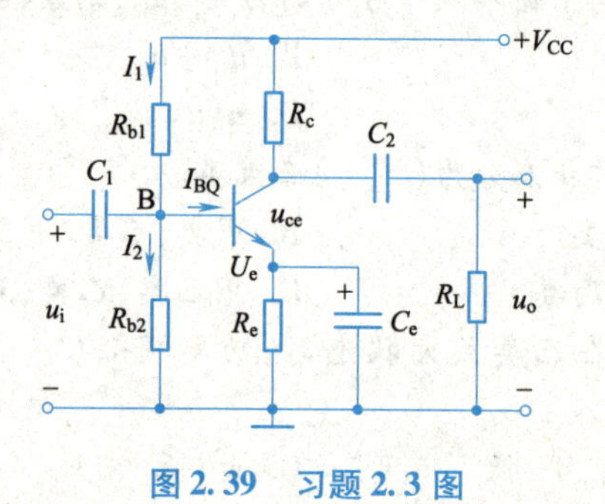

图 2.39　习题 2.3 图

2.4　用示波器观察图 2.40(a) 所示电路中的集电极电压波形时，如果出现图 2.40(b) 所示的 3 种情况，试说明各是哪一种失真？应该调整哪些参数以及如何调整才能使这些失真分别得到改善？

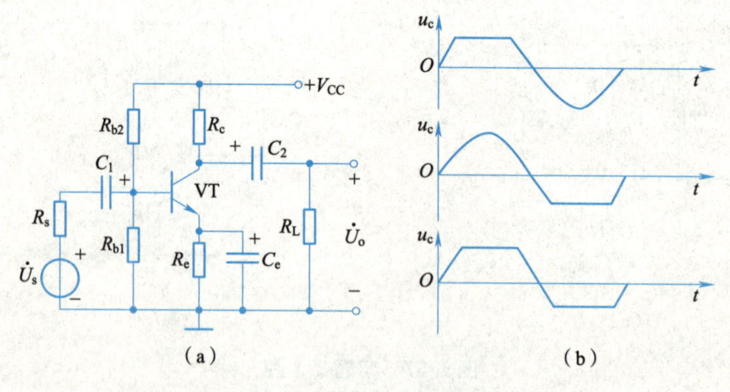

图 2.40　习题 2.4 图

2.5　在差分放大电路中，若输入端输入信号为 $u_{i1}=20\ mV$，$u_{i2}=16\ mV$，试将其分解为共模信号与差模信号。

集成运算放大电路的应用实现与测试

学习笔记

1946年诞生的世界上第一台通用电子计算机ENIAC，是一台又大又笨重的机器，重达30多吨，占地有两三间教室般大。如今的计算机可以手提，甚至可以放于掌心。之所以有如此差别，是因为当今有了集成电路。所谓集成电路，就是把电路中的所有元器件和连线制作在一块半导体芯片上，构成具有特定功能的电子电路。集成电路的出现和应用，标志着电子技术发展到一个新的阶段，它实现了材料、元器件及电路之间的统一。

半导体行业高度全球化，从半导体设计到制造，各个企业在半导体生产的多个方面展开竞争。我国芯片产业虽起步晚，但奋起直追，已取得了显著成绩，在有些方面已经打破了国际巨头的垄断。这些案例激励着广大青年学子，要树立民族自尊心、自信心和自豪感，增强爱国热情和创新意识，以祖国强盛为己任，为自主知识产权而发奋学习。

集成运算放大器是将三极管、二极管、电阻、导线等集成在一块半导体芯片上，作为一个单元部件，它早期的功能是模拟数学运算，故此而得名。现在它的应用远超出模拟计算的范畴，在信号处理、测量及波形变换、自动控制等领域都得到广泛的应用。本章首先介绍直接耦合放大电路及其弱点，从而引出集成运算放大器的组成、特点，重点讨论集成运算放大器的应用。通过学习直接耦合放大电路、差分放大电路、集成运算放大器，培养学生发现问题、解决问题的能力，树立民族自尊心、自信心和自豪感，增强爱国热情和创新意识，以祖国强盛为己任，为自主知识产权而发奋学习。

学习目标

(1)理解差分放大电路的组成及特点，学会分析其抑制零点漂移的原理。

(2)理解差模放大倍数、共模放大倍数和共模抑制比的概念。

(3)掌握集成运放的符号及引脚功能。

(4)会辨别多级放大器级间耦合方式。

(5)能识读由集成运放构成的常用电路，会估算输出电压值。

(6)熟练使用示波器、函数信号发生器。

(7)会安装和调试集成运放组成的电路。

(8)通过反相、同相比例运算放大电路的搭建与测试，理解集成运放的特点及应用，激发学生的创新意识。

一、直接耦合放大电路及其弱点

将多级放大电路级与级之间直接相连可以放大缓慢变化的信号或直流信号。这种级与级之间直接相连,称为直接耦合,如图3.1所示。

显然直接耦合放大电路采用直接耦合形式,既能放大直流信号,又能放大交流信号。但是由于级间直接连接,它不像阻容耦合、变压器耦合那样,各级静态工作点彼此独立,而是存在各级静态工作点相互影响、相互制约的问题。

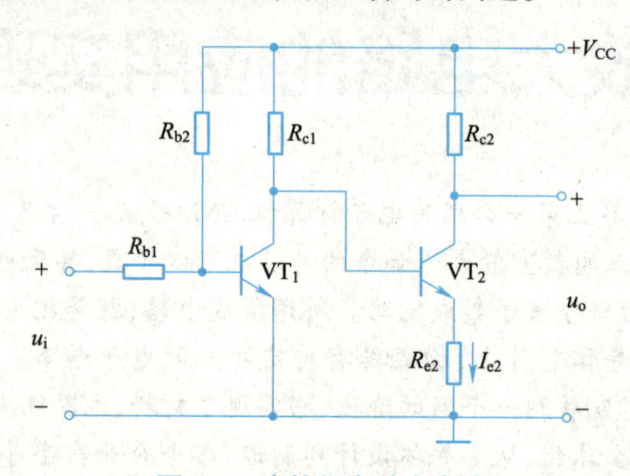

图3.1 直接耦合放大电路

一般地,当环境温度变化、电源电压波动或电路元件参数变化时,放大电路即使输入电压 u_i 为零,输出电压也会发生缓慢、无规则的变化,偏离零点或起始值,这种现象称为零点漂移。

在多级直接耦合放大电路中,第一级产生零点漂移会被逐级放大,从而使输出电压偏离稳定值更严重,故第一级零点漂移所产生的作用最显著。放大电路的电压增益越高,零点漂移越严重。

对于一个高质量的直接耦合放大电路,应该具有高的电压增益和小的零点漂移,这是一对矛盾的问题。要解决这一矛盾,可以采取下列方法:

(1)选用稳定性好的元器件。

(2)引入特殊的负反馈,对零点漂移有很强的负反馈,而对有用直流信号无负反馈。

(3)采用特殊形式的电路来抑制零点漂移,如差分放大电路。差分放大电路不仅能有效放大直流信号,而且能有效地减小由于电源波动和温度变化所引起的零点漂移,因而获得广泛的应用。

想一想:

为什么说直接耦合放大电路中高的电压增益和小的零点漂移是一对矛盾问题?

二、差分放大电路

(一)电路组成

差分放大电路又称差动放大电路。基本差分放大电路如图3.2所示,由两个完全对称的共发射极放大电路组成,其中 $R_{b1}=R_{b2}$, $R_{c1}=R_{c2}$, $R_{o1}=R_{o2}$, $R_1=R_2$, VT_1、VT_2 的特性完全相同。

学习笔记

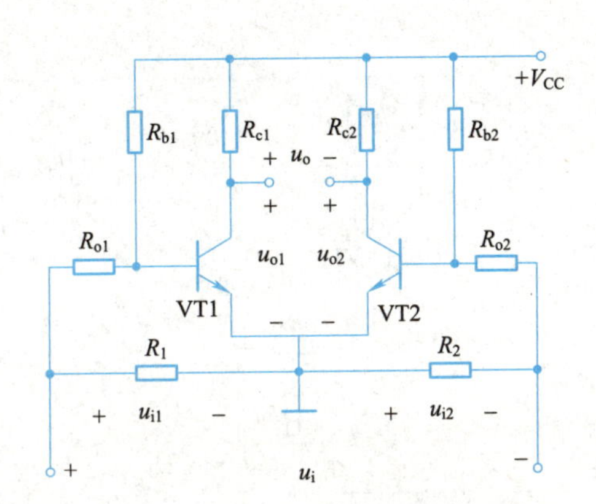

图 3.2　基本差分放大电路

(二)抑制零点漂移原理

当输入信号为零时，即 $u_{i1}=u_{i2}=0$。温度或电源电压发生波动时，VT_1 和 VT_2 同时发生了零点漂移。由于 VT_1 和 VT_2 所在的单管放大电路完全对称，则 $i_{c1}=i_{c2}$，$u_{o1}=u_{o2}$，此时输出电压 $u_o=u_{o1}-u_{o2}=0$。可见，两只三极管的零点漂移在输出端相互抵消。这种差分放大电路抑制零点漂移的能力和电路的对称性有很大的关系，对称性越好，抑制零点漂移能力越强。

(三)放大倍数

1. 差模电压放大倍数 A_{ud}

输入电压 u_i 经电阻分压为 u_{i1} 和 u_{i2}，分别加到 VT_1 和 VT_2 的基极。从图 3.2 可以看出，$u_{i1}=(1/2)u_i$，$u_{i2}=(-1/2)u_i$，u_{i1} 和 u_{i2} 是两个大小相等极性相反的信号，这种信号称为差模信号。这种输入信号的方式称为差模输入。

以差模输入方式工作的放大电路，因为 $u_{i1}=-u_{i2}$，且电路完全对称，$u_{o1}=-u_{o2}$，此时放大电路的输出电压 u_o 为 VT_1、VT_2 输出电压之差，即 $u_o=u_{o1}-u_{o2}=2u_{o1}$。

在图 3.2 所示电路中，设两个单管放大电路的放大倍数分别为 A_{u1}、A_{u2}，显然 $A_{u1}=A_{u2}$。根据电压放大倍数定义可知：$A_{ud}=U_o/U_i=2U_{o1}/2U_{i1}=A_{u1}$，即 $A_{ud}=A_{u1}=A_{u2}$。

由此可见，采用双端输入、双端输出的差分放大电路的电压放大倍数和电路中每个单管放大电路的放大倍数相同。

2. 共模电压放大倍数 A_{uc}

在图 3.3 所示的电路中，将 u_i 加到差分放大电路的两个输入端，使 u_{i1} 和 u_{i2} 大小相等，极性相同，通常称它们为共模信号。这种输入信号的方式称为共模输入。因为 $u_{i1}=u_{i2}=u_i$，且电路完全对称，所以 $u_{o1}=u_{o2}$，此时放大电路的输出电压 u_o 为 VT_1、VT_2 输出电压之差，即 $u_o=u_{o1}-u_{o2}=0$。根据电压放大倍数定义可知：

$$A_{uc}=U_o/U_i=0$$

显然，一个理想的差分放大电路的共模放大倍数为零。在实际应用中，电路不可能完全对称，因此共模放大倍数也不可能为零，而是一个很小的值。共模电压放大倍数 A_{uc} 越小，电路抑制共模信号的能力越强。共模电压放大倍数反映了差分放大电路抑制零点漂移的能力。

学习笔记

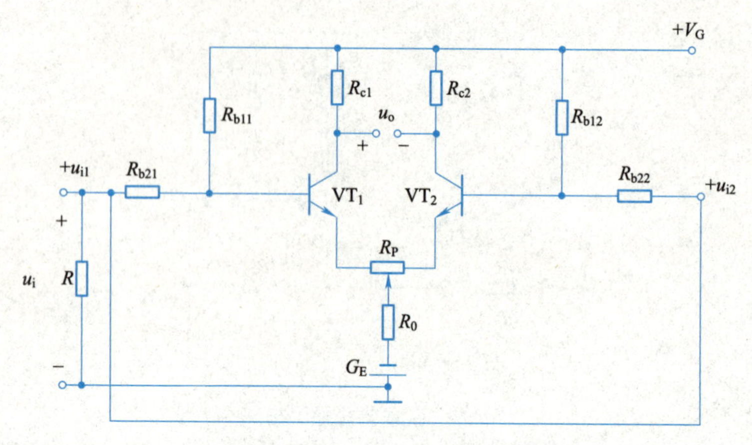

图 3.3　差分放大电路的共模输入方式

3. 共模抑制比

差分放大电路能够放大差模信号，抑制共模信号。为定量反映差分放大电路放大差模信号和抑制共模信号的能力，通常引入参数共模抑制比，定义为差模电压放大倍数与共模电压放大倍数之比的绝对值，用 K_{CMR} 表示，即 $K_{CMR}=\left|\frac{A_{ud}}{A_{uc}}\right|$。

显然，K_{CMR} 越大，输出信号中的共模成分相对越少，电路对共模信号的抑制能力就越强。

想一想：

差分放大电路若采用单端输出，对共模信号有抑制作用吗？

三、集成运算放大器基础知识

集成电路芯片，是利用半导体工艺或厚、薄膜工艺将三极管、二极管、电阻、电容、连线等集中光刻在一小块固体硅片或绝缘基片上，并封装在管壳之中，构成一个完整的、具有一定功能的电路。它不仅体积小、成本低、温度特性好、通用性和灵活性强，而且可靠性高、组装和调试也很方便，因此在电子电路中得到广泛应用。

（一）集成电路的分类

集成电路按照制作工艺不同，可分为半导体集成电路、薄膜集成电路、厚膜集成电路、混合集成电路。按照功能不同，可分为模拟集成电路、数字集成电路、微波集成电路。按照集成规模不同，可分为小规模集成电路（SSI）、中规模集成电路（MSI）、大规模集成电路（LSI）、超大规模集成电路（VLSI）。按照电路中三极管的类型不同，可分为双极型集成电路、单极型集成电路。

（二）集成电路的封装

集成电路需要用外壳封装起来，起着安装、固定、密封、保护芯片等方面的作用。常用的封装材料有塑料、陶瓷、金属三种类型。金属封装芯片，其散热性好，可靠性高，但安装使用不方便，成本高。一般高精密度集成电路或大功率器件均以此形式封装。陶瓷封装芯片，其散热性差，但体积小、成本低。陶瓷封装的形式可分为扁平型和双列直插型。塑料封装芯片是目前使用最多的封装形式。

学习笔记

集成运算放大器简称集成运放，是一种直接耦合、高放大倍数的模拟集成电路。集成运放最早用来实现模拟运算功能，发展至今，它的功能已远远超出模拟运算，用来组成各类具有特殊用途的实用电路，在通信、控制和测量等设备中得到广泛应用。

视频

集成运算放大器组成

(三)集成运放的电路组成

集成运放电路主要由输入级、中间级、输出级和偏置电路组成，如图3.4所示。它有两个输入端，一个输出端。

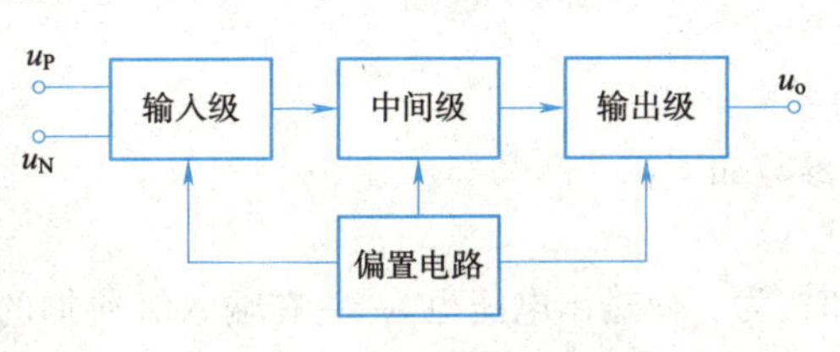

图3.4　集成运放电路组成

1. 输入级

输入级又称前置级，通常由差分放大电路构成，目的是减小放大电路的零点漂移、提高输入阻抗。输入级的好坏直接影响到集成运放的性能。

2. 中间级

中间级是整个放大电路的主放大器，一般采用共射极或共源极放大电路。为了提高三极管的放大倍数，一般采用复合管制成放大管，其电压放大倍数往往可以达到千倍以上。

3. 输出级

通常由互补对称电路构成，目的是减小输出电阻，提高电路的带负载能力。

4. 偏置电路

一般由各种恒流源电路构成，作用是为上述各级电路提供稳定、合适的偏置电流，决定各级的静态工作点。

图3.5所示为μA741集成运放芯片实物图和引脚排列图。

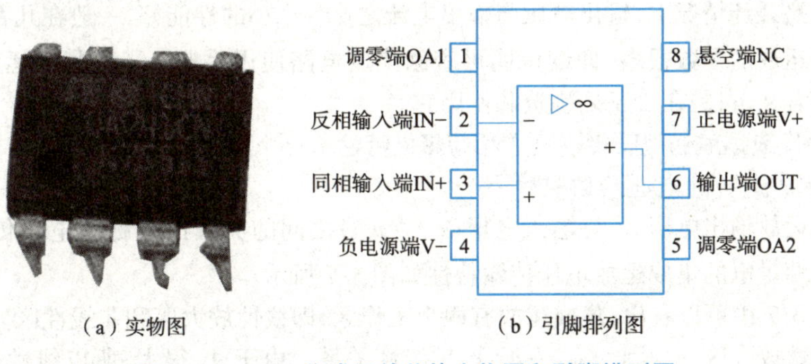

(a) 实物图　(b) 引脚排列图

图3.5　μA741集成运放芯片实物图和引脚排列图

视频

集成运算放大器的电路符号

(四)集成运放的图形符号

集成运放的图形符号如图3.6所示。

它有两个输入端，标“+”的输入端称为同相输入端，输入信号由此端输入时，输出信号与输入信号相位相同；标“−”的输入端称为反相输入端，输入信号由此端输入时，

学习笔记

输出信号与输入信号相位相反。

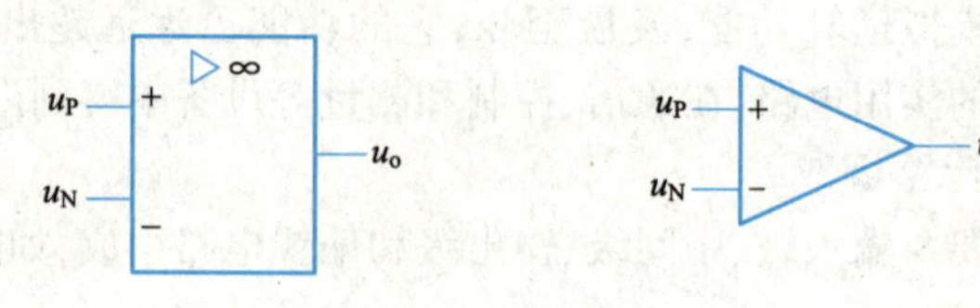

图 3.6　集成运放图形符号

(五)集成运放的主要参数

集成运放的主要参数如下：

1. 输入失调电压 U_{IO}

指输入电压为零时，为了使输出电压也为零，在输入级所加的补偿电压值。它反映差分放大部分参数的不对称程度，显然该值越小越好，一般为毫伏级。

视频

集成运算放大器的主要参数

2. 开环差模电压放大倍数 A_{do}

指集成运放本身(无外加反馈回路)的差模电压放大倍数，即 $A_{do}=\dfrac{u_o}{u_+-u_-}$。它体现了集成运放的电压放大能力，一般在 $10^4\sim10^7$ 之间。A_{do}越大，电路越稳定，运算精度也越高。

3. 开环共模电压放大倍数 A_{co}

指集成运放本身的共模电压放大倍数，它反映集成运放抗温漂、抗共模干扰的能力，优质的集成运放，A_{co}应接近于零。

4. 共模抑制比 K_{CMR}

指电路开环情况下，差模放大倍数 A_{do} 和共模放大倍数 A_{co} 之比。用来综合衡量集成运放的放大能力和抗温漂、抗共模干扰的能力，一般应大于 80 dB。

5. 差模输入电阻 r_{id}

指差模信号作用下集成运放的输入电阻。

6. 开环输出阻抗 r_o

指电路开环情况下，输出电压与输出电流之比。r_o 小的性能好，一般在几百欧左右。

集成运放的参数很多，详细说明可查阅集成电路使用手册。了解集成运放的主要参数及其含义，目的在于正确挑选和使用它。

(六)集成运放的电压传输特性和理想化特性

1. 集成运放的电压传输特性

集成运放输出电压 u_o 与输入电压(u_+-u_-)之间的关系曲线称为电压传输特性。正负双电源供电的集成运放电压传输特性如图 3.7 所示。

视频

集成运算放大器的传输特性

从图 3.7 中可以看出，集成运放有两个工作区，即线性放大区和非线性区。

在线性放大区，$u_o=A_{do}(u_+-u_-)$，呈线性关系。由于 A_{do} 很大，所以线性区的范围很小。

在非线性区，输出电压只有两个值，正向最大输出电压或者负向最大输出电压。

2. 理想运放及其应具备的条件

为了简化分析过程，同时又满足工程的实际需要，通常把集成运放理想化。满足下列条件的集成运放可以视为理想集成运算放大器(简称“理想运放”)。

学习笔记

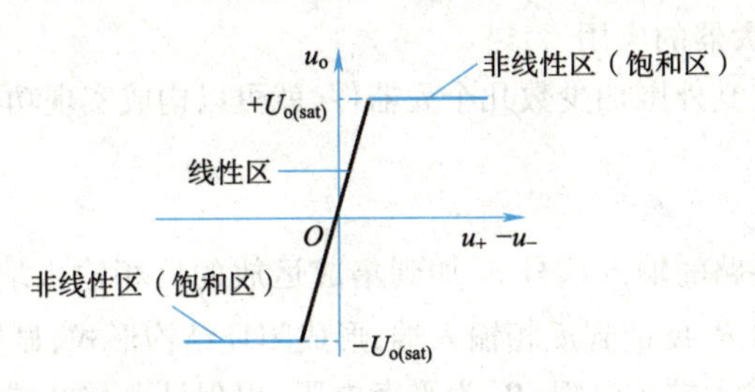

图 3.7 集成运放电压传输特性

(1)开环差模电压放大倍数趋于无穷。

(2)输入电阻趋于无穷。

(3)输出电阻趋于零。

(4)共模抑制比趋于无穷。

(5)有无限宽的频带。

目前,集成运放的开环差模电压放大倍数均在 10^4 以上,输入电阻达到兆欧数量级,输出电阻在几百欧以下。因此,在分析集成运放的实用电路时,将集成运放看成理想运放。

图 3.8 所示为理想运放的图形符号及电压传输特性。

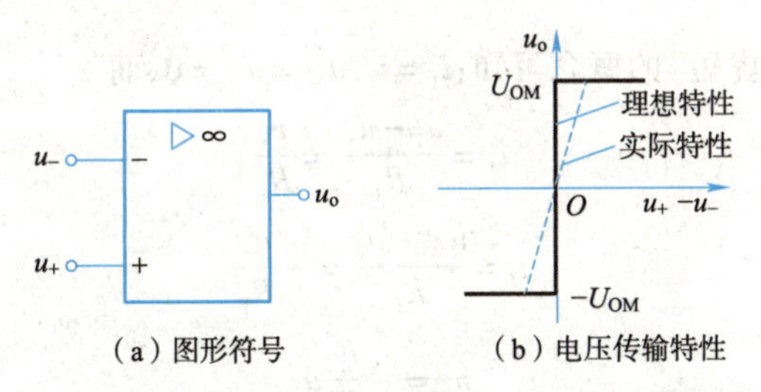

图 3.8 理想运放的图形符号及电压传输特性

从理想运放的电压传输特性可以看出:

当 $u_i > 0$,即 $u_+ > u_-$ 时,$u_o = +U_{OM}$;

当 $u_i < 0$,即 $u_+ < u_-$ 时,$u_o = -U_{OM}$。

3. 理想运放的两个重要推论

根据集成运放的理想化参数 $A_{do}\to\infty$、$r_{id}\to\infty$、$r_o\to 0$、$K_{CMR}\to\infty$ 可以得到以下两个推论。

(1)虚断。由于 $r_{id}\to\infty$,可得 $i_+ = i_- = 0$,即理想运放两个输入端的输入电流为零。

(2)虚短。由于 $u_o = A_{do}(u_+ - u_-)$,$A_{do}\to\infty$,u_o 是一个有限值,可得 $u_+ = u_-$,即理想运放两个输入端的电位相等。若信号从反相输入端输入,而同相输入端接地,则 $u_- = u_+ = 0$,即反相输入端的电位为地电位,通常称为虚地。

利用"虚断"和"虚短"的概念,可以十分方便地对集成运放的线性应用电路进行快速分析。

想一想:

集成运放由哪几部分组成?在理想状态下,集成运放主要参数有哪些?

视频

集成运算放大器构成基本运算电路

学习笔记

四、集成运算放大器的应用

集成运放只需在其外围加少数几个元器件，就可以构成实现功能的实用电路。

(一)模拟运算电路

1. 反相比例运算电路

反相比例运算电路的输入信号 u_i 加到集成运放的反相输入端，如图3.9所示。输出电压通过反馈电阻 R_f 反馈到反相输入端，形成闭环结构形式，显然该电路是电压并联负反馈电路。R_1 为输入端的电阻；R_2 为平衡电阻，以保证其输入端的电阻平衡，从而提高差分放大电路的对称性。一般取 $R_2 = R_1 /\!/ R_f$。

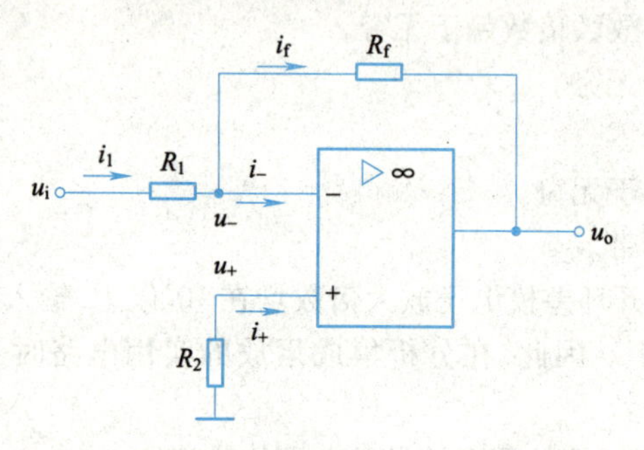

图3.9 反相比例运算电路

根据“虚断”和“虚短”的概念可知：$i_1 = i_f, u_- = u_+ = 0$，而

$$i_1 = \frac{u_i - u_-}{R_1} = \frac{u_i}{R_1}$$

$$i_f = \frac{u_- - u_o}{R_f} = -\frac{u_o}{R_F}$$

由此可得

$$u_o = -\frac{R_f}{R_1}u_i$$

式中，负号表示输出电压与输入电压的相位相反。

闭环电压放大倍数为

$$A_{uf} = \frac{u_o}{u_i} = -\frac{R_f}{R_1} \tag{3.1}$$

当 $R_f = R_1$ 时，$u_o = -u_i$，即 $A_{uf} = -1$，该电路就成了反相器。

2. 同相比例运算电路

同相比例运算电路是将输入信号 u_i 通过 R_2 加到集成运放的同相输入端，如图3.10所示。在该电路中，由于输出电压通过反馈电阻 R_f 反馈到反相输入端，所以该电路是电压串联负反馈电路。该电路中一般取 $R_2 = R_1 /\!/ R_f$。

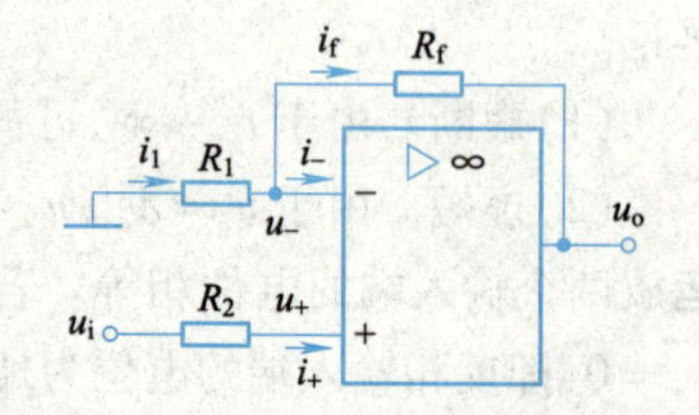

图3.10 同相比例运算电路

根据“虚断”和“虚短”概念可知：$i_1 = i_f, u_- = u_+ = u_i$，而

$$i_1 = \frac{0 - u_-}{R_1} = \frac{u_i}{R_1}$$

学习笔记

$$i_f = \frac{u_- - u_o}{R_f} = -\frac{u_i - u_o}{R_f}$$

由此可得
$$u_o = \left(1 + \frac{R_f}{R_1}\right)u_i$$

闭环电压放大倍数为
$$A_{uf} = \frac{u_o}{u_i} = 1 + \frac{R_f}{R_1} \tag{3.2}$$

输出电压与输入电压的相位相同。

3. 加法运算电路

在自动控制电路中,往往将多个采样信号按一定比例组合起来输入放大电路中,这就用到了加法电路。图3.11所示为反相加法运算电路,在集成运放的反相输入端输入了多个信号。

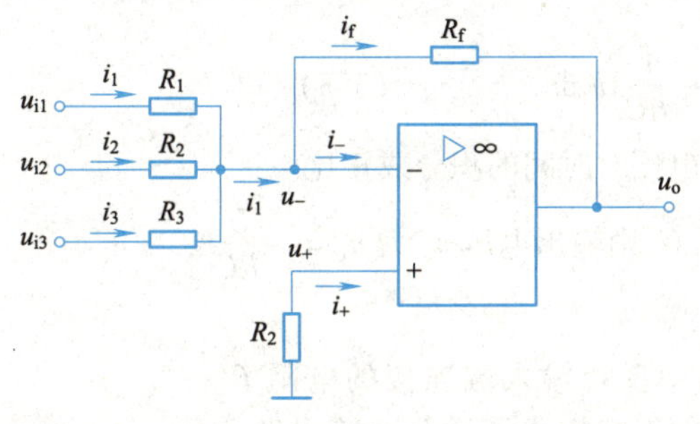

图3.11　反相加法运算电路

根据“虚断”和“虚短”概念可知:
$$i_f = i_i, u_- = u_+ = 0$$

分析电路可得
$$i_i = i_1 + i_2 + i_3$$
$$i_1 = u_{i1}/R_1, i_2 = u_{i2}/R_2, i_3 = u_{i3}/R_3$$
$$u_o = -R_f/i_f$$

故输出电压为
$$u_o = -R_f(u_{i1}/R_1 + u_{i2}/R_2 + u_{i3}/R_3) \tag{3.3}$$

可见,电路的输出电压正比于各输入电压之和,故又称反相加法比例运算电路。

4. 减法运算电路

图3.12所示为减法运算电路。两输入信号分别加到集成运放的反相输入端与同相输入端,反馈电压则由输出端通过反馈电阻R_f反馈到反相输入端。在同相输入端与地之间加了电阻R_3。为了使集成运放两输入端的输入电阻对称,通常取$R_1 = R_2, R_3 = R_f$。

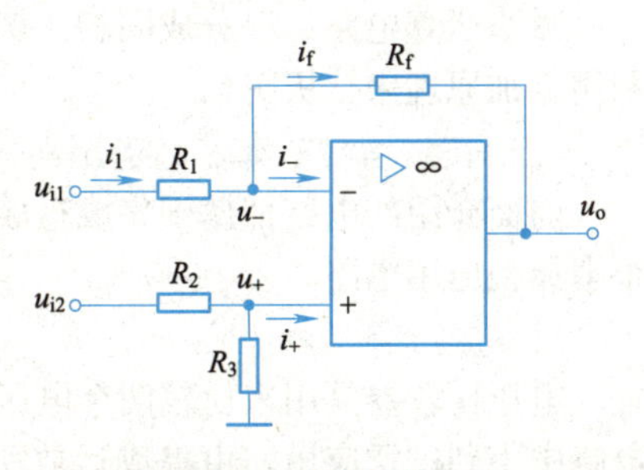

图3.12　减法运算电路

根据“虚断”和“虚短”概念可知:

$i_f = i_1, u_- = u_+$,分析电路可得

学习笔记

$$u_o=\left(1+\frac{R_f}{R_1}\right)\frac{R_3}{R_2+R_3}u_{i2}-\frac{R_f}{R_1}u_{i1} \tag{3.4}$$

因 $R_1=R_2, R_3=R_f$，故 $u_o=\frac{R_f}{R_1}(u_{i2}-u_{i1})$。

当 $R_1=R_2=R_3=R_f$ 时，$u_o=u_{i2}-u_{i1}$，该电路便可实现减法运算。

5. 积分运算电路

图 3.13 所示为积分运算电路，反馈元件为电容 C。由于反相输入端虚地，且 $i_+=i_-$，由图 3.13 可得

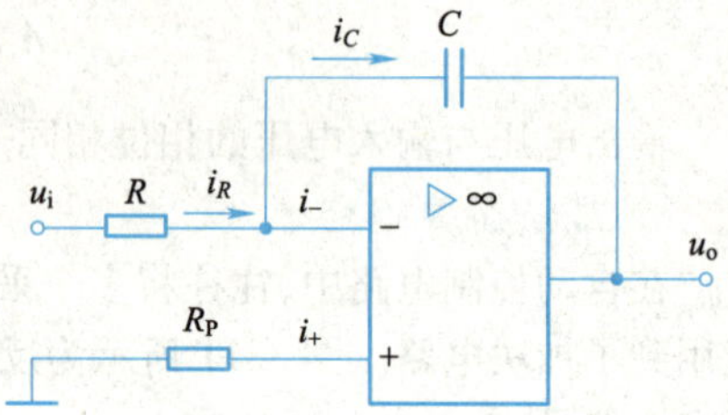

$$i_R=i_C$$

$$i_R=\frac{u_i}{R}, i_C=C\frac{du_C}{dt}=-C\frac{du_o}{dt}$$

图 3.13　积分运算电路

由此可得

$$u_o=-\frac{1}{RC}\int u_i dt \tag{3.5}$$

输出电压与输入电压对时间的积分成正比。

若 u_i 为恒定电压 U，则输出电压 u_o 为 $u_o=-\frac{U}{RC}t$。

6. 微分运算电路

将积分运算电路中反相输入端连接的电阻 R 与电容 C 交换一下位置，就构成了微分运算电路，如图 3.14 所示。由于反相输入端虚地，且 $i_+=i_-$，由图 3.14 可得

$$i_R=i_C$$

$$i_R=-\frac{u_o}{R}, i_C=C\frac{du_C}{dt}=C\frac{du_i}{dt}$$

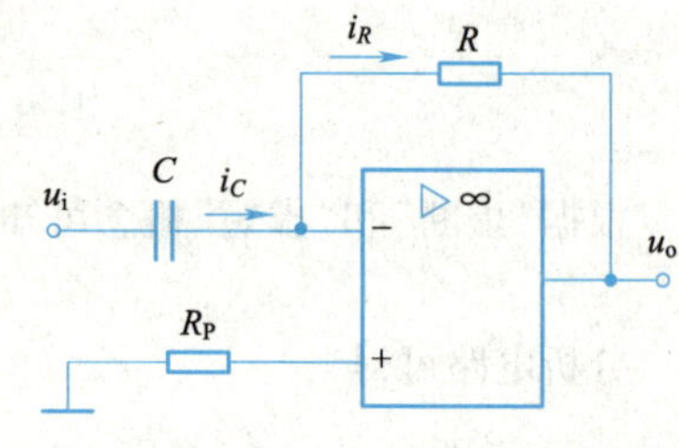

图 3.14　微分运算电路

由此可得

$$u_o=-RC\frac{du_i}{dt} \tag{3.6}$$

输出电压与输入电压对时间的微分成正比。

想一想：

减法运算电路可以分成同相比例运算放大电路和反相比例运算放大电路两个部分利用叠加原理来分析吗？

（二）集成运放的非线性应用

前面介绍的电路都属于集成运放线性应用的范畴。集成运放在非线性运用中也有很多典型应用电路。

1. 电压比较器

电压比较器是用来比较两个电压大小的电路。在自动控制、越限报警、波形变换等电路中得到广泛应用。由集成运放所构成的比较器电路，其重要特点是集成运放工作在开环状态。由于集成运放开环电压放大倍数很高，因而两输入端之间只要有微小电压，集成运放便进入非线性工作区域，输出电压 u_o 达到最大值 U_{OM}。

学习笔记

简单电压比较器的基本电路如图3.15(a)所示。它将一个模拟量的电压信号 u_i 和一个参考电压 U_R 相比较。模拟量信号可以从同相输入端输入,也可从反相输入端输入。对于图示电路,当 $u_i < U_R$ 时,$u_o = U_{OM}$;$u_i > U_R$ 时,$u_o = -U_{OM}$。

由此可以得到简单电压比较器的电压传输特性,如图3.15(b)所示。

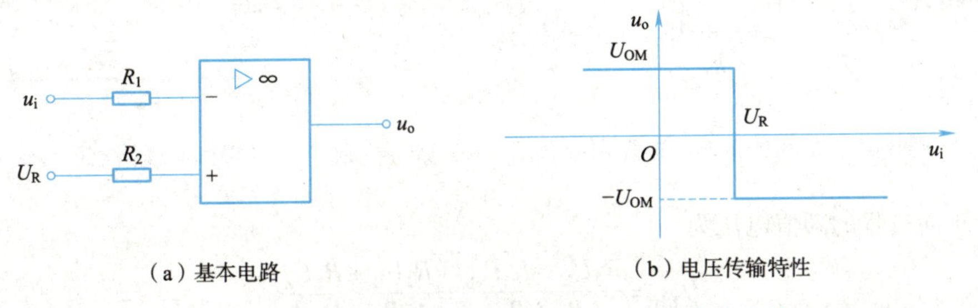

(a)基本电路　　(b)电压传输特性

图3.15　简单电压比较器的基本电路及电压传输特性

通常把比较器的输出电压从一个电平跳变到另一个电平时对应的临界输入电压称为阈值电压或门限电压,用符号 U_{TH} 表示。显然,对于简单电压比较器,$U_{TH} = U_R$。

也可以将图3.15(a)所示电路中的 U_R 和 u_i 的接入位置互换,即 u_i 接同相输入端,U_R 接反相输入端,则得到同相输入电压比较器。不难理解,同相输入电压比较器的阈值电压仍为 U_R,其传输特性读者可自己画出。

作为上述电路的一个特例,基准电压 $U_R = 0$ 时,则输入电压超过零时,输出电压将产生跃变,这种电压比较器称为过零电压比较电路。过零电压比较器电路及电压传输特性如图3.16所示。

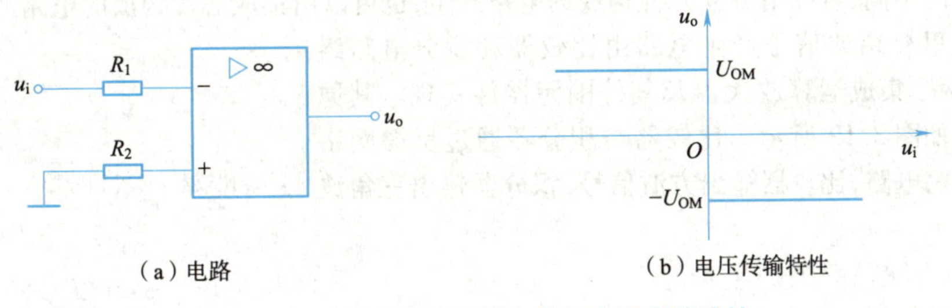

(a)电路　　(b)电压传输特性

图3.16　过零电压比较器电路及电压传输特性

2. 滞回电压比较器

具有滞回特性的比较器又称施密特触发器、迟滞比较器。这种电压比较器的特点是:当输入信号 u_i 逐渐增大或逐渐减小时,它有两个阈值电压且不相等,其传输特性具有滞回曲线的形状。

滞回电压比较器有反相输入和同相输入两种形式,图3.17所示为反相输入滞回电压比较器。

电路中 U_R 为某一固定电压,输出端所接的双向稳压管起限幅作用,忽略二极管的正向导通压降,将输出电压限制在 $\pm U_Z$ 之间(U_Z 为稳压二极管的稳定电压)。

(1)正向过程。u_i 逐渐增大,当 $u_i > \dfrac{R_3 U_R + R_2 U_Z}{R_2 + R_3}$ 时,u_o 从 $+U_Z$ 跳变为 $-U_Z$,形成图3.18所示滞回比较器电压传输特性的 $abcd$ 段。

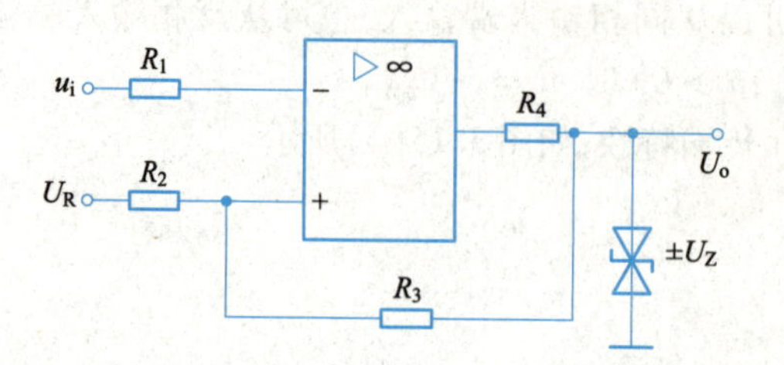

图 3.17　反相输入滞回电压比较器

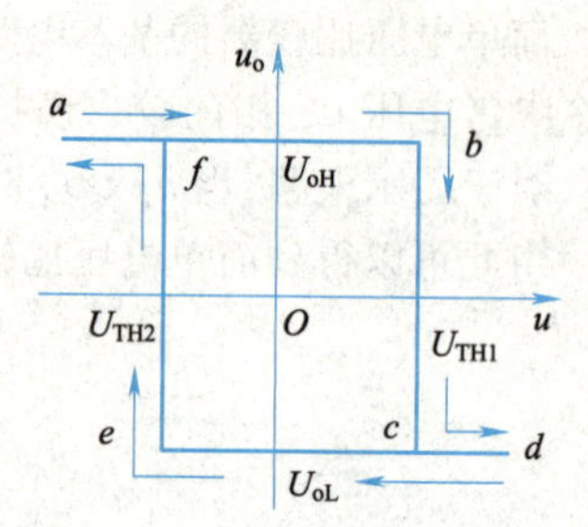

图 3.18　滞回比较器电压传输特性

正向过程的阈值电压为

$$U_{TH1} = \frac{R_3U_R + R_2U_{oH}}{R_2 + R_3} = \frac{R_3U_R + R_2U_Z}{R_2 + R_3}$$

(2)负向过程。u_i 逐渐减小，当 $u_i < \dfrac{R_3U_R - R_2U_Z}{R_2 + R_3}$ 时，u_o 从 $-U_Z$ 跳变为 $+U_Z$，形成图 3.18 所示滞回比较器电压传输特性的 *defa* 段。

负向过程的阈值电压为

$$U_{TH2} = \frac{R_3U_R + R_2U_{oH}}{R_2 + R_3} = \frac{R_3U_R - R_2U_Z}{R_2 + R_3}$$

(三)信号产生电路

1. 信号产生电路的构成

电子电路中经常要用到方波、锯齿波、三角波、正弦波、阶梯波等信号，这些信号根据要求的不同，可以由分立元件构成的电路产生，也可以由集成芯片构成的电路产生。

这里介绍的信号产生电路由比较器和积分电路组成，用两个集成运算放大器及其外围元器件实现。其原理框图如图 3.19 所示。比较器与积分器通过反馈网络组成振荡电路，比较器输出方波信号，积分器输出三角波信号。

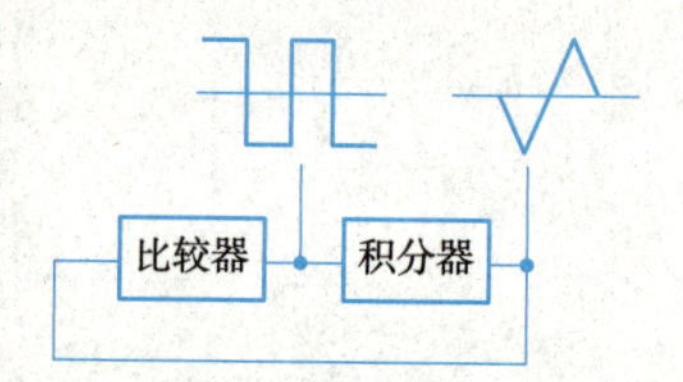

图 3.19　三角波方波发生器原理框图

2. 方波信号的产生

方波信号具有高电平和低电平两种状态，并且按照一定的时间间隔交替变化，具有一定的周期性。图 3.20 所示为由集成运放构成的方波发生器，输出端接有两个反向连接的稳压二极管，输出电压为 $\pm U_Z$；R_f、C 电路为延迟环节，确定输出方波的周期；R_f 为反馈网络；通过电容器 C 的放、充电实现输出状态的转换。

方波发生器工作过程：

某一时刻输出电压 $u_o = +U_Z$ 时，则同相输入端电位为 $U_R = U_H = U_Z \times R_2/(R_1 + R_2)$。$u_o$ 通过 R_f 对电容器 C 正向充电，充电电压为上正下负，反相输入端电位 U_C 随之升高，当升至 $U_C > U_R$ 瞬间，集成运放就会出现反相输入端电位大于同相输入端电位，其输出发生翻转，即 u_o 便由 $+U_Z$ 跃变为 $-U_Z$，与此同时，U_R 从 U_H 跃变为 $U_L = -U_Z \times R_2/(R_1 + R_2)$；$U_C$ 通过 R_f 开始放电，集成运放的反相输入端电位随之下降，当降至 $U_C < U_R$ 瞬间，集成运放的反相输入端电位小于其同相输入端电位时，u_o 便由 $-U_Z$ 跃变为 $+U_Z$。

与此同时，U_R 从 U_L 跃变为 U_H，电容器又开始正向充电。上述过程周而复始，电路产生自激振荡，其电路输出方波的周期取决于电容器充放电的时间常数。

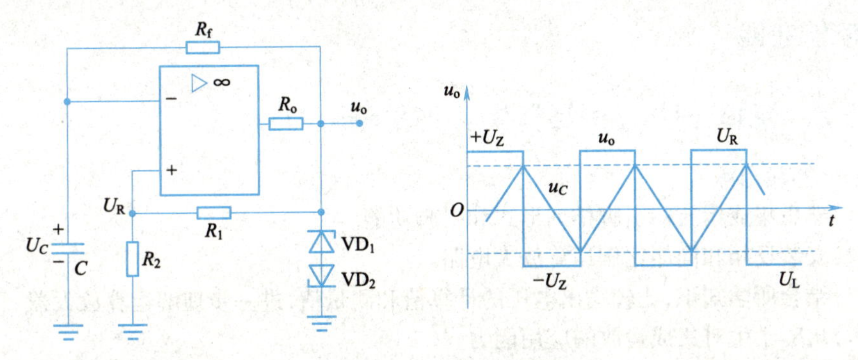

图3.20　由集成运放构成的方波发生器

3. 三角波信号的产生

将方波电路的输出作为积分电路的输入，在积分电路的输出端就可以得到三角波电压，其电压产生过程在前面积分电路部分已做介绍，这里不再赘述。电路如图3.21所示，波形转换示意图如图3.22所示。

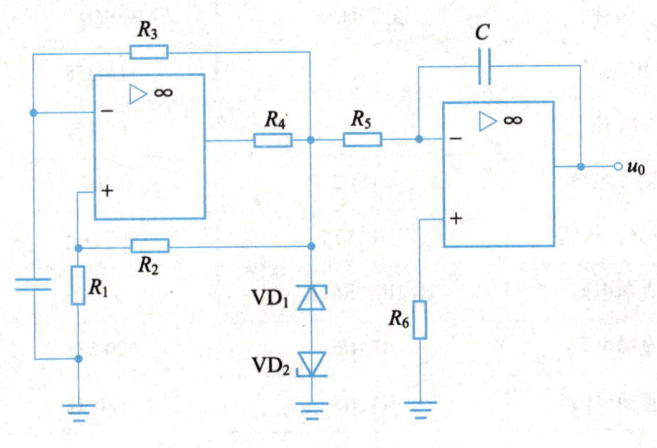

图3.21　三角波发生器

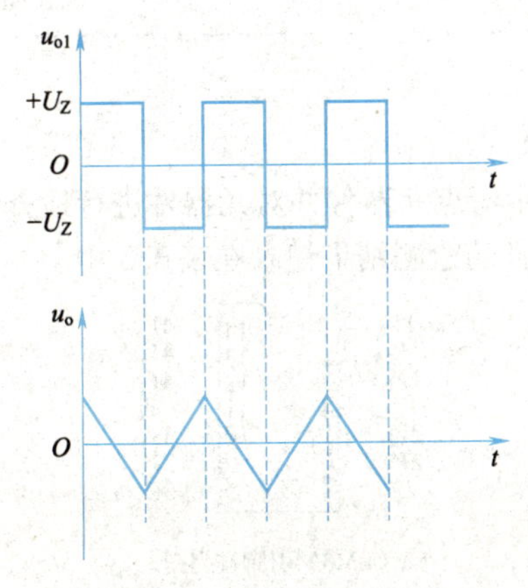

图3.22　波形转换示意图

学习笔记

想一想：

集成运放构成的电压比较器电路、滞回电压比较器电路中有虚短、虚断及虚地吗？

项目实践

任务 反相、同相比例运算放大电路的搭建与测试

（一）实践目标

（1）熟悉集成运放的引脚排列形式和引脚功能。

（2）安装反相和同相比例运算放大电路。

（3）结合所学知识，比较输出电压的计算值和测量值，进一步理解运算放大器。

（4）培养学生对集成运放的应用能力。

（二）实践设备和材料

（1）焊接工具及材料、直流可调稳压电源、低频信号发生器、双踪示波器、万用表、连孔板等。

（2）所需元器件见表3.1。

表3.1 反相、同相比例运算放大电路元器件清单

序号	名称	文字符号	规格	数量
1	IC芯片		LM358	1
2	IC座		8引脚	1
3	瓷片电容	C1、C2	104	2
4	发光二极管	VD1、VD2	ϕ5 红色	2
5	直插电阻	R1、R3、R5、R7	1 kΩ	4
6	直插电阻	R2、R6	20 kΩ	2
7	直插电阻	R4、R8	680 Ω	2
8	单股导线		0.5 mm×20 cm	若干
9	连孔板		8.3 cm×5.2 cm	1

（三）实践过程

1. 清点与检查元器件

按表3.1及图3.23所示清点元器件并对元器件进行检查，看有无损坏的元器件，如果有立即进行更换，将元器件的检测结果记录在表3.3中。

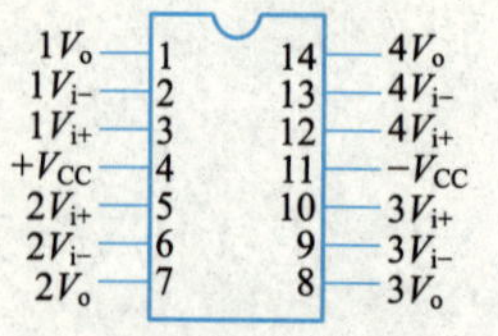

（a）LM324引脚排列图

图3.23 反相、同相比例运算放大电路

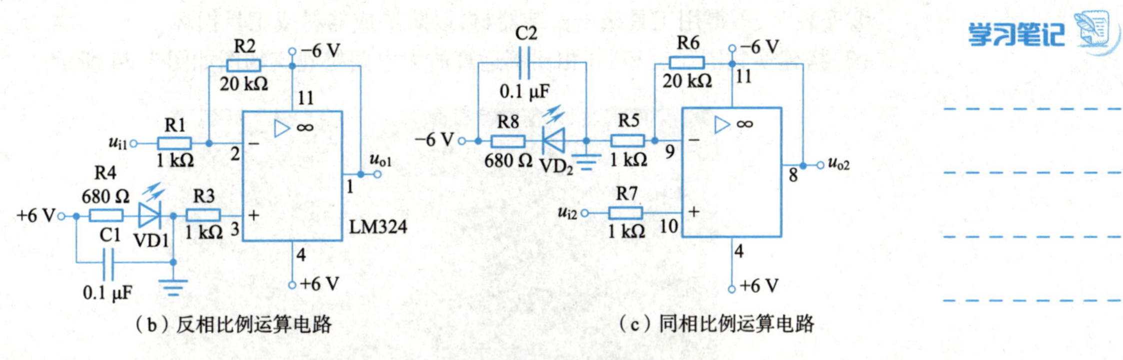

（b）反相比例运算电路　　（c）同相比例运算电路

图3.23　反相、同相比例运算放大电路（续）

表3.2　元器件检测结果记录表

序号	名称	文字符号	元器件检测结果
1	IC芯片		型号是＿＿＿＿＿＿
2	瓷片电容	C1、C2	容量标称值是＿＿＿＿＿＿。检测质量时，应选用的万用表挡位是＿＿＿＿＿＿
3	发光二极管	VD1、VD2	长引脚为＿＿＿＿＿＿极。检测时应选用的万用表挡位是＿＿＿＿＿＿。红表笔接二极管＿＿＿＿＿＿极测量时，可使它微弱发光
4	直插电阻	R1、R3、R5、R7	测量值为＿＿＿＿＿＿kΩ，选用的万用表挡位是＿＿＿＿＿＿
5	直插电阻	R2、R6	测量值为＿＿＿＿＿＿kΩ，选用的万用表挡位是＿＿＿＿＿＿
6	直插电阻	R4、R8	测量值为＿＿＿＿＿＿kΩ，选用的万用表挡位是＿＿＿＿＿＿

2. 电路搭建

（1）搭建步骤：

①按电路原理图在印制电路板上对元器件进行合理的布局。

②按照元器件的插装顺序依次插装元器件。

③按焊接工艺要求对元器件进行焊接，直到所有元器件焊完为止。

④将元器件之间用导线进行连接。

⑤焊接电源输入线和信号输入、输出引线。

（2）搭建注意事项：

①操作平台不要放置其他器件、工具与杂物。

②操作结束后，收拾好器材和工具，清理操作平台和地面。

③插装元器件前须按工艺要求对元器件的引脚进行成形加工。

④元器件排列要整齐，布局要合理并符合工艺要求。

⑤IC芯片的引脚、二极管正负极不能接错，以免损坏元器件。

⑥焊点表面要光滑、干净，无虚焊、漏焊和桥接。

⑦正确选用合适的导线进行器件之间的连接，同一焊点的连接导线不能超过2根。

学习笔记

⑧安装时，不得用工具敲击安装器材，以防造成器材或工具损坏。

(3)搭建实物图。反相、同相比例运算放大电路搭建实物图如图 3.24 所示。

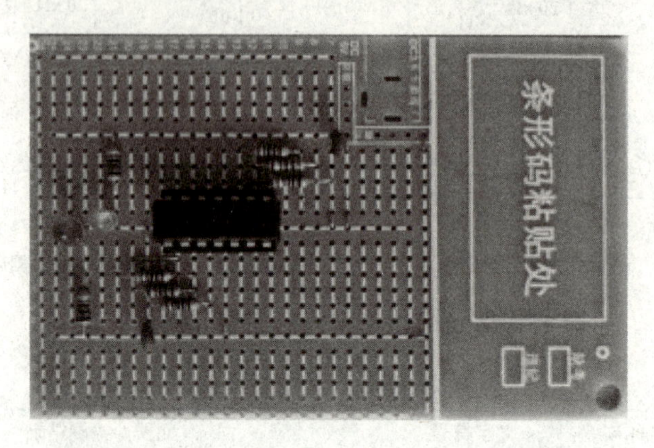

图 3.24　反相、同相比例运算放大电路搭建实物图

3. 电路通电及测试

装接完毕，检查无误后，用万用表测量电路的电源两端，若无短路，方可接入电源。在加入电源时，注意电源与电路板极性一定要连接正确。当加入电源后，观察电路有无异常现象，若有，立即断电，对电路进行检查。

在信号的输入端加上合适的正弦波输入信号，进行输入、输出电压的测量和电路分析。

(1)利用双踪示波器测量输入电压和输出电压，绘制波形并分别记录到表 3.3、表 3.4 中。

表 3.3　反相比例运算放大电路测量记录表

测量内容	波形记录	示波器挡位及测量结果	电压测量
输入电压		扫描挡位：________ 频率测量值：________ 衰减挡位：________ 峰值测量值：________	测量挡位：________ 测量结果：________
输出电压		扫描挡位：________ 频率测量值：________ 衰减挡位：________ 峰值测量值：________	测量挡位：________ 测量结果：________

表 3.4　同相比例运算放大电路测量记录表

测量内容	波形记录	示波器挡位及测量结果	电压测量
输入电压		扫描挡位：________ 频率测量值：________ 衰减挡位：________ 峰值测量值：________	测量挡位：________ 测量结果：________

学习笔记

续表

测量内容	波形记录	示波器挡位及测量结果	电压测量
输出电压		扫描挡位:______ 频率测量值:______ 衰减挡位:______ 峰值测量值:______	测量挡位:______ 测量结果:______

(2)根据测量结果计算反相比例运算放大电路、同相比例运算放大电路的输出电压 U_o 与输入电压 U_i 的比值。

(3)同相比例运算放大电路中,输出电压与输入电压的比值 U_o/U_i 与 $\left(1+\frac{R_f}{R_1}\right)$ 相比,两者是基本相等还是相差很大?如果不完全相等,原因是什么?输出电压与输入电压的相位差是多少?

(4)反相比例运算放大电路中,输出电压与输入电压的比值 U_o/U_i 与 $-\frac{R_f}{R_1}$ 相比,两者是基本相等还是相差很大?如果不完全相等,原因是什么?输出电压与输入电压的相位差是多少?

想一想:

简述 LM324 各引脚功能。

考核评价

根据任务完成情况及评价项目,学生进行自评。同时组长负责组织成员讨论,对小组每位成员进行评价。结合教师评价、小组评价及自我评价,完成考核评价环节。考核评价表见表 3.5。

表 3.5　考核评价表

<table>
<tr><td colspan="2">任务名称</td><td colspan="4"></td></tr>
<tr><td>班级</td><td></td><td>小组编号</td><td></td><td>姓名</td><td></td></tr>
<tr><td rowspan="2">小组成员</td><td>组长</td><td>组员</td><td>组员</td><td>组员</td><td>组员</td></tr>
<tr><td></td><td></td><td></td><td></td><td></td></tr>
<tr><td rowspan="10">自我评价</td><td>评价项目</td><td>标准分</td><td>评价分</td><td colspan="2">主要问题</td></tr>
<tr><td>任务要求认知程度</td><td>10</td><td></td><td colspan="2"></td></tr>
<tr><td>相关知识掌握程度</td><td>15</td><td></td><td colspan="2"></td></tr>
<tr><td>专业知识应用程度</td><td>15</td><td></td><td colspan="2"></td></tr>
<tr><td>信息收集处理能力</td><td>10</td><td></td><td colspan="2"></td></tr>
<tr><td>动手操作能力</td><td>20</td><td></td><td colspan="2"></td></tr>
<tr><td>数据分析处理能力</td><td>10</td><td></td><td colspan="2"></td></tr>
<tr><td>团队合作能力</td><td>10</td><td></td><td colspan="2"></td></tr>
<tr><td>沟通表达能力</td><td>10</td><td></td><td colspan="2"></td></tr>
<tr><td colspan="2">合计评分</td><td colspan="3"></td></tr>
</table>

学习笔记

<table>
<tr><td></td><td>评价项目</td><td>标准分</td><td>评价分</td><td>主要问题</td></tr>
<tr><td rowspan="5">小组评价</td><td>专业展示能力</td><td>20</td><td></td><td></td></tr>
<tr><td>团队合作能力</td><td>20</td><td></td><td></td></tr>
<tr><td>沟通表达能力</td><td>20</td><td></td><td></td></tr>
<tr><td>创新能力</td><td>20</td><td></td><td></td></tr>
<tr><td>应急情况处理能力</td><td>20</td><td></td><td></td></tr>
<tr><td></td><td colspan="2">合计评分</td><td colspan="2"></td></tr>
<tr><td>教师评价</td><td colspan="4"></td></tr>
<tr><td>总评分</td><td colspan="4"></td></tr>
<tr><td>备注</td><td colspan="4">总评分 = 教师评价 ×50% + 小组评价 ×30% + 自我评价 ×20%</td></tr>
</table>

拓展阅读

超大规模集成光量子计算芯片研制成功

北京大学王剑威研究员、龚旗煌教授课题组与合作者经过6年联合攻关，研制了基于超大规模集成硅基光子学的图论“光量子计算芯片”——“博雅一号”，发展出了超大规模集成硅基光量子芯片的晶圆级加工和量子调控技术，首次实现了片上多光子高维度量子纠缠态的制备与调控，演示了基于图论的可任意编程玻色取样专用型量子计算。相关研究成果以《超大规模集成的图量子光子学》为题，在线发表于《自然·光子学》。

研究团队介绍，图论是数学和计算机科学的一个重要分支，可以用来描述被研究对象间的复杂关系。图论也为描述与刻画量子态、量子器件和量子系统等提供了强有力的数学工具，如图纠缠态是通用量子计算的重要资源态，量子行走可以模拟图网络结构，图可以描述量子关联、研究量子网络等。图论“光量子计算芯片”是一种以数学图论为理论架构，描述、映射并在芯片上实现光量子计算功能的新型量子计算技术。

北京大学课题组与合作者经过6年联合攻关，发展出了基于互补金属氧化物半导体工艺的晶圆级大规模集成硅基光量子芯片制备技术和量子调控方法，研制了一款集成约2500个元器件的超大规模光量子芯片，实现了基于图论的光量子计算和信息处理功能。这一光量子芯片可与复数图完全一一对应，图的边对应关联光子对源，顶点对应光子源到探测器的路径，芯片输出多重光子计数对应于图的完美匹配。通过编程该光量子芯片可任意重构八顶点无向复图，并执行与图对应的量子信息处理和量子计算任务。

量子纠缠是研究量子基础物理和量子计算前沿应用的核心资源。然而，如何在芯片上制备多光子且高维度的量子纠缠态，一直存在诸多理论和实验挑战。研究团队利用该光量子芯片，首次实现了多光子且高维度的量子纠缠态的制备、操控、测量和纠缠

学习笔记

验证,验证了四光子三维GHZ真纠缠。在图论统一架构下,单一芯片编程实现了多种重要量子纠缠态。多光子高维纠缠可为高维通用型量子计算提供关键资源态。据介绍,基于图论的可编程玻色取样专用型量子计算芯片有望为化学分子模拟、图优化求解、量子辅助机器学习等提供有效解决方案。

(来源:人民网)

小结

1. 直接耦合放大电路

直接耦合放大电路中可以采用差分放大电路来有效抑制零点漂移问题。

差分放大电路有差模电压放大倍数和共模电压放大倍数的差别。用共模抑制比来综合衡量差分放大电路优劣。

2. 集成运算放大器

理想集成运放的参数及虚短、虚断概念是分析集成运放的重要依据。

集成运放有线性区和非线性区两部分。

常用的集成运放电路有线性应用和非线性应用,应了解其工作原理及分析方法。

自我检测题

一、判断题

1. 集成运放线性应用一般均引入深度负反馈。 ( )
2. 对于同相比例放大器,输入信号与输出信号的波形变化规律不一定要相同。 ( )
3. 集成运放的输出电压一定要比输入电压大。 ( )
4. 集成运放组成比例放大、减法与加法运算电路时都有虚地。 ( )
5. 集成运放放大的信号只能是交流信号。 ( )
6. 一个集成运放芯片只能含有一个集成运放。 ( )
7. 集成运放进行线性放大时的 A_u 大小与其开环时 A_u 有关。 ( )
8. 集成运放在线性应用时,用数字万用表测量两个输入引脚电位几乎是相等的。 ( )
9. 某集成运放的电源为5 V,只要把 A_u 增大,输出电压可达6 V。 ( )
10. 对于线性运放,反馈电阻 R_f 越大,负反馈就越强,放大能力就越强。 ( )

二、选择题

1. 集成运放主要参数中,不包含( )。

   A. 输入失调电压　　B. 开环放大倍数

   C. 共模抑制比　　D. 最大工作电流

2. 电路如图3.25所示,电路中 R_f 引入的是( )负反馈。

   A. 电压串联　　B. 电压并联

   C. 电流串联　　D. 电流并联

3. 如图3.25所示,该电路属于( )。

   A. 反相比例运算放大器　　B. 同相比例运算放大器

   C. 加法运算器　　D. 减法运算器

学习笔记

4. 在图3.25中，一般为了保证集成运放反相输入端和同相输入端对地电阻的平衡，R_2与R_1、R_f的关系为(　　)。

A. $R_2=R_1+R_f$　　B. $R_f=R_1+R_2$

C. $R_2=R_1/R_f$　　D. $R_1=R_2+R_f$

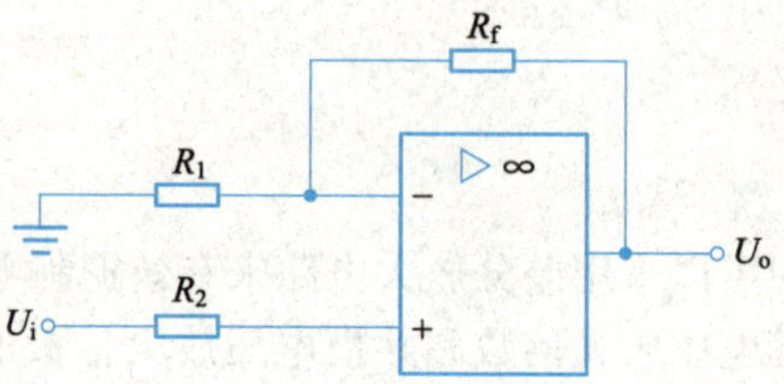

R_f R_1 R_2 U_i U_o ▷∞ − +

图3.25　选择题2图

5. 下面关于线性集成运放说法错误的是(　　)。

A. 用于同相比例运算时，闭环电压放大倍数一般大于1

B. 一般运算电路可利用“虚短”和“虚断”的概念求出输入和输出的关系

C. 在一般的模拟运算电路中，往往要引入负反馈

D. 在一般的模拟运算电路中，集成运放的反相输入端总为“虚地”

6. 用运算放大器构成的“跟随器”电路的输出电压与输入电压(　　)。

A. 相位相同，大小成一定比例

B. 相位和大小都相同

C. 相位相反，大小成一定比例

D. 相位和大小都不同

7. 反相比例运算放大器的输入电阻为(　　)。

A. R_2　　B. ∞　　C. R_1　　D. R_f

8. 下面关于理想运放的性质叙述正确的是(　　)。

A. 输入电阻为0　　B. 输出电阻∞

C. 频带宽度为0→∞　　D. 开环电压放大倍数为0

9. 差分输入比例运算放大电路是指(　　)。

A. 反相输入比例运算放大电路　　B. 减法比例运算放大电路

C. 同相输入比例运算放大电路　　D. 加法比例运算放大电路

10. 反相比例运算放大电路中的反馈类型是(　　)。

A. 电压串联　　B. 电压并联

C. 电流串联　　D. 电流并联

11. 同相比例运算放大电路中的反馈类型是(　　)。

A. 电压串联　　B. 电压并联

C. 电流串联　　D. 电流并联

12. 集成运算放大器的特点是(　　)。

A. 开环放大倍数较小　　B. 内部为直接耦合

C. 只应用于数学运算　　D. 只应用于逻辑运算

学习笔记

13. 反相比例运算放大电路的电压放大倍数是(　　)。

A. $\frac{R_f}{R_1}$　　B. $-\frac{R_f}{R_1}$

C. $\frac{R_1}{R_f}$　　D. $-\frac{R_1}{R_f}$

14. 集成运放的理想特性中,当输入信号为零时,输出端的电位是(　　)。

A. 无规律变化的值　　B. 不为零的起始值

C. 有规律变化的值　　D. 零电位

15. 如图3.26所示,$R_1=10\ \mathrm{k\Omega}$,$U_i=5\ \mathrm{mV}$,$U_o=40\ \mathrm{mV}$,则R_f阻值应为(　　)。

A. 80 kΩ　　B. 40 kΩ　　C. 50 kΩ　　D. 70 kΩ

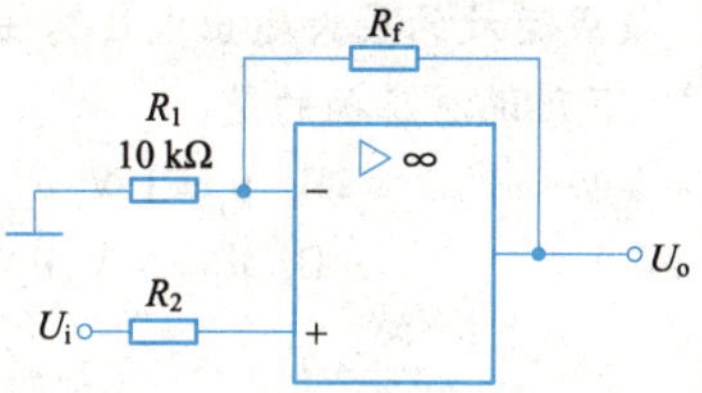

图3.26　选择题15图

16. 在图3.27所示电路中,输出电压U_o为(　　)。

A. 4 V　　B. 0 V　　C. 2 V　　D. −2 V

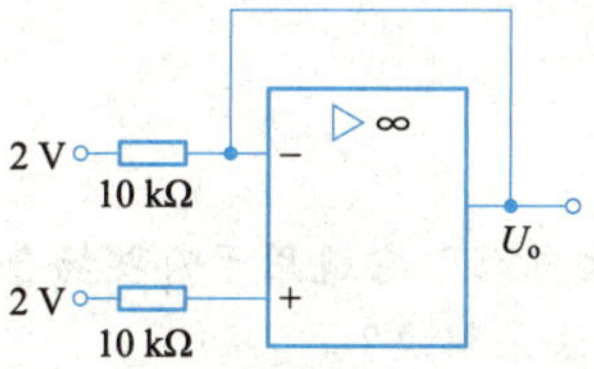

图3.27　选择题16图

17. 要实现$U_o=-5U_3-10U_2-U_1$的运算,则应选用(　　)。

A. 反相比例运算电路　　B. 同相比例运算电路

C. 反相加法运算电路　　D. 减法运算电路

18. 如图3.28所示电路,u_o与u_s的关系为(　　)。

A. $u_o=-u_s$　　B. $u_o=-2u_s$

C. $u_o=u_s$　　D. $u_o=2u_s$

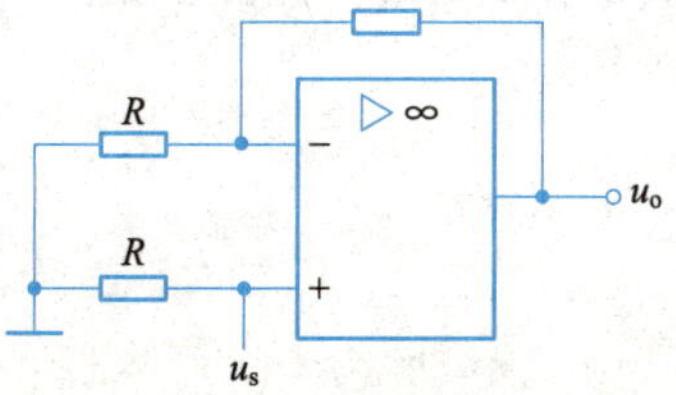

图3.28　选择题18图

学习笔记

19. 如图3.29所示电路，集成运放的最大输出电压为±12 V，下列说法正确的是(　　)。

A. $u_i=1$ V，$u_o=-12$ V　　B. $u_i=2$ V，$u_o=-12$ V

C. $u_i=4$ V，$u_o=-12$ V　　D. $u_i=5$ V，$u_o=+12$ V

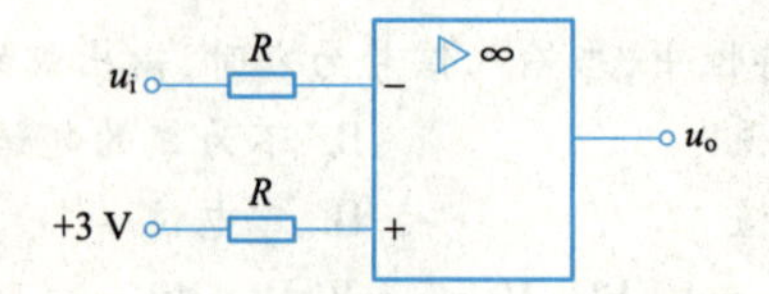

图3.29　选择题19图

20. 如图3.30所示电路，集成运放的最大输出电压为±12 V，稳压管的稳定电压U_Z=6 V，正向导通电压为0.7 V，下列说法正确的是(　　)。

A. $u_i=0.5$ V，$u_o=-6$ V　　B. $u_i=1$ V，$u_o=-0.7$ V

C. $u_i=1.5$ V，$u_o=+6$ V　　D. $u_i=5$ V，$u_o=+12$ V

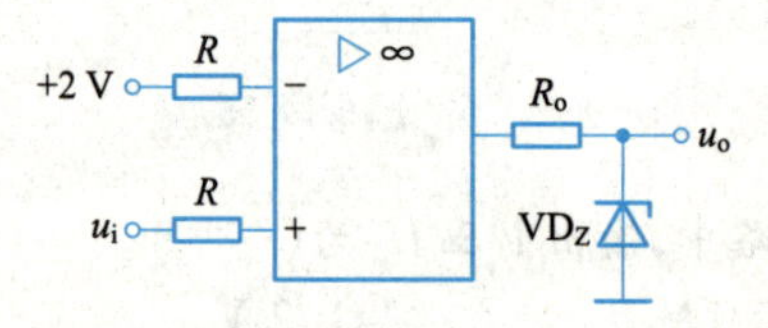

图3.30　选择题20图

习题

3.1　什么是直接耦合放大电路？它适用于哪些场合？直接耦合放大电路有什么特殊问题？在电路上采取什么办法来解决？

3.2　简述什么是共模信号？什么是差模信号？什么是共模电压放大倍数？什么是差模电压放大倍数？什么是共模抑制比？

3.3　画出由集成运放组成的反相放大电路、同相放大电路的电路原理图，并比较两种电路的不同之处。

3.4　图3.31是LM324集成运放块的一个应用实例，请根据电路图，结合集成运放的线性与非线性应用知识来回答。

(1)U1A、U1B集成运放构成什么电路？第一级电压放大倍数A_{u1}是多少？R_{P3}调小时，第二级电压放大倍数A_{u2}怎样变化？

(2)U1C、U1D集成运放构成什么电路？说出理由。

学习笔记

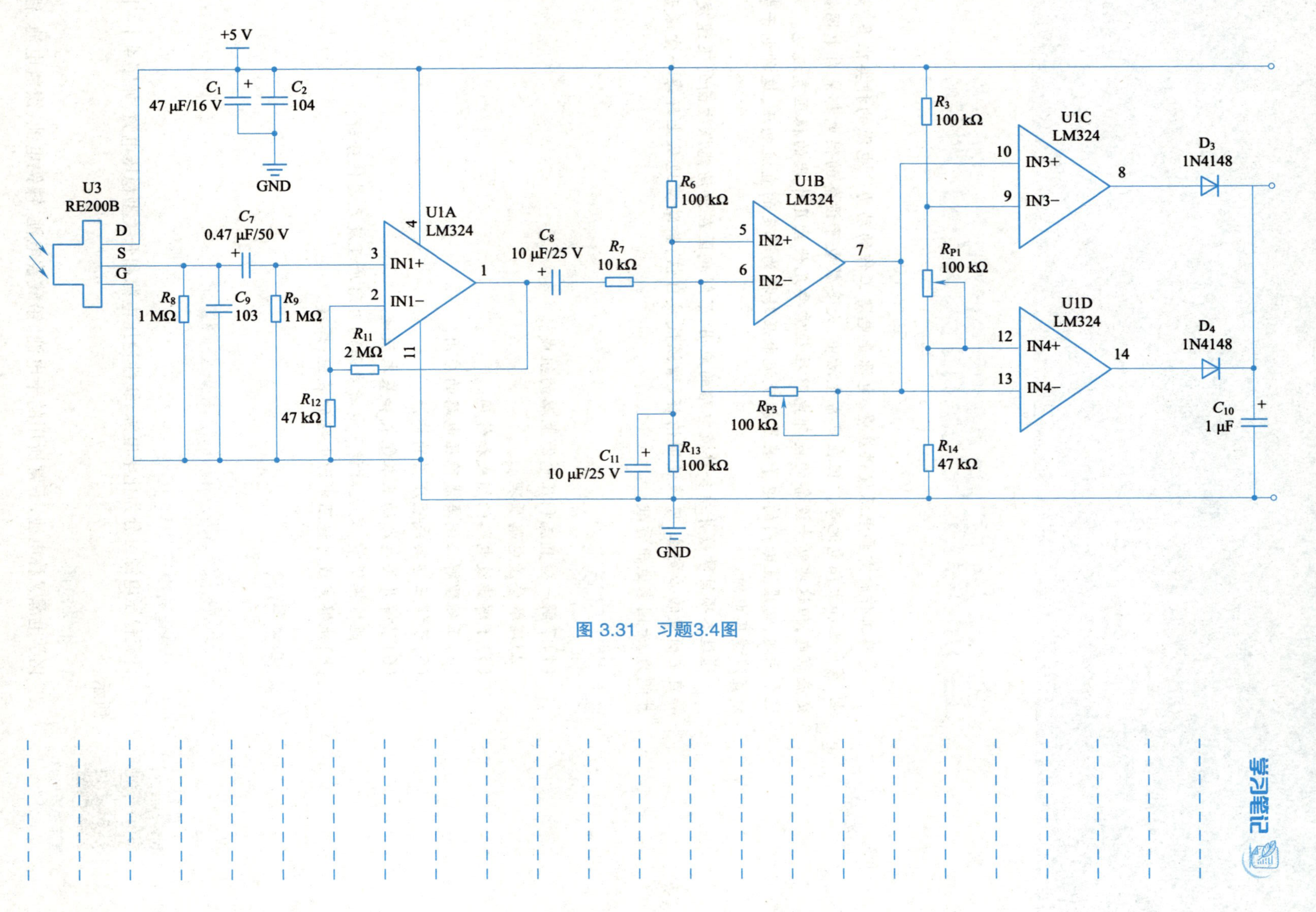

图 3.31　习题3.4图

项目4

直流稳压电源的实现与测试

学习笔记

电路工作时需要电源提供能量,电源是电路工作的动力。电源的种类很多,如干电池、蓄电池和太阳电池等。但在日常生活中,大多数电子设备的供电都来自电网提供的交流市电,但这些电子设备的内部电路往往需要几伏至几十伏的稳压直流电。为解决这个问题,需设置专门的电子装置把交流电压转换为稳定的直流电压,这种电子装置称为直流稳压电源。

通过本项目学习并结合整流电路的应用,了解我国在清洁能源方面的飞速发展、理解自主研发的必要性,厚植爱国情怀、增强民族自信,脚踏实地从上好每一堂课开始提升能力,为国家做出贡献。

学习目标

(1)了解一般直流稳压电源电路的组成。

(2)理解整流电路原理。

(3)了解滤波电路的组成和作用。

(4)正确理解三端集成稳压电路的应用。

(5)了解三端集成稳压器的特性。

(6)了解开关电源的基本组成和基本原理。

(7)能根据所学,完成对稳压电源电路的电路原理及元器件分析。

(8)能够完成对稳压电源电路的装配、焊接。

相关知识

一、直流稳压电源的分类和主要技术指标

视频

直流稳压电源的分类

(一)直流稳压电源的分类

直流稳压电源可分为化学电源、线性稳压电源和开关型稳压电源,如图 4.1 ~ 图 4.3 所示。

1. 化学电源

化学电源又称电池,平常所用的干电池、铅酸蓄电池、镍镉电池、镍氢电池、锂离子

电池均属于化学电源。

学习笔记

图4.1　化学电源图

图4.2　线性稳压电源图

图4.3　开关型稳压电源

2. 线性稳压电源

线性稳压电源的特点是它的功率器件调整管工作在线性区,靠调整管之间的电压降来稳定输出。由于调整管静态损耗大,需要安装一个很大的散热器给它散热。

该类电源优点是稳定性高、纹波小、可靠性高、易做成多路、输出连续可调的电压;缺点是体积大、较笨重、效率相对较低。这类稳压电源又有很多种,从输出性质上可分为稳压电源、稳流电源、集稳压稳流于一身的稳压稳流(双稳)电源。从输出值来看,可分为定点输出电源、波段开关调整式和电位器连续可调式几种。从输出指示上,可分为指针指示型和数字显示型等。

3. 开关型稳压电源

开关型稳压电源(简称“开关电源”)根据电路形式分主要有单端反激式、单端正激式、半桥式、推挽式和全桥式。它和线性电源的根本区别在于它的变压器不工作在工频而是工作在几十千赫到几兆赫。调整管工作在饱和及截止区即开关状态,开关电源因此而得名。

开关电源的优点是体积小、质量小、稳定可靠;缺点是相对于线性直流稳压电源来说纹波较大。它的功率为自几瓦到几千瓦,价位为几元到十几万元。因此开关电源成为广泛应用的电源。

(二)直流稳压电源的主要技术指标

直流稳压电源的主要技术指标可以分为两大类:一类是特性指标,反映直流稳压电源的固有特性;另一类是质量指标,反映直流稳压电源的优劣。

1. 特性指标

(1)输出电压范围。符合直流稳压电源工作条件情况下,能够正常工作的输出电压范围。该指标的上限是由最大输入电压和最小输入-输出电压差所决定,而其下限是由直流稳压电源内部的基准电压值决定。

(2)最大输入-输出电压差。该指标表征在保证直流稳压电源正常工作条件下,所允许的最大输入-输出之间的电压差值,其值主要取决于直流稳压电源内部调整管的耐压指标。

(3)最小输入-输出电压差。该指标表征在保证直流稳压电源正常工作条件下,所需的最小输入-输出之间的电压差值。

(4)输出负载电流范围。输出负载电流范围又称输出电流范围。在这一电流范围内,直流稳压电源应能保证符合指标规范所给出的指标。

学习笔记

2. 质量指标

(1)稳压系数 S_r。当温度和负载不变时,输出电压相对变化量与输入电压相对变化量之比称为稳压系数,即

$$S_r = \left.\frac{\Delta U_O / U_O}{\Delta U_I / U_I}\right|_{R_L=\text{常数}}$$

式中,ΔU_I 为输入电压变化量;ΔU_O 为输出电压变化量。

显然,$S_r \ll 1$,其值越小,稳压性能越好。

(2)电压调整率 S_U。电压调整率是表征直流稳压电源稳压性能优劣的重要指标,它表征当输入电压 U_I 变化时,直流稳压电源输出电压 U_O 稳定的程度,通常以单位输出电压下的输出和输入电压的相对变化的百分比表示。

$$S_U = \left.\frac{\Delta U_O}{\Delta U_I U_O} \times 100\%\right|_{R_L=\text{常数}}$$

有时也定义为恒温条件下,负载电流不变时,输入电压变化 10% 时引起的输出电压的变化量 ΔU_O,单位为 mV。S_U 越小,稳压性能越好。

(3)输出电阻 R_O。当温度、输入电压不变而负载变化时,输出电压的变化量 ΔU_O 与负载电流的变化量 ΔI_O 之比称为输出电阻 R_O,即

$$R_O = \left.\frac{\Delta U_O}{\Delta I_O}\right|_{U_I=\text{常数}}$$

它用来衡量稳压电源的带负载能力,其值越小,带负载能力越强,一般要求 $R_O <$ 1 Ω。

(4)电流调整率 S_I。当温度不变且输入电压一定时,输出电流 I_O 从 0 变到额定输出值时,输出电压的相对变化称为电流调整率 S_I。即

$$S_I = \left.\frac{\Delta U_O}{U_O} \times 100\%\right|_{U_I=\text{常数}}$$

有时也定义为恒温条件下,输出电流变化 10% 时引起的输出电压的变化量 ΔU_O,单位为 mV。S_I 越小,输出电压受负载电流的影响就越小。

(5)纹波电压。纹波电压是指叠加在直流输出电压 ΔU_O 上的交流电压,通常用有效值或峰-峰值表示。

在电容滤波电路中,负载电流越大,纹波电压也越大。纹波电压应在额定输出电流的条件下测出。

纹波抑制比 S_R 定义为稳压电路输入纹波电压峰-峰值 U_{ipp} 与输出纹波电压峰-峰值 U_{opp} 之比,并用对数表示,即

$$S_R = 20\lg\frac{U_{ipp}}{U_{opp}}$$

S_R 表示稳压电路对其输入端引入的交流纹波电压的抑制能力。

想一想:

(1)线性直流稳压电源的优点和缺点是什么?

(2)开关电源的优点和缺点是什么?

学习笔记

视频

线性直流稳压电源的组成

二、线性直流稳压电源

(一)线性直流稳压电源的组成

小功率线性直流稳压电源通常由变压电路、整流电路、滤波电路和稳压电路四部分组成,如图4.4所示。

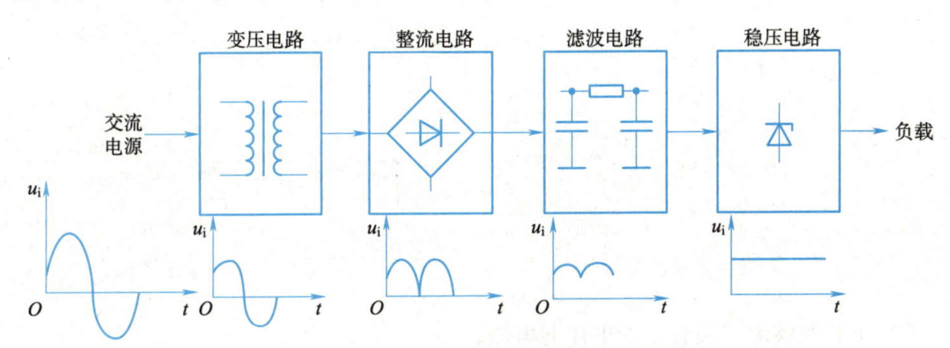

图4.4　小功率线性直流稳压电源原理框图

1. 变压电路

将电网220 V或380 V的工频交流电压转换成符合整流电路需要的交流电压。

2. 整流电路

利用具有单向导电性的整流器件(如二极管、晶闸管等)将交流电压转变成单向脉动直流电压。整流后的脉动直流电压中不仅含有有用的直流分量,还含有有害的交流分量。

3. 滤波电路

利用电容、电感等电路元件的储能特性,滤去单向脉动直流电压中的交流分量,保留其中的直流分量,减小脉动程度,得到比较平滑的直流电压。当电网电压波动或负载变化时,滤波电路输出的直流电压会随着电网波动或负载的变化而变化。

4. 稳压电路

稳压电路的功能是维持直流电压的稳定输出,使得输出电压基本不受电网波动和负载变化的影响而维持不变。对于输出电压稳定性要求不高的电子电路,整流滤波后的直流电压可以作为供电电源。

(二)整流电路

将交流电变换为脉动直流电的过程称为整流,利用二极管的单向导电性可以实现整流。整流电路的种类较多,最常见的、最基础的是单相半波整流电路和单相桥式整流电路。

1. 单相半波整流电路

(1)电路结构和工作原理。单相半波整流电路图如图4.5所示。由于二极管的单向导电性,交流电源 u_2 的正半周(变压器二次侧的上端为正,下端为负)电流能通过整流二极管而被负载利用,负半周电流被二极管截止而不能被利用,故称为半波整流电路。输出波形如图4.6所示。这种大小波动、方向不变的电压或电流称为脉动直流电。这种整流电路的优点是结构简单,缺点是电源利用率低。

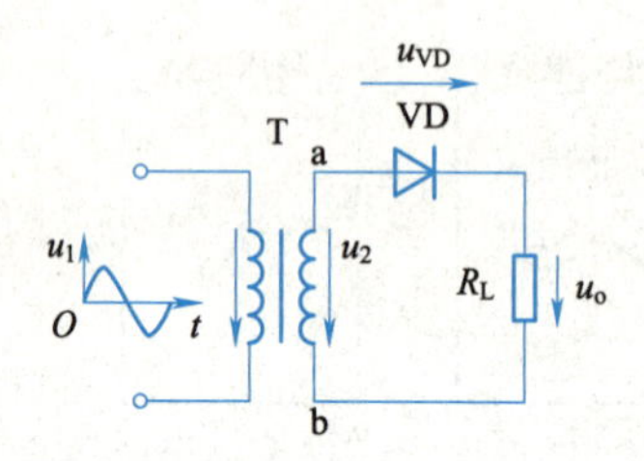

图 4.5　单相半波整流电路

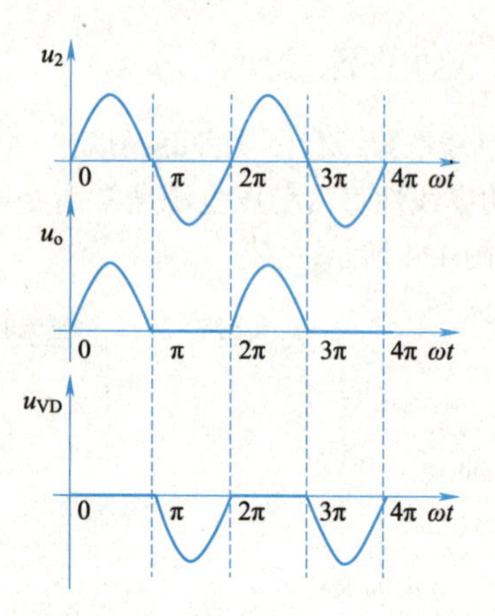

图 4.6　半波整流电路输出波形

(2)负载和整流二极管上的电压与电流：

整流输出电压是用输出的脉动直流电压的平均值表示的，即

$$U_o = \frac{1}{2\pi}\int_0^{2\pi} u_o \mathrm{d}(\omega t) = \frac{\sqrt{2}U_2}{\pi} \approx 0.45U_2$$

负载电流的平均值为

$$I_o = \frac{0.45U_2}{R_L}$$

二极管上的平均电流等于负载电流平均值，即

$$I_{VD} = I_o = \frac{0.45U_2}{R_L}$$

当二极管截止时，它承受的最高反向电压就是 u_2 的峰值电压，即

$$U_{DRM} = \sqrt{2}U_2$$

根据以上结论，选用半波整流二极管时应满足以下条件：

(1)二极管的最高反向工作电压 U_{DRM} 应大于被整流交流电的峰值电压；

(2)二极管的最大整流电流 I_{FM} 应大于流过它的实际工作电流。

视频

单相桥式整流电路结构和工作原理

2. 单相桥式整流电路

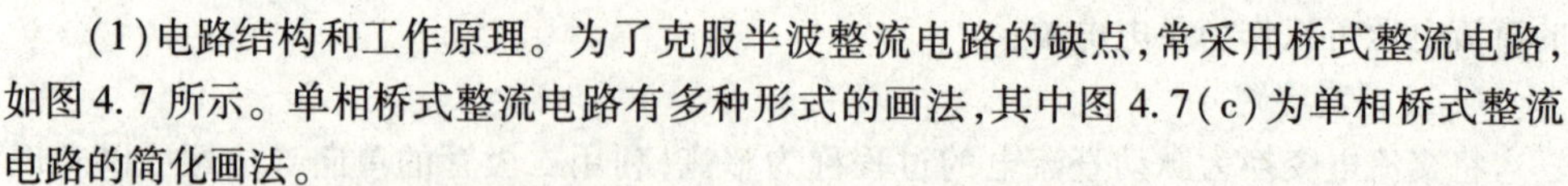

(1)电路结构和工作原理。为了克服半波整流电路的缺点，常采用桥式整流电路，如图 4.7 所示。单相桥式整流电路有多种形式的画法，其中图 4.7(c)为单相桥式整流电路的简化画法。

单相桥式整流电路的工作原理如图 4.8 所示。交流电压 u_1 经过电源变压器变换为所需要的电压 u_2。在 u_2 的正半周(即 $0 \sim t_1$)时，整流二极管 VD_1、VD_3 正向导通，VD_2、VD_4 反向截止，产生的电流 i_1 从上到下通过负载电阻 R_L，在 R_L 两端产生上正(+)下负(-)的电压，如图 4.8(a)所示，R_L 两端电压 u_L 和其中的电流 i_L 的波形如图 4.8(c)所示；在 u_2 的负半周(即 $t_1 \sim t_2$)时，整流二极管 VD_2、VD_4 正向导通，VD_1、VD_3 反向截止，R_L 两端的电压和其中的电流方向与上述正半周中的一样，如图 4.8(b)所示。当 u_2 进入下一个周期(即 t_2 以后)时，电路的工作状态将重复上述过程。

由以上分析可见，单相桥式整流电路在工作时，两只二极管导通，另外两只二极管

截止，随 u_2 的变化而交替轮换导通，呈现出周期性的重复。在整个工作过程中，负载 R_L 中的电流和两端电压的大小随时间 t 的改变而周期性变化，但方向始终不变。

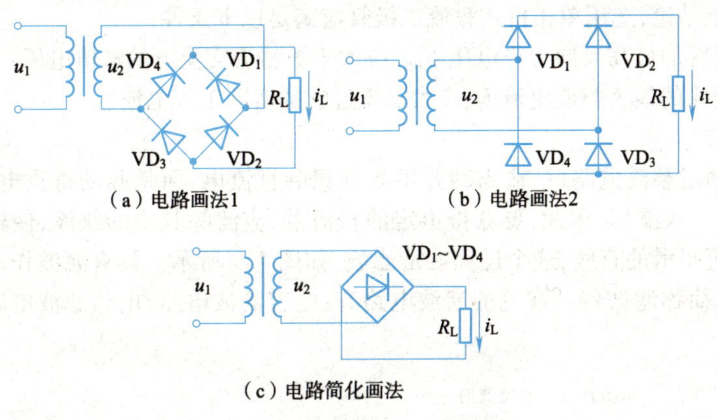

（a）电路画法1　（b）电路画法2

（c）电路简化画法

图4.7　单相桥式整流电路

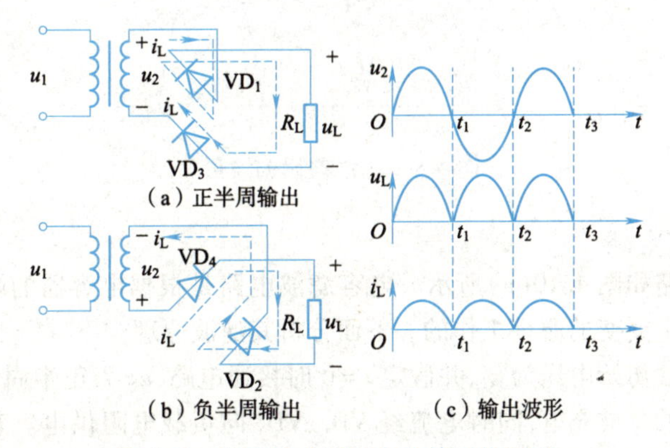

（a）正半周输出

（b）负半周输出　（c）输出波形

图4.8　单相桥式整流电路的工作原理

在单相桥式整流电路中，交流电的每个半波都被输出利用，故称为全波整流电路。它输出的是全波脉动直流电，如图4.8(c)所示。所以，单相桥式整流电路具有整流效率高、输出电压脉动小的特点，因此应用最为广泛。

(2)负载和整流二极管上的电压与电流：

在桥式整流情况下，负载两端的平均电压为

$$U_o = \frac{1}{\pi}\int_0^{\pi} u_o \mathrm{d}(\omega t) = \frac{2\sqrt{2}U_2}{\pi} \approx 0.9U_2$$

负载电流的平均值为

$$I_o = \frac{0.9U_2}{R_L}$$

每只二极管只在半个周期内导通，因此二极管的平均电流是负载电流平均值的一半，即

$$I_{VD} = \frac{I_o}{2} = \frac{0.45U_2}{R_L}$$

学习笔记

当二极管截止时，它承受的最高反向电压就是 u_2 的峰值电压，即

$$U_{DRM}=\sqrt{2}U_2$$

根据以上结论，选用单相桥式整流二极管应满足以下条件：

(1)二极管的最高反向工作电压 U_{DRM} 应大于被整流交流电的峰值电压；

(2)二极管的最大整流电流 I_{FM} 应大于流过它的实际工作电流。

(三)滤波电路

交流电通过整流电路后，输出的并不是理想的直流电，而是脉动直流电，其中含有脉动成分(又称纹波)。因此，要获得恒定的直流电，应滤除其中的纹波，使输出电压的波形尽量接近平滑的直线，这个过程就是滤波，如图 4.9 所示。具有滤波作用的电路称为滤波电路，简称滤波器。常见的滤波电路有：电容滤波电路、电感滤波电路和复式滤波电路等。

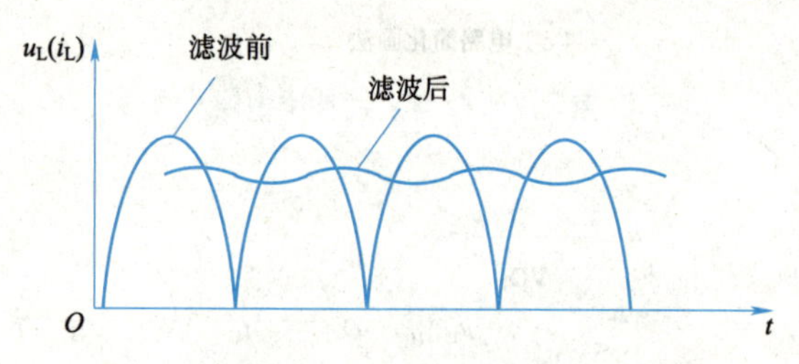

图 4.9　滤波前后的波形

1. 电容滤波电路

视频

电容滤波电路

电容滤波电路如图 4.10(a)所示。电容滤波电路是根据电容器的端电压在电路状态改变时不能发生突变的原理工作的。下面分析其滤波原理。

设电容器两端初始电压为零，并假定 $t=0$ 时接通电路，u_2 为正半周，当 u_2 由零上升时，VD_1、VD_3 导通，C 被充电，同时电流经 VD_1、VD_3 向负载电阻供电。忽略二极管正向压降和变压器内阻，电容器充电时间常数近似为零，因此 $u_o=u_C\approx u_2$，在 u_2 达到最大值时，u_C 也达到最大值，然后 u_2 下降，此时，$u_C>u_2$，VD_1、VD_3 截止，电容 C 向负载电阻 R_L 放电，由于放电时间常数 $\tau=R_LC$ 一般较大，电容器两端电压 u_C 按指数规律缓慢下降，当下降到 $|u_2|>u_C$ 时，VD_2、VD_4 导通，C 再次被充电，输出电压增大，以后重复上述充放电过程。其输出电压波形近似为一锯齿波，如图 4.10(b)所示。

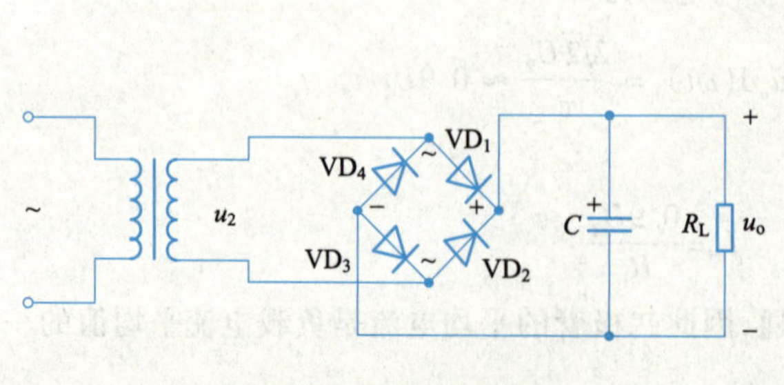

(a)单相桥式整流电容滤波电路

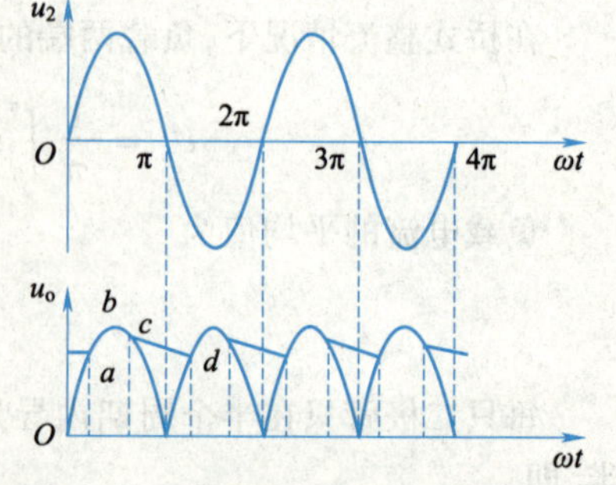

(b)电容滤波电路输出电压波形

图 4.10　电容滤波电路

从图4.10(b)中可以看到,经滤波后输出的电压不仅变得平滑了,而且平均值也得到了提高。电路输出的电压平均值为$U_o \approx 1.2U_2$。

电容滤波电路简单,输出电压平均值高,适用于负载电流较小且变化也较小的场合。另外,当电容滤波后输出的平均电流增大时,二极管的导通角反而减小,所以整流二极管所受到的冲击电流较大,因此必须选择结电容较大的整流二极管。

2. 电感滤波电路

视频

电感滤波电路

电感滤波电路如图4.11所示。在整流器输出端串联电感L,由于电感具有“通直阻交”的特性,整流输出的脉动直流电流中的纹波成分受到电感L的阻碍而削弱,而直流成分I_L则顺利通过电感L流向负载电阻R_L,因此,负载电阻的电压U_o和电流I_o的波形变得较平滑,接近理想直流电的要求。

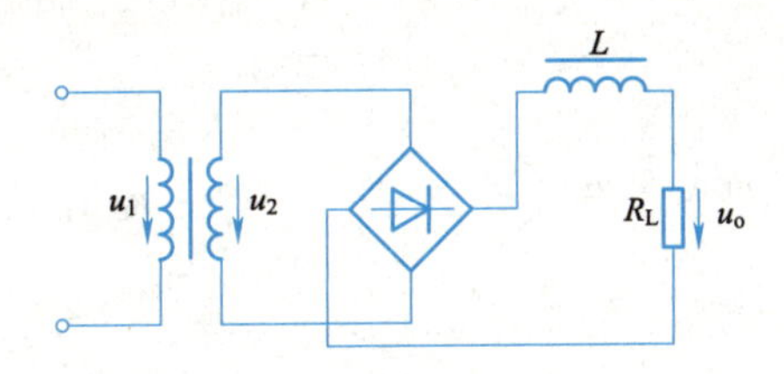

图4.11 电感滤波电路

经电感滤波后,输出的电压变得平滑了,电路输出电压平均值为$U_o \approx 0.9U_2$。

电感L越大,R_L越小,则滤波效果越好,所以电感滤波适用于负载电流比较大且变化比较大的场合。另外,因滤波电感电动势的作用,二极管的导通角接近π,减小了二极管的冲击电流,使通过二极管的电流更加平稳,从而延长了二极管的寿命。

3. 复式滤波电路

复式滤波电路是由电容、电感和电阻等多种元件组成的滤波电路,其滤波效果比单一的电容或电感的滤波效果要好,因此应用更为广泛。常见的复式滤波电路有以下几种:

(1)π型RC滤波电路。π型RC滤波电路如图4.12所示。电路中在滤波电容C_1之后再加上R和C_2滤波,使纹波成分进一步减少,输出的直流电更加平滑;但电阻R上的电压降使输出电压u_L降低,损耗加大。

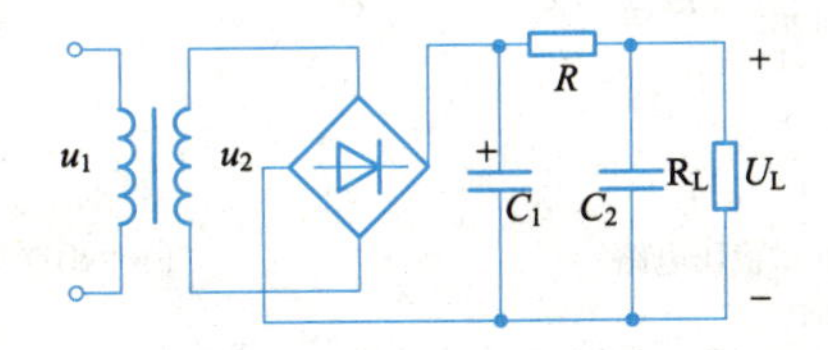

图4.12 π型RC滤波电路

(2)LC滤波电路。将电容和电感都接入滤波电路,就形成LC滤波电路,如图4.13所示。通过电感L和电容C的双重滤波,其滤波效果比π型RC滤波效果要好。

(3)π型LC滤波电路。用电感L代替π型RC滤波电路中电阻R就构成了π型LC滤波电路,如图4.14所示。和π型RC滤波电路相比,π型LC滤波电路不仅减少了电

学习笔记

压损耗，而且滤波效果比上述几种滤波电路的都要好。滤波电感的线径较粗，直流电阻很小，这样对直流电基本上没有电压降，所以直流输出电压比较高，这是采用电感滤波的主要优点。

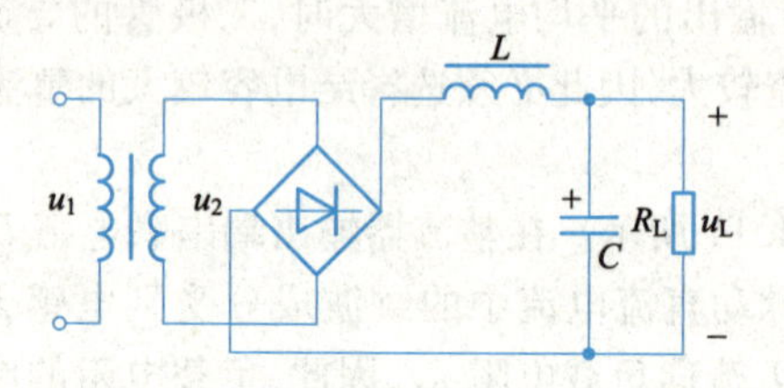

图 4.13　*LC* 滤波电路

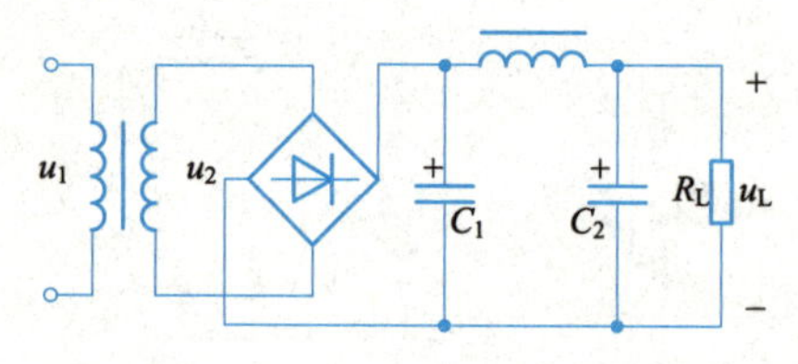

图 4.14　π 型 *LC* 滤波电路

(四)稳压电路

1. 稳压电路基本类型

由于电网电压或负载的变动，交流电经过整流滤波后输出的直流电仍然不够稳定。为适用于精密设备和自动化控制等，有必要在整流滤波之后加入稳压电路，以确保输出的直流电压保持稳定不变，这就是稳压作用。具有稳压作用的电路称为稳压电路或稳压器。在稳压电路中，有一个核心元器件，因其两端的电压或其中的电流能随电路中的电压变化而自动调节，从而使输出电压保持稳定不变，故把这个元器件称为调压元件。依据调压元件与外接负载 R_L 的连接方式可把稳压电路分为并联型稳压电路和串联型稳压电路两种类型。两种稳压电路的连接示意图如图 4.15 所示。

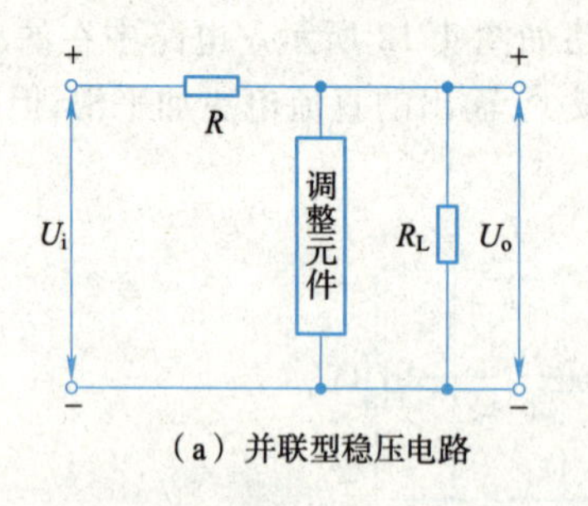

(a) 并联型稳压电路

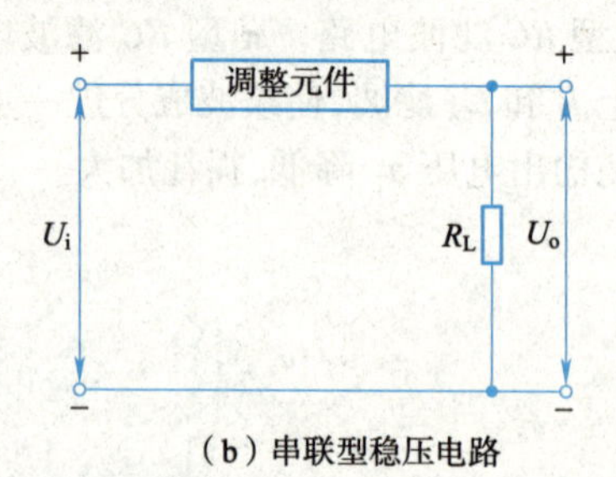

(b) 串联型稳压电路

图 4.15　稳压电路的类型

视频

稳压二极管稳压电路

2. 稳压二极管稳压电路

稳压二极管稳压电路如图 4.16 所示。电路中的限流电阻 *R* 和稳压二极管 VD_Z 构成稳压电路。VD_Z 是调压元件。VD_Z 与负载 R_L 并联，构成了并联型稳压电路。

从稳压二极管稳压电路中可以得到两个基本关系：

$$U_i = U_R + U_o$$

$$I_R = I_{DZ} + I_L$$

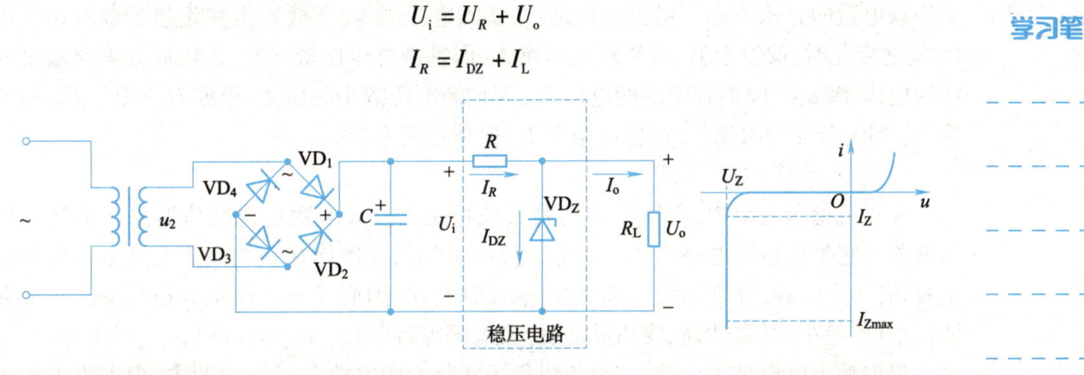

图4.16　稳压二极管稳压电路

(1)负载电阻 R_L 不变。当负载不变、电网电压变化时,U_i 变化,U_o 将跟随变化,假设变小,则稳压管内的反向电流 I_Z 就会显著减小;限流电阻 R 中的电流 I_R 随之减小,致使 R 两端的电压 U_R 下降,根据 $U_o = U_i - U_R$ 的关系,U_o 的下降受到限制,从而使负载电压基本保持不变。上述过程可表示为

$$\text{电网电压}\downarrow \rightarrow U_i\downarrow \rightarrow U_o(U_Z)\downarrow \rightarrow I_Z\downarrow \rightarrow I_R\downarrow \rightarrow U_R\downarrow$$

$$U_o\uparrow \leftarrow$$

(2)电源电压 U_i 不变。当电网电压保持不变、负载电阻 R_L 的值减小时,I_o 增大,I_R 随之增大,R 上的电压升高,使得输出电压 U_o 下降。由于稳压管并联在输出端,R 上的电压也就维持不变,从而得到输出电压基本保持不变;反之,当负载电阻变大时,调节方向相反。

利用稳压二极管构成的并联型稳压电路结构简单,调试方便,但输出电流较小(仅几十毫安),输出电压不可调,稳压性能也较差,只适用于要求不高的小型电子产品上。

3. 串联型稳压电路

广泛使用的稳压电路是以三极管为调整元件的串联型稳压电路。这种电路的带负载能力强,输出电压稳定度高,且可在一定范围内调节输出大小。作为调整元件的三极管被称为调整管,它与电源和负载构成串联关系,所以称这种稳压电路为串联型三极管稳压电路,简称串联型稳压电路。常用串联型稳压电路的结构框图和典型电路如图4.17所示。

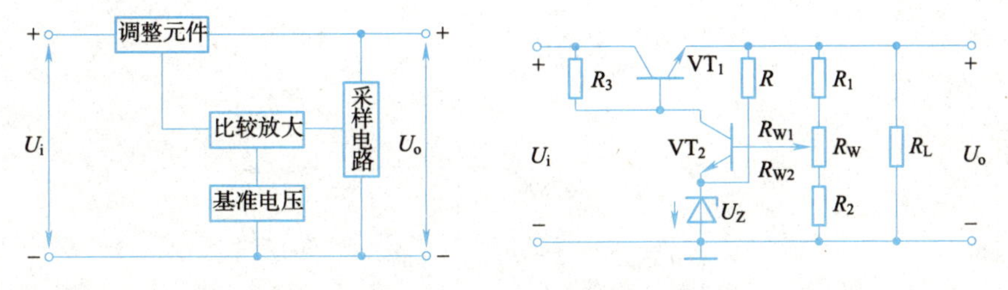

图4.17　常用串联型稳压电路的结构框图和典型电路

在串联型稳压电路中,调整元件的调压功能和比较放大电路的放大功能都是利用三极管的放大作用来实现的。基准电压一般由稳压二极管提供;采样电路的采样利用

学习笔记

了串联电阻的分压原理。稳压过程是：当输入电压 U_i 或负载发生变化使负载两端电压 U_o 随之变化时，假设上升，则采样电压增大，因基准电压保持不变，比较放大电路输出的控制电压将减小，调整管两端的电压 U_{CE} 因控制电压减小而增大，根据 $U_o = U_i - U_{CE}$ 的关系，U_o 的上升受到限制，于是输出电压 U_o 保持稳定不变。

4. 三端集成稳压器简介

在直流稳压电源中，用得最多的是集成稳压器。大多数集成稳压器采用串联型稳压电路。它是把稳压电路中的大部分元件或全部元件制作在一块集成电路上。从外形上看，有 3 个引脚，分别为输入端、输出端和公共端，因而又称三端集成稳压器。它具有体积小、质量小、可靠性高、使用灵活、价格低廉等特点。

根据输出电压是否可调，三端集成稳压器分为固定式和可调式两类；根据输出电压的正、负极性，三端集成稳压器又分为正电压输出稳压器和负电压输出稳压器。

(1)三端固定稳压器。三端固定稳压器的 3 个引出端(引脚)分别是输入端、输出端和公共接地端，其外形图和图形符号如图 4.18 所示。三端稳压器的通用产品有 W78 系列(正电源)和 W79 系列(负电源)，输出电压由具体型号中的后面两个数字代表，有 5 V、6 V、8 V、9 V、12 V、15 V、18 V、24 V 等。输出电流以 78(或 79)后面加字母来区分，L 表示 0.1 A；AM 表示 0.5 A，无字母表示 1.5 A，如 W78L05 表示 5 V，0.1 A。三端稳压器外形图和图形符号如图 4.18 所示。

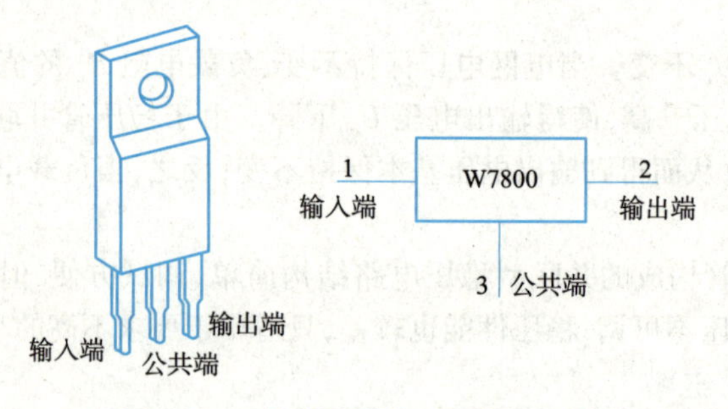

图 4.18 三端稳压器外形图和图形符号

为抑制电路中的高频($f>200$ Hz)干扰，在实际应用中，还需要在三端集成稳压器的输入端并联一只高频滤波电容，在输出端并联一只消振电容(用来消除稳压电路在工作时可能产生的自激振荡)。这两个电容要选用频率特性较好的无极性电容。三端固定稳压器基本应用电路如图 4.19 所示。

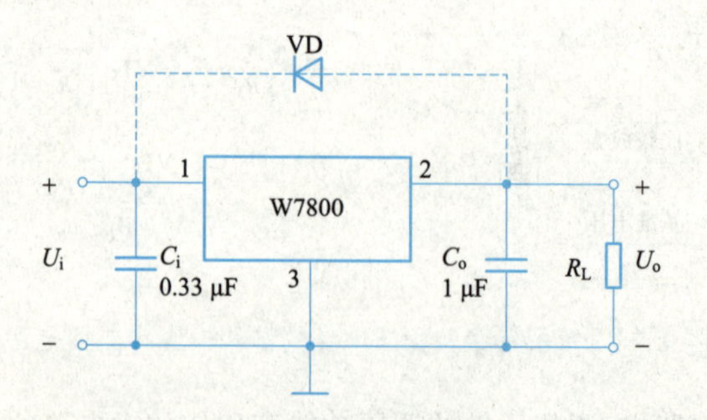

图 4.19 三端固定稳压器基本应用电路

(2)可调三端集成稳压器。可调三端集成稳压器也有正电压输出和负电压输出两个系列:CW117×、CW217×和CW317×系列为正压输出,CW137×、CW237×和CW337×系列为负压输出。

可调三端集成稳压器应用电路如图4.20所示。

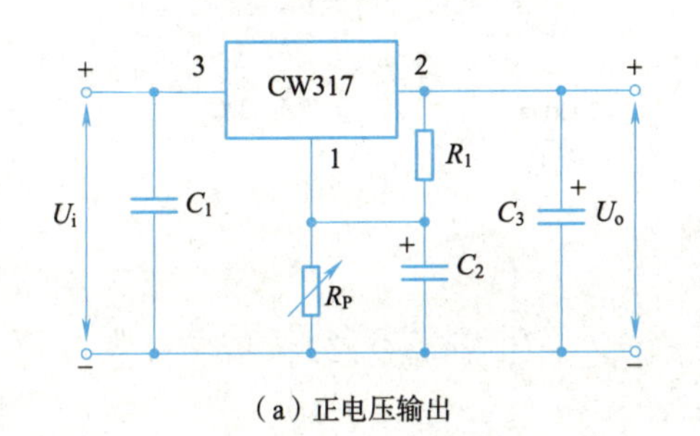

(a)正电压输出

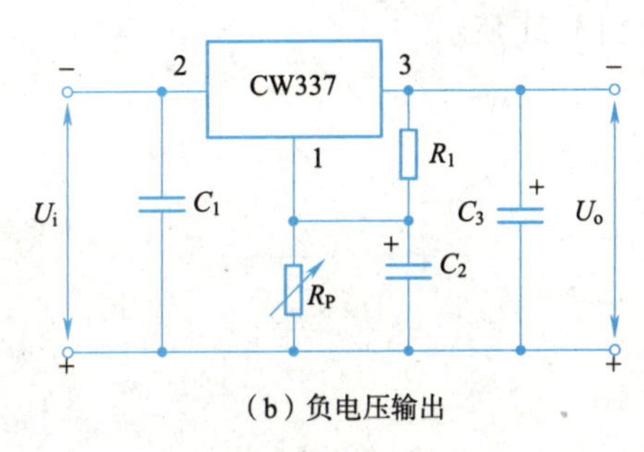

(b)负电压输出

图4.20　可调三端集成稳压器应用电路

图4.20中电位器R_P和电阻R_1组成采样电路,调节R_P可改变输出电压U_o的大小。U_o可在1.25~37 V范围内连续可调。在调节R_P的过程中,公共端(1引脚)和输出端之间的电位差保持1.25 V不变,称为基准电压,所以,输出电压的大小为

$$U_o \approx 1.25\left(1+\frac{R_P}{R_1}\right)$$

为保证稳压器的输出性能,R_1应小于240 Ω;并联在输入端的电容C_1滤除输入电源中的高频干扰信号;电容C_2可以消除R_P上的波纹电压,使采样电压稳定;电容C_3起消振作用。

(3)使用三端集成稳压器的注意事项

①在接入电路之前,一定要明确各引脚的功能,避免接错而烧毁稳压块。三端可调稳压块的接地端不能悬空,否则容易损坏稳压块。

②输出电压大于6 V时,应在稳压块的输入和输出端接上保护二极管,可防止输入电压突然降低时输出端的电容反向放电而造成的稳压块损坏。

③为确保输出电压的稳定性,稳压块的输入电压应比输出电压至少大2 V,为使稳压块工作在最佳状态(输出电压稳定,功耗少),输入电压应比输出电压大3~5 V。

④使用时,稳压块要焊接牢靠。对要求加散热装置的,必须加装符合要求的散热装置。例如,CW317在不加散热片时,仅能承受1 W左右的功耗。当加面积为200 mm×200 mm的散热片时,可承受20 W的功耗。

⑤为了扩大输出电流,可将相同型号的三端集成稳压器并联使用。

想一想:

(1)各种整流电路中的二极管承受的反向峰值电压是多少?

(2)常用滤波电路有哪几种?

(3)有一个电子器件上标注的符号是LM7812。这个器件是什么?7812的含义是什么?

三、开关电源

开关电源是利用电子开关器件(如三极管、场效应管、晶闸管等),通过控制电路,使

学习笔记

视频

开关电源工作原理

电子开关器件不断导通和关断，让电子开关管对输入电压进行脉冲调制，从而输出需要的、稳定的直流电压的设备。

（一）工作原理

开关电源种类很多，下面以高频变压器开关电源为例，简述其工作原理。电路框图如图 4.21 所示。

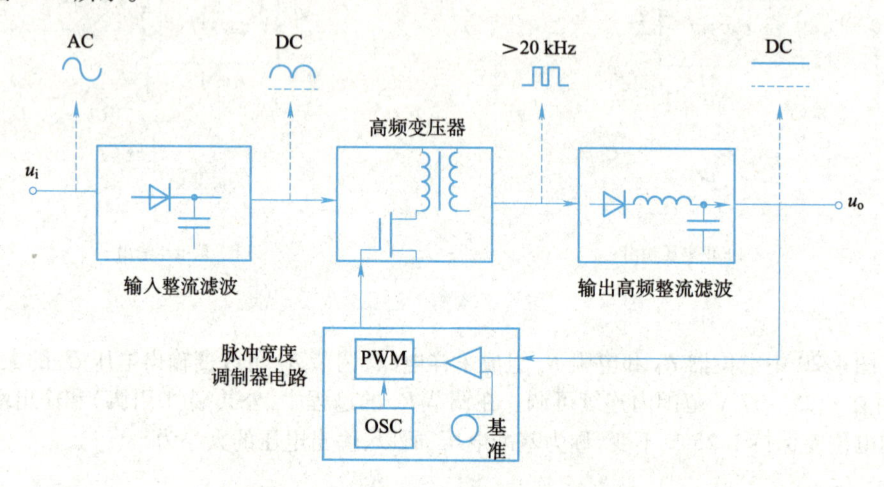

图 4.21　高频变压器开关电源电路框图

开关电源的作用：用提高工作频率等手段来提高电源的功率密度，进而达到减少变压器的体积和质量的目的。输出电压的稳定则通过控制脉冲宽度来实现，称为脉冲宽度调制（PWM）。

交流电源输入，经整流滤波电路得到含有一定脉动成分的直流电压。该电压通过高频 PWM 信号控制开关管，将直流电转换为高频的交流电。高频交流电通过高频变压器隔离和变压，再通过输出高频整流滤波电路，得到所需的直流电。输出部分的电压再通过一定的反馈电路给控制电路，控制 PWM 波的占空比，形成闭环回路，达到输出稳定直流电压的目的。

（二）开关电源的特点

与传统的线性电源相比，开关电源具有如下特点：

（1）效率高。开关电源效率能达到 90%，线性电源一般只能达到 65%，所以开关电源省电。

（2）安全可靠。开关电源可以方便地设计自动保护电路。当电路发生故障或短路时，能自动切断电源，防止故障范围扩大。

（3）稳定性和可靠性高。功耗小使得电子设备内温升也低，减小了周围元件的高温损坏率，使设备的热稳定性和可靠性极大地提高。

（4）稳压范围宽。线性电源在交流输入电压低于 160 V 时，输出电压便不能稳定，输入交流电压偏高时则效率会降低。而开关电源交流输入电压在 130～260 V 范围内变化时都能达到很好的稳压效果。

（5）体积小、质量小。开关电源可将电网输入的交流电压直接整流，再通过高频变压器获得各种不同交流电压，省去了笨重的工频变压器，使电源的质量大大减小。此

学习笔记

外，由于开关电源的工作频率较高，滤波电容、电感可用较小数值的元件，也可使体积减小，质量减小。

开关电源也有不足之处：

(1)输出纹波较大，有 10～100 mV 的峰-峰值。

(2)脉冲宽度调制的电路中，电压、电流变化率大。

(3)控制电路比较复杂，对元器件要求高。

想一想：

(1)为什么开关电源得到广泛应用。

(2)查阅资料说说开关电源的发展方向。

项目实践

任务　5 V 直流稳压电源的搭建

(一)实践目标

(1)了解三端稳压芯片的功能与引脚分布。

(2)掌握直流电源电路的基本组成。

(3)掌握常用元器件的识别与检测方法。

(二)实践设备和材料

(1)焊接工具、连孔板、交流可调电源、万用表、电烙铁等工具。

(2)电路所需元器件、连孔板、导线等。

(三)实践过程

1. 清点与检查元器件

根据电路原理图 4.22 清点元器件数量，同时对元器件进行识别和检测，将结果填写在表 4.1 对应的空格中。

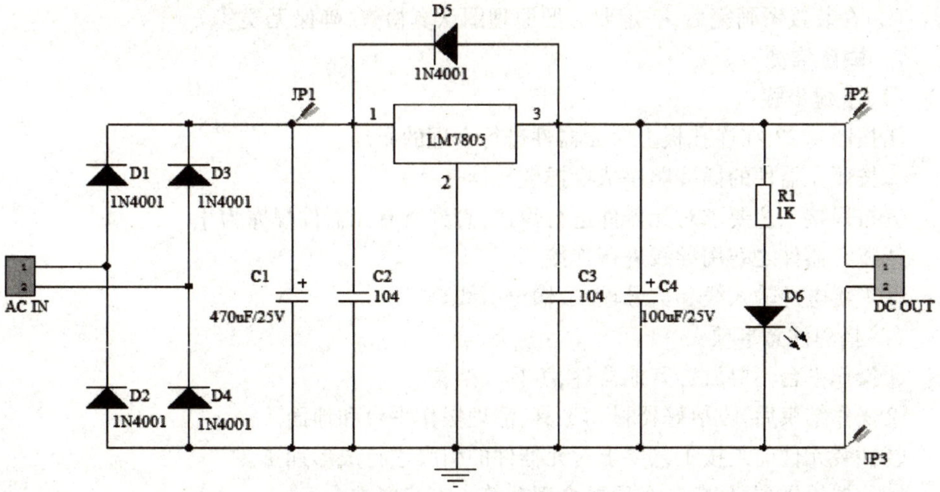

图 4.22　5 V 直流稳压电源电路原理图

学习笔记

表 4.1 5 V 直流稳压电路元器件识别和检测表

序号	名称	文字符号	数量	型号或标称值	识别和检测结果	质量判定
1	二极管	D1、D2、D3、D4、D5	5	型号是________	有银色标记的一端是________极。 正向电阻是________kΩ。 反向电阻是________kΩ。 测量挡位是________	
2		D6	1	型号是________	短引脚是________极。 正向电阻是________kΩ。 反向电阻是________kΩ。 测量挡位是________	
3	电阻	R1	1	标称值是________	测量值是________	
4	电容	C1、C4	2	标称值是________	C1 的容量是________，耐压值是________。 C4 的容量是________，耐压值是________。 长引脚是________极。 内部的电介质是________	
5	电容	C2、C3	2	标称值是________	用万用表的________挡来检测是否漏电，测量值是________	
6	防反插座		2	2pin		
7	单排针	JP1、JP2、JP3	3			
8	绝缘导线		1	单芯 ϕ0.5 mm × 400 mm		

(1)画防反插座时要注意标明 1、2 引脚，标明电源极性，避免接错。

(2)在装接图画完后，一定要对照原理图认真检查，确保无误。

2. 电路搭建

(1)搭建步骤：

①按图 4.22 在连孔板上对元器件进行合理的布局。

②按照元器件的插装顺序依次插装元器件。

③按焊接工艺要求对元器件进行焊接，直到所有元器件焊完为止。

④将元器件之间用导线进行连接。

⑤焊接电源输入线和信号输入、输出引线。

(2)搭建注意事项：

①操作平台不要放置其他器件、工具与杂物。

②操作结束后，收拾好器材和工具，清理操作平台和地面。

③插装元件前须按工艺要求对元器件的引脚进行成形加工。

④元器件排列要整齐，布局要合理并符合工艺要求。

⑤三极管引脚、二极管正负极不要弄错，以免损坏元器件。

⑥不漏装、错装，不损坏元器件。

学习笔记

⑦焊点表面要光滑、干净,无虚焊、漏焊和桥接。

⑧正确选用合适的导线进行器件之间的连接,同一焊点的连接导线不能超过 2 根。

(3)搭建实物图。5 V 直流稳压电源电路搭建实物图如图 4.23 所示。

图 4.23　5 V 直流稳压电源搭建实物图

3. 电路通电及测试

装接完毕,检查无误后,测量输入电阻,即用万用表检查电路板输入电源两端有无短路现象,若无则可通电测试。

测试方法:用万用表直流 10 V 挡测量电路输出端(JP2)的电压,在电路输入端(JP1)依次接入 6 V、9 V、12 V 交流低压,读出万用表的示数,将数据填写在表 4.2 的对应空格中。

表 4.2　5 V 直流稳压电源搭建测试

交流输入电压/V	直流输出电压/V
6	
9	
12	

分析表 4.2 中的数据,若不同输入电压对应的输出电压都是 5 V,说明电路搭建成功。

想一想:

(1)LM7805 芯片是何种芯片?画出其引脚图并说明各引脚的功能。

(2)图 4.22 中二极管 D5 的作用是什么?R1 的作用是什么?

考核评价

根据任务完成情况及评价项目,学生进行自评。同时组长负责组织成员讨论,对小

学习笔记

组每位成员进行评价。结合教师评价、小组评价及自我评价，完成考核评价环节。考核评价表见表4.3。

表4.3 考核评价表

<table>
<tr><td colspan="2">任务名称</td><td colspan="4"></td></tr>
<tr><td>班级</td><td></td><td>小组编号</td><td></td><td>姓名</td><td></td></tr>
<tr><td rowspan="2">小组成员</td><td>组长</td><td>组员</td><td>组员</td><td>组员</td><td>组员</td></tr>
<tr><td></td><td></td><td></td><td></td><td></td></tr>
<tr><td rowspan="10">自我评价</td><td>评价项目</td><td>标准分</td><td>评价分</td><td colspan="2">主要问题</td></tr>
<tr><td>任务要求认知程度</td><td>10</td><td></td><td colspan="2"></td></tr>
<tr><td>相关知识掌握程度</td><td>15</td><td></td><td colspan="2"></td></tr>
<tr><td>专业知识应用程度</td><td>15</td><td></td><td colspan="2"></td></tr>
<tr><td>信息收集处理能力</td><td>10</td><td></td><td colspan="2"></td></tr>
<tr><td>动手操作能力</td><td>20</td><td></td><td colspan="2"></td></tr>
<tr><td>数据分析处理能力</td><td>10</td><td></td><td colspan="2"></td></tr>
<tr><td>团队合作能力</td><td>10</td><td></td><td colspan="2"></td></tr>
<tr><td>沟通表达能力</td><td>10</td><td></td><td colspan="2"></td></tr>
<tr><td colspan="2">合计评分</td><td colspan="3"></td></tr>
<tr><td rowspan="6">小组评价</td><td>专业展示能力</td><td>20</td><td></td><td colspan="2"></td></tr>
<tr><td>团队合作能力</td><td>20</td><td></td><td colspan="2"></td></tr>
<tr><td>沟通表达能力</td><td>20</td><td></td><td colspan="2"></td></tr>
<tr><td>创新能力</td><td>20</td><td></td><td colspan="2"></td></tr>
<tr><td>应急情况处理能力</td><td>20</td><td></td><td colspan="2"></td></tr>
<tr><td colspan="2">合计评分</td><td colspan="3"></td></tr>
<tr><td>教师评价</td><td colspan="5"></td></tr>
<tr><td>总评分</td><td colspan="5"></td></tr>
<tr><td>备注</td><td colspan="5">总评分 = 教师评价 ×50% + 小组评价 ×30% + 自我评价 ×20%</td></tr>
</table>

拓展阅读

绿电延绵贯西东——我国建成世界最大“清洁能源走廊”

2022年12月20日，随着白鹤滩水电站最后一台机组顺利完成72小时试运行，这个世界技术难度最高、单机容量最大、装机规模第二大水电站全部机组投产发电。

白鹤滩水电站是实施“西电东送”的国家重大工程，建成投产后，长江干流上的6座巨型梯级水电站——乌东德、白鹤滩、溪洛渡、向家坝、三峡、葛洲坝联合调度，形成世界最大“清洁能源走廊”。金沙江上的巨变，不仅是我国经济社会高质量发展的生动注脚，更谱写了人与自然和谐共生的江河篇章。

6项“世界第一”,藏在这条峡谷中

在四川省宁南县和云南省巧家县交界的金沙江峡谷中,上游而来的滔滔江水被白鹤滩水电站大坝截住,“高峡出平湖”的景色蔚为壮观。

白鹤滩坐拥得天独厚水能资源的同时,也将金沙江下游复杂自然条件展现得淋漓尽致——河谷狭窄、岸坡陡峻、地处干热大风河谷、生态环境脆弱……这也让白鹤滩工程在地质和气候复杂恶劣程度、工程难度方面位列世界前茅。

中国工程院院士张超然说,白鹤滩水电站装机规模仅次于三峡工程,但其工程技术难度在不少方面均超过三峡,是世界级水电工程,白鹤滩工程对中国大型水电开发核心能力建设提升具有重要意义。

工程建设挑战一个个世界级技术难题——先后攻克300米级特高拱坝温控防裂、全坝段使用低热水泥混凝土、巨型地下洞室群开挖围岩稳定等,形成高流速泄洪洞混凝土“无缺陷”建造等一批先进工法。

面对挑战,建设者勇闯世界水电“无人区”,6项关键技术指标达到世界第一:单机容量100万千瓦;地下洞室群规模;圆筒式尾水调压井规模;无压泄洪洞群规模;300米级高拱坝抗震参数;300米级特高拱坝中,首次全坝使用低热水泥混凝土。

三峡集团党组书记、董事长雷鸣山说:“白鹤滩工程建设推动我国水电设计、施工、管理、装备制造全产业链、价值链和供应链水平显著提升,巩固了我国世界水电发展引领者地位,更为世界水电发展提供中国方案、中国智慧。”

“西电东送”,绿电助力实现“双碳”目标

白鹤滩水电站全部机组投产后,长江干流上的6座巨型梯级水电站——乌东德、白鹤滩、溪洛渡、向家坝、三峡、葛洲坝“连珠成串”,成为世界最大“清洁能源走廊”。

“从万里长江第一坝——葛洲坝工程开工建设,到兴建世界最大水利枢纽工程——三峡工程,再到白鹤滩水电站全面投产发电,世界最大‘清洁能源走廊’的建设跨越半个世纪。”雷鸣山说。

这条走廊跨越1 800公里,6座水电站总装机容量7 169.5万千瓦,相当于3个三峡电站装机容量,年均生产清洁电能约3 000亿千瓦时,可满足3.6亿中国人一年的用电需求,有效缓解华中、华东地区及川、滇、粤等省份的用电紧张,为电网安全稳定运行和“西电东送”提供有力支撑。

清洁电能照亮万家灯火的同时,替代了大量化石燃料。白鹤滩所有机组全部投产发电后,其年均发电量可达624亿千瓦时,一天的发电量就可以满足一座50万人口的城市一年的生活用电,每年可节约标准煤约1 968万吨,减少二氧化碳排放约5 160万吨。

从2003年三峡工程首批机组投产发电,到2022年12月18日24时,6座巨型电站累计发电31 859亿千瓦时,相当于节约标准煤约9.1亿吨;减排二氧化碳约24亿吨,对推动实现“双碳”目标意义重大。

造福人民,综合效益日益凸显

20日,白鹤滩水电站坝前蓄水位接近正常蓄水位825米。高峡平湖,水天一色,一座座楼房、绿树倒映在湖面上,一幅湖滨新城的美丽画卷正在云南省巧家县徐徐展开。

“我们依托白鹤滩水电站建设带来的新机遇,紧扣当地‘一面山、一江水、一座城’的区位特色,规划发展湖滨康养旅游。”巧家县文化和旅游局局长吴涛介绍,“十四五”期间,巧家县规划实施的文旅产业项目总投资已超100亿元。

学习笔记

白鹤滩水电站建成后,长江干流6座电站实现联合统一调度,在防洪、发电、航运、水资源利用和生态安全等方面综合效益日益凸显。

——防洪减灾效益巨大。这条世界最大“清洁能源走廊”,形成总库容919亿立方米的梯级水库群和战略性淡水资源库,其中防洪库容376亿立方米,占2022年长江流域纳入联合调度范围水库总防洪库容的53%以上。

——打造“水上高速”。随着向家坝、溪洛渡、乌东德、白鹤滩4个大型水电站相继建成投产,曾经江窄、弯多、险滩多的金沙江有了库区航道。金沙江下游即攀枝花至宜宾段形成了768公里的深水库区航道。

——生态效益持续拓展。2011年至2022年,连续12年三峡单独或联合溪洛渡、向家坝水库共开展17次生态调度试验,调度期间葛洲坝下游宜都断面四大家鱼繁殖总量超过303亿颗,四大家鱼资源量恢复明显。随着白鹤滩水库建成投产,梯级水库联合生态调度范围将不断扩大。

(来源:新华网)

小结

(1)直流稳压电源的作用就是将电网提供的交流电转换为比较稳定的直流电。

(2)直流稳压电源可分为化学电源、线性直流稳压电源和开关型直流稳压电源。

(3)线性直流稳压电源一般由变压、整流、滤波和稳压四部分电路构成。

(4)整流电路一般利用二极管的单向导电性,将交流电转变为单方向的脉动直流电。

(5)在直流稳压电源中,滤波电路一般是利用电容、电感等储能元件的储能特性单独或复合构成的,作用是将脉动直流电转变为较平滑的直流电。

(6)稳压电路的作用是防止电网电压波动或负载变化时输出电压的变化,使输出端得到稳定的直流电压。

(7)稳压电路的类型很多,中、小功率的稳压电路常采用集成三端稳压器。

(8)开关电源利用电子开关器件(如三极管、场效应管、晶闸管等),通过控制电路,使电子开关器件不断导通和关断,让电子开关管对输入电压进行脉冲调制,从而输出需要的、稳定的直流电压的设备。

自我检测题

一、填空题

1. 在单相桥式整流电路中,如果负载电流为10 A,则流过每只整流二极管的电流是________。

2. 滤波的目的是尽可能地滤除脉动直流电的________,保留脉动直流电的________。

3. 电容滤波是利用电容的________特点进行滤波。

4. 电感滤波是利用电感的________特点进行滤波。

5. 电容滤波适用于________场合,电感滤波适用于________场合。

6. CW79××系列集成稳压器输出的电压极性为________(选填“正压”或“负压”)。

学习笔记

二、判断题

1. 桥式整流电路在工作时,同一时间只有两只二极管处于导通状态。 ( )

2. 滤波电路的作用是将脉动直流电中纹波成分转变为直流电。 ( )

3. 电容滤波利用了电容的"隔直通交"特性。 ( )

4. CW79××系列集成稳压器正常工作时,输出端电位比输入端电位要高。( )

5. 线性直流稳压电源中的调整管工作在放大状态,开关型直流稳压电源中的调整管工作在开关状态。 ( )

6. 在单相桥式整流电路中,若有一只整流管断开,输出电压平均值变为原来的一半。 ( )

三、选择题

1. 在单相半波整流电路中,所用整流二极管的数量是( )只。

A. 4 B. 3 C. 2 D. 1

2. 设整流输出电流平均值为 I_O,则每只二极管的电流平均值 $I_{VD}=I_O$ 的电路是( )。

A. 单相桥式整流电路 B. 单相半波整流电路
C. 单相全波整流电路 D. 都不是

3. 在串联稳压电路中,调压元件是( )。

A. 稳压管 B. 采样电阻
C. 调压管(三极管) D. 电容

4. 在直流稳压电源中,加入滤波电路的主要作用是( )。

A. 去掉脉动直流电中的脉动成分 B. 将高频信号变成低频信号
C. 去掉正弦波信号中的脉动成分 D. 将交流电变成直流电

5. 在桥式整流电路中,如果其中一只二极管开路了,则电路( )。

A. 其他二极管将被烧毁 B. 将变成半波整流电路
C. 整流输出电压将上升 D. 将没有整流功能

6. 单相桥式整流电容滤波电路中,负载阻抗为∞。若变压器二次交流电压为8 V,则输出电压约为( )。

A. 3.6 V B. 7.2 V
C. 9.6 V D. 11.3 V

7. 在π型 LC 滤波电路中,电感的作用是( )。

A. 耦合 B. 通直流,阻交流
C. 分压限流 D. 稳压

8. 给三端稳压块7812供电,稳压块的输入电压最好是( )。

A. 10 V B. 16 V
C. 24 V D. 40 V

习题

4.1 如图4.24所示电路中,已知 $R_L=800\ \Omega$,直流电压表V的读数为110 V,试求:(1)直流电流表A的读数;(2)整流电流的最大值;(3)交流电压表 V_1 的读数;(4)变压器二次电流的有效值。(二极管的正向压降忽略不计。)

学习笔记

4.2　如图4.25所示电路中，电路中稳压管的稳定电压 $U_Z = 6$ V，最小稳定电流 $I_{Zmin} = 5$ mA，最大稳定电流 $I_{Zmax} = 25$ mA。分别计算 U_I 为10 V、15 V、35 V三种情况下输出电压 U_O 的值。

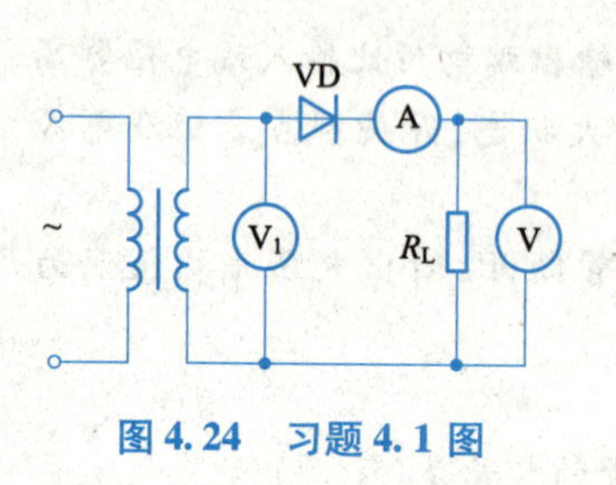

图4.24　习题4.1图

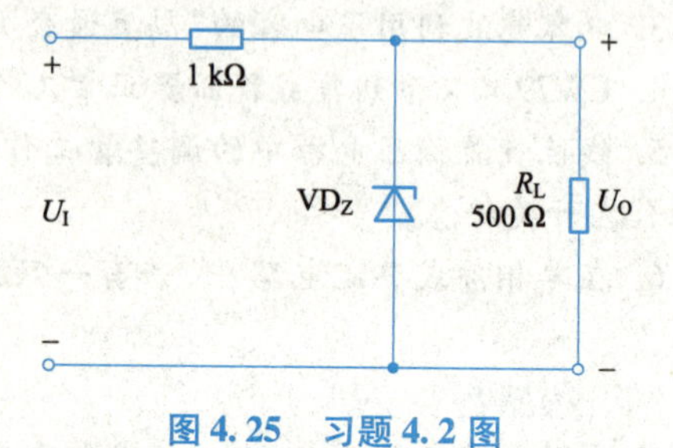

图4.25　习题4.2图

4.3　如图4.26所示，已知变压器二次电压有效值 $U_2 = 30$ V，负载电阻 $R_L = 100\ \Omega$，试求：(1)输出电压的平均值、输出电流的平均值；(2)若整流桥中的二极管 VD_2 断开时，试画出 U_O 的波形图？如果 VD_2 接反，电路会出现什么现象？如果 VD_2 被短路，电路会出现什么现象？

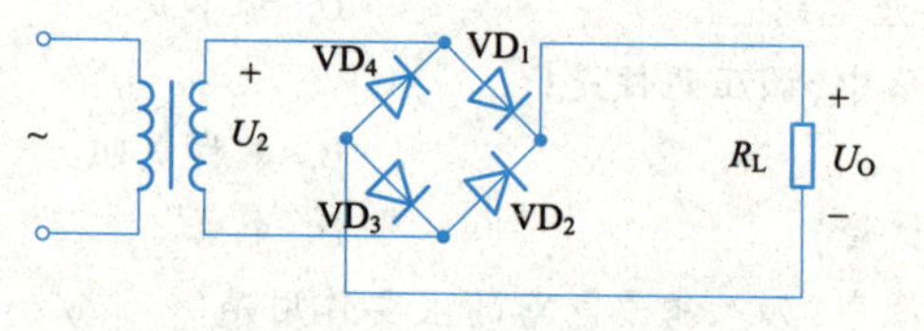

图4.26　习题4.3图

4.4　如图4.27所示电路中，$R_1 = 240\ \Omega$，$R_2 = 3$ kΩ；W117输入端和输出端电压允许范围为3～40 V，输出端和调整端之间的电压 U_R 为1.25 V。试求：输出电压的调节范围。

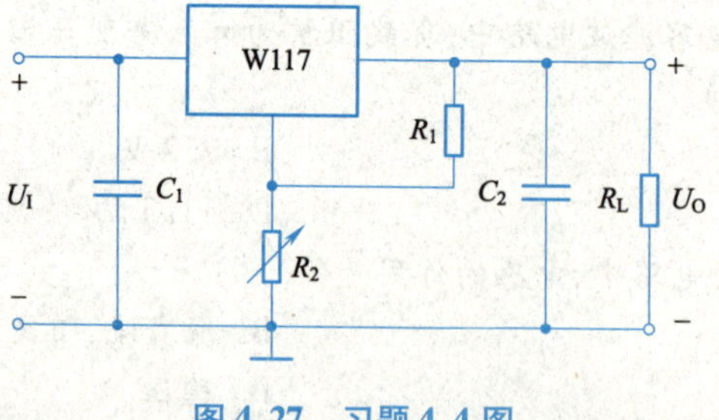

图4.27　习题4.4图

4.5　开关型直流稳压电源比线性直流稳压电源效率高的原因是什么？

4.6　利用三端集成稳压器设计一个输出电压为±12 V的稳压电源，画出其原理图。

项目5

数字信号的认知与数字电路基础

电子电路分为两大类:一类为模拟电路;另一类为数字电路。前面的任务讨论的都是模拟电路。随着信息化时代的到来,数字电路得到了迅猛发展,在通信、计算机、自动控制、广播电视、雷达、遥测、遥控、仪器仪表、家用电器等几乎所有领域都得到了广泛应用。由于数字信号便于处理、传输、存储、保密,同时抗干扰能力强,因此数字电子技术的应用越来越广泛。

本项目主要介绍数字信号的基本特征以及数字电路的相关基础知识。通过学习数字逻辑运算、公式和定理的应用,培养逻辑思维能力、归纳总结能力,进而上升到逻辑推理和演绎能力,为创新思维和能力的建立奠定坚实的基础。

学习笔记

学习目标

(1)了解数字电路的特点、分类和发展,理解数字信号与模拟信号的区别。

(2)理解数制的含义,掌握二进制、十进制、十六进制及其相互转换。

(3)理解码制的含义和常用编码方法,熟悉数制与码制、不同码制之间的相互转换。

(4)掌握基本逻辑运算关系和常用的导出关系。

(5)掌握逻辑代数的基本定律、基本公式和规则。

(6)掌握逻辑函数的表示方法及相互转换。

(7)掌握逻辑函数的化简方法。

(8)能查阅相关资料,用分立元件搭建实现基本逻辑运算的电路。

(9)能对搭建的电路进行检测,并完成逻辑功能测试和验证。

相关知识

一、数字信号与数字电路

(一)数字信号

模拟信号是指在时间和数值上连续的信号,如图5.1(a)中所示的正弦交流电压就是典型的模拟信号。在时间和数值上不连续的(即离散的)信号称为数字信号,如图5.1(b)中所示的方波信号就是典型的数字信号。数字信号在电路中常表现为突变的电压或电流。

学习笔记

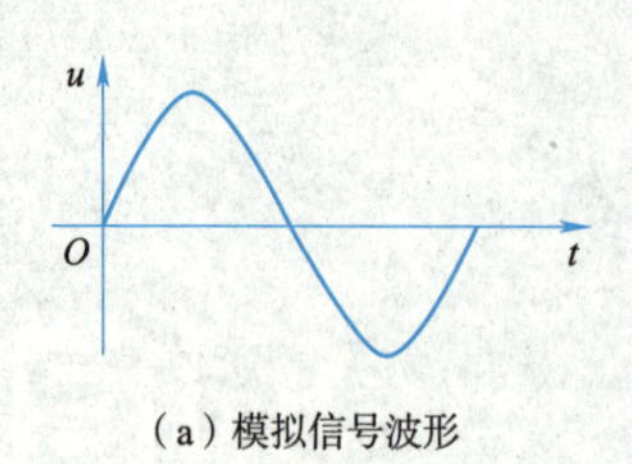

(a) 模拟信号波形

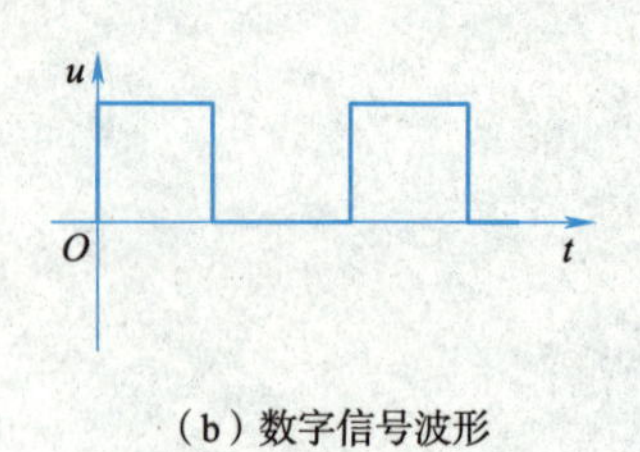

(b) 数字信号波形

图 5.1 模拟和数字信号波形图

(二)数字电路

处理和传输模拟信号的电路称为模拟电路，前面学习的各种放大电路都是模拟电路。处理和传输数字信号的电路称为数字电路，常见的交通信号灯控制器的定时电路就是数字电路。

(三)数字电路的特点

数字电路主要研究电路的输出状态与输入之间的逻辑关系，所以数字电路常常也被称为数字逻辑电路。与模拟电路相比，数字电路具有抗干扰能力强、精度高、稳定性和可靠性高、通用性广、功耗低、便于集成、便于故障诊断和维护等特点。

(四)正逻辑和负逻辑

视频

正逻辑制

常用的数字信号只有两个离散值，通常用数字 0 和数字 1 来表示，称为逻辑 0 和逻辑 1。这里的 0 和 1 并不代表具体的数字，所以没有数值上的大小关系，仅表示客观事物的两种相反的状态，如开关的闭合与断开；晶体管的饱和导通与截止；电位的高与低；真与假等。

数字电路中用两个电平(高电平和低电平)分别来表示两个逻辑值(逻辑 1 和逻辑 0)。有两种逻辑体制：正逻辑体制和负逻辑体制。当规定高电平为逻辑 1，低电平为逻辑 0 时，称为正逻辑；当规定低电平为逻辑 1，高电平为逻辑 0 时，称为负逻辑。图 5.2 所示为采用正逻辑体制的逻辑信号。

(五)脉冲信号

数字信号在电路中常表现为脉冲信号，其特点是一种跃变信号，持续时间短。常见的脉冲信号有矩形波和尖顶脉冲波信号两种。以理想的矩形脉冲信号为例，如图 5.3 所示，介绍脉冲信号的主要参数。

图 5.3 中，U_m 为脉冲幅度；T 为脉冲周期；t_W 为脉冲宽度。占空比(q)定义为脉冲宽度占整个周期的百分比，即 $q=\frac{t_W}{T}\times 100\%$。

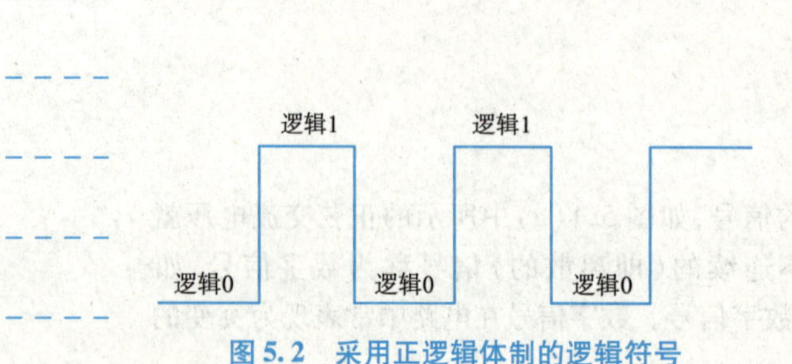

图 5.2 采用正逻辑体制的逻辑符号

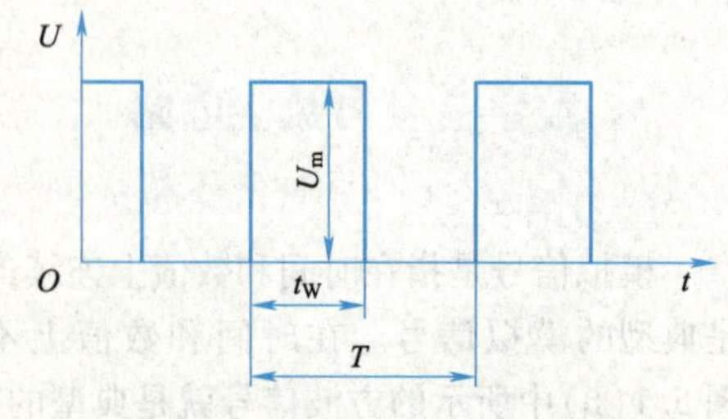

图 5.3 理想的矩形脉冲信号

学习笔记

（六）数字电路的分类

数字电路种类繁多。按数字电路的集成规模可分为小规模集成电路(SSI)、中规模集成电路(MSI)、大规模集成电路(LSI)、超大规模集成电路(VLSI)、特大规模集成电路(ULSI)、巨大规模集成电路(GLSI)。按电路组成结构可分为分立器件电路、集成电路。按数字电路所用器件和工艺可分为双极型和单极型，其中双极型集成电路又有DTL、TTL、ECL、HTL等类型，单极型集成电路又有NMOS、PMOS、CMOS等类型。按逻辑功能可分为组合逻辑电路、时序逻辑电路。

（七）数字电路的发展方向

数字电路的发展与模拟电路一样经历了从电子管、半导体分立器件到集成电路等不同阶段，但数字电路的发展速度比模拟电路更快。当前，数字电路正朝着高集成度、低功耗、高速度、可编程、可测试的方向发展。

想一想：

什么是数字信号？数字信号和模拟信号有哪些不同点？试各举出一个实例来说明。

二、数制与码制

（一）数制

数制就是指计数的方法和规则。计数是数字电路中常见的问题。在日常生活中，人们习惯于使用十进制数，而数字电路中采用的是二进制数。

视频

数制的概念

1. 十进制数

十进制数中，每一位有0~9十个数码，计数的基数为10，低位和相邻高位之间的进位关系为“逢十进一”。例如，十进制数125.4，可表示为

$$(125.4)_{10}=1\times10^2+2\times10^1+5\times10^0+4\times10^{-1}$$

因此任意一个十进制数$D=(k_{n-1}\cdots k_2k_1k_0k_{-1}\cdots k_{-m})_{10}$都可表示为按权的展开式

$$D=\pm(k_{n-1}\times10^{n-1}+\cdots+k_0\times10^0+\cdots+k_{-m}\times10^{-m})=\pm\sum_{i=-m}^{n-1}10^ik_i \tag{5.1}$$

式中，k_i为第i位数，它是0~9十个数码中的某一个；10^i为第i位数的权；n为小数点前的位数；m为小数点后的位数。

若以N代替式(5.1)中的10，则可得到任意进制(N进制)数展开式的普遍形式：

$$D=\pm\sum_{i=-m}^{n-1}k_iN^i \tag{5.2}$$

2. 二进制数

二进制数中，每一位有0、1两个数码，计数的基数为2，低位和相邻高位之间的进位关系为“逢二进一”。例如二进制数1011.1，可表示为

$$(1011.1)_2=1\times2^3+0\times2^2+1\times2^1+1\times2^0+1\times2^{-1}$$

任意一个二进制数$D=(k_{n-1}\cdots k_2k_1k_0k_{-1}\cdots k_{-m})_2$都可展开为

$$D=\pm\sum_{i=-m}^{n-1}k_i2^i \tag{5.3}$$

式中，k_i为第i位数，它是0、1两个数码中的一个。

3. 八进制数

八进制数中，每一位有0~7八个数码，计数的基数为8，低位和相邻高位之间的进

学习笔记

位关系为“逢八进一”。例如八进制数312.5,可表示为

$$(312.5)_8 = 3\times8^2 + 1\times8^1 + 2\times8^0 + 5\times8^{-1}$$

任意一个八进制数 $D=(k_{n-1}\cdots k_2k_1k_0k_{-1}\cdots k_{-m})_8$ 都可展开为

$$D = \pm\sum_{i=-m}^{n-1} k_i 8^i \tag{5.4}$$

式中,k_i 为第 i 位数,它是0~7八个数码中的一个。

4. 十六进制数

十六进制数中,每一位有0~9、A(10)、B(11)、C(12)、D(13)、E(14)、F(15)十六个数码,计数的基数为16,低位和相邻高位之间的进位关系为“逢十六进一”。例如十六进制数3A2.E,可表示为

$$(3A2.E)_{16} = 3\times16^2 + 10\times16^1 + 2\times16^0 + 14\times16^{-1}$$

任意一个十六进制数 $D=(k_{n-1}\cdots k_2k_1k_0k_{-1}\cdots k_{-m})_{16}$ 都可展开为

$$D = \pm\sum_{i=-m}^{n-1} k_i 16^i \tag{5.5}$$

式中,k_i 为第 i 位数,它是0~9、A~F十六个数码中的一个。

(二)数制转换

1. N 进制数转换为十进制数

N 进制(任意进制)数 D 转换为十进制数的方法是“按权相加法”,即按式(5.1)展开,再将所有各项的数值按十进制相加,便得到对应相等的十进制数。

例5.1 将 $(1011.1)_2$ 和 $(312.5)_8$ 转换为十进制数。

解: 按权展开得 $(1011.1)_2 = 1\times2^3 + 0\times2^2 + 1\times2^1 + 1\times2^0 + 1\times2^{-1} = (11.5)_{10}$

$$(312.5)_8 = 3\times8^2 + 1\times8^1 + 2\times8^0 + 5\times8^{-1} = (202.625)_{10}$$

2. 十进制数转换为 N 进制数

十进制整数转换为 N 进制整数的方法是“除以基数取余法”。具体为:将十进制整数连续除以基数,求得各次的余数,直到商为0,每次所得余数依次是 N 进制数由低位到高位的各位数码。

例5.2 将十进制数27转换为二进制数。

解: 二进制的基数为2,于是可得

```
2|27  …………余1(低位)
 2|13  …………余1      ↑
  2|6  …………余0      |
   2|3  …………余1      |
    2|1  …………余1(高位)
      0
```

即 $(27)_{10} = (11011)_2$。

类似地,可将十进制整数转换为八进制和十六进制整数。例如,$(27)_{10} = (33)_8 = (1B)_{16}$。

十进制小数转换为 N 进制小数的方法是“乘以基数取整法”。具体为:将十进制小数连续乘以基数,求得各次的整数,直到小数部分为0(或约为0),每次所得整数依次是 N 进制数由高位到低位的各位数码。

学习笔记

例5.3　将十进制数0.125转换为二进制数。

解：二进制的基数为2，依照转换方法可得

$$
\begin{array}{lll}
 & 0.125 & \text{取整} \\
\times & 2 & \\
\hline
 & 0.25 & \cdots\cdots 0\ (\text{高位}) \\
\times & 2 & \\
\hline
 & 0.5 & \cdots\cdots 0 \\
\times & 2 & \\
\hline
 & 1.0 & \cdots\cdots 1\ (\text{低位})
\end{array}
$$

即$(0.125)_{10}=(0.001)_2$。

类似地，可将十进制小数转换为八进制和十六进制小数。例如，$(0.125)_{10}=(0.1)_8=(0.2)_{16}$。

3. 二进制数转换为十六进制数

由于4位二进制数一共有16种状态，并且其进位输出也是“逢16进1”。所以4位二进制数刚好相当于1位十六进制数。于是，把二进制数转换为十六进制数时，只要将二进制数以小数点为中心，整数部分向左，小数部分向右，每4位分成一组，不足4位则补零，这样每组二进制数就是1位十六进制数。

例5.4　将$(10110101.1001)_2$转换为十六进制数。

解：以小数点为中心，向左向右4位分组

$$
\begin{array}{cccc}
(1011 & 0101 & . & 1001)_2 \\
\downarrow & \downarrow & & \downarrow \\
(\mathrm{B} & 5 & . & 9)_{16}
\end{array}
$$

即$(10110101.1001)_2=(\mathrm{B}5.9)_{16}$。

类似地，将二进制数转换为八进制数，只要将每3位分成一组即可。

例5.5　将$(10110101.1001)_2$转换为八进制数。

解：以小数点为中心，向左向右3位分组

$$
\begin{array}{cccccc}
(010 & 110 & 101 & . & 100 & 100)_2 \\
\downarrow & \downarrow & \downarrow & & \downarrow & \downarrow \\
(2 & 6 & 5 & . & 4 & 4)_8
\end{array}
$$

即$(10110101.1001)_2=(265.44)_8$。

4. 十六进制数转换为二进制数

十六进制数转换为二进制数，只需按原来的顺序，将每1位十六进制数用4位二进制数代替即可。

例5.6　将$(3\mathrm{AC}.5\mathrm{F})_{16}$转换为二进制数。

解：按顺序将1位十六进制数用4位二进制数代替，最高位和最低位的0可以省略。

$$
\begin{array}{cccccc}
(3 & \mathrm{A} & \mathrm{C} & . & 5 & \mathrm{F})_{16} \\
\downarrow & \downarrow & \downarrow & & \downarrow & \downarrow \\
(0011 & 1010 & 1100 & . & 0101 & 1111)_2
\end{array}
$$

学习笔记

即$(3AC.5F)_{16}=(1110101100.01011111)_2$。

类似地，将八进制数转换为二进制数，只要按原来的顺序将每1位八进制数用3位二进制数代替即可。

例5.7 将$(512.3)_8$转换为二进制数。

解： 按顺序将1位八进制数用3位二进制数代替，最高位和最低位的0可以省略。

$$
\begin{array}{ccccc}
(5 & 1 & 2 & . & 3)_{16} \\
\downarrow & \downarrow & \downarrow & & \downarrow \\
(101 & 001 & 010 & . & 011)_2
\end{array}
$$

即$(512.3)_8=(101001010.011)_2$。

表5.1列出了几种计数制之间的对照关系。

表5.1 几种计数制之间的对照关系

十进制数	二进制数	八进制数	十六进制数
0	0000	0	0
1	0001	1	1
2	0010	2	2
3	0011	3	3
4	0100	4	4
5	0101	5	5
6	0110	6	6
7	0111	7	7
8	1000	10	8
9	1001	11	9
10	1010	12	A
11	1011	13	B
12	1100	14	C
13	1101	15	D
14	1110	16	E
15	1111	17	F

视频

码制的概念

（三）码制

1. 代码和码制

计算机等数字设备采用二进制数进行处理，但人们输入给计算机处理的却不仅仅是二进制数，还包括数值、文字、字母、符号、控制命令等。因此这些数值、文字、字母、符号、控制命令就必须用二进制来表示。把表示不同事物的数码称为代码。编制代码时所遵循的规则称为码制。

2. 十进制数的BCD编码

数字电路处理的是二值数字信号，但在很多数字仪表和计算机中，为方便操作人员，常采用十进制数输入和输出，这就需要将二进制数和十进制数进行转换。常用的二-

十进制码又称BCD码(binary coded decimal),它就是采用二进制代码来表示十进制的0～9十个数。

用二进制代码表示十进制的0～9十个数,至少需要4位二进制数。4位二进制数有16种组合,可以从中选择10种组合来表示0～9十个数。不同的选择方案形成了不同的BCD编码。8421BCD码是一种用得最多的编码,每一位都有固定的权值,8、4、2、1表示二进制码从左到右每位的权(2^3、2^2、2^1、2^0),称为有权码,但并不是所有的BCD码都是有权码。1010～1111这6个码组不允许出现在8421BCD码中,称为禁用码组。表5.2列出了几种常用的BCD码。

表5.2　几种常用的BCD码

十进制数	常用BCD码						
	8421	余3码	2421码(A)	2421码(B)	5211码	余3循环码	步进码
0	0000	0011	0000	0000	0000	0010	00000
1	0001	0100	0001	0001	0001	0110	10000
2	0010	0101	0010	0010	0100	0111	11000
3	0011	0110	0011	0011	0101	0101	11100
4	0100	0111	0100	0100	0111	0100	11110
5	0101	1000	0101	1011	1000	1100	11111
6	0110	1001	0110	1100	1001	1101	01111
7	0111	1010	0111	1101	1100	1111	00111
8	1000	1011	1110	1110	1101	1110	00011
9	1001	1100	1111	1111	1111	1010	00001
权	8421		2421	2421	5211		

3. 字母数字码

数字系统中,常常还要将各种字母、符号、指令等用二进制代码来表示,这些符号统称为字符,它们对应的编码称为字母数字码。ASCII(American Standard Code for Information Interchange)码是其中常见的一种,它采用7位二进制数进行编码,可以表示出$2^7=128$个符号,包括10个十进制数码、52个英文大小写字母、32个通用控制字符、34个专用符号。

4. 原码、反码、补码

前面介绍的二进制数都是正数,若要表示负数,则应该在数的前面加上符号位。在数字系统中,有符号二进制数有3种表示方法,即原码、反码和补码。原码多用于表示正数,补码多用于表示负数,反码则为原码变为补码的中间编码。这3种表示方法中,均采用0表示正号,1表示负号,并且符号位放在数码的最高位,即最左边。

带符号的原码表示方法是符号位用0表示"+",用1表示"-",数值部分用绝对值表示,即原码表示为符号位加绝对值的表示方法。

反码的规则是:正数的反码和原码相同;负数的反码是除符号位之外的其余各位按位取反。

补码的规则是:正数的补码和原码相同;负数的补码是先求反码,然后在最低位

学习笔记

加 1。

由于正数的原码、反码和补码的表示方法完全相同,因此不需要进行转换,只有负数的原码、反码和补码之间需要进行转换。

想一想:

将 25 个不同信息用二进制数来代替,最少需要多少位二进制数?

三、逻辑代数的基本运算

视频

与、或、非运算的概念

数字逻辑电路实现的是逻辑关系,逻辑关系是指某事件的结果和条件之间的关系。分析和设计数字逻辑电路的数学工具是逻辑代数,它是英国数学家乔治·布尔于 19 世纪中叶首先提出并应用于描述逻辑关系的数学方法,因此逻辑代数又称布尔代数。早期逻辑代数应用于继电器开关电路的分析和设计,形成了二值开关代数,之后则被广泛地用于数字逻辑电路和数字系统的分析和设计。

逻辑代数和普通代数一样,也是用字母来表示变量,这些变量都称为逻辑变量。在数字电路中,用以描述数字系统输出与输入变量之间逻辑关系的表达式,称为逻辑函数表达式。通常把表示输入条件的变量称为输入变量,常用 A、B、C…表示,把表示输出结果的变量称为逻辑函数,常用 Y、L 或 F 表示。写为 $Y=F(A、B、C\cdots)$。逻辑变量和逻辑函数的值只有 0 和 1 两种可能。

基本的逻辑关系有与逻辑、或逻辑和非逻辑,与之对应的逻辑运算为与运算(逻辑乘)、或运算(逻辑加)和非运算(逻辑非)。

(一)与运算

在图 5.4(a)所示的串联开关电路中,可以看出,只有开关 A 和 B 全都闭合,灯 L 才亮,两个开关中只要有一个不闭合,灯 L 就不会亮。这个电路表示了这样一个逻辑关系:决定某一事件的全部条件都具备(如开关 A、B 都闭合)时,该事件才会发生(灯 L 亮)。这种关系称为与逻辑。

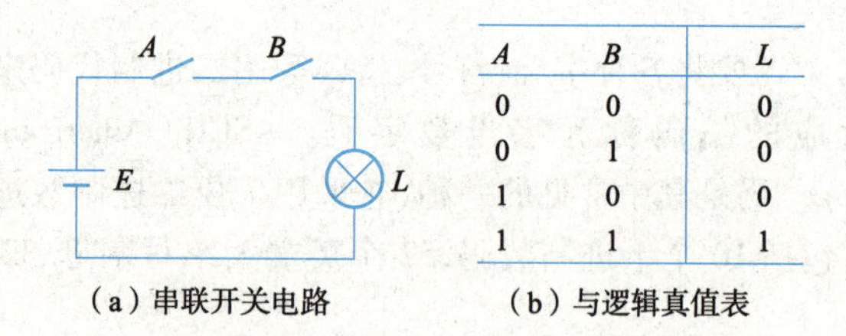

(a)串联开关电路

A	B	L
0	0	0
0	1	0
1	0	0
1	1	1

(b)与逻辑真值表

图 5.4　与逻辑运算

如果规定开关闭合、灯亮为逻辑 1 态,开关断开、灯灭为逻辑 0 态,则开关 A、B 的全部状态组合和灯 L 状态之间的关系如图 5.4(b)所示。它反映了输出函数与输入变量间的逻辑关系。由逻辑真值表可以看出,逻辑变量 A、B 的取值和函数 L 的值之间的关系满足逻辑乘的运算规律,可表示为 $L=A\cdot B$。与运算可推广到多变量:$L=A\cdot B\cdot C\cdots$。

(二)或运算

在图 5.5(a)所示的并联开关电路中,可以看出,只要开关 A 闭合,或者开关 B 闭合,或者开关 A 和 B 都闭合,灯 L 就亮;只有两个开关都断开时,灯 L 才熄灭。这个电路表示了这样一个逻辑关系:决定某一事件的全部条件中,只要有一个或一个以上条件具备时，该事件就会发生（灯 L 亮）。这种关系称为或逻辑。

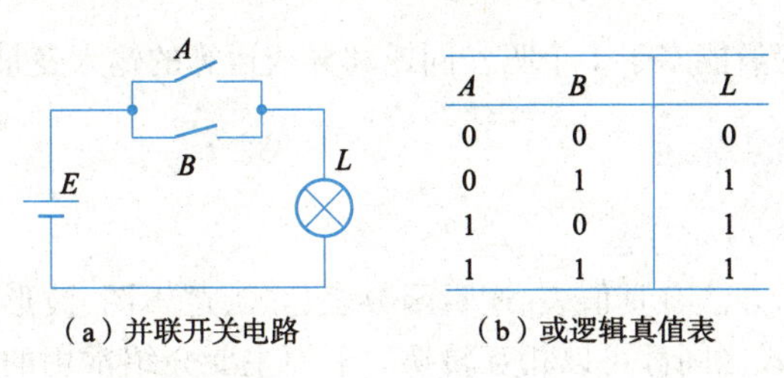

A	B	L
0	0	0
0	1	1
1	0	1
1	1	1

（a）并联开关电路　　（b）或逻辑真值表

图5.5　或逻辑运算

图5.5（b）所示为或逻辑真值表，由逻辑真值表可以看出，逻辑变量 A、B 的取值和函数 L 的值之间的关系满足逻辑加的运算规律，可表示为 $L=A+B$。或运算可推广到多变量：$L=A+B+C+\cdots$。

（三）非运算

在图5.6（a）所示的电路中，可以看出，开关 A 闭合则灯 L 灭；开关 A 断开则灯 L 亮。也就是灯 L 与开关 A 的状态之间存在着相反的逻辑关系。把这种条件具备时事情不发生，条件不具备时事件发生的逻辑关系称为非逻辑。图5.6（b）所示为非逻辑真值表，由逻辑真值表可看出逻辑变量 A 的取值和函数 L 的值之间的关系满足逻辑取反的运算规律，可表示为 $L=\overline{A}$。式中，变量 A 的上方"—"号表示非，读作 L 等于 A 非。

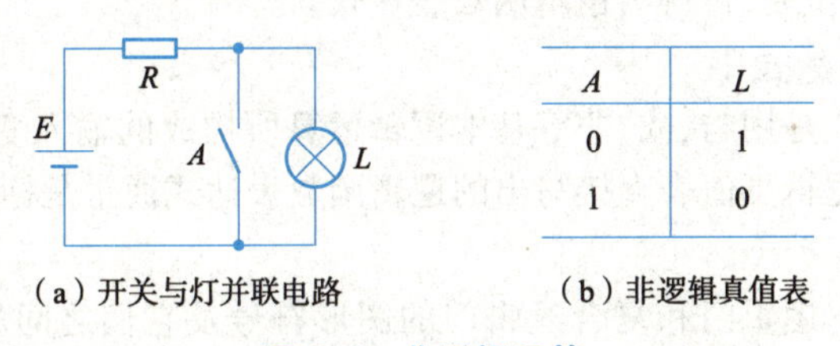

A	L
0	1
1	0

（a）开关与灯并联电路　　（b）非逻辑真值表

图5.6　非逻辑运算

（四）复合逻辑运算

除了与、或、非这3种基本逻辑运算外，还常常涉及由这3种基本运算构成的复合运算，如与非、或非、同或和异或等运算。与运算后再进行非运算的复合运算称为与非运算。两输入变量的与非、或非、同或和异或运算的定义、逻辑表达式、真值表见表5.3。

表5.3　复合逻辑运算

类型	与非	或非	同或	异或
定义	条件 A、B 都具备，则 L 不发生	条件 A、B 有1个或以上具备，则 L 不发生	条件 A、B 相同，则 L 发生	条件 A、B 相异，则 L 发生
逻辑表达式	$L=\overline{A\cdot B}$	$L=\overline{A+B}$	$L=A\odot B=AB+\overline{AB}$	$L=A\oplus B=\bar{A}B+\bar{A}B$
真值表	A B L 0 0 1 0 1 1 1 0 1 1 1 0	A B L 0 0 1 0 1 0 1 0 0 1 1 0	A B L 0 0 1 0 1 0 1 0 0 1 1 1	A B L 0 0 0 0 1 1 1 0 1 1 1 0

学习笔记

想一想：

非运算的输入变量能多于1个吗？同或和异或运算的输入变量能多于2个吗？

四、逻辑函数的表示

（一）逻辑函数的表示方法

视频

逻辑函数的表示方法

逻辑函数的表示方法有真值表、逻辑函数表达式、逻辑图、波形图和卡诺图，它们各有特点，各种表示形式之间都可以相互转换。下面主要介绍常用的真值表、逻辑函数表达式和逻辑图。

1. 真值表

真值表是根据给定的逻辑问题要求，把输入逻辑变量各种可能取值的组合和对应的输出函数值排列而成的表格。它描述了逻辑函数与输入逻辑变量各种取值之间的一一对应关系。逻辑函数的真值表具有唯一性。若两个逻辑函数具有相同的真值表，则这两个逻辑函数必然相等。一个具有 n 个输入逻辑变量的逻辑函数，共有 2^n 种不同的变量取值组合。为避免遗漏，在列真值表时，各变量取值的组合一般按二进制数递增的顺序列出来。

用真值表表示的逻辑函数关系直观明了，但若变量较多时，真值表较大，列表和观察都比较烦琐。在进行逻辑电路设计时，需要把一个实际的逻辑问题抽象成一个逻辑函数，常常先写出真值表，再得出逻辑函数表达式。

2. 逻辑函数表达式

逻辑函数表达式是用与、或、非等基本逻辑运算所构成的输入变量和输出函数之间的逻辑关系式。由逻辑真值表直接写出的逻辑函数表达式通常是标准的与或逻辑式。

3. 逻辑图

逻辑图是用基本逻辑门和复合逻辑门的图形符号及它们之间的连线构成的图形。由逻辑函数表达式画逻辑图时，只需把逻辑函数表达式中各逻辑运算用图形符号代替即可完成。

（二）逻辑函数表示形式的变换

1. 由真值表转换为逻辑函数表达式

根据真值表写出逻辑函数表达式的步骤是：首先找出真值表中使得逻辑函数等于1的那些输入变量取值的组合；接着按照取值为1的变量记为原变量、取值为0的变量记为反变量，明确每组输入变量组合中对应的乘积项；最后将所有乘积项相加，即得到对应的逻辑函数的与或逻辑式。

当然按真值表中使得逻辑函数等于0的输入组合来完成逻辑函数表达式也是可以的，不过对应的应该是逻辑函数的反变量的表达式。

例5.8 写出表5.3中同或逻辑真值表对应的逻辑函数表达式。

解： 同或逻辑真值表中逻辑函数值为1的有2个组合项，故有2个或项。每个组合对应的输入变量相同，要么同为1，要么同为0。所以，对应的逻辑函数表达式为 $L=AB+\overline{A}\overline{B}$。

2. 由逻辑函数表达式转换为真值表

由逻辑函数表达式画真值表时，首先要明确函数表达式中逻辑自变量个数 n，则真

学习笔记

值表有2^n种可能的组合；将变量和变量的所有取值组合按照二进制递增的顺序列入真值表的表格左边；然后分别对变量的各种组合进行运算，求出相应的函数值，填入表格右边。

3. 由逻辑图写出逻辑函数表达式

由逻辑图写出逻辑函数表达式时，可以从输入端开始到输出端逐级写出每个图形符号对应的逻辑函数表达式，即可得到整个逻辑图对应的逻辑函数表达式。也可以从输出端开始，反向追溯各图形符号的逻辑函数表达式，最后得到整个逻辑函数表达式。

例5.9　已知逻辑变量A、B、F的波形如图5.7所示，试写出逻辑函数F的逻辑函数表达式。

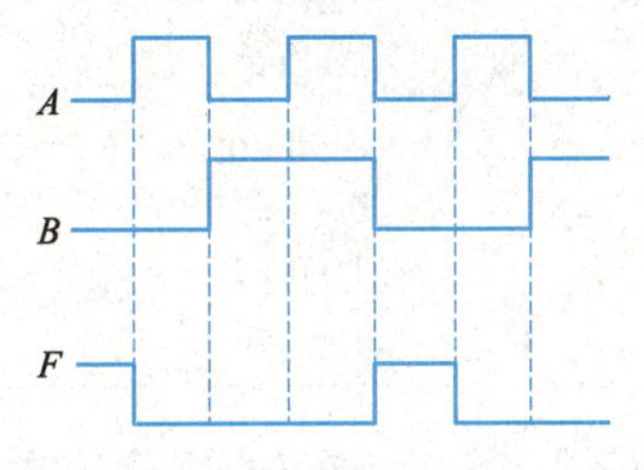

图5.7　例5.9逻辑波形图

解：观察波形图，按照正逻辑写出A、B、F的逻辑对应关系，见表5.4。

表5.4　A、B、F的逻辑对应关系

A	B	F
0	0	1
1	0	0
0	1	0
1	1	0
0	0	1
1	0	0
0	1	0

根据A、B、F的逻辑对应关系，可以推知F为A、B的或的非，即$F=\overline{A+B}$。

4. 由逻辑函数表达式画出逻辑图

由逻辑函数表达式画逻辑图时，将逻辑函数表达式中的运算符号用对应的逻辑图形符号画出来，然后按照逻辑函数表达式中逻辑运算的顺序连线，就得到了逻辑函数表达式对应的逻辑图。

想一想：

由真值表写逻辑函数表达式时必须要按函数值为1的情况来写吗？怎样选择会更简便？

五、逻辑代数的基本公式、定律和规则

逻辑代数是按一定逻辑规律进行运算的代数。逻辑变量用大写的英文字母表示，

学习笔记

逻辑变量只有 0 和 1 两个取值，0 和 1 不表示数量的大小，表示的是两种对立的逻辑状态。数字电路中利用逻辑代数，可以把一个电路的逻辑关系抽象为数学表达式，还可以利用逻辑运算的规律进行恒等化简，解决逻辑电路的分析和设计问题。逻辑代数中有一些公式和定律与普通代数相同，也有许多与普通代数不同的公式和定律。

(一)逻辑代数的基本公式

1. 常量与常量的运算公式

二值逻辑中只有 0 和 1 两个常量，逻辑运算关系也只有与、或、非，因而逻辑常量与常量间的关系简单易懂。逻辑常量运算公式见表 5.5。

表 5.5　逻辑常量运算公式

与运算	或运算	非运算
$0\cdot 0=0$ $0\cdot 1=0$ $1\cdot 0=0$ $1\cdot 1=1$	$0+0=0$ $0+1=1$ $1+0=1$ $1+1=1$	$\overline{0}=1$ $\overline{1}=0$

2. 常量与变量、同一变量及其反变量间的运算公式

设 A 为逻辑变量。常量与变量、同一变量及其反变量间的运算公式见表 5.6。

表 5.6　逻辑常量、变量运算公式

0-1 律	互补律	重叠律	还原律
$0\cdot A=0$ $0+A=A$ $1\cdot A=A$ $1+A=1$	$A\cdot\overline{A}=0$ $A+\overline{A}=1$	$A\cdot A=A$ $A+A=A$	$\overline{\overline{A}}=A$

(二)逻辑代数的基本定律

1. 与普通代数相似的定律

逻辑代数的基本运算包括与、或、非，一个逻辑函数表达式可能涉及多种运算，在运算时要遵循非、与、或的运算优先顺序。逻辑代数中与普通代数相似的定律见表 5.7。

表 5.7　与普通代数相似的定律

交换律	结合律	分配律
$A\cdot B=B\cdot A$ $A+B=B+A$	$A\cdot B\cdot C=A\cdot(B\cdot C)=(A\cdot B)\cdot C=(A\cdot C)\cdot B$ $A+B+C=(A+B)+C=A+(B+C)=(A+C)+B$	$A(B+C)=AB+AC$ $A+BC=(A+B)(A+C)$

注意：一是分配律中的第二个公式是普通代数中没有的，下面证明此公式的恒等性；二是以上定律中的变量可以扩展到更多，要注意灵活应用。

证明：右式 $=A\cdot A+A\cdot C+B\cdot A+B\cdot C=A+AC+AB+BC=A(1+C+B)+BC=A+BC=$ 左式

2. 吸收律

吸收律可以通过上面的一些公式很容易地推导出来，吸收律也是逻辑函数化简时常常用到的基本定律。逻辑代数中常用的吸收律见表 5.8。

学习笔记

表5.8　吸收律

$A(A+B)=A$	$A+AB=A$
$A(\overline{A}+B)=AB$	$A+\overline{A}B=A+B$
$(A+B)(\overline{A}+C)(B+C)=(A+B)(\overline{A}+C)$	$AB+\overline{A}C+BC=AB+\overline{A}C$

3. 摩根定律

摩根定律又称反演律，在涉及含非运算的函数式转换和化简中应用非常普遍。摩根定律公式见表5.9。

表5.9　摩根定律

$\overline{AB}=\overline{A}+\overline{B}$	$\overline{A+B}=\overline{A}\cdot\overline{B}$

摩根定律利用真值表很容易得到证明，这里就不再证明了。摩根定律可以推广到多个变量。

*（三）逻辑代数的基本规则[①]

1. 代入规则

对于任何一个含有变量 A 的逻辑等式，如将所有出现 A 的位置都用同一个逻辑函数 G 来替换，则得到的新等式仍然成立。利用代入定理可以证明一些公式，也可以将前面的两变量常用公式推广成多变量的公式，从而扩大基本定律的应用范围。

例5.10　已知 $B(A+C)=BA+BC$，现将式中所有 A 都用逻辑函数 $G=A+D$ 代替，证明等式仍成立。

证明：分别用 $G=A+D$ 代入已知等式的左右可得

左式 $=B[(A+D)+C]=B(A+D)+BC=BA+BD+BC$

右式 $=B(A+D)+BC=BA+BD+BC=$ 左式

故 $B[(A+D)+C]=B(A+D)+BC$ 成立。

2. 反演规则

对于任意逻辑函数 Y 的逻辑式，若将 Y 式中所有的“·”换为“+”，“+”换为“·”，常量“0”换成“1”，“1”换成“0”，所有原变量换成反变量，所有反变量换成原变量，则得到的新函数即为原函数 Y 的反函数 $\overline{Y}$。利用反演规则可以求逻辑函数的反函数。在应用反演规则时的注意点如下：

（1）变换时必须保持原函数式的运算优先顺序，为防止在变换中运算顺序出错，可以在变换前加括号表明运算的先后顺序。

（2）对跨越两个或两个以上变量的“非号”要保留不变。

例5.11　已知逻辑函数 $Y=A\overline{B}+\overline{A}B$，试用反演规则求其反函数 $\overline{Y}$。

解：根据反演规则可得 $\overline{Y}=(\overline{A}+B)(A+\overline{B})=AB+\overline{A}\overline{B}$。

3. 对偶规则

对于任意逻辑函数 Y 的逻辑式，如果把 Y 式中所有的“+”换成“·”，“·”换成

① *表示选学内容。

学习笔记

“+”,“1”换成“0”,“0”换成“1”,所得的新的逻辑式 Y',则 Y 和 Y 互为对偶式。这种变换规则称为对偶规则。对偶变换时要注意保持变换前运算的优先顺序不变。若两个函数式相等,则它们的对偶式也一定相等。所有的逻辑等式,两边同时进行对偶变换后,得到的对偶式仍然相等。摩根定律的两种形式就是互为对偶式。

想一想:

为什么逻辑等式都可用真值表来证明?

六、逻辑函数的化简

进行逻辑电路的分析和设计时,得到的逻辑函数式往往比较复杂,并且常常有各种不同的形式。为了便于了解逻辑函数的逻辑功能,或者为了使逻辑电路结构更加简单和符合所需要的形式,降低成本和提高工作可靠性,常需要对逻辑函数进行化简。常用的化简方法有代数(公式)化简法和卡诺图化简法。

(一)逻辑函数的最简形式

一个逻辑函数的某种表达式形式,可以对应地用一个逻辑电路来实现其功能。反过来,一个逻辑电路也可以对应地用一个逻辑函数式来描述其逻辑。一个逻辑函数的表达式不是唯一的,可以有多种形式,且可以进行相互转换。常见的逻辑函数式主要有以下几种形式。

$L=AB+\bar{A}C$　　与或式

$=(A+C)(\bar{A}+B)$　　或与式

$=\overline{\overline{AB}\cdot\overline{\bar{A}C}}$　　与非-与非式

$=\overline{\overline{A+C}+\overline{\bar{A}+B}}$　　或非-或非式

$=\overline{A\bar{B}+\bar{A}\bar{C}}$　　与或非式

上述逻辑式的复杂程度相差较大,其中与或式是逻辑函数最基本的表达形式,其他形式都可以根据最简与或式变换得到。因此,在化简逻辑函数时,通常将逻辑函数式化简成最简与或式,然后再根据需要转换成其他形式。最简与或式的标准如下:

(1)逻辑函数式的与项(乘积项)最少(即包含的或运算的项最少);

(2)每个乘积项中的变量数最少。

视频

逻辑函数的代数化简法

(二)逻辑函数的代数化简法

运用逻辑代数的基本公式、定律和法则对逻辑函数式进行化简的方法称为代数化简法。基本化简方法有以下几种。

1. 并项法

运用公式 $AB+\bar{A}B=B$,将两项合并为一项,同时消去一个变量。比如

$$ABC+A\bar{B}\bar{C}+AB\bar{C}+A\bar{B}C=AB(C+\bar{C})+A\bar{B}(C+\bar{C})=AB+A\bar{B}=A(B+\bar{B})=A$$

2. 吸收法

利用吸收律 $A+AB=A$ 和 $AB+\bar{A}C+BC=AB+\bar{A}C$ 消去多余的项。比如

$$AC+A\bar{B}CDE=AC(1+\bar{B}DE)=AC$$

3. 消去法

利用吸收律 $A+\bar{A}B=A+B$ 消去多余的因子。比如

学习笔记 

$$AB+\bar{B}C+\bar{A}C=AB+C(\bar{A}+\bar{B})=AB+\overline{AB}C=AB+C$$

4. 配项法

利用乘以 $A+\bar{A}=1$ 或加上 $A\bar{A}=0$ 增加必要的乘积项，再进行化简。比如

$$AB+\bar{B}\bar{C}+A\bar{C}=AB+\bar{B}\bar{C}+(B+\bar{B})A\bar{C}=AB+\bar{B}\bar{C}$$

例5.12　化简逻辑函数 $Y=AD+A\bar{D}+AB+\bar{A}C+BD$。

解：$Y=(AD+A\bar{D})+AB+\bar{A}C+BD$

$=A+AB+\bar{A}C+BD$

$=A+\bar{A}C+BD$

$=A+C+BD$

（三）逻辑函数的卡诺图化简法

逻辑函数代数化简法的优点是不受变量数目的限制，缺点是没有固定的步骤可循，需要熟练利用公式和定理，有时还需要一定的技巧和经验。有时候不容易判断化简结果是否最简。而卡诺图化简法则正好可以弥补这方面的不足。

1. 最小项

1）最小项的概念

对于一个有 n 个变量的逻辑函数，如果其逻辑与或式中每个乘积项都包括 n 个因子，而这 n 个因子分别为 n 个变量的原变量或反变量，且每个变量在每个乘积项中仅出现一次。则这样的乘积项就称为逻辑函数的最小项。n 个变量的逻辑函数，其全部最小项共有 2^n 个。由 A、B、C 三个变量组成的逻辑函数的全部最小项及编号见表5.10。

表5.10　三个变量组成的逻辑函数的全部最小项及编号

变量 ABC 取值	最小项							
	$\bar{A}\bar{B}\bar{C}$	$\bar{A}\bar{B}C$	$\bar{A}B\bar{C}$	$\bar{A}BC$	$A\bar{B}\bar{C}$	$A\bar{B}C$	$AB\bar{C}$	ABC
000	1	0	0	0	0	0	0	0
001	0	1	0	0	0	0	0	0
010	0	0	1	0	0	0	0	0
011	0	0	0	1	0	0	0	0
100	0	0	0	0	1	0	0	0
101	0	0	0	0	0	1	0	0
110	0	0	0	0	0	0	1	0
111	0	0	0	0	0	0	0	1
编号	m_0	m_1	m_2	m_3	m_4	m_5	m_6	m_7

2）逻辑函数的最小项表达式

任何一个逻辑函数表达式都可以转换为若干个最小项的和的形式，称为最小项表达式。

学习笔记

例 5.13　将逻辑函数式 $L=AB+\overline{A}C$ 转换为最小项之和的表达式。

解：$L=AB+\overline{A}C=AB(C+\overline{C})+\overline{A}C(B+\overline{B})=ABC+AB\overline{C}+\overline{A}BC+\overline{A}\overline{B}C$

3）最小项的编号

为方便起见，常对最小项进行编号。以 ABC 为例，当输入变量取值为 111 时，该最小项函数值为 1。而 111 相当于十进制数的 7，所以把 ABC 记作 m_7。按此规定，三个变量函数的最小项编号见表 5.10。

根据最小项的表示方法，可以很方便地把逻辑函数最小项之和的代数形式转换为用编号表示。如例 5.13 中，$L=ABC+AB\overline{C}+\overline{A}BC+\overline{A}\overline{B}C=m_7+m_6+m_3+m_1=\sum m(1,3,6,7)$

4）相邻最小项

在变量的最小项中，把只有一个因子不同的两个最小项称为相邻最小项。比如 ABC 和 $\overline{A}BC$、$A\overline{B}C$、$AB\overline{C}$都是相邻最小项，$\overline{A}\overline{B}\overline{C}$ 和 $A\overline{B}\overline{C}$、$\overline{A}B\overline{C}$、$\overline{A}\overline{B}C$都是相邻最小项。

5）最小项的性质

观察分析表 5.10，可以发现最小项有以下性质：

（1）在输入变量的任何取值下必有一个且仅有一个最小项的值为 1，其他最小项取值都为 0。

（2）对于变量的任意一组取值，任意两个不同的最小项的乘积恒为 0。

（3）对于变量的任意一组取值，全部最小项之和恒为 1。

（4）具有相邻性的两个最小项可以合并，并消去一对因子。

2. 卡诺图

卡诺图又称最小项方格图，它是美国工程师卡诺首先提出的一种用来描述逻辑函数的特殊方格图。在卡诺图中，每一个方格代表逻辑函数的一个最小项。卡诺图和真值表是完全对应的，它是真值表的图标形式。

对于一个有 n 个变量的逻辑函数，用 2^n 个小方格表示其全部最小项。画卡诺图时必须使逻辑相邻最小项在几何位置上也相邻，这种相邻原则称为卡诺图的相邻性。按这样的相邻要求排列的方格图就是 n 个变量最小项卡诺图。在卡诺图中，上下、左右、每一行的首尾、每一列的首尾小方格代表的最小项都必须是逻辑相邻的。下面介绍 2～4 个变量的卡诺图的画法。

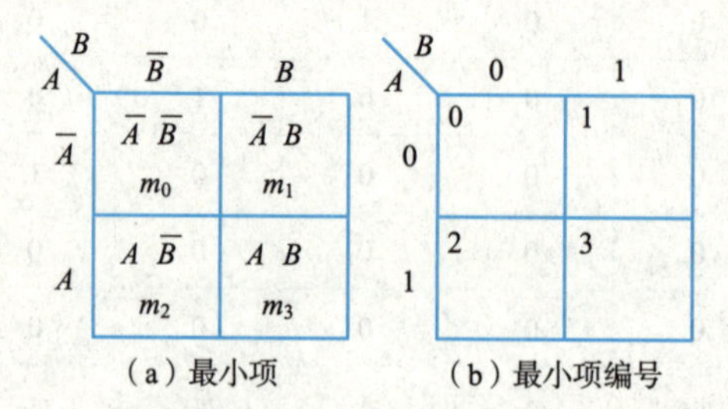

图 5.8　二变量卡诺图

1）二变量卡诺图

设 2 个逻辑变量为 A 和 B，卡诺图由 4 个方格组成。在卡诺图中，用 0 表示反变量，

1 表示原变量。全部的 4 个最小项为 $\bar{A}\bar{B}$、$\bar{A}B$、$A\bar{B}$、AB，分别记为 m_0、m_1、m_2、m_3。按相邻性原则，画出二变量卡诺图，如图 5.8 所示。

2）三变量卡诺图

设 3 个变量为 A、B 和 C，全部 8 个最小项分别记为 m_0、m_1、…、m_7。卡诺图由 8 个方格组成。按相邻性原则画出三变量卡诺图如图 5.9 所示。

A \ BC	$\bar{B}\bar{C}$	$\bar{B}C$	BC	$B\bar{C}$
$\bar{A}$	$\bar{A}\bar{B}\bar{C}$ m_0	$\bar{A}\bar{B}C$ m_1	$\bar{A}BC$ m_3	$\bar{A}B\bar{C}$ m_2
A	$A\bar{B}\bar{C}$ m_4	$A\bar{B}C$ m_5	ABC m_7	$AB\bar{C}$ m_6

（a）最小项

A \ BC	00	01	11	10
0	0	1	3	2
1	4	5	7	6

（b）最小项编号

图 5.9　三变量卡诺图

3）四变量卡诺图

设 4 个变量为 A、B、C 和 D，全部 16 个最小项分别记为 m_0、m_1、…、m_{15}。卡诺图由 16 个方格组成。按相邻性原则画出四变量卡诺图如图 5.10 所示。

AB \ CD	$\bar{C}\bar{D}$	$\bar{C}D$	CD	$C\bar{D}$
$\bar{A}\bar{B}$	$\bar{A}\bar{B}\bar{C}\bar{D}$ m_0	$\bar{A}\bar{B}\bar{C}D$ m_1	$\bar{A}\bar{B}CD$ m_3	$\bar{A}\bar{B}C\bar{D}$ m_2
$\bar{A}B$	$\bar{A}B\bar{C}\bar{D}$ m_4	$\bar{A}B\bar{C}D$ m_5	$\bar{A}BCD$ m_7	$\bar{A}BC\bar{D}$ m_6
AB	$AB\bar{C}\bar{D}$ m_{12}	$AB\bar{C}D$ m_{13}	$ABCD$ m_{15}	$ABC\bar{D}$ m_{14}
$A\bar{B}$	$A\bar{B}\bar{C}\bar{D}$ m_8	$A\bar{B}\bar{C}D$ m_9	$A\bar{B}CD$ m_{11}	$A\bar{B}C\bar{D}$ m_{10}

（a）最小项

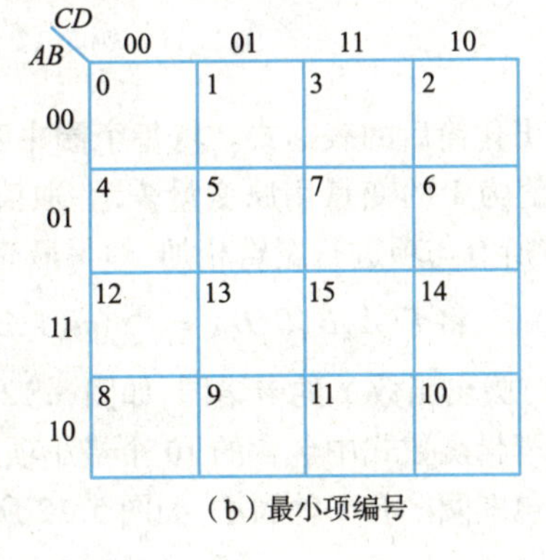

AB \ CD	00	01	11	10
00	0	1	3	2
01	4	5	7	6
11	12	13	15	14
10	8	9	11	10

（b）最小项编号

图 5.10　四变量卡诺图

3. 用卡诺图表示逻辑函数

用卡诺图表示逻辑函数的步骤如下：

（1）根据逻辑函数式中的变量数 n，画出 n 变量最小项卡诺图。

（2）把给定的逻辑函数式化为最小项之和的形式（此步在应用熟悉后可以省去）。

（3）将逻辑函数式中包含的最小项在卡诺图对应的方格中填 1，其余的方格中填 0 或不填。

例 5.14　用卡诺图表示例 5.13 中逻辑函数。

解：$L=ABC+AB\bar{C}+\bar{A}BC+\bar{A}\bar{B}C=m_7+m_6+m_3+m_1=\sum m(1,3,6,7)$ 这是一个三变量逻辑函数。首先画出三变量卡诺图，如图 5.11 所示；然后将 4 个最小项 m_1、m_3、m_6、m_7 对应的方格中填 1，其余不填。

视频

卡诺图化简的步骤

4. 卡诺图化简

用卡诺图化简逻辑函数的原理是利用卡诺图的逻辑相邻性来消去互反的变量。2

学习笔记

个相邻的最小项结合,可以消去1个互反的变量而合并为1个与项;4个相邻的最小项结合,可以消去2个互反的变量而合并为1个与项。依此类推,2^n个相邻的最小项结合,可以消去n个互反的变量而合并为1个与项。用卡诺图化简逻辑函数的思路和步骤如下:

(1)画出逻辑函数的卡诺图。

(2)将逻辑函数式中包含的最小项在卡诺图对应的方格中填1,其余的方格中不填。

(3)对卡诺图中相邻的1方格画包围圈。画包围圈应遵循以下原则:

①圈越大越好,但每个圈中标1的方格数只能是2^n($n=0,1,2,3\cdots$)个相邻项。

②同一个方格可以同时在多个圈中,但每个圈中至少要含有1个新方格,否则该包围圈是多余的。

③卡诺图中所有取值为1的方格都要被圈过,即不能漏下任何取值为1的方格。

A \ BC	00	01	11	10
0	0	1 1	3 1	2
1	4	5	7 1	6 1

图5.11　例5.14逻辑函数卡诺图

(4)写出化简后的表达式。将每个圈中互反变量消去,只保留相同变量,写一个最简与项,取值为1的变量用原变量表示,取值为0的变量用反变量表示,将这些变量相与。然后将所有与项进行逻辑相加,即得最简与或表达式。

例5.15　将$F(A,B,C,D)=\sum m(1,2,3,5,6,7,8,9,12,13)$化简为最简与或式。

解:(1)画出函数Y的卡诺图,如图5.12所示。

(2)将逻辑函数式中包含的10个最小项在对应的卡诺图小方格中填1,其余填0。

(3)画包围圈。有2种圈法,如图5.12所示。

(4)写表达式。对于图5.12(a)中圈法,得到的最简式为$F=\overline{A}D+\overline{A}C+A\overline{C}$。对于图5.12(b)中圈法,得到的最简式为$F=\overline{C}D+\overline{A}C+A\overline{C}$。

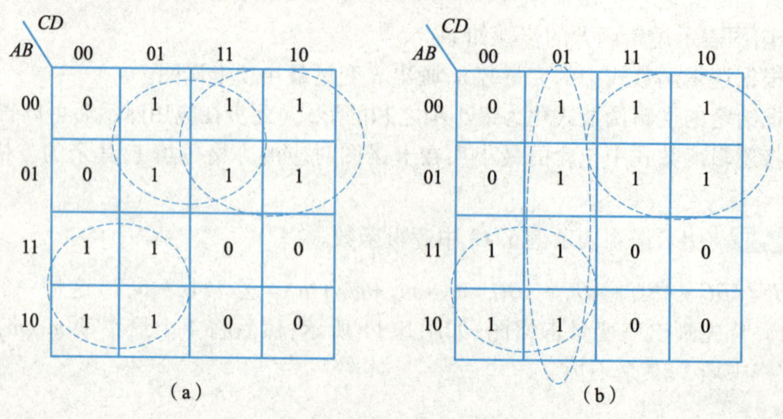

图5.12　例5.15卡诺图

学习笔记

4. 具有无关项的逻辑函数的化简

1）逻辑函数中的无关项

在实际的数字系统中，有时会出现这样一种情况：函数式中没有包含的某些最小项，写入或不写入函数式都不影响原函数的值，即不影响原函数表示的逻辑功能，这样的最小项称为无关项。这些最小项有两种情况：一种是某些变量取值组合不允许出现，如8421BCD编码中，1010～1111这6种代码是不允许出现的，是受到约束的，故称之为约束项。另一种是某些变量取值组合在客观上是不会出现的，称之为任意项。

2）利用无关项化简逻辑函数

在逻辑函数的化简中，充分利用无关项，可以得到更加简单的逻辑表达式，因而对应的逻辑电路也更加简单。在卡诺图中，无关项对应的方格常用“×”标记，在逻辑函数式中用字母“d”和相应的编号来表示。化简时，无关项的取值可视情况取0或1，能利用到时就取1，利用不到时就取0。

例5.16　用卡诺图化简含有无关项的逻辑函数。

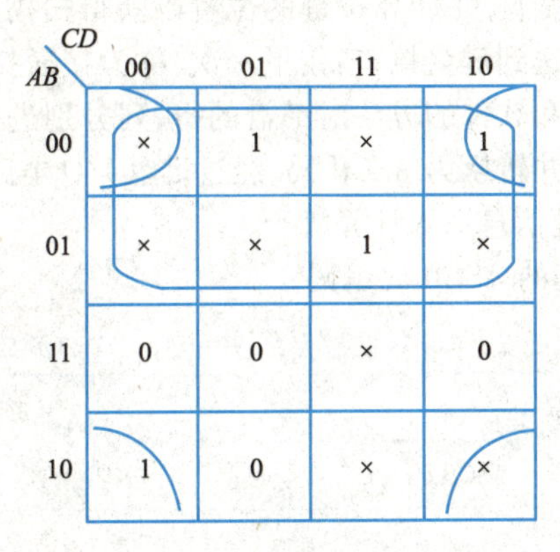

图5.13　例5.16卡诺图

$$F(A,B,C,D) = \sum m(1,2,7,8) + \sum d(0,3,4,5,6,10,11,15)$$

解：（1）画出逻辑函数F的卡诺图如图5.13所示。

（2）将逻辑函数式中包含的4个最小项在对应的卡诺图小方格中填1。

（3）将逻辑函数式中的8个无关项对应的卡诺图小方格中填X，其余填0。

（4）画包围圈。

（5）写表达式：$F = \overline{A} + \overline{B}\overline{D}$。

想一想：

化简逻辑函数有什么实际意义？什么是无关项？无关项在化简逻辑函数式时有何意义？

项目实践

任务　计算机键盘的编码原理分析

（一）实践目标

（1）理解编码的概念和原理。

学习笔记

(2)通过查阅相关资料,分析理解计算机键盘编码原理。

(3)能正确得出计算机键盘常用键的 ASCII 码,并能在不同数制下将 ASCII 码值熟练转换。

(二)实践设备和材料

计算机、键盘、导线、直流可调电源、万用表等。

(三)实践过程

查阅相关资料,讨论分析计算机键盘的编码原理。

计算机键盘是计算机最主要的输入设备,通过键盘可以将英文字母、汉字、数字、标点符号等输入计算机中,从而向计算机发出命令、输入数据等。还有一些带有各种快捷键的键盘,用于操作计算机设备。

微机键盘主要由单片机、译码器和键开关矩阵三大部分组成。其中,单片机由 Intel 8048 单片机微处理器控制。键盘排列成矩阵格式,被按键的识别和行列位置扫描码由键盘内部的单片机通过译码器来实现。单片机在周期性扫描行、列的同时,读回扫描信息结果,判断是否有键被按下,并计算按键的位置以获得扫描码。当有键按下时,单片机分两次将位置扫描码发送到键盘接口:按下一次,称为接通扫描码;释放一次,称为断开扫描码。可以通过硬件和软件的方法对键盘的行、列分别进行扫描,去查找按下的键的位置,输出扫描位置码,并转换为 ASCII 码,经过键盘 I/O 电路送入主机。计算机键盘电路实时监视按键,将按键信息送入计算机。

完成表 5.11 所示按键的 ASCII 码编码。

表 5.11 计算机键盘的部分 ASCII 码编码

按键及编码		按键及编码	
按键	ASCII 码	按键	ASCII 码
NUL		A	
Tab		K	
Shift		b	
Ctrl		?	
Enter		;	
Alt		+	
F6		&	
3		9	

想一想:

127 种不同的信息最少需要多少位二进制代码才能完成编码?

考核评价

根据任务完成情况及评价项目,学生进行自评。同时组长负责组织成员讨论,对小组每位成员进行评价。结合教师评价、小组评价及自我评价,完成考核评价环节。考核评价表见表 5.12。

学习笔记

表 5.12　考核评价表

任务名称					
班级		小组编号		姓名	
小组成员	组长	组员	组员	组员	组员
自我评价	评价项目	标准分	评价分	主要问题	
	任务要求认知程度	10			
	相关知识掌握程度	15			
	专业知识应用程度	15			
	信息收集处理能力	10			
	动手操作能力	20			
	数据分析处理能力	10			
	团队合作能力	10			
	沟通表达能力	10			
	合计评分				
小组评价	专业展示能力	20			
	团队合作能力	20			
	沟通表达能力	20			
	创新能力	20			
	应急情况处理能力	20			
	合计评分				
教师评价					
总评分					
备注	总评分 = 教师评价 ×50% + 小组评价 ×30% + 自我评价 ×20%				

拓展阅读

为中国式现代化注入数字力量

走过沉浸式感官体验的人行通道，观看栩栩如生的 8K 裸眼 3D，走进数字街区生成真人数字分身，异彩纷呈的数字化应用在第六届数字中国建设成果展览会上亮相。2023 年 4 月，第六届数字中国建设峰会在福州召开，作为数字中国建设的风向标，本届峰会以"加快数字中国建设，推进中国式现代化"为主题，展示数字中国建设的最新成果，探讨数字中国建设的未来。

成果展览会上亮相的数字应用是近年来数字中国建设取得显著成效的一个缩影。峰会上发布的《中国数字经济发展研究报告（2023 年）》指出，2022 年，我国数字经济规模达到 50.2 万亿元，同比名义增长 10.3%，已连续 11 年显著高于同期 GDP 名义增速，数字经济占 GDP 比重相当于第二产业占国民经济的比重，达到 41.5%。

学习笔记

“新一轮人工智能和实体经济的深度融合将根本性地改变各行各业的产业实践和运行方式。”阿里巴巴集团董事局主席张勇表示，从互联网2G时代的门户网站，到3G时代的社交软件，再到4G、5G时代视频产业的大爆发，如今由于人工智能技术的跨越式发展，我们又站在一个历史转折点上。

峰会上发布的数据显示，2022年，我国数字经济全要素生产率为1.75，相较2012年提升了0.09，数字经济生产率水平和同比增幅都显著高于整体国民经济生产效率，对国民经济生产效率提升起到支撑、拉动作用。“以数字技术赋能传统产业转型升级，是数字经济的核心部分。”中国科学院院士、北京大学地球与空间科学学院教授童庆禧表示。

异彩纷呈的数字化应用的背后是我国数字技术创新能力的持续提升，峰会上发布的《数字中国发展报告(2022年)》显示，2022年，我国信息领域相关PCT国际专利申请近3.2万件，全球占比达37%；数字经济核心产业发明专利授权量达到33.5万，同比增长17.5%。

“网络信息技术是全球研发投入最集中、创新最活跃、应用最广泛、辐射带动作用最大的技术创新领域。”中国工程院院士陈左宁表示，根植于最有活力的市场，数字信息技术可以迸发出很大的创新性。

在建设数字中国的大潮中，数据要素的价值不断凸显。近年来，我国数据资源体系加快建设。“数据作为数字经济时代的‘石油’，已经呈现出越来越重要的价值。”中国工程院院士、国家基础地理信息中心教授陈军表示。

2022年，我国数据产量达8.1 ZB，同比增长22.7%，全球占比达10.5%，位居世界第二。数据要素市场建设进程加快，数据产业体系进一步健全，数据确权、定价、交易流通等市场化探索不断涌现。

加快释放数据要素的价值，将为数字中国建设注入强劲的动能。对此，中国科学院院士梅宏表示，要探索数据产业生态健康发展之策，以产业数字化转型和新型数据应用场景开发为牵引，做强做优做大数据价值链、供应链和产业链。中国电子信息产业发展研究院副总工程师刘权表示，要建立健全数据产权体系，构建科学价值评估模型，完善数据交易制度规范；构建收益多级分配机制，健全公共数据收益分配机制，建立分配联席会议机制。

在数字化应用加速落地的同时，网络安全威胁和挑战也日益增加，网络和数据安全上升到经济安全、国防安全、国家安全层面，数字中国建设面临前所未有的网络安全挑战。

“数字化成为国家战略，数字文明时代正在到来，随之而来的是网络空间和数字化均面临内外部双重安全挑战。”360集团COO叶健表示，在这样的大背景下，中国本土的数字安全龙头企业要围绕“上山下海扶助小微”服务数字中国和网络强国建设。

2023年2月，中共中央、国务院印发的《数字中国建设整体布局规划》提出，到2025年，基本形成横向打通、纵向贯通、协调有力的一体化推进格局，数字中国建设取得重要进展，并将“筑牢可信可控的数字安全屏障”列为强化数字中国的关键能力之一，提出切实维护网络安全，完善网络安全法律法规和政策体系。

国家网信办总工程师孙蔚敏表示，完善数字治理体系，助力数字安全发展，要坚持人民至上，深入推进个人信息保护工作；坚持系统观念，加快健全数据管理法规制度体系；坚持安全发展，构建数据安全综合治理格局。

［来源：人民邮电报(记者　苏德悦)］

学习笔记

小结

(1)数字信号在时间和数值上都是离散的。数字电路是工作在数字信号下的电路，又称逻辑电路。

(2)数制是计数的制度，不同数制下的数可以相互转换。码制是编制代码时所遵循的规则。常用的有BCD码、8421码、2421码、5421码、余3码等，其中8421码使用最广泛。

(3)数字电路中输入信号和输出信号都是用高电平和低电平来表示逻辑1和逻辑0。如果用1表示高电平，用0表示低电平，称为正逻辑；如果用0表示高电平，用1表示低电平，称为负逻辑。

(4)与运算、或运算、非运算是逻辑代数中最基本的三种逻辑运算，由这三种基本的逻辑运算可以组合构成各种复杂的逻辑运算。

(5)逻辑代数是分析数字电路的数学工具。逻辑代数的运算法则和常用公式是逻辑电路分析和设计时进行逻辑函数关系转换和化简的依据。

(6)常用的逻辑函数表示方法有真值表、逻辑函数式、逻辑电路图、逻辑波形图等，它们之间可以任意地相互转换。

(7)逻辑函数的化简有代数化简法和卡诺图化简法两种。

自我检测题

一、填空题

1. 离散变化的量称为________，连续变化的量称为________。数字波形是由________和________组成的序列脉冲信号。

2. 二进制是以________为基数的计数体制，它只有________和________两个数码，其计数规则是________。

3. 十进制数$(17.25)_{10}$对应的二进制数为________，整数部分转换时用________法，小数部分转换时用________法，其8421BCD码为________。

4. 两输入变量的与运算的结果取决于输入变量中的________，两输入变量的或运算的结果取决于输入变量中的________。

5. 逻辑制分为________和________。1为高电平、0为低电平的逻辑称为________。

6. 基本逻辑运算有________、________、________三种。

7. 逻辑函数的表示方法有________、________、________和逻辑波形图、卡诺图等。

8. 用来表示各种计数制数码个数的数称为________，同一数码在不同位置所代表的________不同。二进制的________是2。

9. 8421码是最常用也是最简单的一种BCD码，从高到低各位的权分别为________、________、________和________。

10. 最简与或式是指在表达式中________最少，且________也最少。

11. 在化简过程中，约束项可以根据需要被看作________或________。

二、判断题

1. 逻辑电路中的“1”比“0”大。　　（　　）

学习笔记

2. 二进制整数最低位的权是0。 (　　)
3. 真值表能完全反映输入与输出之间的逻辑关系。 (　　)
4. 因为逻辑表达式 $A+B+AB=A+B$ 成立，所以 $AB=0$。 (　　)
5. 因为逻辑表达式 $A(A+B)=A$ 成立，所以 $A+B=1$。 (　　)
6. 对于任何一个确定的逻辑函数，其函数表达式的形式是唯一的。 (　　)

三、选择题

1. 二进制数的位权为(　　)。
   A. 10的幂　　B. 2的幂　　C. 8的幂　　D. 16的幂
2. 二进制数的位数(　　)。
   A. 只能有2位　　B. 只能有4位　　C. 可有任意位　　D. 只能有8位
3. 一个 n 位的二进制数的最高位的位权是(　　)。
   A. 10^n　　B. 10^{n-1}　　C. 2^n　　D. 2^{n-1}
4. 逻辑代数中 $A+A=$(　　)。
   A. $2A$　　B. A　　C. 1　　D. 0
5. 逻辑电路中，用“1”表示高电平，用“0”表示低电平，这是(　　)体制。
   A. 高电平　　B. 正逻辑　　C. 低电平　　D. 负逻辑
6. 在逻辑运算中，没有的运算是(　　)。
   A. 逻辑加　　B. 逻辑减　　C. 逻辑与或　　D. 逻辑乘
7. 下列逻辑运算式中，正确的是(　　)。
   A. $A\cdot A=A$　　B. $A\cdot 0=A$　　C. $A\cdot 1=1$　　D. $A\cdot 0=1$
8. 与运算又称(　　)。
   A. 逻辑加　　B. 或运算　　C. 逻辑乘　　D. 逻辑非
9. 或运算又称(　　)。
   A. 逻辑加　　B. 或运算　　C. 逻辑乘　　D. 逻辑非
10. 数字电路中机器识别和常用的是(　　)。
   A. 二进制　　B. 八进制　　C. 十进制　　D. 十六进制

习题

5.1　简述数字电路的特点。

5.2　将下列数进行二进制、八进制、十进制、十六进制的转换。

(1) $(1101.01)_2=(\qquad)_{10}=(\qquad)_8=(\qquad)_{16}$

(2) $(29)_{10}=(\qquad)_2=(\qquad)_8=(\qquad)_{16}$

(3) $(3C.0B)_{16}=(\qquad)_{10}=(\qquad)_2=(\qquad)_8$

5.3　完成下列BCD码和十进制数的相互转换。

(1) $(1011\quad 0011\quad 1000)_{8421BCD}=(\qquad)_{10}$

(2) $(357)_{10}=(\qquad\qquad)_{8421BCD}$

5.4　用真值表法证明下列等式成立。

(1) $A\overline{B}+\overline{A}C+B\overline{C}=A\overline{C}+\overline{B}C+\overline{A}B$　　(2) $A+BC=(A+B)(A+C)$

5.5　用公式法化简下列逻辑函数。

(1) $Y=AB+ABD+\overline{A}C+BCD$　　(2) $Y=\overline{\overline{AB}(B+C)A}$

学习笔记

(3) $Y=\bar{A}\bar{B}\bar{C}+A\bar{B}\bar{C}+B\bar{C}$

(4) $Y=A+(\overline{B+\bar{C}})(A+\bar{B}+C)(A+B+C)$

(5) $L=(A+\bar{B})C+\bar{A}B$

(6) $Y=A\bar{B}C+AB\bar{C}+ABC$

(7) $Y=\bar{A}\bar{B}+AC+\bar{B}C$

(8) $L=A\bar{B}+B\bar{C}D+\bar{C}\bar{D}+AB\bar{C}+A\bar{C}D$

5.6　用卡诺图法化简下列逻辑函数。

(1) $Y=\bar{A}\bar{B}\bar{C}+\bar{A}B\bar{C}+\bar{A}C$

(2) $Y=\bar{A}BC+A\bar{B}C+AB\bar{C}+ABC$

(3) $F(A,B,C,D)=\sum m(2,3,6,7,9,10,11,13,14,15)$

(4) $F(A,B,C,D)=\sum m(3,6,8,9,11,12)+\sum d(0,1,2,13,14,15)$

(5) $L(A,B,C)=\sum m(0,1,2,4,5,6)$

(6) $L(A,B,C,D)=\sum m(0,1,2,3,5,7,8,9,10,11)$

(7) $L(A,B,C,D)=\sum m(0,7,9,11)+\sum d(3,5,15)$

5.7　写出图5.14所示逻辑波形图对应的逻辑表达式。

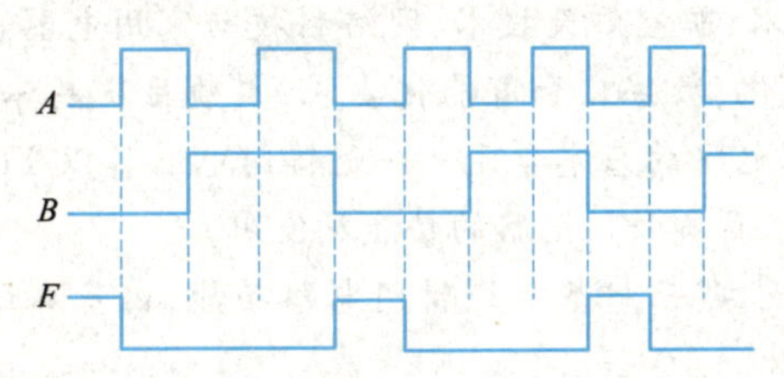

图5.14　习题5.7图

项目6

逻辑门电路的实现、应用与测试

学习笔记

随着电子技术的迅猛发展，微电子技术的出现及应用，极大地推动了通信技术、遥测传感技术、计算机技术、航空航天技术、网络科技与家用电器产业的急速发展。伴随着现代电子设备的信息化、数字化和智能化要求，本项目从晶体管的开关特性出发，介绍组成数字系统和数字电路的基本单元——逻辑门电路。以TTL与非门电路和CMOS门电路分析入手，充分了解各种门电路的功能及使用。

晶体管能实现与、或、非三种基本逻辑门电路功能，由基本逻辑门电路可以构成更为复杂的电路或系统。

学习目标

(1)理解晶体管的开关特性。

(2)掌握基本逻辑门电路符号、逻辑函数式、真值表和逻辑功能。

(3)理解集成逻辑门工作原理。

(4)掌握集成逻辑门芯片的引脚及功能。

(5)学会分析由逻辑门构成的电路功能。

(6)能根据电路功能要求，正确选择逻辑器件并搭建电路。

(7)通过逻辑门电路搭建与测试，巩固常用电子元器件的功能测试及常用仪器仪表的使用方法。

相关知识

一、晶体管的开关特性

(一)二极管的开关特性

二极管最显著的特性是单向导电性。当二极管正向偏置导通时，相当于一个闭合的开关，信号可以通过；当二极管反向截止时，相当于一个断开的开关，信号不能通过。这种受电压控制的开关通常称为电子开关。二极管的开关特性如图6.1所示。

(二)三极管的开关特性

图6.2(a)是一个NPN型硅三极管共发射极电路。当输入电压$U_i = U_1$时，三极管的

发射结和集电结均反向偏置，只有很小的反向漏电流分别流过两个结，三极管工作在截止区，I_B 趋近于0，c极与e极间约呈断路状态，对应的等效电路如图6.2(b)所示，相当于开关断开。

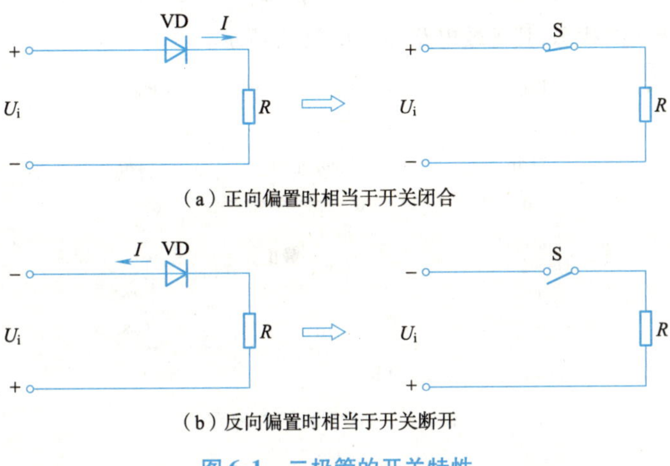

图6.1　二极管的开关特性

当输入电压 $U_i = U_2$ 时，调节 R_b，使基极电流增加。继续减小 R_b，I_B 会继续增加，但 I_C 不会再增加，集电结和发射结此时均处于正向偏置，三极管工作在饱和区，c极与e极间电压约为0.3 V。若忽略不计该电压，此时c极与e极呈短路状态，对应的等效电路如图6.2(c)所示，相当于开关闭合。

由此可见，三极管相当于一个由基极电流所控制的无触点开关，三极管截止时相当于开关"断开"，饱和时相当于开关"闭合"。

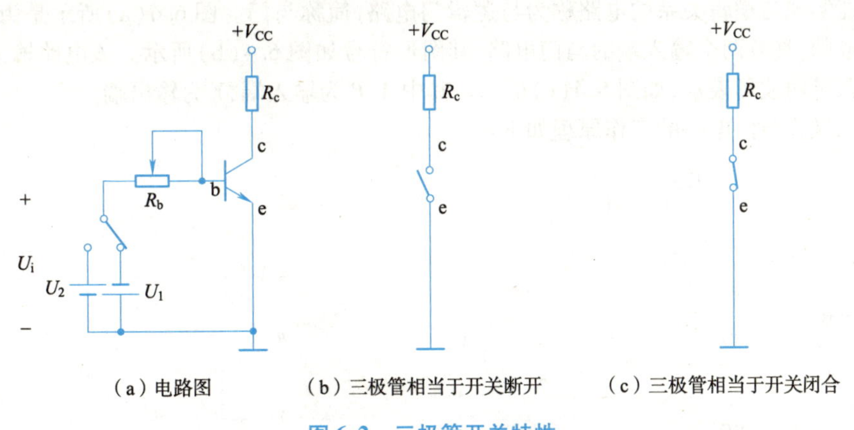

图6.2　三极管开关特性

(三)MOS管的开关特性

MOS管作为开关元件，同样是工作在截止或导通两种状态。由于MOS管是电压控制元件，所以主要由栅源电压 u_{GS} 决定其工作状态。

如图6.3(a)所示的MOS管，当 u_{GS} 小于开启电压 U_T 时，MOS管工作在截止区，漏源电流 i_D 基本为0，输出电压 $u_{DS} \approx V_{DD}$，MOS管处于"断开"状态，其等效电路如图6.3(b)所示。

学习笔记

当 u_{GS} 大于开启电压 U_T 时，MOS 管工作在导通区，漏源电流 $i_D=\frac{V_{DD}}{R_D+r_{DS}}$。其中 r_{DS} 为 MOS 管导通时的漏源电阻，输出电压 $U_{DS}=V_{DD}\frac{r_{DS}}{R_D+r_{DS}}$。如果 r_{DS} 远小于 R_D，则 $u_{DS}\approx 0$ V，MOS 管处于"导通"状态，其等效电路如图 6.3(c)所示。

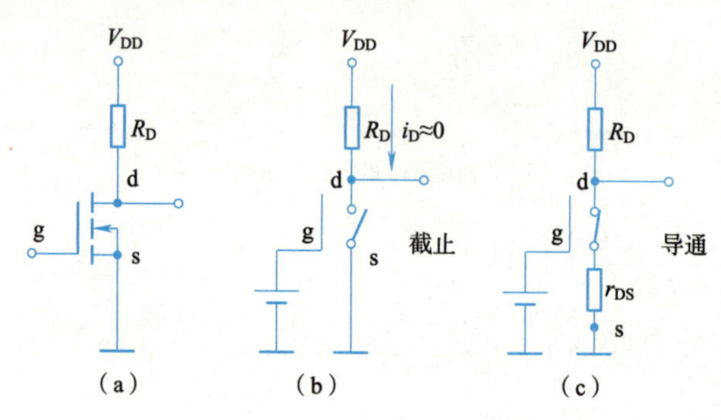

图 6.3　MOS 管开关电路

想一想：

三极管工作在截止区和饱和区时，发射结和集电结分别处于什么状态？

二、分立元件门电路

视频

晶体管的开关特性及门电路

由二极管、三极管和 MOS 管这些开关元件构成的逻辑电路，能够实现基本的逻辑运算功能，故称为逻辑门电路。

(一)二极管与门电路

能实现与逻辑关系的电路称为与逻辑门电路，简称与门。图 6.4(a)所示是由二极管组成的，具有两个输入端的与门电路，其图形符号如图 6.4(b)所示。该电路输入、输出关系可用波形表示，如图 6.4(c)所示。其中 A、B 为输入端，Y 为输出端。

二极管与门电路的工作原理如下：

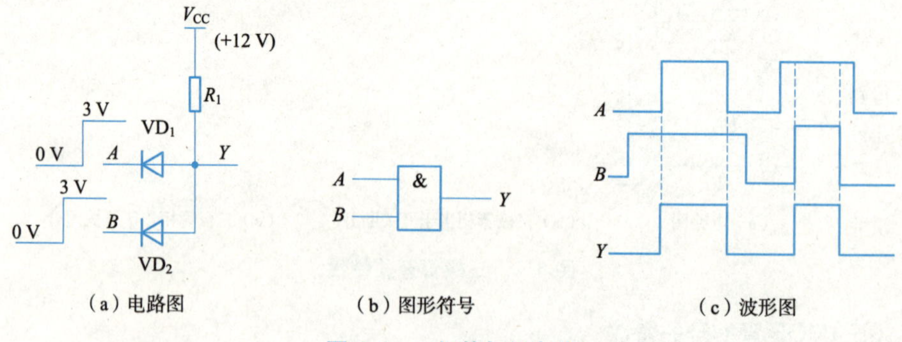

图 6.4　二极管与门电路

当 $V_A=V_B=0$V 时，二极管 VD_1 和 VD_2 导通，$V_Y=0$ V，输出低电平。

当 $V_A=0$ V，$V_B=3$ V 时，VD_1 优先导通，V_Y 被钳位在 0 V，VD_2 反偏截止，输出低电平。

当 $V_A = 3$ V,$V_B = 0$ V 时,VD_2优先导通,V_Y被钳位在 0 V,VD_1反偏截止,输出低电平。

当 $V_A = V_B = 3$ V 时,二极管 VD_1 和 VD_2 都导通。V_Y输出 3 V,输出高电平。

以上结果显示符合"有 0 出 0,全 1 出 1"的"与"逻辑关系。

若规定高电平为 1,低电平为 0,则该与门电路的真值表见表 6.1。

表 6.1　与门电路的真值表

输入		输出
A	*B*	*Y*
0	0	0
0	1	0
1	0	0
1	1	1

(二)二极管或门电路

能实现或逻辑关系的电路称为或逻辑门电路,简称或门。图 6.5(a)所示是由二极管组成的,具有两个输入端的或门电路。其中,*A*、*B* 为输入端,*Y* 为输出端。根据二极管的导通和截止条件,只要输入端有一个为高电平时,则与该输入端相连的二极管就导通,输出端 *Y* 即为高电平。当输入端均为低电平时,电路中所有二极管导通,输出端 *Y* 被钳制在低电平。实现了"全 0 出 0,有 1 出 1"的"或"逻辑关系。

或门电路的图形符号如图 6.5(b)所示。输入、输出关系用波形表示如图 6.5(c)所示。

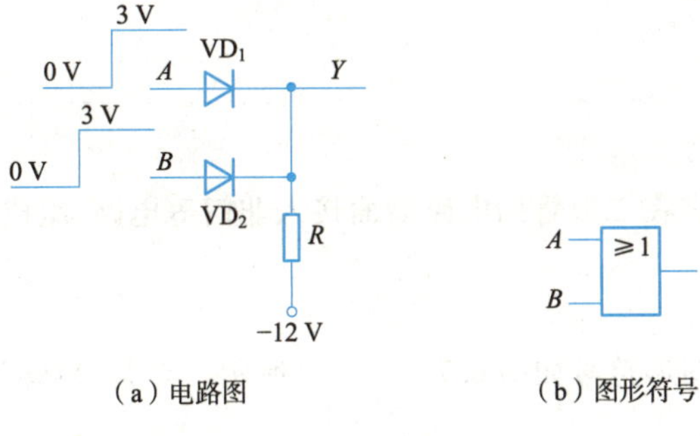

(a) 电路图

(b) 图形符号

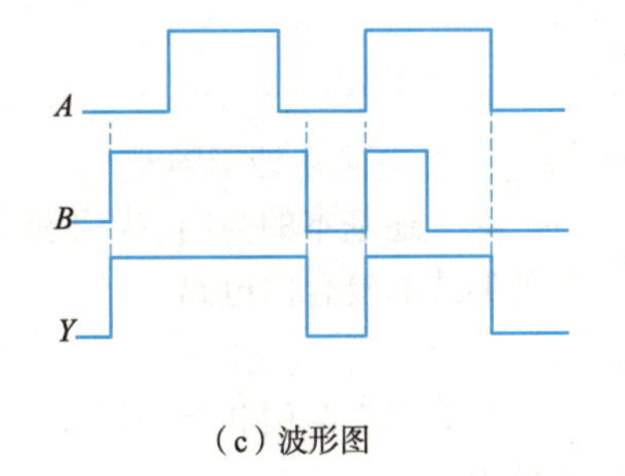

(c) 波形图

图 6.5　二极管或门

若规定高电平为 1,低电平为 0。或门电路的真值表见表 6.2。

表 6.2　或门电路的真值表

输入		输出
A	*B*	*Y*
0	0	0
0	1	1
1	0	1
1	1	1

学习笔记

(三)三极管非门电路

能实现非逻辑关系的电路称为非逻辑门电路,简称非门。如图6.6(a)所示,该电路当输入端A为低电平时,三极管VT截止,输出端Y为高电平;当输入端A为高电平时,三极管VT饱和导通,输出端Y为低电平。电路的输入信号和输出信号总是相反的,实现非逻辑关系。

图6.6(b)、(c)所示为非门电路的图形符号和输入、输出波形图。

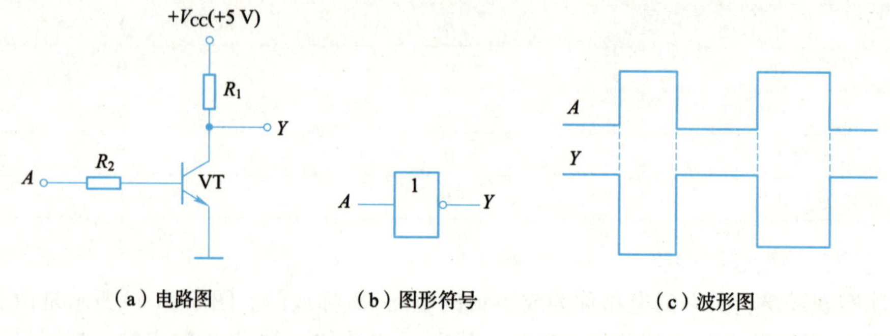

(a)电路图　(b)图形符号　(c)波形图

图6.6　三极管非门电路

非门电路的真值表见表6.3。

表6.3　非门电路的真值表

输入	输出
A	Y
0	1
1	0

(四)复合逻辑门电路

除上述基本的与门、或门和非门外,常在二极管门电路后面接入非门等电路,组成各种形式的复合门电路。

1. 与非门电路

与非门由与门和非门组合,逻辑图、图形符号如图6.7(a)、(b)所示。与非门真值表见表6.4。

(a)逻辑图　(b)图形符号

图6.7　与非门电路

表6.4　与非门真值表

输入		输出
A	B	Y
0	0	1
0	1	1

续表

输入		输出
A	*B*	*Y*
1	0	1
1	1	0

从表6.4可以看出，与非门的逻辑功能是："全1出0，有0出1"，输入端全为高电平时，输出为低电平，只要输入端有一个低电平时，输出端为高电平。其逻辑表达式为

$$Y=\overline{A\cdot B} \tag{6.1}$$

2. 或非门电路

或非门由或门和非门组合，逻辑图、逻辑符号如图6.8(a)、(b)所示。或非门真值表见表6.5。

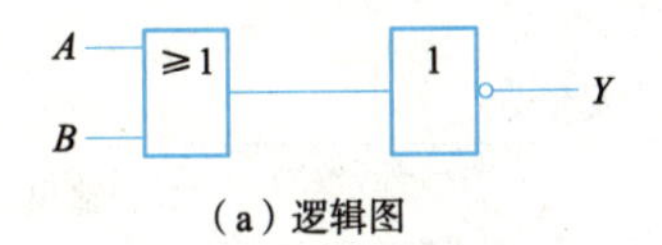

（a）逻辑图

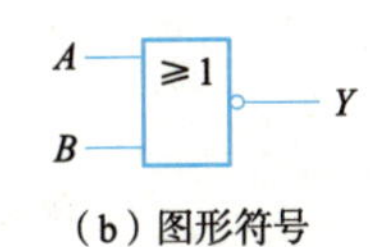

（b）图形符号

图6.8　或非门电路

表6.5　或非门真值表

输入		输出
A	*B*	*Y*
0	0	1
0	1	0
1	0	0
1	1	0

从表6.5可以看出，或非门的逻辑功能是："全0出1，有1出0"，输入端全为低电平时，输出为高电平，只要输入端有一个高电平时，输出端为低电平。其逻辑表达式为

$$Y=\overline{A+B} \tag{6.2}$$

3. 与或非门电路

与或非门由与门、或门和非门组合，其逻辑图、逻辑符号如图6.9(a)、(b)所示。与或非门的逻辑表达式为

$$Y=\overline{AB+CD} \tag{6.3}$$

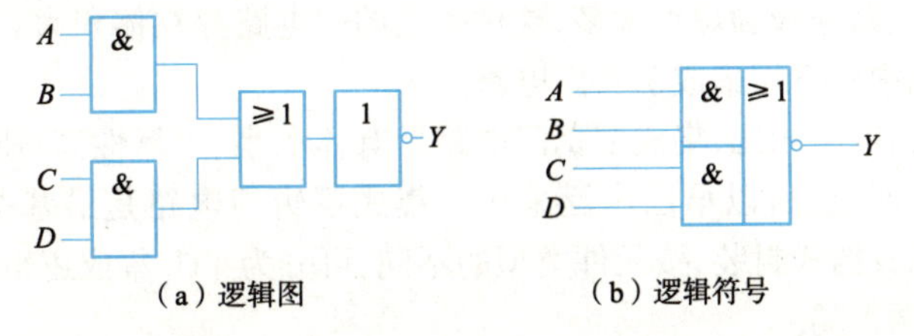

（a）逻辑图　　（b）逻辑符号

图6.9　与或非门电路

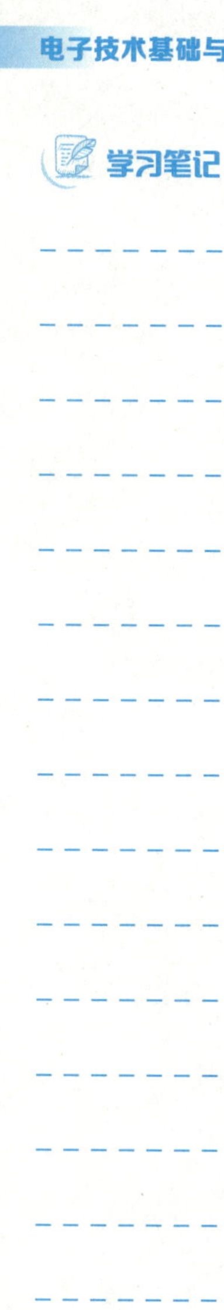

4. 异或门电路

图6.10(a)为异或门逻辑图,(b)为它的逻辑符号。其逻辑表达式为

$$Y=\overline{A}B+A\overline{B} \tag{6.4}$$

异或门的逻辑关系还可以用表6.6所示的真值表表示。

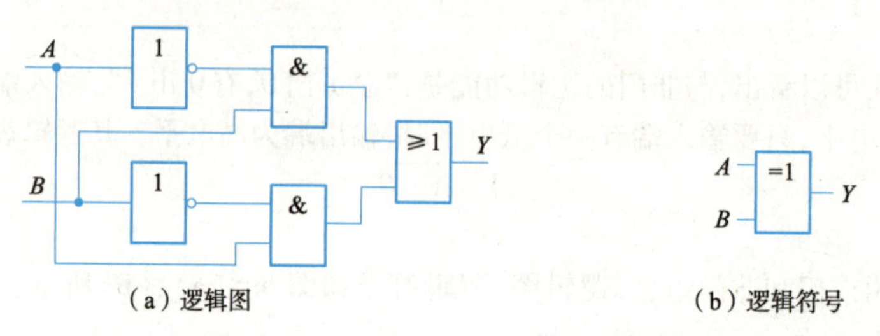

(a)逻辑图 (b)逻辑符号

图6.10 异或门电路

表6.6 异或门真值表

输入		输出
A	B	Y
0	0	0
0	1	1
1	0	1
1	1	0

从真值表可以看出,异或门是判断两个信号是否一致的门电路,是一种常用的门电路。通常还把它的逻辑表达式写成:

$$Y=A\oplus B \tag{6.5}$$

式中,"⊕"为异或运算符号。

想一想:

(1)简述与、或、非三种基本逻辑运算的特点。

(2)画出与非、或非、与或非三种门电路的逻辑符号。

(3)根据异或门逻辑功能推导出同或门逻辑功能。

三、集成逻辑门电路

分立元件门电路连线和焊点太多,这种类型的门电路存在体积大、工作不可靠等缺点,因此实际应用中常选用集成逻辑门电路。

与分立元件门电路相比,集成逻辑门电路具有体积小、可靠性高、速度快的特点,而且输入、输出电平匹配,所以早已广泛采用。集成逻辑门电路是最基本的数字集成电路,大多采用双列直插式封装,按元件类型的不同,可分为TTL集成逻辑门电路和CMOS集成逻辑门电路两大类。

（一）TTL 集成逻辑门电路

学习笔记

TTL 是“晶体管-晶体管逻辑”的英文简称。TTL 集成逻辑门电路产品有 74（标准）、74S（肖特基）、74H（高速）以及 74LS（低功耗肖特基）4 个系列。其中，74LS 系列产品具有最佳的综合性能，是应用最为广泛的系列。

由于逻辑功能的不同，TTL 集成逻辑门电路也有多种，比如非门、与非门、或非门、与或非门等。虽然种类多，但其基本工作原理类似，下面先以一款经典的 TTL 与非门电路基本原理分析为例。

1. TTL 与非门

1）电路结构

视频

TTL与非门电路结构特点及集成门外引线排列

图 6.11 所示为典型 TTL 与非门电路，该电路可分为输入级、中间级和输出级 3 个部分。

输入级：TTL 与非门的输入级由多射极三极管 VT_1 和基极电阻 R_1 组成。多射极三极管等效电路如图 6.12 所示。由图可见，它实现了输入变量 A、B、C 的与运算，所以输入级相当于一个与门。

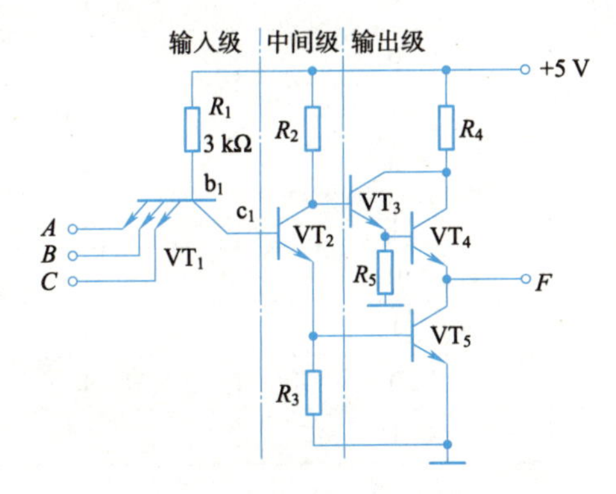

图 6.11　典型 TTL 与非门电路

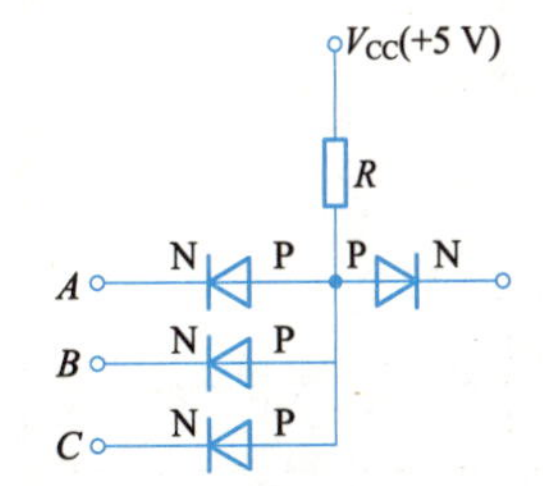

图 6.12　输入级等效电路

中间级：中间级由 VT_2、R_2 和 R_3 组成，它是一个电压反相器，在 VT_2 的发射极与集电极上分别得到两个相位相反的信号，以满足输出级的需要。

输出级：输出级采用推拉式结构，具有较强的负载能力。

2）工作原理

当输入端有一个为低电平（0.3 V）时，VT_1 中相应的发射结导通，VT_1 的基极电位为 $V_b=0.3\ V+0.7\ V=1\ V$，它不能使 VT_1 的集电结和 VT_2 的发射结正向导通，因此 VT_2 和 VT_5 截止，VT_3 和 VT_4 导通，V_F 输出高电平。

$$V_F=5-u_{R2}-u_{be3}-u_{be4}\approx 3.6\ V$$

当输入端全为高电平（3.6 V）时，电源通过 R_1 和 VT_1 的集电极给 VT_2 提供基极电流，使 VT_2 饱和导通，输出为低电平，VT_3 和 VT_4 截止，VT_5 导通，V_F 输出低电平 0.3 V。此时 VT_1 的基极电位钳位在 2.1 V，VT_1 的各个发射结都不导通。

根据上述分析，可列出典型 TTL 与非门电路输入与输出的电平关系，见表 6.7。转换为表 6.8 所示真值表。

学习笔记

表 6.7　TTL 与非门电路输入与输出电平关系表

输入			输出
V_A/V	V_B/V	V_C/V	V_F/V
0.3	0.3	0.3	3.6
0.3	0.3	3.6	3.6
0.3	3.6	0.3	3.6
0.3	3.6	3.6	3.6
3.6	0.3	0.3	3.6
3.6	0.3	3.6	3.6
3.6	3.6	0.3	3.6
3.6	3.6	3.6	0.3

表 6.8　TTL 与非门真值表

输入			输出
A	B	C	F
0	0	0	1
0	0	1	1
0	1	0	1
0	1	1	1
1	0	0	1
1	0	1	1
1	1	0	1
1	1	1	0

从真值表可以看出，该电路在逻辑上实现了三变量与非运算，因此它是一个三输入与非门。

TTL 集成逻辑门电路输入级采用多发射极晶体管来完成"与"逻辑功能，不仅便于制造，还有利于提高电路的开关速度。输出部分 VT_4 和 VT_5 轮流导通，使输出端有时为低电平，有时为高电平，称为推挽式输出级，可使输出阻抗很低，提高其带负载能力。TTL 与非门电路的图形符号如图 6.13 所示。

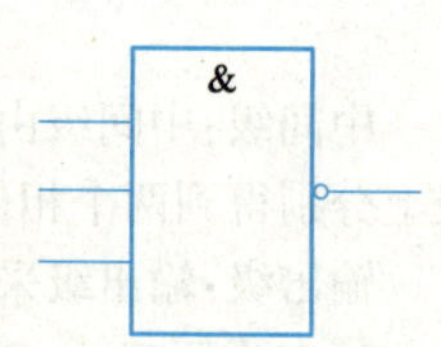

图 6.13　图形符号

2. 集成 OC 门

视频

集电极开路门及使用注意事项

由于普通 TTL 与非门使用时，多个门的输出端不能连接在一起，否则会有较大的电流由输出为高电平的门流向输出为低电平的门，从而将门电路烧毁，即普通 TTL 与非门不能实现"线与"逻辑功能。

图 6.14(a)所示电路与普通 TTL 与非门相比，省去了 VT_3 和 VT_4，且输出集电极开路，所以称为集电极开路门，简称 OC 门。OC 门的输出端可以直接连接在一起，实现"线与"逻辑功能。

由于 VT_5 集电极开路，使用时，必须通过外接电阻 R_4 将其接到 +5 V 电源上，这样才能实现与非逻辑功能。

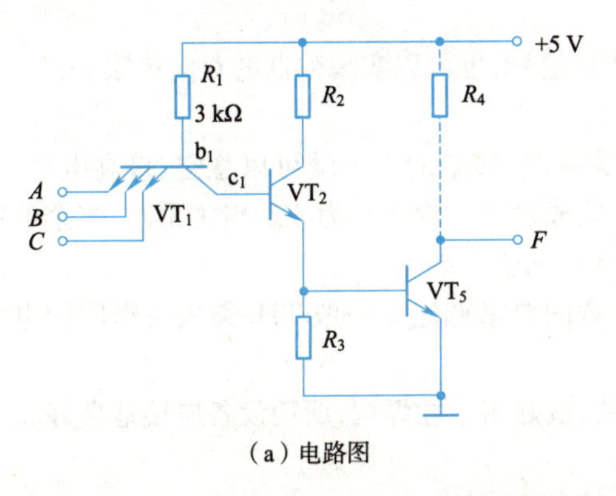

（a）电路图

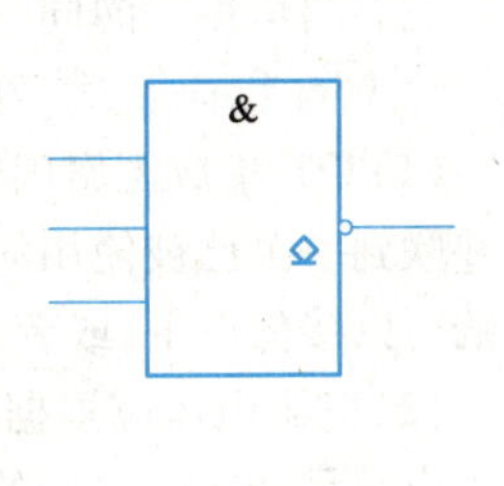

（b）图形符号

图 6.14　OC 门电路图及图形符号

3. 三态门（TS 门）

普通的 TTL 与非门有逻辑 0 或逻辑 1 两个输出状态，三态门还有一种高阻输出的第三种状态，此时三态门的输出端相当于和其他电路断开。其图形符号如图 6.15 所示。

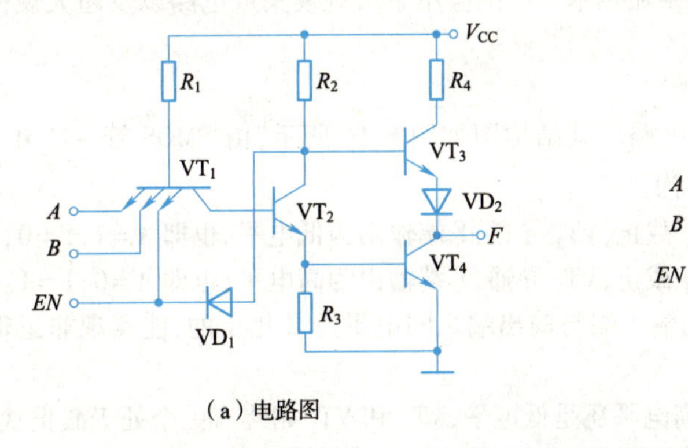

（a）电路图

（b）图形符号

图 6.15　三态门电路图及图形符号

显然，三态门是在普通的 TTL 与非门电路的基础上增加了一个控制端 EN，当 $EN=1$ 时，二极管 VD_1 截止，电路输出端 F 完全取决于输入端 A、B，此时三态门就是普通的 TTL 与非门；当 $EN=0$ 时，二极管 VD_1 导通，VT_3、VD_2、VT_4 均截止，从输出端 F 看进去，电路呈现高阻状态。

三态门真值表见表 6.9。

表 6.9　三态门真值表

使能端	数据输入端		输出端
EN	A	B	F
1	0	0	1
1	0	1	1
1	1	0	1
1	1	1	0
0	×	×	高阻态

“×”表示输入为 0 或 1。

学习笔记

三态门可用于向同一条总线上分时传送信号，也可以实现数据的双向传输。

4. TTL 集成逻辑门电路使用注意事项

（1）TTL 集成逻辑门输入端为与逻辑关系时，多余的输入端可以悬空、接高电平，或者并联到一个已被使用的输入端上。TTL 集成逻辑门输入端为或逻辑关系时，多余的输入端可以接低电平，或者并联到一个已被使用的输入端上。

（2）电源电压应根据集成逻辑门对参数的要求选定。一般 TTL 集成逻辑门的电源电压应满足(5 ±0.5) V 的要求。

（3）焊接时应选用 45 W 以下的电烙铁，最好用中性焊剂，所用设备应接地良好。

（二）CMOS 集成逻辑门电路

视频

CMOS门电路特点及使用注意事项

绝缘栅型场效应管简称 MOS 管，与双极型三极管构成的 TTL 集成逻辑门电路相比，具有工艺简单、容易集成、输入阻抗高、功耗低、噪声小等优势。

用 MOS 管构成的集成电路，分为 PMOS 集成电路、NMOS 集成电路、互补型 MOS（CMOS）集成电路。由于 CMOS 具有更低的功耗、更快的工作速度，所以 CMOS 集成技术成为当今数字集成电路的主流技术。广泛应用于大规模集成电路以及超大规模集成电路、存储器和微处理器中。

1. CMOS 反相器

CMOS 反相器又称非门电路。其结构图如图 6.16 所示，由 PMOS 管 VT_1 和 NMOS 管 VT_2 构成的互补型电路结构。

当 A 端为高电平时，VT_1 截止，VT_2 导通，Y 端输出为低电平，也即 $A=1, Y=0$；

当 A 端为低电平时，VT_2 截止，VT_1 导通，Y 端输出为高电平，也即 $A=0, Y=1$。

综上所述，CMOS 非门的输入端与输出端之间电平总是相反的，能实现非逻辑运算功能。

实际上，不管输入端为高电平还是低电平，VT_1 和 VT_2 始终有一个处于截止状态，电源与地之间基本无电流通过，因此 CMOS 非门电路的功耗很低。

CMOS 反相器的输入端是 MOS 管的栅极，栅极与源极和漏极之间是绝缘的，所以 CMOS 集成逻辑门电路是具有高输入阻抗的器件，输入电流约为 0。

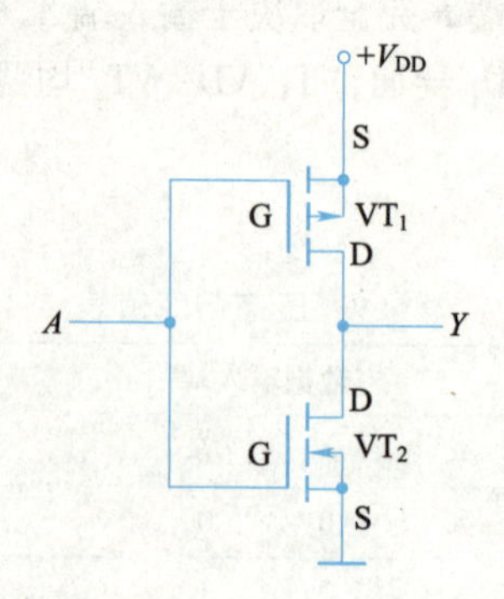

图 6.16 CMOS 反相器结构图

2. CMOS 与非门

CMOS 与非门结构图如图 6.17 所示，VT_1、VT_2 为 PMOS 管，VT_3、VT_4 为 NMOS 管。将两个 PMOS 管并联在一起，两个 NMOS 管串联在一起，构成具有两个输入端的门电路结构。

当 A、B 端均为高电平时，VT_1、VT_2 截止，VT_3、VT_4 导通，Y 端为低电平，即 $A=1,B=1$ 时，$Y=0$；

当 A、B 端均为低电平时，VT_1、VT_2 导通，VT_3、VT_4 截止，Y 端为高电平，即 $A=0,B=0$ 时，$Y=1$；

当 A 端为低电平，B 端为高电平时，A 端低电平使 VT_2 导通，VT_3 截止，B 端高电平使 VT_1 截止，VT_4 导通，所以 Y 端输出高电平，即 $A=0,B=1$ 时，$Y=1$；

同理，当 A 端为高电平，B 端为低电平时，输出端 $Y=1$。

综上所述，当输入端均为高电平时，输出端为0，只要有一个输入端为低电平，输出端就为1，满足与非的逻辑。

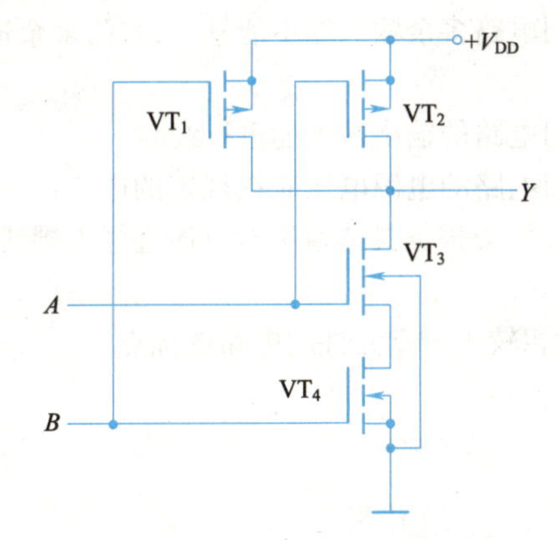

图6.17　CMOS与非门结构图

3. CMOS或非门

CMOS或非门结构图如图6.18所示，VT_1、VT_2 为PMOS管，VT_3，VT_4 为NMOS管。改变电路结构，将两个PMOS管串联，两个NMOS管并联，如图6.18所示电路。

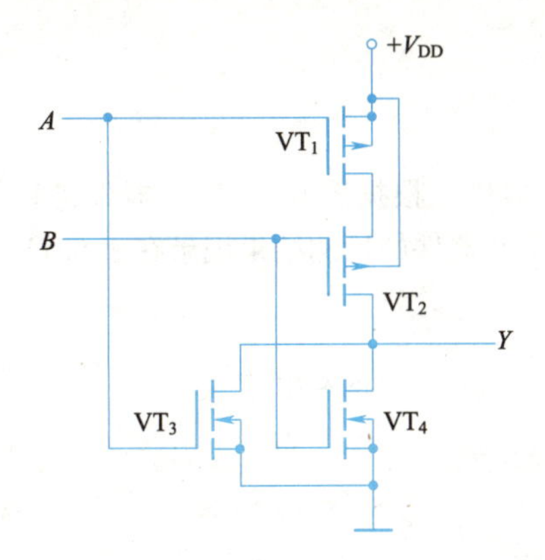

图6.18　CMOS或非门结构图

当 A、B 端均为高电平时，VT_1、VT_2 截止，VT_3、VT_4 导通，Y 端为低电平，即 $A=1,B=1$ 时，$Y=0$；

当 A、B 端均为低电平时，VT_1、VT_2 导通，VT_3、VT_4 截止，Y 端为高电平，即 $A=0,B=0$ 时，$Y=1$；

学习笔记

当 A 端为低电平，B 端为高电平时，A 端低电平使 VT_1 导通，VT_3 截止，B 端高电平使 VT_2 截止，VT_4 导通，所以 Y 端输出低电平，即 $A=0$，$B=1$ 时，$Y=0$；

同理，A 端为高电平，B 端为低电平时，输出端 $Y=0$。

综上所述，当输入端均为低电平时，输出端才是1，满足或非门逻辑。

CMOS 集成逻辑门不仅有反相器、与非门、或非门，还有三态门、传输门和双向模拟开关，其工作原理分析与前面相似，这里不再赘述。

4. CMOS 集成逻辑门电路使用注意事项

(1) CMOS 集成逻辑门电路容易受静电感应而击穿，在使用和存放时应注意静电屏蔽。焊接时，电烙铁应接地良好。

(2) CMOS 集成逻辑门电路多余输入端不能悬空，与门多余输入端应接高电平，或门多余输入端应接地。

(3) CMOS 集成逻辑门电路的输出端不能进行线与。

(4) CMOS 集成逻辑门电路的电源电压应在规定的电压(3 ~ 18 V)范围内选定。为防止通过电源引入干扰信号，应根据具体情况对电源进行去耦滤波。

想一想：

简述集成逻辑门电路相较于分立元件门电路的优点。

项目实践

任务　基本逻辑门电路的搭建与测试

(一) 实践目标

掌握与门、或门、非门电路的逻辑功能

(二) 实践设备和材料

(1) 焊接工具及材料、直流可调电源、万用表、连孔板等。

(2) 所需元器件等。

(三) 实践过程

1. 清点与检查元器件

按表 6.10 所示清点元器件。根据图 6.19 对元器件进行检查，看有无损坏的元器件，如果有立即进行更换，将元器件的检测结果记录在表 6.11 中。

表 6.10　元器件清单

序号	名称	文字符号	规格	数量
1	三极管	VT	9013	1
2	拨动开关	S1、S2、S3、S4、S5	拨动开关	5
3	二极管	VD1 ~ VD4	1N4148	4
4	发光二极管	LED1 ~ LED3	ϕ5 红色	3
5	电阻	R1、R6	100 Ω	2
6	电阻	R2、R3、R4、R5	200 Ω	4

学习笔记

续表

序号	名称	文字符号	规格	数量
7	电阻	R7	22 kΩ	1
8	单排针		2pin	1
9	单排针		3pin	1
10	防反接线座和防反线		2pin	各1
11	单股导线		0.5 mm×20 cm	1
12	连孔板		8.3 cm×5.2 cm	1

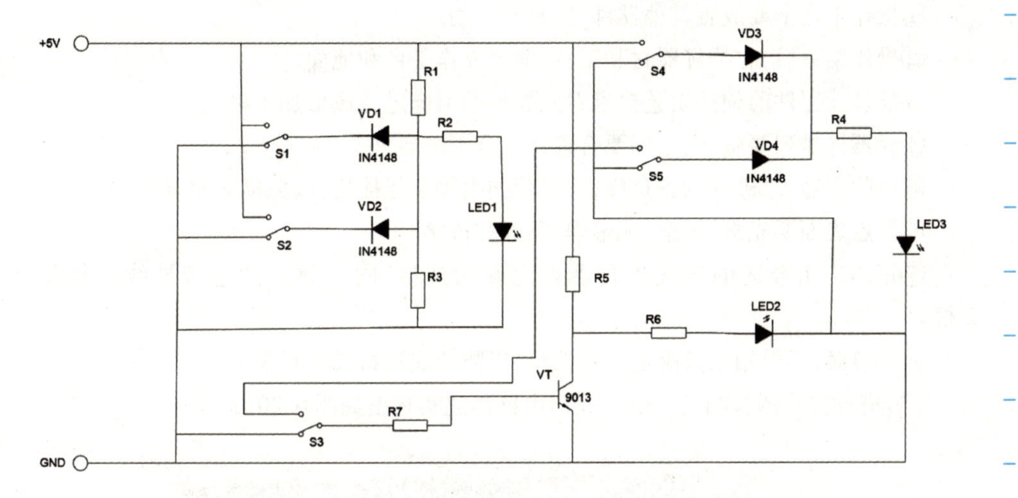

图6.19　分立元件构成的与门、或门、非门电路

表6.11　元器件检测记录表

序号	名称	图号	元器件检测结果
1	三极管	VT	类型______,引脚排列____________,质量及放大倍数______
2	拨动开关	S1、S2、S3、S4、S5	1、2引脚之间的电阻为______。2、3引脚之间的电阻为______
3	二极管	VD1～VD4	检测质量时,应选用的万用表挡位是______。 正向导通的那次测量中,黑表笔接的是______极。所测得的阻值是______
4	发光二极管	LED1～LED3	长引脚为______极。检测时,应选用的万用表挡位是______。红表笔接二极管______极测量时。可使它微弱发光
5	电阻	R1、R6	测量值为______ kΩ,选用的万用表挡位是______
6	电阻	R2、R3、R4、R5	测量值为______kΩ,选用的万用表挡位是______
7	电阻	R7	测量值为______ kΩ,选用的万用表挡位是______

学习笔记

2. 电路搭建

(1)搭建步骤:

①按图6.19在连孔板上对元器件进行合理的布局。

②按照元器件的插装顺序依次插装元器件。

③按焊接工艺要求对元器件进行焊接,直到所有元器件焊完为止。

④将元器件之间用导线进行连接。

⑤焊接电源输入线和信号输入、输出引线。

(2)搭建注意事项:

①操作平台不要放置其他器件、工具与杂物。

②操作结束后,收拾好器材和工具,清理操作平台和地面。

③插装元器件前须按工艺要求对元器件的引脚进行成形加工。

④元器件排列要整齐,布局要合理并符合工艺要求。

⑤电解电容、二极管的正负极,三极管的引脚不能接错,以免损坏元器件。

⑥焊点表面要光滑、干净,无虚焊、漏焊和桥接。

⑦正确选用合适的导线进行器件之间的连接,同一焊点的连接导线不能超过2根。

⑧安装时,不得用工具敲击安装器材,以防造成器材或工具损坏。

(3)搭建实物图。与门、或门、非门电路搭建实物图如图6.20所示。

图6.20 与门、或门、非门电路搭建实物图

3. 电路通电及测试

装接完毕,检查无误后,用万用表测量电路的电源两端,若无短路,将稳压电源的输出电压调整为5 V。在加入电源时,注意电源与电路板极性一定要连接正确。当加入电源后,观察电路有无异常现象,若有,立即断电,对电路进行检查。

(1)安装完成的实物电路,通过开关S1、S2控制与门电路输入0 V和5 V电压,LED1显示输出状态,验证与门逻辑功能,完成表6.12。

学习笔记

表 6.12　与门逻辑功能验证

S1 的输入状态	S2 的输入状态	LED1 的工作状态	结论
0 V	0 V		
0 V	5 V		
5 V	0 V		
5 V	5 V		

(2)安装完成的实物电路,通过开关 S4、S5 控制或门电路输入 0 V 和 5 V 电压,LED3 显示输出状态,验证或门逻辑功能,完成表 6.13。

表 6.13　或门逻辑功能验证

S4 的输入状态	S5 的输入状态	LED3 的工作状态	结论
0 V	0 V		
0 V	5 V		
5 V	0 V		
5 V	5 V		

(3)安装完成的实物电路,通过开关 S3 控制非门电路输入 0 V 和 5 V 电压,LED2 显示输出状态,验证非门逻辑功能,完成表 6.14。

表 6.14　非门逻辑功能验证

S4 的输入状态	LED3 的工作状态	结论
0 V		
5 V		

想一想:

电路中电阻 R2、R4、R6 起什么作用?省去它们会产生什么后果?

考核评价

根据任务完成情况及评价项目,学生进行自评。同时组长负责组织成员讨论,对小组每位成员进行评价。结合教师评价、小组评价及自我评价,完成考核评价环节。考核评价表见表 6.15。

表 6.15　考核评价表

任务名称					
班级		小组编号		姓名	
小组成员	组长	组员	组员	组员	组员

学习笔记

	评价项目	标准分	评价分	主要问题
自我评价	任务要求认知程度	10		
	相关知识掌握程度	15		
	专业知识应用程度	15		
	信息收集处理能力	10		
	动手操作能力	20		
	数据分析处理能力	10		
	团队合作能力	10		
	沟通表达能力	10		
	合计评分			
小组评价	专业展示能力	20		
	团队合作能力	20		
	沟通表达能力	20		
	创新能力	20		
	应急情况处理能力	20		
	合计评分			
教师评价				
总评分				
备注	总评分 = 教师评价 ×50% + 小组评价 ×30% + 自我评价 ×20%			

拓展阅读

首个量子计算机和超级计算机协同运算方案发布

国内首个量子计算机和超级计算机协同计算系统解决方案(简称“量超协同”系统解决方案)发布。该方案可以将计算任务在量子计算机和超级计算机之间进行分解、调度和分配,实现量子计算机和超级计算机的高效协同,从而在大幅节约资源的情况下,双向发挥量子计算机和超级计算机各自优势。

“量子计算机和超级计算机就像是航母特混舰队中的航空母舰和巡洋舰,两者协同会产生更强战力,但需要一套科学的协同方法。近期发布的中国首个‘量超协同’系统解决方案,就是协同航空母舰(量子计算机)和巡洋舰(超级计算机)进行联合运算作战的指挥系统,超级计算机作为辅助舰只可以辅助量子计算机完成量子计算流程,处理量子计算机不擅长的工作,量子计算机作为战略武器可以用于加速处理复杂计算任务,两者之间的无缝对接就是‘量超协同’方案的作用。”安徽省量子计算工程研究中心副主任窦猛汉说。

中国计算机学会量子计算专业组执行委员贺瑞君介绍,目前国际上许多科研团队正致力攻关量子计算机与超级计算机融合。欧洲多个超算中心已开展了量子－经典计算系统的研发。芬兰国家技术研究中心的第一台量子计算机HELMI已与欧洲目前运行速度最快的超级计算机LUMI完成连接。法国政府启动全国量子计算平台，将以超大型计算中心(TGCC)为载体，与传统计算机系统和量子计算机交互操作。

“量超协同”中国解决方案可以双向发挥量子计算机和超级计算机的优势。就谷歌团队2019年用54位量子处理器在200秒内完成世界上最强大的超级计算机需要1万年时间才能完成的特定计算而言，如果采用超级计算机，功率是在兆瓦级别的，而该量子处理器功率只有25千瓦，采用量子计算能耗上也将大大减少。窦猛汉说，这一“量超协同”计算系统解决方案同时包含了量子计算机和经典的CPU/GPU计算部分，通过“本源司南”量子计算机操作系统资源调度，让量子计算与经典计算合作来完成计算任务，可以充分发挥量子计算和超算的优势。

(来源：光明日报)

学习笔记

小结

(1)晶体二极管和三极管在数字电路中的作用相当于一个无触点开关。

(2)逻辑门电路是数字电路中最基本的逻辑单元。

(3)基本逻辑关系有三种：与、或、非，分别由基本逻辑门电路中的与门、或门、非门电路实现。

(4)由基本逻辑门可组成复杂的组合逻辑门电路，例如与非门、或非门、与或非门、异或门、同或门等。

(5)由于集成电路具有可靠性高、体积小等优点，因此，数字系统设计上基本都采用集成电路。目前常见的是TTL和CMOS集成电路，前者工作速度快，后者集成度高、功耗小。

自我检测题

一、填空题

1. 数字电路研究的对象是电路的________之间的逻辑关系。

2. 门电路中最基本的逻辑门是________、________、________。

3. “或”运算中，所有输入与输出的关系是____________。

4. 与逻辑又称________，与门的逻辑功能是____________。

5. 数字电路中的1和0没有大小关系，只代表逻辑________的不同。用1表示高电平、0表示低电平的逻辑称为____________。

6. 在数字电路中，半导体二极管和三极管一般都工作在开关状态，即工作于________和________两个状态。

7. 与非门的逻辑功能是：____________；或非门的逻辑功能是：____________。

二、判断题

1. 分析逻辑电路时，可采用正逻辑或负逻辑，这不会改变电路的逻辑关系。（ ）

2. CMOS或非门与TTL或非门的逻辑功能完全相同。（ ）

3. 在非门电路中，输入为高电平时，输出则为低电平。（ ）

4. 与门的逻辑功能可以理解为输入端有“0”，则输出端必为“0”，只有输入端全为“1”时，输出端才为“1”。（ ）

学习笔记

5. 当 TTL 与非门的输入端悬空时,相当于输入逻辑 1。　　(　　)

6. 门电路是一种具有一定逻辑关系的开关电路。　　(　　)

7. 与非门和或非门都是复合逻辑门电路。　　(　　)

8. 与非门的输入中只要有一个是 1,输出就是 0。　　(　　)

9. 三态逻辑门电路的高阻态输出取决于使能或 EN 端。　　(　　)

三、选择题

1. 与非门的逻辑功能是(　　)。

A. 全 1 出 1,有 0 出 0　　B. 全 1 出 0,有 0 出 1

C. 全 1 出 1,有 1 出 0　　D. 全 0 出 0,有 1 出 1

2. 三态与非门的 3 种状态是指(　　)。

A. 饱和、截止、高阻态　　B. 高电平、低电平、高阻态

C. 饱和、截止、放大　　D. 高电平、低电平、放大

3. 对于 TTL 与非门多余输入端的处理,不能将它们(　　)。

A. 与有用的输入端并联　　B. 悬空　　C. 接地

4. 当两个输入不同时,输出是 1,其他情况时输出都为 0,则输入和输出的关系是(　　)。

A. 与非　　B. 或非　　C. 与或非　　D. 异或

5. TTL 电路正逻辑系统,以下各种输入中(　　)相当于输入逻辑 0。

A. 悬空　　B. 通过电阻 2.7 kΩ 接电源

C. 通过电阻 510 Ω 接电源　　D. 通过电阻 510 Ω 接地

6. 在数字电路中,半导体三极管工作在开关状态,即工作于(　　)。

A. 导通状态　　B. 饱和和截止状态　C. 放大状态

7. 能将输出端直接相接完成线与的电路是(　　)。

A. TTL 与门　　B. 或门　　C. 三态门

习题

6.1　从工作信号和晶体管的工作状态来说明模拟电路和数字电路的区别。

6.2　画出三种基本逻辑门的逻辑符号。

6.3　有时可以把与非门当作非门使用,此时与非门的各个输入端应该如何处理?

6.4　三态门与普通门有何区别?

6.5　与非门和或非门的多余输入端应该如何处理?

6.6　画出逻辑函数 $L=AB+\overline{A}\cdot\overline{B}$ 的逻辑图。

6.7　写出图 6.21 所示逻辑图的逻辑函数表达式。

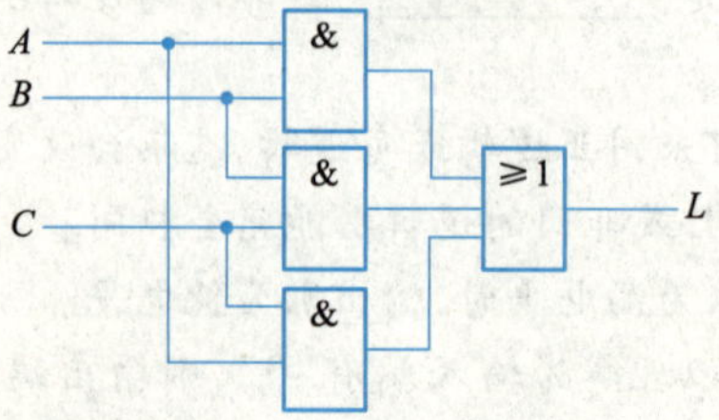

A B C & & & ≥1 L

图 6.21　习题 6.7 图

学习笔记

6.8　写出图 6.22 所示逻辑波形图对应的逻辑表达式。

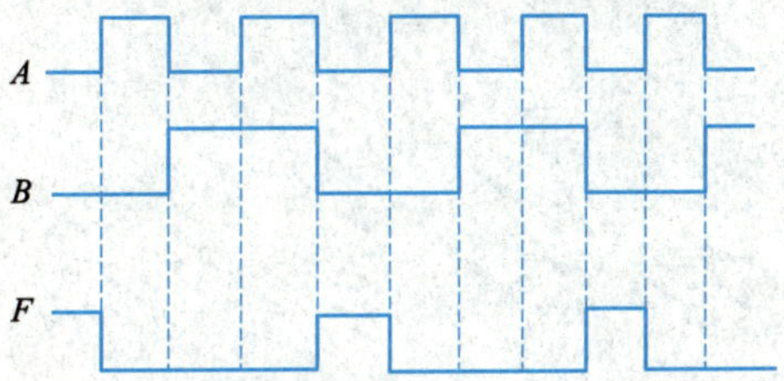

A
B
F

图 6.22　习题 6.8 图

项目7

组合逻辑电路的分析与测试

数字电路的发展经历了由电子管、半导体分立元器件到集成电路的过程。自第一片数字集成电路问世至今，不过六十多年的时间。集成电路技术发展迅猛，由于其体积小、能耗少、可靠性高、使用方便等优点，集成电路很快占据主导地位。尤其是微处理器的诞生，将数字集成电路的性能推向质的变化。特别在现代军事技术和军事装备中，微电子技术是基础和核心技术。参战工具的小型化、电子化、智能化、集成化，使现代化的战争逐渐转变为应用电子技术、信息技术的高科技战争。

视频

组合逻辑电路概念

数字电路可分为组合逻辑电路和时序逻辑电路两大类。组合逻辑电路由逻辑门构成，其特点是：任意时刻的输出，仅仅取决于该时刻的输入，而与电路原来的状态无关；组合逻辑电路没有记忆功能，在电路结构上无反馈环路。本项目主要介绍组合逻辑电路的分析和设计方法，重点介绍全加器、编码器、译码器等常用组合逻辑电路的工作原理。

组合逻辑电路可以实现一定的逻辑功能，但即使实现同样功能的组合逻辑电路，所用到的元器件数量及类型都有可能不同，当然所选用的元器件越少，将会越经济、资源浪费越少，即使报废，也会降低对环境的污染程度。作为将来科技战线上的一名工程技术人员，必须坚持可持续发展，坚持节约优先、保护优先。

学习目标

(1)了解组合逻辑电路的特点。

(2)掌握组合逻辑电路的分析方法和设计步骤。

(3)了解编码器、译码器及加法器等基本概念、用途。

(4)掌握常用组合逻辑模块的使用方法。

(5)通过三人表决器电路的搭建与调试，巩固常用元器件识别及检测方法、组合逻辑模块的功能及使用方法。

相关知识

视频

组合逻辑电路分析

一、组合逻辑电路分析

组合逻辑电路分析，就是针对给定的组合逻辑电路，利用门电路和逻辑代数知识，确定电路的逻辑功能。

组合逻辑电路的分析步骤大致如下：

(1)根据逻辑图写表达式：可以从输入到输出逐级推导，写出电路输出端的逻辑表达式。

(2)化简表达式：用公式化简法或者卡诺图化简法将逻辑表达式化为最简式。

(3)列真值表：将输入信号所有可能的取值组合代入化简后的逻辑表达式中进行计算，列出真值表。

(4)描述逻辑功能：根据逻辑表达式和真值表，对电路进行分析，最后确定电路的功能。

在分析的过程中，完成第(2)步即通过对逻辑表达式的化简与变换，若逻辑功能已明朗，则可通过表达式判断电路的逻辑功能。一般情况下，必须分析真值表中输出和输入之间取值关系，才能准确判断电路的逻辑功能。

例7.1　分析图7.1所示组合逻辑电路的逻辑功能。

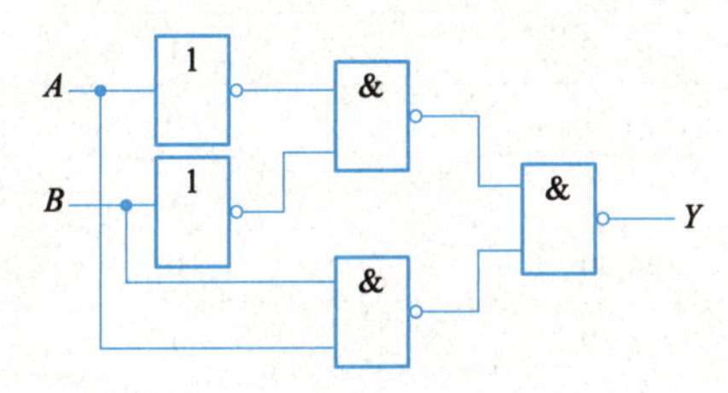

图7.1　例7.1电路

解： 依题意按照以下步骤进行分析。

(1)根据电路图，写出逻辑表达式，并化简。

$$Y=\overline{\overline{\bar{A}\cdot\bar{B}}\cdot\overline{AB}}=\bar{A}\cdot\bar{B}+AB$$

(2)根据逻辑表达式，列写其真值表见表7.1。

表7.1　例7.1真值表

A	B	F
0	0	1
0	1	0
1	0	0
1	1	1

(3)功能分析。从真值表可以看出，该电路中输入A、B相同，输出为1，否则为0，因此为同或逻辑运算电路。

例7.2　分析图7.2所示组合逻辑电路的逻辑功能。

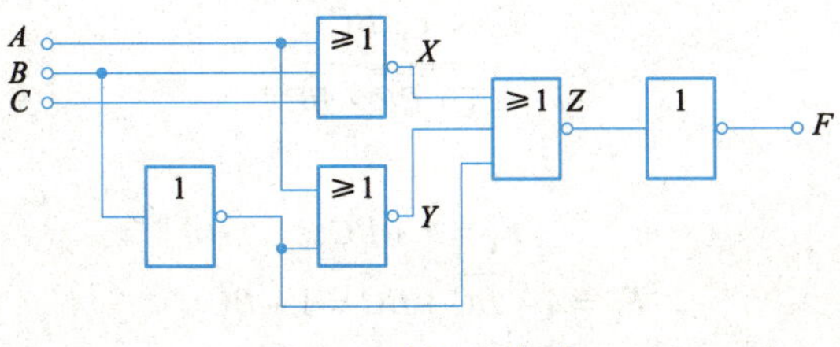

图7.2　例7.2电路

学习笔记

解： 依题意按照以下步骤进行分析。

(1)根据电路图，写出逻辑表达式，并化简。

$$X=\overline{A+B+C}$$

$$Y=\overline{A+\overline{B}}$$

$$Z=\overline{X+Y+\overline{B}}$$

$$F=\overline{Z}=X+Y+\overline{B}=\overline{A+B+C}+\overline{A+\overline{B}}+\overline{B}$$

化简得 $F=\overline{A}\cdot\overline{B}\cdot\overline{C}+\overline{A}B+\overline{B}=\overline{A}B+\overline{B}=\overline{A}+\overline{B}$。

(2)根据逻辑表达式，列写其真值表见表 7.2。

表 7.2 例 7.2 真值表

A	B	C	F
0	0	0	1
0	0	1	1
0	1	0	1
0	1	1	1
1	0	0	1
1	0	1	1
1	1	0	0
1	1	1	0

(3)功能分析。电路的输出 F 只与输入 A、B 有关，而与输入 C 无关。F 和 A、B 的逻辑关系为：A、B 中只要一个为 0，$F=1$；A、B 全为 1 时，$F=0$。所以，F 和 A、B 的逻辑关系为与非运算的关系。

例 7.3 分析图 7.3 所示组合逻辑电路的逻辑功能。

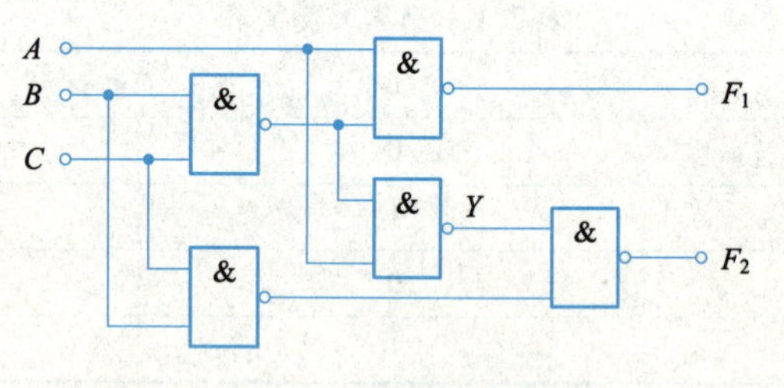

图 7.3 例 7.3 电路

解： 依题意按照以下步骤进行分析。

(1)根据电路图，写出逻辑表达式并化简。

$$F_1=\overline{A\cdot\overline{BC}}$$

$$F_2=\overline{\overline{A\cdot\overline{BC}}\cdot\overline{BC}}$$

化简得

$$F_1=\overline{A}+BC$$

$$F_2=A\cdot\overline{BC}+BC=A+BC$$

(2)根据逻辑表达式列写其真值表见表 7.3。

学习笔记

表 7.3　例 7.3 真值表

A	B	C	F_1	F_2
0	0	0	1	0
0	0	1	1	0
0	1	0	1	0
0	1	1	1	1
1	0	0	0	1
1	0	1	0	1
1	1	0	0	1
1	1	1	1	1

(3)功能分析。由真值表可知,当3个输入变量A、B、C表示的二进制数小于或等于2时,$F_1=1$;当这个二进制数在4和6之间时,$F_2=1$;而当这个二进制数等于3或等于7时F_1和F_2都为1。因此,这个逻辑电路可以用来判别输入的3位二进制数数值的范围。

例 7.4　分析图7.4所示组合逻辑电路的逻辑功能。

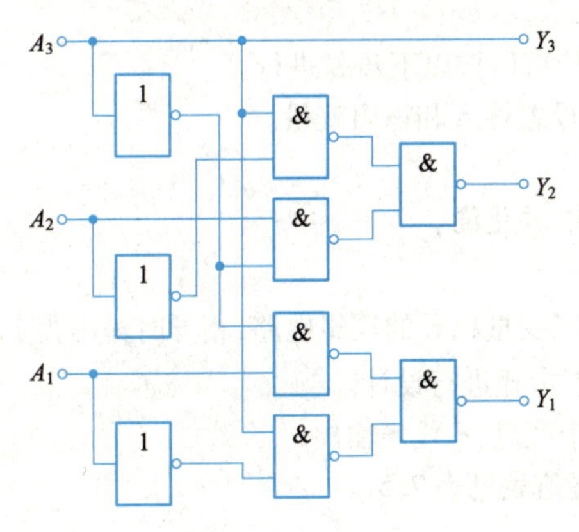

图 7.4　例 7.4 电路

解:依题意按照以下步骤进行分析。

(1)根据电路图,写出逻辑表达式,并化简。

$$Y_3=A_3$$

$$Y_2=\overline{\overline{A_3\overline{A_2}}\cdot\overline{\overline{A_3}A_2}}=A_3\overline{A_2}+\overline{A_3}A_2=A_3\oplus A_2$$

$$Y_1=\overline{\overline{A_3\overline{A_1}}\cdot\overline{\overline{A_3}A_1}}=A_3\overline{A_1}+\overline{A_3}A_1=A_3\oplus A_1$$

(2)依据逻辑表达式列写其真值表,见表7.4。

表 7.4　例 7.4 真值表

A_3	A_2	A_1	Y_3	Y_2	Y_1
0	0	0	0	0	0
0	0	1	0	0	1
0	1	0	0	1	0

学习笔记

续表

A_3	A_2	A_1	Y_3	Y_2	Y_1
0	1	1	0	1	1
1	0	0	1	1	1
1	0	1	1	1	0
1	1	0	1	0	1
1	1	1	1	0	0

(3)功能分析。从真值表可以看出,该电路为原码-反码转换电路,将 A_2A_1 组成的原码转换成反码 Y_2Y_1,A_3、Y_3 为符号位。

想一想:

从组合逻辑电路结构上简述组合逻辑电路没有记忆功能的原因。

二、组合逻辑电路设计

视频

组合逻辑电路设计

组合逻辑电路的设计是根据给定的实际逻辑问题,求出实现其逻辑功能的最简单的逻辑电路。

组合逻辑电路的设计可以按以下步骤进行。

(1)分析设计要求,设置输入和输出变量。

(2)列真值表。

(3)写出逻辑表达式,并化简。

(4)画逻辑电路图。

例 7.5 设计一个三变量相异的逻辑电路,相异时输出为 1,否则为 0。

解: 依题意按照以下步骤进行设计。

(1)设 A、B、C 为三个变量,F 代表输出。

(2)根据题意列出真值表见表 7.5。

表 7.5 例 7.5 真值表

A	B	C	F
0	0	0	0
0	0	1	1
0	1	0	1
0	1	1	1
1	0	0	1
1	0	1	1
1	1	0	1
1	1	1	0

(3)依据真值表写出逻辑表达式并化简。

$$F=\overline{A}\,\overline{B}C+\overline{A}B\overline{C}+\overline{A}BC+A\,\overline{B}\,\overline{C}+A\overline{B}C+AB\overline{C}=\overline{A}C+A\overline{B}+B\overline{C}$$

(4)根据逻辑表达式画出逻辑电路图,如图 7.5 所示。

学习笔记

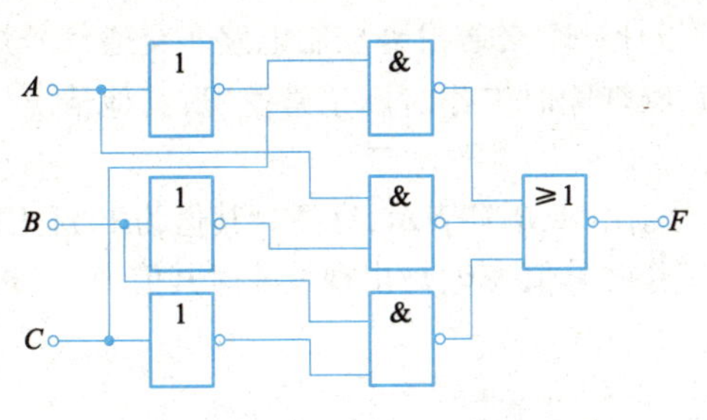

图7.5　例7.5逻辑电路图

例7.6　有一火灾报警系统，设有烟感、温感和紫外光感三种类型的火灾探测器。为了防止误报警，只有当其中两种或两种以上类型的探测器发出火灾探测信号时，报警系统才产生报警控制信号。试设计一个产生报警控制信号的电路。

解：令 A,B,C 分别代表烟感、温感和紫外光感三种类型的火灾探测器发出的控制信号，用1表示发生火灾，用0表示无火灾；令 Y 代表报警控制信号，用1表示发出火灾报警控制信号，用0表示不发出火灾报警控制信号。

根据以上分析可以列出如表7.6所示的真值表。

表7.6　例7.6真值表

A	B	C	Y
0	0	0	0
0	0	1	0
0	1	0	0
0	1	1	1
1	0	0	0
1	0	1	1
1	1	0	1
1	1	1	1

由表7.6可以写出逻辑表达式为

$$Y=\overline{A}BC+A\overline{B}C+AB\overline{C}+ABC$$

化简后的最简式为

$$Y=AB+AC+BC$$

用一个与或非门及一个非门实现，电路如图7.6所示。

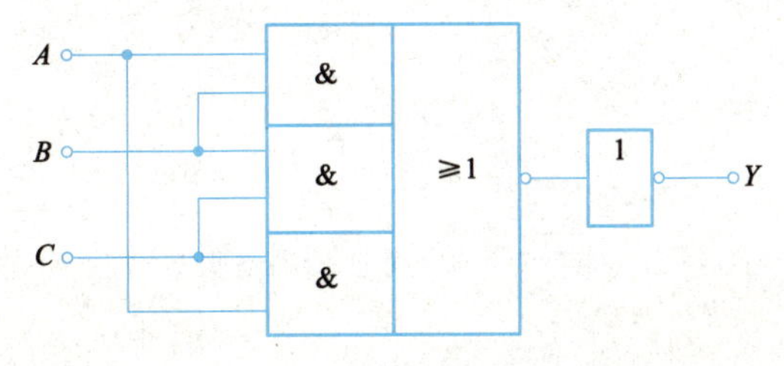

图7.6　例7.6逻辑电路图

学习笔记

例 7.7　用与非门设计一个交通报警控制电路。交通信号灯有红、绿、黄三种，三种灯分别单独工作或黄、绿灯同时工作时属正常情况，其他情况均属故障，出现故障时输出报警信号。

解： 设红、绿、黄灯分别用 A、B、C 表示，灯亮时其值为 1，灯灭时其值为 0；输出报警信号用 F 表示，灯正常工作时其值为 0，灯出现故障时其值为 1。根据逻辑要求列出真值表见表 7.7。

表 7.7　例 7.7 真值表

A	B	C	F
0	0	0	1
0	0	1	0
0	1	0	0
0	1	1	0
1	0	0	0
1	0	1	1
1	1	0	1
1	1	1	1

根据真值表写出逻辑表达式为

$$F=\bar{A}\,\bar{B}\,\bar{C}+A\bar{B}C+AB\bar{C}+ABC$$

化简后的最简式为

$$F=\bar{A}\,\bar{B}\,\bar{C}+AB+AC$$

根据题目要求，用与非门实现，将逻辑表达式变换成与非-与非式。

$$F=\overline{\overline{\bar{A}\,\bar{B}\,\bar{C}}\;\overline{AB}\;\overline{AC}}$$

用与非门实现的逻辑电路图如图 7.7 所示。

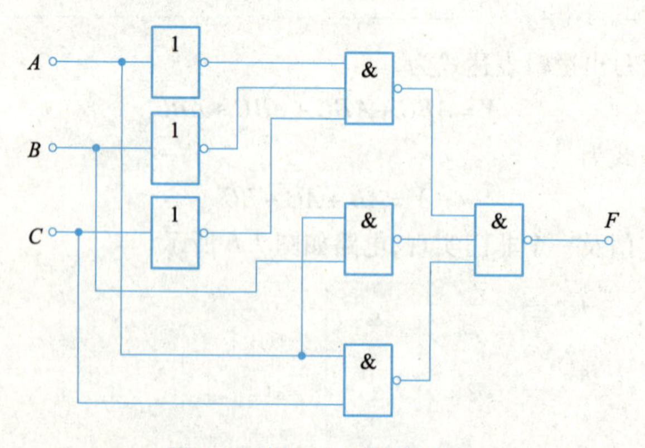

图 7.7　例 7.7 逻辑电路图

想一想：

简述组合逻辑电路的设计步骤。

学习笔记

三、常用组合逻辑器件

(一)加法器

在数字电路中,完成二进制数加法运算的电路,称为加法器。根据是否考虑来自低位的进位,加法器分为半加器和全加器。

1. 半加器

半加器实现两个1位二进制数相加运算,设 A、B 分别表示两个加数,S 表示和,C 表示向高位的进位,则根据二进制加法运算的规则,就可以列出半加器的真值表见表7.8。

表7.8 半加器的真值表

输入		输出	
A	B	S	C
0	0	0	0
0	1	1	0
1	0	1	0
1	1	0	1

根据真值表写出逻辑表达式:

$$S=\overline{A}B+A\overline{B}=A\oplus B \qquad (7.1)$$

$$C=AB \qquad (7.2)$$

根据逻辑表达式画出逻辑电路图如图7.8所示。图7.9所示为半加器的图形符号。

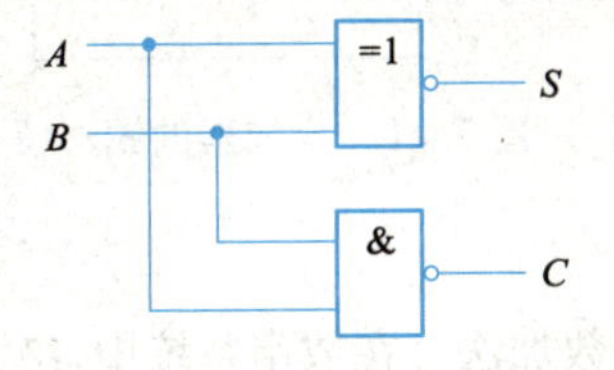

图7.8 半加器逻辑电路图

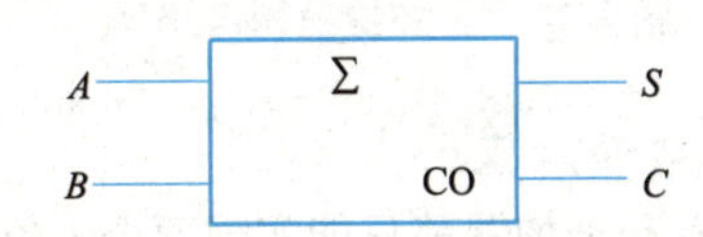

图7.9 半加器的图形符号

注意:半加器只适合作为多位二进制加法中最低位的加法运算,其他位的运算必须要考虑来自低位的进位,这时可以考虑用全加器。

2. 全加器

全加器实现两个1位二进制数相加运算,同时还能接受低位的进位。设 A_i 和 B_i 分别表示两个加数,用 C_{i-1} 表示来自低位的进位,用 S_i 表示和,用 C_i 表示低位向高位的进位。

根据二进制加法的运算规则,就可列出全加器真值表见表7.9。

学习笔记

表 7.9　全加器真值表

输入			输出	
A_i	B_i	C_{i-1}	S_i	C_i
0	0	0	0	0
0	0	1	1	0
0	1	0	1	0
0	1	1	0	1
1	0	0	1	0
1	0	1	0	1
1	1	0	0	1
1	1	1	1	1

由真值表可列出 S_i 和 C_i 的逻辑表达式，并化简。

$$S_i=\overline{A_i}\,\overline{B_i}C_{i-1}+\overline{A_i}B_i\overline{C_{i-1}}+A_i\overline{B_i}\,\overline{C_{i-1}}+A_iB_iC_{i-1}=A_i\oplus B_i\oplus C_{i-1} \tag{7.3}$$

$$C_i=\overline{A_i}B_iC_{i-1}+A_i\overline{B_i}C_{i-1}+A_iB_i\overline{C_{i-1}}+A_iB_iC_{i-1}=(A_i\oplus B_i)C_{i-1}+A_iB_i \tag{7.4}$$

根据逻辑表达式画出逻辑电路图如图 7.10 所示。图 7.11 所示为全加器的图形符号。

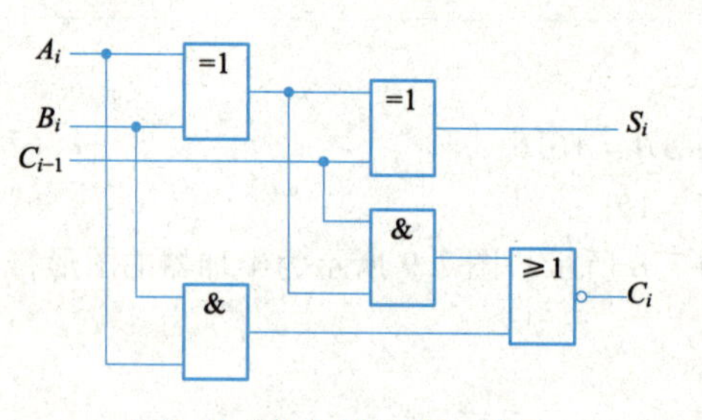

图 7.10　全加器逻辑电路图

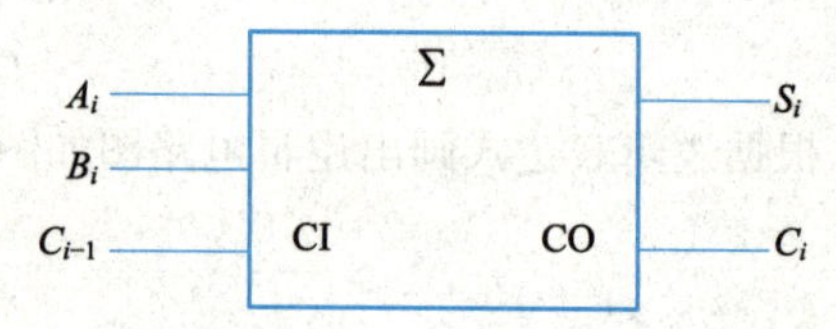

图 7.11　全加器的图形符号

3. 集成加法器

半加器和全加器都只能实现两个 1 位二进制数加法。在数字系统中，绝大多数情况下是多位二进制数相加，完成多位二进制数相加的电路称为加法器。

图 7.12 所示为四个全加器组成的 4 位串行进位二进制加法器，能实现两个 4 位二进制数相加。该电路简单，易于实现，但计算时，必须低位运算给出进位后，高位才能进行运算，因此速度较慢。

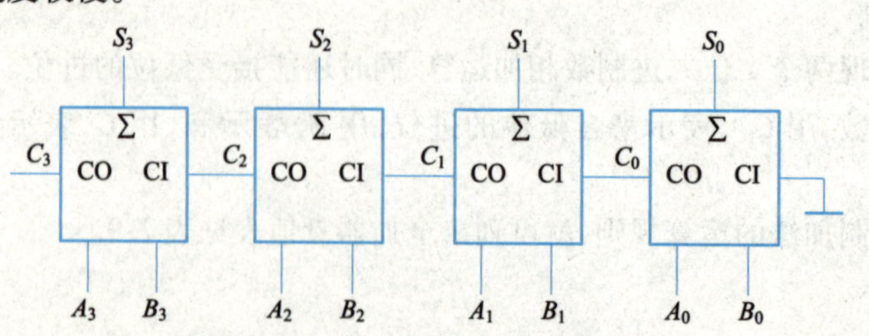

图 7.12　4 位串行进位二进制加法器

学习笔记

常用集成加法器通常采用超前进位方式,可提高运算速度。中规模集成加法器74LS283就是4位二进制超前进位全加器,其引脚排列图如图7.13所示。

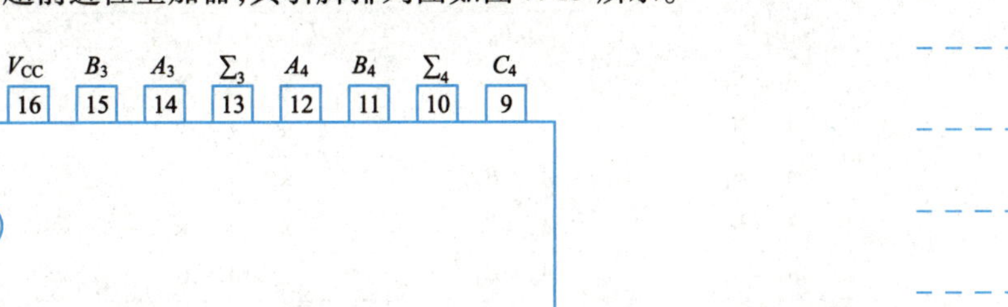

图7.13　74LS283引脚排列图

(二)数值比较器

在数字系统中常常需要比较两个二进制数的大小,可以用数值比较器来实现这种功能。

1. 1位数值比较器

1位数值比较器对两个1位二进制数进行比较,比较结果有$A>B$,$A<B$,$A=B$三种情况。表7.10是1位数值比较器的真值表。可以根据真值表写出它的逻辑表达式。

$$F_{A>B}=A\overline{B} \tag{7.5}$$

$$F_{A<B}=\overline{A}B \tag{7.6}$$

$$F_{A=B}=\overline{A}\,\overline{B}+AB \tag{7.7}$$

表7.10　1位数值比较器的真值表

输入		输出		
A	B	$F_{A<B}$	$F_{A=B}$	$F_{A>B}$
0	0	0	1	0
0	1	1	0	0
1	0	0	0	1
1	1	0	1	0

2. 多位数值比较器

1位数值比较器只能对两个1位二进制数进行比较。而实用的比较器一般是多位的,而且考虑低位的比较结果。下面以2位为例讨论这种数值比较器的结构及工作原理。

2位数值比较器的真值表见表7.11。其中A_1、B_1、A_0、B_0为数值输入端,$I_{A>B}$、$I_{A<B}$、$I_{A=B}$为级联输入端,是为了实现2位以上数码比较时,输入低位片比较结果而设置的。$F_{A>B}$、$F_{A<B}$、$F_{A=B}$为本位片三种不同比较结果输出端。

学习笔记

表 7.11　2 位数值比较器真值表

数值输入		级联输入	输出
A_1B_1	A_0B_0	$I_{A>B}I_{A<B}I_{A=B}$	$F_{A>B}F_{A<B}F_{A=B}$
$A_1>B_1$	× ×	× × ×	1 0 0
$A_1<B_1$	× ×	× × ×	0 1 0
$A_1=B_1$	$A_0>B_0$	× × ×	1 0 0
$A_1=B_1$	$A_0<B_0$	× × ×	0 1 0
$A_1=B_1$	$A_0=B_0$	1 0 0	1 0 0
$A_1=B_1$	$A_0=B_0$	0 1 0	0 1 0
$A_1=B_1$	$A_0=B_0$	0 0 1	0 0 1

3. 集成数值比较器

集成数值比较器 74LS85 是 4 位数值比较器，其功能表见表 7.12。图 7.14 所示为 74LS85 引脚排列图。

表 7.12　74LS85 功能表

输入							输出		
A_3B_3	A_2B_2	A_1B_1	A_0B_0	$I_{A>B}$	$I_{A<B}$	$I_{A=B}$	$F_{A>B}$	$F_{A<B}$	$F_{A=B}$
$A_3>B_3$	×	×	×	×	×	×	H	L	L
$A_3<B_3$	×	×	×	×	×	×	L	H	L
$A_3=B_3$	$A_2>B_2$	×	×	×	×	×	H	L	L
$A_3=B_3$	$A_2<B_2$	×	×	×	×	×	L	H	L
$A_3=B_3$	$A_2=B_2$	$A_1>B_1$	×	×	×	×	H	L	L
$A_3=B_3$	$A_2=B_2$	$A_1<B_1$	×	×	×	×	L	H	L
$A_3=B_3$	$A_2=B_2$	$A_1=B_1$	$A_0>B_0$	×	×	×	H	L	L
$A_3=B_3$	$A_2=B_2$	$A_1=B_1$	$A_0<B_0$	×	×	×	L	H	L
$A_3=B_3$	$A_2=B_2$	$A_1=B_1$	$A_0=B_0$	H	L	L	H	L	L
$A_3=B_3$	$A_2=B_2$	$A_1=B_1$	$A_0=B_0$	L	H	L	L	H	L
$A_3=B_3$	$A_2=B_2$	$A_1=B_1$	$A_0=B_0$	×	×	H	L	L	H
$A_3=B_3$	$A_2=B_2$	$A_1=B_1$	$A_0=B_0$	H	H	L	L	L	L
$A_3=B_3$	$A_2=B_2$	$A_1=B_1$	$A_0=B_0$	L	L	L	H	H	L

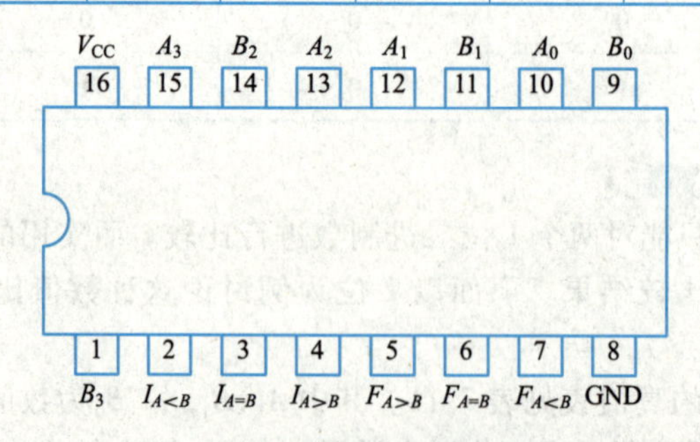

图 7.14　74LS85 引脚排列图

从功能表可以看出，该比较器的比较原理和 2 位数值比较器的比较原理相同。两个 4 位数的比较是从 A、B 的最高位 A_3、B_3 开始比较，如果它们不相等，则该位的比较结果

学习笔记

可以作为两数的比较结果。若最高位 $A_3 = B_3$，则再比较次高位 A_2 和 B_2，其余类推。显然，如果两数相等，那么，比较步骤必须进行到最低位才能得到结果。

4. 数值比较器的位数扩展

数值比较器的位数扩展方式有串联和并联两种。图 7.15 所示为两个 4 位数值比较器串联而成为一个 8 位数值比较器。

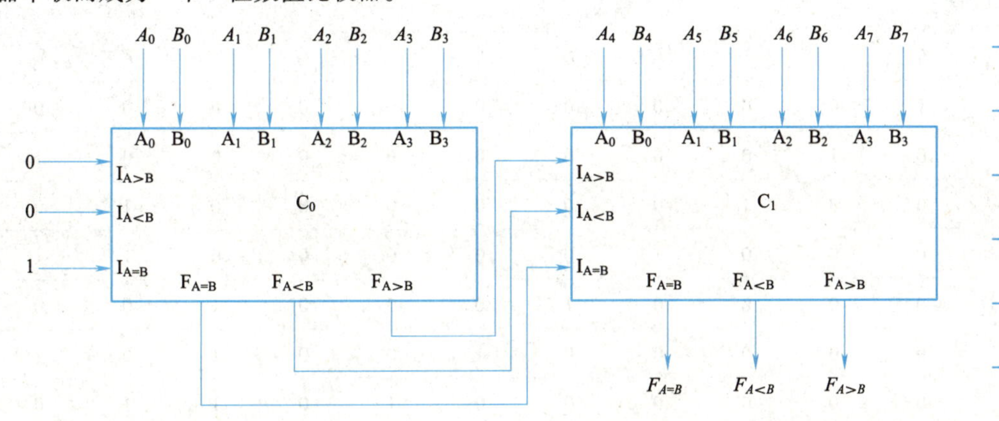

图 7.15　74LS85 位扩展

对于两个 8 位数，若高 4 位相同，它们的大小则由低 4 位的比较结果确定。因此，低 4 位的比较结果应作为高 4 位的条件，即低 4 位比较器的输出端应分别与高 4 位比较器的 $I_{A>B}$、$I_{A<B}$、$I_{A=B}$端连接。当位数较多且要满足一定的速度要求时，可以采取并联方式。

（三）编码器

一般地，用文字、符号或数码表示特定对象的过程称为编码，能实现这种编码操作的电路称为编码器。

1. 二进制编码器

将具有特定意义的信息变换为二进制代码的电路称为二进制编码器。

视频

编码器

1 位二进制代码可以表示两个信号，n 位二进制数可对 $N = 2^n$ 个信号进行编码。图 7.16(a)是 3位二进制编码器功能框图，该编码器能对 $I_0 \sim I_7$ 的任一个输入信号编码成一个 3 位二进制代码。因输入为 8 个信号，输出为 3 位二进制数，所以，称 8 线-3 线(8/3)编码器。

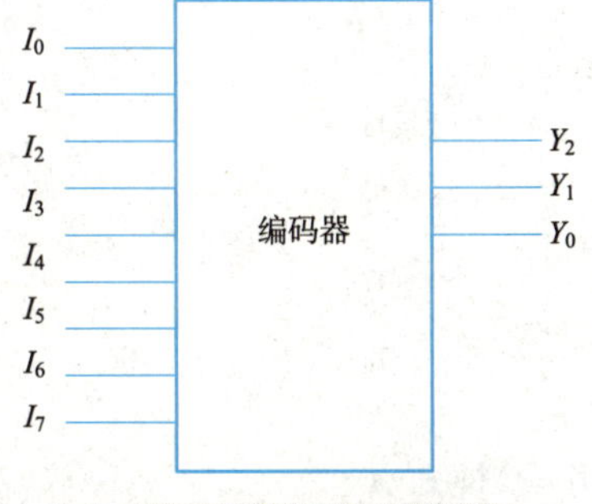

（a）3 位二进制编码器功能框图

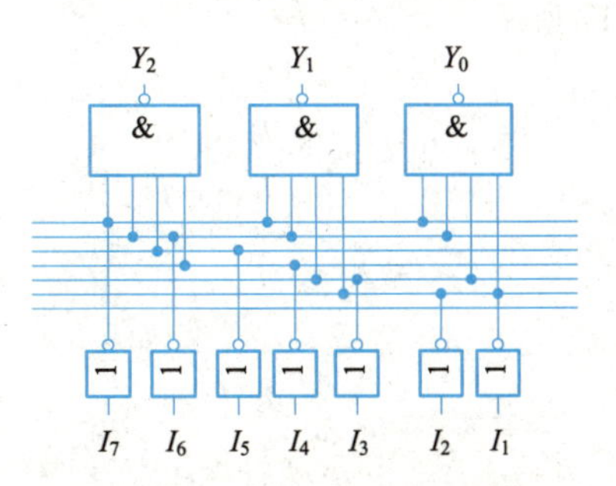

（b）3 位二进制编码器逻辑电路图

图 7.16　8 线-3 线编码器

学习笔记

编码器任何时刻只能对 $I_0 \sim I_7$ 中的一个输入信号进行编码,而不能对多路输入进行编码,否则输出将会发生错乱。

(1)根据编码原则,列出 8 线-3 线编码器的真值表,见表 7.13。

表 7.13 3 位二进制编码器真值表

输入								输出		
I_0	I_1	I_2	I_3	I_4	I_5	I_6	I_7	Y_2	Y_1	Y_0
1	0	0	0	0	0	0	0	0	0	0
0	1	0	0	0	0	0	0	0	0	1
0	0	1	0	0	0	0	0	0	1	0
0	0	0	1	0	0	0	0	0	1	1
0	0	0	0	1	0	0	0	1	0	0
0	0	0	0	0	1	0	0	1	0	1
0	0	0	0	0	0	1	0	1	1	0
0	0	0	0	0	0	0	1	1	1	1

(2)根据表 7.13 写出编码器的逻辑表达式为

$$Y_2 = I_4 + I_5 + I_6 + I_7 = \overline{\overline{I_4}\,\overline{I_5}\,\overline{I_6}\,\overline{I_7}} \tag{7.8}$$

$$Y_1 = I_2 + I_3 + I_6 + I_7 = \overline{\overline{I_2}\,\overline{I_3}\,\overline{I_6}\,\overline{I_7}} \tag{7.9}$$

$$Y_0 = I_1 + I_3 + I_5 + I_7 = \overline{\overline{I_1}\,\overline{I_3}\,\overline{I_5}\,\overline{I_7}} \tag{7.10}$$

(3)根据逻辑表达式画出由与非门组成的 3 位二进制编码器逻辑电路图,如图 7.16(b)所示,在图中,I_0 的编码是隐含的,当 $I_1 \sim I_7$ 均为 0 时,电路输出就是 I_0 的编码。

2. 二-十进制编码器

二-十进制编码器是将十进制的十个数码 0,1,2,3,4,5,6,7,8,9 编成二进制代码的电路。输入的是 0~9 十个数码,输出的是对应的二进制代码。

二-十进制编码器是用 4 位二进制代码表示 1 位十进制数(0~9)的编码电路,又称 10 线-4 线编码器。它有 10 个信号输入端和 4 个输出端。二-十进制编码器框图如图 7.17 所示。

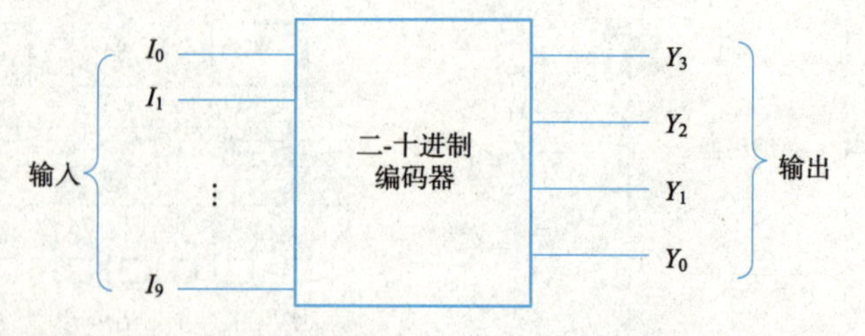

图 7.17 二-十进制编码器框图

根据编码原则列出二-十进制编码器的真值表,见表 7.14。

学习笔记

表 7.14　二-十进制编码器的真值表

输入	输出			
	Y_3	Y_2	Y_1	Y_0
I_0	0	0	0	0
I_1	0	0	0	1
I_2	0	0	1	0
I_3	0	0	1	1
I_4	0	1	0	0
I_5	0	1	0	1
I_6	0	1	1	0
I_7	0	1	1	1
I_8	1	0	0	0
I_9	1	0	0	1

3. 优先编码器

以上讨论的编码器每次只允许一个输入端有信号输入,否则会引起混乱。在数字系统的实际应用中,可能有几个输入端同时有信号的情况,则对优先级别高的常用的优先编码器有 8 线-3 线集成优先编码器、10 线-4 线集成优先编码器。如 74LS147 是常用的 10 线-4 线集成优先编码器,它有 9 路信号输入,编码成 4 位 8421BCD 码输出,当 9 路输入全为高电平时,表示十进制数中的 0,输出为 1111。二-十进制编码器 74LS147 的功能表见表 7.15。

表 7.15　二-十进制编码器 74LS174 的功能表

输入									输出			
$\overline{I_9}$	$\overline{I_8}$	$\overline{I_7}$	$\overline{I_6}$	$\overline{I_5}$	$\overline{I_4}$	$\overline{I_3}$	$\overline{I_2}$	$\overline{I_1}$	$\overline{Y_3}$	$\overline{Y_2}$	$\overline{Y_1}$	$\overline{Y_0}$
1	1	1	1	1	1	1	1	1	1	1	1	1
1	1	1	1	1	1	1	1	0	1	1	1	0
1	1	1	1	1	1	1	0	×	1	1	0	1
1	1	1	1	1	1	0	×	×	1	1	0	0
1	1	1	1	1	0	×	×	×	1	0	1	1
1	1	1	1	0	×	×	×	×	1	0	1	0
1	1	1	0	×	×	×	×	×	1	0	0	1
1	1	0	×	×	×	×	×	×	1	0	0	0
1	0	×	×	×	×	×	×	×	0	1	1	1
0	×	×	×	×	×	×	×	×	0	1	1	0

当$\overline{I_9}$为 0(低电平有效时)。不论$\overline{I_0}$ ~ $\overline{I_8}$是 0 还是 1,均只对优先级别高的$\overline{I_9}$进行编码,编码输出为 9 的 8421BCD 码的反码 0110。表 7.15 中"×"表示取任意逻辑值。从表 7.15 中可得优先编码器 74LS147 的优先级别由高到低依次为 $\overline{I_9}$、$\overline{I_8}$、$\overline{I_7}$、$\overline{I_6}$、$\overline{I_5}$、$\overline{I_4}$、$\overline{I_3}$、$\overline{I_2}$、$\overline{I_1}$、$\overline{I_0}$。$\overline{I_0}$的编码是隐含的,当$\overline{I_1}$ ~ $\overline{I_9}$都没有信号输入时,编码器输出为$\overline{I_0}$的编码。

译码器

(四)译码器

译码是编码的逆过程,它的功能是将二进制代码按编码时的原意转换为相应的信

学习笔记

息状态。能实现译码功能的电路称为译码器。

目前译码器主要由集成门电路构成，它有多个输入端和输出端，对应输入信号的任一状态，一般仅有一个输出状态有效，而其他输出状态无效。按功能不同，分为通用译码器与显示译码器。通用译码器常用的有二进制译码器、二-十进制译码器。

1. 二进制译码器

二进制译码器的输入为二进制码，如果输入有 n 位，数码组合有 2^n 种，则可译出 2^n 个输出信号。根据输入、输出端的个数不同，二进制译码器分为 2 线-4 线译码器、3 线-8 线译码器和 4 线-16 线译码器等。它们的工作原理相似。现以 3 线-8 线译码器 74LS138（见图 7.18）为例介绍译码器的功能。

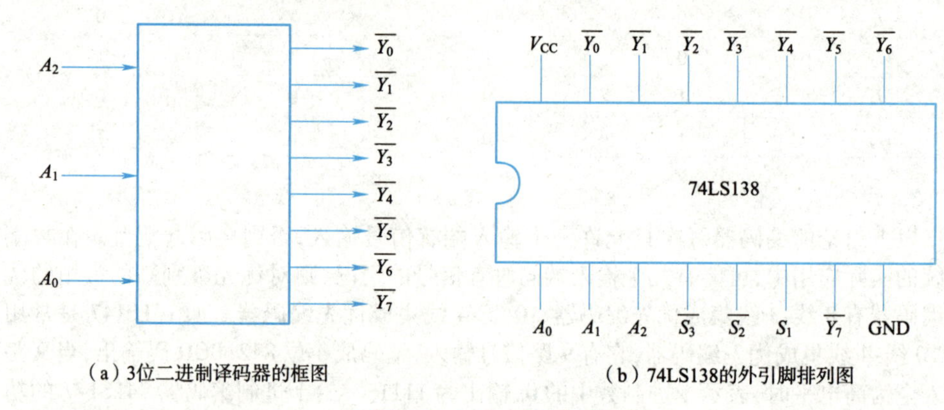

（a）3位二进制译码器的框图　　（b）74LS138的外引脚排列图

图 7.18　3 线-8 线译码器

图 7.18(a)所示为 3 位二进制译码器的框图。输入为 A_2、A_1、A_0，输出为 $\overline{Y_0}\sim\overline{Y_7}$。

74LS138 的外引脚排列图如图 7.18(b)所示。逻辑功能见表 7.16。A_2、A_1、A_0 为二进制译码器输入端，$\overline{Y_7}\sim\overline{Y_0}$ 为译码器输出端（低电平有效），S_1、$\overline{S_2}$、$\overline{S_3}$ 为选通控制端。当 $S_1=1,\overline{S_3}=\overline{S_2}=0$ 时，译码器处于正常工作状态；否则，译码器被禁止，所有的输出端均被封锁在高电平。这三个控制端又称“片选”输入端，利用片选的作用可以将多片连接起来以扩展译码器的功能。

从表 7.16 还可以看出，当控制端 $S_1=1,\overline{S_3}=\overline{S_2}=0$ 时，若将 A_2、A_1、A_0 作为 3 个输入逻辑变量，则 8 个输出端给出的就是这 3 个变量的全部最小项。利用这一特点，利用附加的门电路将这些最小项适当地组合起来，便可产生任何形式的三变量组合逻辑函数。

表 7.16　3 线-8 线译码器的真值表

输入					输出							
S_1	$\overline{S_2}+\overline{S_3}$	A_2	A_1	A_0	$\overline{Y_0}$	$\overline{Y_1}$	$\overline{Y_2}$	$\overline{Y_3}$	$\overline{Y_4}$	$\overline{Y_5}$	$\overline{Y_6}$	$\overline{Y_7}$
0	×	×	×	×	1	1	1	1	1	1	1	1
×	1	×	×	×	1	1	1	1	1	1	1	1
1	0	0	0	0	0	1	1	1	1	1	1	1
1	0	0	0	1	1	0	1	1	1	1	1	1
1	0	0	1	0	1	1	0	1	1	1	1	1

学习笔记

续表

输入					输出							
S_1	$\overline{S_2}+\overline{S_3}$	A_2	A_1	A_0	$\overline{Y_0}$	$\overline{Y_1}$	$\overline{Y_2}$	$\overline{Y_3}$	$\overline{Y_4}$	$\overline{Y_5}$	$\overline{Y_6}$	$\overline{Y_7}$
1	0	0	1	1	1	1	1	0	1	1	1	1
1	0	1	0	0	1	1	1	1	0	1	1	1
1	0	1	0	1	1	1	1	1	1	0	1	1
1	0	1	1	0	1	1	1	1	1	1	0	1
1	0	1	1	1	1	1	1	1	1	1	1	0

例7.8　用3线-8线译码器74LS138和与非门实现全加器。

解：全加器的函数表达式为

$$S_i=\overline{A_i}\,\overline{B_i}C_{i-1}+\overline{A_i}B_i\overline{C_{i-1}}+A_i\overline{B_i}\,\overline{C_{i-1}}+A_iB_iC_{i-1}$$

$$C_i=\overline{A_i}B_iC_{i-1}+A_i\overline{B_i}C_{i-1}+A_iB_i\overline{C_{i-1}}+A_iB_iC_{i-1}$$

将输入变量A_i、B_i、C_{i-1}分别对应地接到译码器的输入端A_2、A_1、A_0，由上述逻辑表达式及74LS138的真值表可得

$$\overline{Y_1}=\overline{A_i}\,\overline{B_i}C_{i-1}$$

$$\overline{Y_2}=\overline{A_i}\,B_i\,\overline{C_{i-1}}$$

$$\overline{Y_3}=\overline{A_i}\,B_iC_{i-1}$$

$$\overline{Y_4}=A_i\,\overline{B_i}\,\overline{C_{i-1}}$$

$$\overline{Y_5}=A_i\,\overline{B_i}C_{i-1}$$

$$\overline{Y_6}=A_iB_i\,\overline{C_{i-1}}$$

$$\overline{Y_7}=A_iB_iC_{i-1}$$

因此可得

$$S_i=Y_1+Y_2+Y_4+Y_7=\overline{\overline{Y_1}\;\overline{Y_2}\;\overline{Y_4}\;\overline{Y_7}}$$

$$C_i=Y_3+Y_5+Y_6+Y_7=\overline{\overline{Y_3}\;\overline{Y_5}\;\overline{Y_6}\;\overline{Y_7}}$$

用74LS138和与非门实现的全加器电路如图7.19所示。

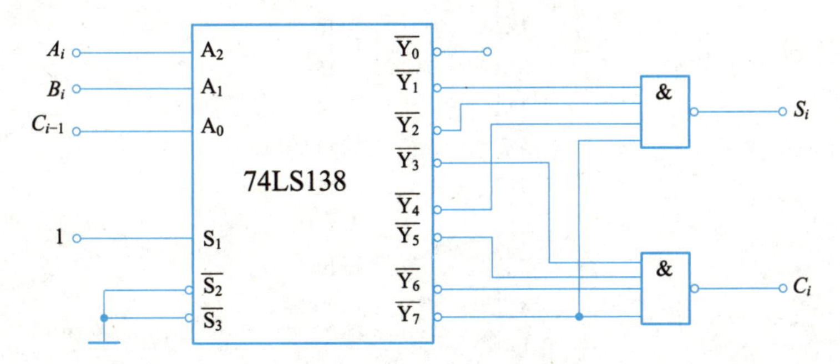

图7.19　例7.8电路图

2. 二-十进制译码器

将BCD码翻译成对应的10个十进制数的电路称二-十进制译码器。常用的二-十进制集成译码器有74LS42、74HC42、T1042、T4042等。BCD码是用4位二进制数码表示

1 位十进制数，即译码器的输入为 4 位二进制数，它有 4 条输入线 A、B、C、D，10 条输出线 $\overline{Y_0}\sim\overline{Y_9}$，分别对应于十进制的 10 个数字，输出低电平有效。

74LS42 译码器的真值表见表 7.17，图 7.20 为 74LS42 引脚排列图。

74LS42 能自动拒绝伪码，当输入为 1010 ~ 11116 这 6 个超出 10 的无效状态时，输出端 $\overline{Y_0}\sim\overline{Y_9}$ 均为 1，译码器拒绝译出。

表 7.17　74LS42 译码器的真值表

数字	输入				输出									
	D	C	B	A	$\overline{Y_0}$	$\overline{Y_1}$	$\overline{Y_2}$	$\overline{Y_3}$	$\overline{Y_4}$	$\overline{Y_5}$	$\overline{Y_6}$	$\overline{Y_7}$	$\overline{Y_8}$	$\overline{Y_9}$
0	0	0	0	0	0	1	1	1	1	1	1	1	1	1
1	0	0	0	1	1	0	1	1	1	1	1	1	1	1
2	0	0	1	0	1	1	0	1	1	1	1	1	1	1
3	0	0	1	1	1	1	1	0	1	1	1	1	1	1
4	0	1	0	0	1	1	1	1	0	1	1	1	1	1
5	0	1	0	1	1	1	1	1	1	0	1	1	1	1
6	0	1	1	0	1	1	1	1	1	1	0	1	1	1
7	0	1	1	1	1	1	1	1	1	1	1	0	1	1
8	1	0	0	0	1	1	1	1	1	1	1	1	0	1
9	1	0	0	1	1	1	1	1	1	1	1	1	1	0
伪码	1	0	1	0	1	1	1	1	1	1	1	1	1	1
	1	0	1	1	1	1	1	1	1	1	1	1	1	1
	1	1	0	0	1	1	1	1	1	1	1	1	1	1
	1	1	0	1	1	1	1	1	1	1	1	1	1	1
	1	1	1	0	1	1	1	1	1	1	1	1	1	1
	1	1	1	1										

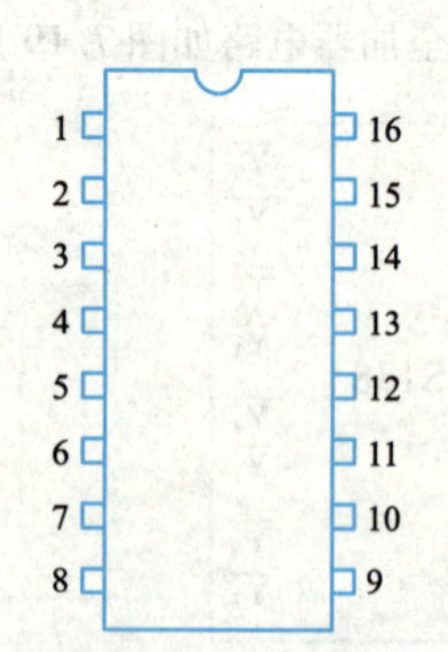

图 7.20　74LS42 引脚排列图

该芯片共 16 个引脚。其中 12 ~ 15 引脚为输入引脚 D、C、B、A，1 ~ 7，9 ~ 11 为输出引脚 $\overline{Y_0}\sim\overline{Y_9}$，16 引脚为 V_{CC}，8 引脚为 GND。

(五)显示译码器

在数字系统中,常需要把数据或字符直观地显示出来,这就要用到显示译码器。

1. 数码显示器件

数码显示器件有半导体数码管、液晶数码管(LCD)和荧光数码管等。在数字电路中广泛采用的数码管由半导体发光二极管制作而成,简称LED数码管,有七段LED数码管和八段LED数码管,八段LED数码管比七段LED数码管多一个小数点。单个LED数码管共有10个引脚,如图7.21(a)所示,com表示公共端。八段LED数码管的8个显示字段分别用a、b、c、d、e、f、g、dp表示,dp表示小数点。LED数码管有共阴极和共阳极两种接法,如图7.21(b)、(c)所示。共阴极接法时,输入高电平发光二极管发光;共阳极接法时,输入低电平发光二极管发光。使用前可用指针式万用表的R×10k挡检测LED数码管的好坏。

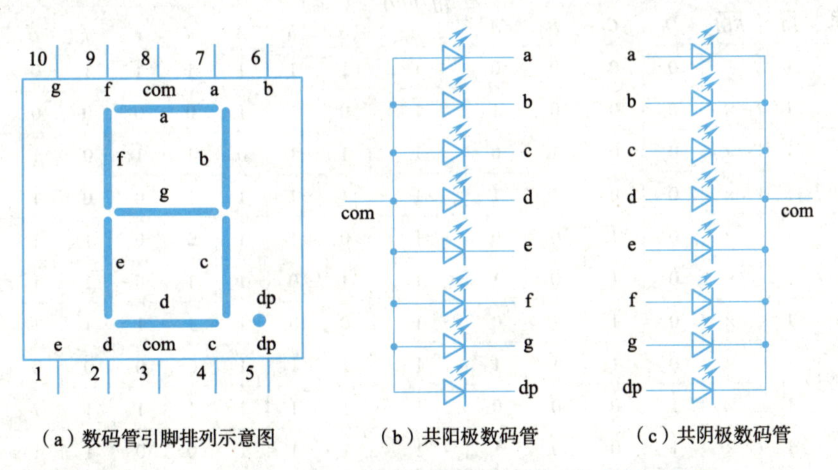

(a)数码管引脚排列示意图　(b)共阳极数码管　(c)共阴极数码管

图7.21　数码管引脚排列示意图和数码管内部等效示意图

2. 显示译码器

这里以七段LED数码管为例。七段LED数码管是用a~g七个发光线段组合来构成十进制数的,这就要求显示译码器能把每一个4位二进制代码翻译成数码管所要求的七段二进制代码。表7.18所示为共阴极显示译码器真值表。

表7.18　共阴极显示译码器真值表

输入				输出							显示字形
A_3	A_2	A_1	A_0	a	b	c	d	e	f	g	
0	0	0	0	1	1	1	1	1	1	1	0
0	0	0	1	0	1	1	0	0	0	0	1
0	0	1	0	1	1	0	1	1	0	1	2
0	0	1	1	1	1	1	1	0	0	1	3
0	1	0	0	0	1	1	0	0	1	1	4
0	1	0	1	1	0	1	1	0	1	1	5
0	1	1	0	0	0	1	1	1	1	1	6

学习笔记

续表

输入				输出							显示字形
A_3	A_2	A_1	A_0	*a*	*b*	*c*	*d*	*e*	*f*	*g*	
0	1	1	1	1	1	1	0	0	0	0	7
1	0	0	0	1	1	1	1	1	1	1	8
1	0	0	1	1	1	1	0	0	1	1	9

数码管译码常采用集成电路，如74LS248、74LS48等。74LS48是4线-七段译码器/驱动器集成电路，其真值表见表7.19，引脚排列图如图7.22所示。

表 7.19　74LS48 真值表

十进制或功能	输入						$\overline{BI}/\overline{RBO}$	输出							显示字形
	$\overline{LT}$	$\overline{RBI}$	*D*	*C*	*B*	*A*		*a*	*b*	*c*	*d*	*e*	*f*	*g*	
0	1	1	0	0	0	0	1	1	1	1	1	1	1	0	0
1	1	×	0	0	0	1	1	0	1	1	0	0	0	0	1
2	1	×	0	0	1	0	1	1	1	0	1	1	0	1	2
3	1	×	0	0	1	1	1	1	1	1	1	0	0	1	3
4	1	×	0	1	0	0	1	0	1	1	0	0	1	1	4
5	1	×	0	1	0	1	1	1	0	1	1	0	1	1	5
6	1	×	0	1	1	0	1	0	0	1	1	1	1	1	6
7	1	×	0	1	1	1	1	1	1	1	0	0	0	0	7
8	1	×	1	0	0	0	1	1	1	1	1	1	1	1	8
9	1	×	1	0	0	1	1	1	1	1	0	0	1	1	9
10	1	×	1	0	1	0	1	0	0	0	1	1	0	1	
11	1	×	1	0	1	1	1	0	1	1	1	0	0	1	
12	1	×	1	1	0	0	1	0	1	0	0	0	1	1	
13	1	×	1	1	0	1	1	1	0	0	1	0	1	1	
14	1	×	1	1	1	0	1	0	0	0	1	1	1	1	
15	1	0	1	1	1	1	1	0	0	0	0	0	0	0	灭零
灭灯	×	×	×	×	×	×	0	0	0	0	0	0	0	0	灭零
动态灭零	1	0	0	0	0	0	0	0	0	0	0	0	0	0	灭零
试灯	0	×	×	×	×	×	1	1	1	1	1	1	1	1	8

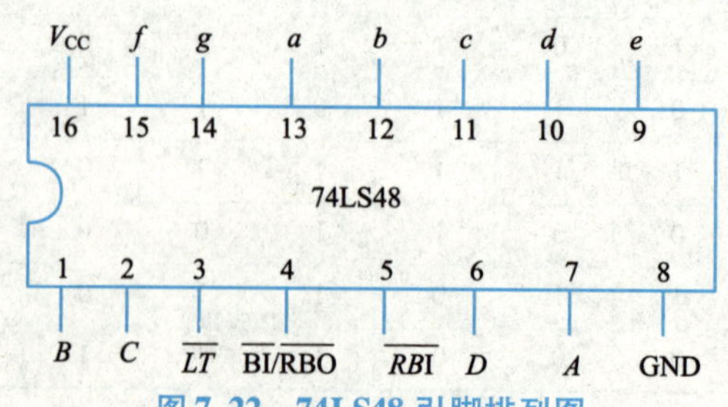

图 7.22　74LS48 引脚排列图

学习笔记

（六）数据选择器和数据分配器

1. 数据选择器

数据选择器又称多路选择器或多路开关，它能根据地址的要求，从输入端的多路信号中选择一路信号输出，相当于一个多路开关。

常用的有4选1数据选择器、8选1数据选择器、16选1数据选择器等。74LS153是集成双4选1数据选择器，其真值表见表7.20，引脚排列图如图7.23所示。

表7.20　74LS153真值表

输入				输出
S	D	A_1	A_0	Y
1	×	×	×	0
0	D_0	0	0	D_0
0	D_1	0	1	D_1
0	D_2	1	0	D_2
0	D_3	1	1	D_3

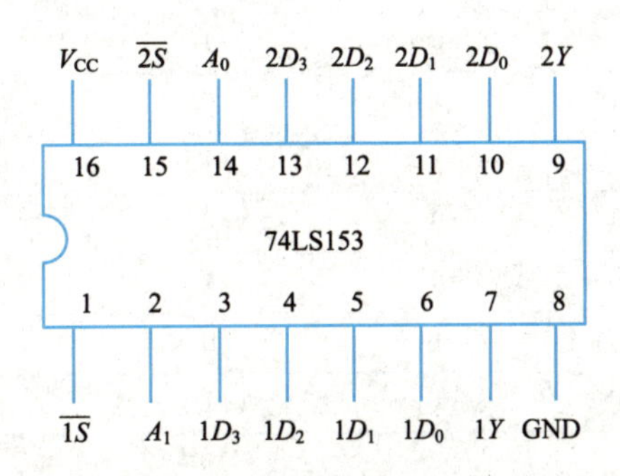

图7.23　74LS153引脚排列图

从真值表可以看出，S为选通控制端，低电平有效，即$S=0$时芯片被选中，处于工作状态；$S=1$时芯片被禁止，Y输出为0。D_3、D_2、D_1、D_0为数据端，A_1、A_0为地址端，由地址端决定从4路输入数据中选择哪一路输出。可将74LS153输出端与输入端间的关系用下式表示：

$$Y=D_0\overline{A_1}\,\overline{A_0}+D_1\overline{A_1}A_0+D_2A_1\overline{A_0}+D_3A_1A_0 \tag{7.11}$$

从表达式可以看出，若将A_1、A_0作为两个输入变量，同时令$D_3\sim D_0$为第三个输入变量的适当状态（包括原变量、反变量、0和1），就可以在数据选择器的输出端产生任何形式的三变量组合逻辑函数。

常用的数据选择器还有74LS151，它是集成8选1数据选择器，有3个选线地址端$A_2\sim A_0$，8个数据端$D_7\sim D_0$，1个信号输出端Y，1个低电平有效的使能控制端S。引脚排列图如图7.24所示，真值表见表7.21。

与4选1数据选择器类似，每个与项都是由1个数据和1个选线地址信号构成的最小项组成。所以，对应选线地址信号的每一种取值组合，只有值为1的最小项所对应的数据被选中。

学习笔记

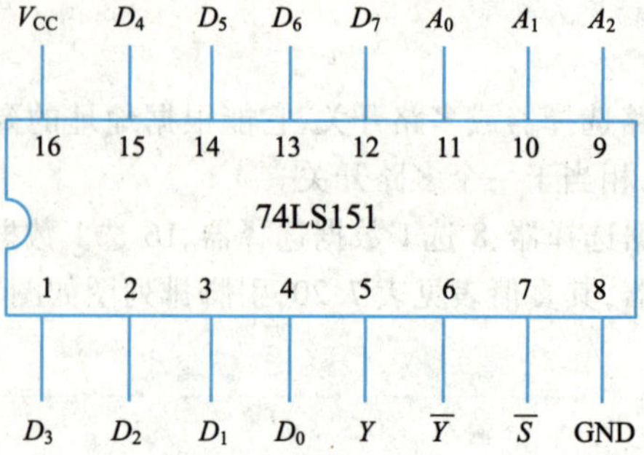

V_{CC}　D_4　D_5　D_6　D_7　A_0　A_1　A_2

16　15　14　13　12　11　10　9

74LS151

1　2　3　4　5　6　7　8

D_3　D_2　D_1　D_0　Y　$\overline{Y}$　$\overline{S}$　GND

图 7.24　74LS151 引脚排列图

表 7.21　74LS151 真值表

输入					输出	
D	A_2	A_1	A_0	$\overline{S}$	Y	$\overline{Y}$
×	×	×	×	1	0	1
D_0	0	0	0	0	D_0	$\overline{D_0}$
D_1	0	0	1	0	D_1	$\overline{D_1}$
D_2	0	1	0	0	D_2	$\overline{D_2}$
D_3	0	1	1	0	D_3	$\overline{D_3}$
D_4	1	0	0	0	D_4	$\overline{D_4}$
D_5	1	0	1	0	D_5	$\overline{D_5}$
D_6	1	1	0	0	D_6	$\overline{D_6}$
D_7	1	1	1	0	D_7	$\overline{D_7}$

例 7.9　用 8 选 1 数据选择器 74LS151 实现逻辑函数 $Y=\overline{A}\,\overline{B}C+\overline{A}B\overline{C}+AB$。

表 7.22　例 7.9 真值表

A	B	C	Y
0	0	0	0
0	0	1	1
0	1	0	1
0	1	1	0
1	0	0	0
1	0	1	0
1	1	0	1
1	1	1	1

解： 列出逻辑函数的真值表见表 7.22。将输入变量 A、B、C 分别对应地接到 8 选 1 数据选择器 74LS151 的 3 个地址输入端 A_2、A_1、A_0。对照函数的真值表和 74LS151 的真值表可知，将数据输入端 D_0、D_3、D_4、D_5 接低电平 0，D_1、D_2、D_6、D_7 接高电平 1 即可，电路如图 7.25 所示。

学习笔记

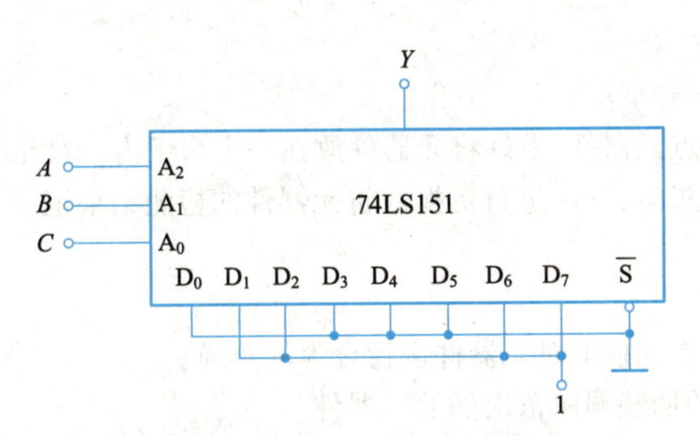

图 7.25　例 7.9 逻辑电路图

2. 数据分配器

数据分配器是将输入的一路信号送到多路输出端中的一个输出端，具体哪个输出端是由地址码决定的，若地址码为 n 位，则能够选通的输出端为 2^n 路。表 7.23 为 1 路-4 路数据分配器真值表。

输出函数表达式读者可以自行完成。

表 7.23　1 路-4 路数据分配器真值表

输入			输出			
	A_1	A_0	Y_0	Y_1	Y_2	Y_3
D	0	0	D	0	0	0
	0	1	0	D	0	0
	1	0	0	0	D	0
	1	1	0	0	0	D

想一想：

1. 什么是编码？什么是二-十进制编码器？什么是 8421BCD 编码器？
2. 什么是二-十进制译码器？二-十进制译码器有什么特点？
3. 用 74LS85 如何实现 16 位并联数值比较器？
4. 什么是半导体数码管？数码管显示十进制数“2”时，哪些线段会亮？什么是共阴极数码管？

项目实践

任务　三人表决器电路的搭建

(一)实践目标

(1)了解 CD4081 芯片的内部结构与引脚分布。

(2)掌握组合逻辑电路的实践应用。

(3)会设计简单的组合逻辑应用电路。

(二)实践设备和材料

(1)电烙铁、焊锡、万用表、斜口钳、镊子、元器件套件、万用板及若干导线等。

(2)电路所需元器件。

学习笔记

(三)实践过程

1. 清点与检查元器件

根据表7.24清点元器件,最好将元器件放在一个盒子内。对元器件进行检查,看有无损坏的元器件,如果有,立即进行更换。将元器件的检测结果记录在表7.25中。

2. 电路搭建

(1)搭建步骤:

①按图7.26在连孔板上对元器件进行合理的布局。

②按照元器件的插装顺序依次插装元器件。

③按焊接工艺要求对元器件进行焊接,直到所有元器件焊完为止。

④将元器件之间用导线进行连接。

⑤焊接电源输入线和信号输入、输出引线。

表7.24 元器件清单

序号	名称	文字符号	规格	数量
1	电阻	R1	470 Ω	1
2	电阻	R2	10 kΩ	1
3	电阻	R3、R4	1 kΩ	2
4	拨动开关	S1、S2、S3	单刀双掷开关	3
5	二极管	D1	1N4007	1
6	二极管	D2、D3、D4	1N4008	3
7	发光二极管	D5	ϕ5 绿色	1
8	发光二极管	D6	ϕ5 红色	1
9	电解电容	C1	22 μF	1
10	三极管	Q1	9013	1
11	集成块	U1	CD4081	1
12	防反插座	JP1	2pin	1
13	连孔电路板		8.3 cm×5.2 cm	1
14	绝缘导线		0.5 mm×20 cm	1

表7.25 元器件检测记录表

序号	名称	文字符号	元器件检测结果
1	电阻	R1	测量值为________kΩ,选用的万用表挡位是__________
2	电阻	R2	测量值为________kΩ,选用的万用表挡位是__________
3	电阻	R3、R4	测量值为________kΩ,选用的万用表挡位是__________
4	拨动开关	S1、S2、S3	1、2引脚之间的电阻为________。2、3引脚之间的电阻为________
5	二极管	D1	检测质量时,应选用的万用表挡位是________。 正向导通的那次测量中,黑表笔接的是________极。所测得的阻值是________

续表

序号	名称	图号	元器件检测结果
6	二极管	D2、D3、D4	检测质量时，应选用的万用表挡位是________。 正向导通的那次测量中，黑表笔接的是极。所测得的阻值是________
7	发光二极管	D5、D6	长引脚为________极。检测时应选用的万用表挡位是________。红表笔接二极管________极测量时，可使它微弱发光
8	电解电容	C1	长引脚为________极。耐压值为________V
9	三极管	Q1	类型是________，引脚排列________，质量及放大倍数________
10	集成块	U1	型号是________

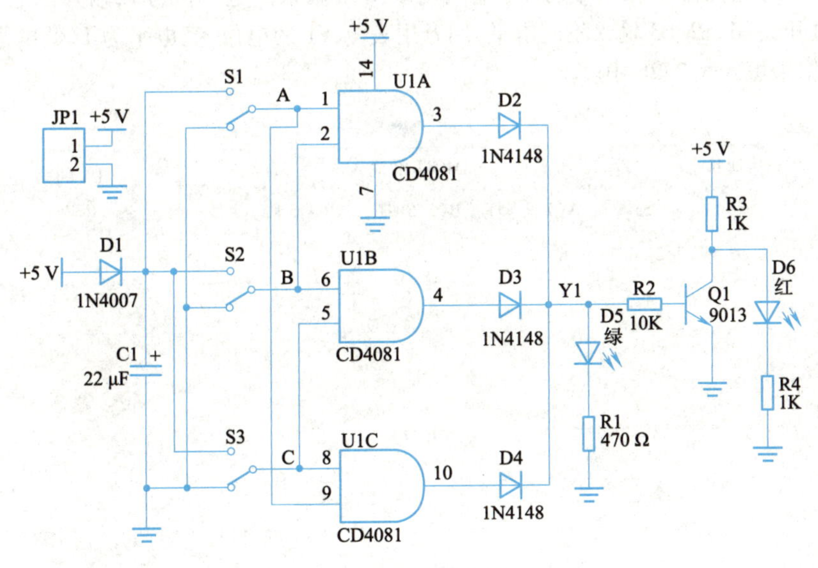

图 7.26　三人表决器电路原理图

(2)搭建注意事项：

①不漏装、错装，不损坏元器件，无虚焊、漏焊和桥接，焊点表面要光滑、干净。

②元器件排列整齐，布局合理，并符合工艺要求，连接线使用要适当。

(3)搭建实物图。三人表决器搭建实物图如图 7.27 所示。

3. 电路通电及测试

装接完毕，检查无误后，用万用表测量电路板的电源两端，若无短路，方可接入 +5 V 电源。在加入电源时，注意电源与电路板极性一定要连接正确。当加入电源后，观察电路有无异常现象，若有，立即断电，对电路进行检查。

通电后，当通过控制开关输入两个或两个以上高电平时，D5 发光，反之 D6 发光，说明电路搭建成功。

学习笔记

图 7.27 三人表决器搭建实物图

(1)根据电路图 7.26 中标示,令输入端 A、B、C 输入高电平时为 1,输入低电平时为 0。通过开关 S1、S2、S3 输入不同电平,用万用表测 Y1 的电位,高电平为 1,低电平为 0,将测量结果填入表 7.26 中。

表 7.26 三人表决器电路测试记录表

开关接通状态			CD4081 的输入			Y1	D5 的状态	D6 的状态
S1	S2	S3	A(1、9 脚)	B(2、5 脚)	C(6、8 脚)			
2→3	2→3	2→3	0	0	0	0	灭	亮

(2)电路中当 D6 发光时,三极管 Q1 工作在什么状态?

(3)电路中当 D5 发光时,三极管 Q1 工作在什么状态?Y1 输出什么电平?

(4)运用所学理论知识,根据表 7.26 写出 Y1 的逻辑表达式,并化简。

想一想:

电路中,R2、R3、R4、D6、Q1 共同实现什么逻辑功能?

考核评价

根据任务完成情况及评价项目,学生进行自评。同时组长负责组织成员讨论,对小组每位成员进行评价。结合教师评价、小组评价及自我评价,完成考核评价环节。考核评价表见表 7.27。

学习笔记

表 7.27　评价考核表

任务名称					
班级		小组编号		姓名	
小组成员	组长	组员	组员	组员	组员
自我评价	评价项目	标准分	评价分	主要问题	
	任务要求认知程度	10			
	相关知识掌握程度	15			
	专业知识应用程度	15			
	信息收集处理能力	10			
	动手操作能力	20			
	数据分析处理能力	10			
	团队合作能力	10			
	沟通表达能力	10			
	合计评分				
小组评价	专业展示能力	20			
	团队合作能力	20			
	沟通表达能力	20			
	创新能力	20			
	应急情况处理能力	20			
	合计评分				
教师评价					
总评分					
备注	总评分 = 教师评价 ×50% + 小组评价 ×30% + 自我评价 ×20%				

拓展阅读

自主创“芯”推动集成电路产业集群发展

4 月 19 日，在位于西部(重庆)科学城西永微电园的中国电科芯片技术研究院(简称“电科芯片”)，汽车芯片专项攻关小组正忙于电子驻车制动系统芯片的设计攻关。而这，只是他们正在研制的 17 款汽车芯片之一。

随着智能网联新能源汽车的发展，汽车芯片已成为影响汽车产业发展的关键因素。2022 年 9 月，电科芯片牵头组建了中电科汽车芯片技术发展研究中心，整合中国电子科技集团有限公司的相关优势资源，打造国内一流的汽车芯片技术创新策源地，贯通国产汽车芯片自主可控全产业链，支撑汽车芯片技术进步和产业化发展。汽车芯片是电科芯片加快自主创“芯”的一个缩影。

“作为中国电科在重庆的重要布局，我们要打造芯片技术领域世界领先的研究院和

学习笔记

世界一流创新型领军企业,成为'强芯固基'主力军、产业基础发展中坚力量。"电科芯片党委书记、董事长王颖表示,如今,电科芯片布局了特种芯片、先进计算、5G通信、汽车电子、智慧文博、智能传感六大产业板块,加快提升集成电路科技创新策源功能和科技成果产业化能力,推动集成电路产业集群发展。

历史渊源——我国第一块大规模集成电路芯片出自重庆

中国电科与重庆的故事,可以追溯到20世纪60年代。

在"好人好马上三线"的号召下,一大批正值芳华的青年,从天南海北汇聚到西南,投身到热火朝天的"三线建设"中。正是在这一背景下,解放军14院24所、26所、44所(现中国电科24所、26所、44所)在永川扎下了根。1993年,这3家研究所从永川搬迁至南坪。之后,中国电科整合集团公司在重庆地区24所、26所、44所及绵阳地区9所资源,于2007年组建中电科技集团重庆声光电有限公司,并将公司总部搬迁至西永,从事微电子、微声/惯性器件、光电子、磁电子及其微系统的科研生产。

为进一步推动集成电路与核心元器件攻关,加快突破关键核心技术,2022年9月,中国电科又整合下属24所、26所、44所、58所四家国家I类研究所研发资源,正式成立中国电科芯片技术研究院。由此,中电科技集团重庆声光电有限公司也更名为中电科芯片技术(集团)有限公司,与研究院一体化运行。

"重庆是国内发展集成电路产业最早的城市之一。"电科芯片高级专家谭开洲感慨地说,也许很多人不知道,我国第一块大规模集成电路芯片就出自电科芯片,模拟集成电路国家级重点实验室也依托电科芯片而建立。

刻蚀工艺是芯片制造的关键技术之一。在一颗小小的芯片上进行刻蚀有多难?有人打了个形象的比方:相当于在普通人的头发丝上盖一栋百层高楼。在国内没有相关技术和数据参考的情况下,电科芯片研究团队反复分析、研究和试验,实现了特色模拟集成电路工艺的自主突破,有力支撑了我国集成电路领域科技自立自强。

重大突破——自主品牌智能汽车的"眼睛"用上"重庆芯"

激光雷达被称作汽车自动驾驶的"眼睛",具有强大的信息感知和处理能力,能帮助智能汽车"观察"周围环境,让汽车"大脑"能够更好地规划行驶路线。激光雷达是通过发射和接收激光线束的方式进行工作,电科芯片研发出的硅雪崩光电二极管,就是用于接收激光线束的核心元器件。"激光雷达有单线、多线之分。目前在自动驾驶领域应用较广的多线激光雷达,顾名思义,具有多个激光发射器和接收器,可以同时发射和接收多条激光线束。"电科芯片固体图像部专家曾武贤说,激光线束越多,汽车在"观察"时就会越清晰。他介绍,用在激光接收器上的硅雪崩光电二极管,是光电倍增器的一种。简单地说,这就像是一个超级放大镜,哪怕是微弱光,甚至单光子都难逃它的"法眼"。

硅雪崩光电二极管具有体积小、灵敏度高、响应速度快、功耗低和抗电磁干扰等优点。不过,长期以来,其量产制备技术被国外巨头掌握,且价格十分高昂。电科芯片从2011年便开始了硅雪崩光电二极管的国产化量产制备研究。"硅雪崩光电二极管的量产制备对材料、设计和加工工艺要求极高,当时没有技术经验可借鉴,没有文献资料可查阅,什么都得靠我们自己。"曾武贤回忆道。没有现成的实验条件,就自己搭建科研平台;为了突破关键工艺,团队成员全国各地到处跑,一连跑了五六家研究所……一年之后,他们就研发出国产化硅雪崩光电二极管,并于2015年实现量产。之后便是把硅雪崩光电二极管封装成芯片。目前，电科芯片这一芯片产品的年产能达到5 000万颗以上，在成功实现国产化量产制备的同时，大幅降低了产品价格。

随着智能网联汽车的发展，激光雷达的作用愈发重要，业界甚至认为它决定了自动驾驶进化的水平。为此，电科芯片与国内多家激光雷达厂商进行合作，让自主品牌智能汽车的“眼睛”用上了“重庆芯”。得益于在传感领域完备的技术、工艺和产品线，目前，电科芯片已获批牵头组建重庆市先进感知产业创新中心。“我们将进一步构建高效协作创新体系，聚焦特种电子、汽车电子、医疗电子、智能制造和智慧城市五大领域，服务和支撑关键核心技术攻关，加快融合创新和产业应用，推动先进感知产业集聚发展。”中电科先进感知创新中心主任杨靖表示。

自主创新——让普通手机能直接给北斗卫星发短报文

北斗卫星导航系统建设经历了艰难的“三步走”过程。在这过程中，电科芯片深度参与了北斗二号、北斗三号系统多款射频芯片产品的研发，总体技术水平达到国际先进水平，助力北斗系统实现“天上好用，地上用好”。全球首款北斗短报文射频基带一体化芯片，就是电科芯片联合研发的产品之一。一颗芝麻大小的芯片，让普通智能手机与3.6万公里外的北斗卫星之间实现了超远距离通信，在无地面通信网络覆盖的区域，也能救人于危难之中……2022年7月，这款北斗短报文射频基带一体化芯片发布，引起广泛关注。

“短报文是我国北斗系统有别于其他同类导航系统的‘独门绝技’。”电科芯片专家李家祎说，在深山、荒原、大海等没有网络、没有手机信号的区域，人们可以通过短报文终端设备，直接给北斗卫星发送信息，从而获得救助。过去，给北斗卫星发送短报文需要专业的终端设备，由于体积大、价格昂贵，普通大众难以接受。北斗短报文芯片这款技术创新产品的面世，让普通智能手机就能给北斗卫星发送短报文。

为加快研发进度，项目团队集中优势资源，采用了多种技术路线并行实施方式，仅用八九个月就一次流片成功，完成了芯片的研发、应用验证和量产，完全采用国产自主可控工艺制造。如今，支持北斗卫星短报文功能的智能手机已经上市，进一步推动北斗卫星从行业应用拓展到大众应用。

［来源：重庆日报（记者　张亦筑）］

小结

（1）组合逻辑电路中任意时刻的输出状态只取决于该时刻的输入状态，与电路原来的状态无关，电路无记忆功能。

（2）组合逻辑电路的分析步骤如下：

①根据所给的逻辑电路图写出表达式，由输入到输出逐级推出输出表达式。

②对写出的逻辑函数表达式进行化简。

③由化简后的逻辑函数表达式写出真值表。

④根据真值表，分析电路的逻辑功能并用文字进行描述。

（3）组合逻辑电路的设计步骤如下：

①分析设计要求，根据实际问题分析理出哪些作为输入、哪些作为输出，从而确定输入、输出变量并赋值，并确定什么情况下为1，什么情况下为0，将实际问题转化为逻辑问题。

学习笔记

②根据逻辑功能的描述列出对应的真值表。

③由真值表写出逻辑函数表达式。

④化简逻辑函数表达式。

⑤根据化简后的逻辑函数表达式画出逻辑电路图。

(4)本项目介绍了编码器、译码器、数据选择器和分配器等电路的基本原理及其分析方法。这些组合逻辑器件除了具备编码、译码、数据选择和数据分配基本功能外,通常还具有输入使能控制、输出使能控制、输入扩展和输出扩展功能,使其功能更加灵活,便于构成较复杂的逻辑系统。

自我检测题

一、填空题

1. 组合逻辑电路的特点是输出状态只与________,与电路原有状态________。其基本单元电路是________。

2. 译码器按功能的不同分为三种:________、________、________。

3. 全加器有3个输入端,它们分别是________、________、________,输出端有2个,分别是________、________。

4. 编码是________的逆过程,8421编码器有10个输入端,它的输出端有________个,它能把十进制数转换成________代码。对12个符号进行二进制编码,则至少需要________位二进制数。

5. 在组合逻辑电路中,消除竞争冒险现象的主要方法有________、________、________、________。

6. 组合逻辑电路中两个输入信号同时向相反的逻辑电平跳变的现象称为________。由________引起输出端可能产生尖峰脉冲的现象称为________。

7. 数据选择器又称________或________,它的作用相当于单刀多掷选择开关,在选择输入信号作用下,从多输入通道中选择________通道的数据传输至输出。

8. 判断组合逻辑电路中竞争冒险的方法有________和________。

9. 常用的中规模组合逻辑器件包括________、________、________、________、________等。

10. 半加器的两个输入分别是________和________,两个输出分别是________和________。全加器则有________个输入,________个输出。

二、判断题

1. 组合逻辑电路的输出状态不取决于输入信号。( )

2. 编码器的功能是将输入端的各种信号转换为二进制数。( )

3. 任何时刻,编码器只能对一个输入信号进行编码。( )

4. 译码器的功能是将二进制码还原成给定的信息符号。( )

5. 优先编码器的编码信号是相互排斥的,不允许多个编码信号同时有效。( )

6. 组合逻辑电路具有记忆功能。( )

7. 数字电路中,一个逻辑表达式对应一个逻辑电路。( )

8. 共阳接法的LED数码管,应和输出高电平有效显示译码器配合使用,才能显示数字0~9。( )

学习笔记

9. 共阴极LED数码管,公共端接低电平,其他各引脚接高电平,则该发光二极管会发光。 ( )

10. 译码是编码的逆过程,它将二进制代码翻译成给定的数码。 ( )

三、选择题

1. 要完成二进制代码转换为十进制数,应选择的电路是( )。

A. 译码器　　B. 编码器

C. 加法器　　D. 解码器

2. 下列逻辑电路中,( )是组合逻辑电路。

A. 变量译码器　B. 计数器　C. 寄存器

3. 组合逻辑电路中,正确的描述是( )。

A. 没有记忆元件　　B. 包含记忆元件

C. 存在反馈回路　　D. 双向传输

4. 分析组合逻辑电路的目的是要得到( )。

A. 逻辑电路图　　B. 逻辑电路的功能

C. 逻辑函数式　　D. 逻辑电路的真值表

5. 设计组合逻辑电路的目的是要得到( )。

A. 逻辑电路图　　B. 逻辑电路的功能

C. 逻辑函数式　　D. 逻辑电路的真值表

6. 二-十进制编码器的输入编码信号有( )。

A. 2个　B. 4个　C. 8个　D. 10个

7. 输入为n位二进制代码的译码器输出端个数为( )。

A. n^2个　B. $2n$个　C. 2^n个　D. n个

8. 和4位串行进位加法器相比,使用4位超前进位加法器的目的是( )。

A. 完成4位加法运算　　B. 提高加法运算速度

C. 完成串并行加法运算　　D. 完成加法运算自动进位

9. 为使3线-8线译码器CT74LS138能正常工作,使能端$ST_A\,\overline{ST_B}\,\overline{ST_C}$的电平应取( )。

A. 111　B. 011　C. 100　D. 101

10. LED数码管是由( )排列成显示数字。

A. 指示灯　　B. 液态晶体

C. 辉光器件　　D. 发光二极管

习题

7.1 分析组合逻辑电路的步骤是什么?

7.2 组合逻辑电路的设计步骤是什么?

7.3 编码器的作用是什么?

7.4 译码器的作用是什么?

7.5 数据选择器和数据分配器的作用是什么?

7.6 如图7.28所示的电路,写出输出端Y的表达式,分析电路功能。

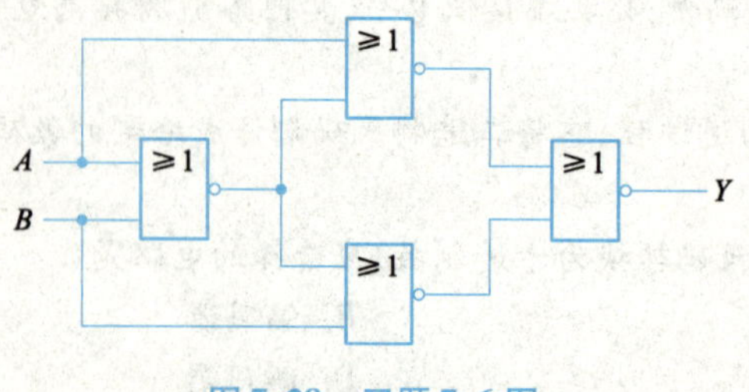

图 7.28　习题 7.6 图

7.7　试分析图 7.29 所示组合逻辑电路的逻辑功能。

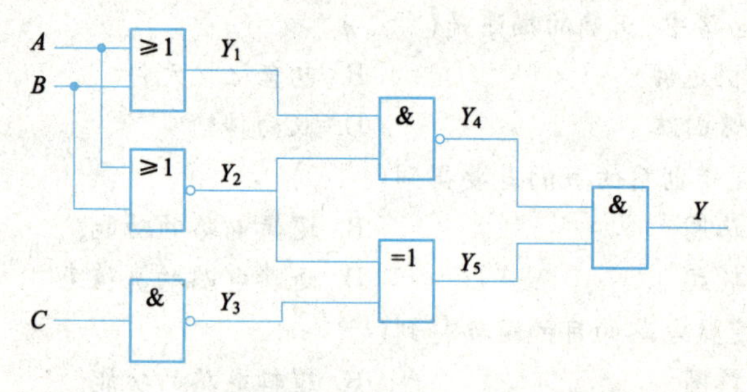

图 7.29　习题 7.7 图

7.8　试用译码器和门电路实现逻辑函数 $Y=\overline{A}\,\overline{B}C+AB\overline{C}+C$。

7.9　设计一个楼梯开关的控制逻辑电路，以控制楼梯灯，使之在上楼前，用楼下的开关打开电灯，上楼后，用楼上的开关关灭电灯。或者在下楼前，用楼上开关打开电灯，下楼后，再用楼下开关关灭电灯。

项目8

触发器电路的实现、应用与测试

学习笔记

前面介绍的各种门电路及由门电路组成的组合逻辑电路，其输出变量状态仅由当时的输入变量的组合状态来决定，而与电路原来的状态无关，即它们不具备记忆功能。但在复杂的数字系统中，需要连续对二进制信号进行各种算术运算、逻辑运算和逻辑操作，就必须在运算和控制过程中，暂时保持一定的代码，因此需要利用触发器构成具有记忆功能的电路。

触发器的基本特征为：电路某一时刻的输出状态不仅与当时的输入状态有关，而且还与电路原来的状态有关；触发器有两个稳定状态，分别表示二进制数码的“0”和“1”；在输入信号的作用下，两个稳定状态可相互转换；在输入信号消失后，触发器可以长期保存所记忆的信息。由触发器和逻辑门组成的电路称为时序逻辑电路。双稳态触发器是各种时序逻辑电路的基础。根据逻辑功能的不同，触发器可分为RS触发器、JK触发器、D触发器、T触发器、T′触发器等；根据电路结构的不同，触发器可分为基本RS触发器、同步触发器、主从触发器、边沿触发器等；根据触发方式的不同，触发器可分为电平触发器、边沿触发器、主从触发器等。

本项目将介绍各种不同类型的触发器的电路结构、工作原理、动作特点、逻辑功能及各种触发器之间的转换方法。触发器的不断改进，深刻反映探索知识和追求真理的历程不是一帆风顺的，必须要有执着的理念、不懈的奋斗精神、以及积极务实的科学精神和创新精神。

学习目标

(1)了解触发器的特点、分类。

(2)熟悉基本触发器的工作原理和动作特点。

(3)掌握基本RS触发器的电路结构、图形符号、逻辑功能及描述方法。

(4)掌握同步RS触发器的电路结构、图形符号、逻辑功能及描述方法。

(5)掌握JK触发器的图形符号、逻辑功能及描述方法。

(6)掌握D触发器的图形符号、逻辑功能及描述方法。

(7)掌握各种触发器的转换方法。

(8)能对各种集成触发器进行逻辑功能测试。

(9)能对触发器构成的简单电路进行逻辑分析。

学习笔记

相关知识

一、基本 RS 触发器

（一）基本 RS 触发器电路结构和图形符号

视频

基本RS触发器的结构

由门电路构成的基本 RS 触发器（RS 锁存器）是各种触发器电路结构中最简单的一种，同时也是构成其他各类触发器的基本单元，其他各类触发器是在基本 RS 触发器的基础上发展起来的。

由两个与非门的输入和输出交叉耦合组成的基本 RS 触发器如图 8.1（a）所示，它与组合逻辑电路的根本区别在于电路中有反馈。图 8.1（b）所示为基本 RS 触发器的图形符号。$\overline{R}_D$和$\overline{S}_D$为信号输入端，字母上面的非号表示低电平有效，在图形符号中用小圆圈表示。Q 和 $\overline{Q}$ 为输出端，在触发器处于稳定状态时，它们的输出状态相反。

一般把 Q 的状态规定为触发器的状态。当 $Q=1,\overline{Q}=0$ 时称触发器为 1 态；当 $Q=0,\overline{Q}=1$ 时称触发器为 0 态。这就是触发器的两个稳定状态，因此称为双稳态触发器。

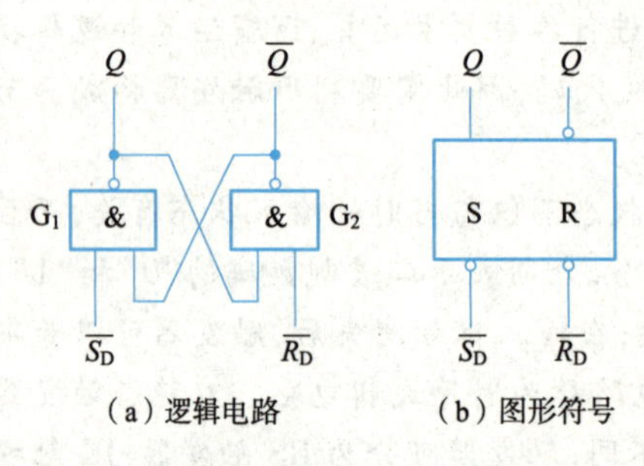

图 8.1　基本 RS 触发器

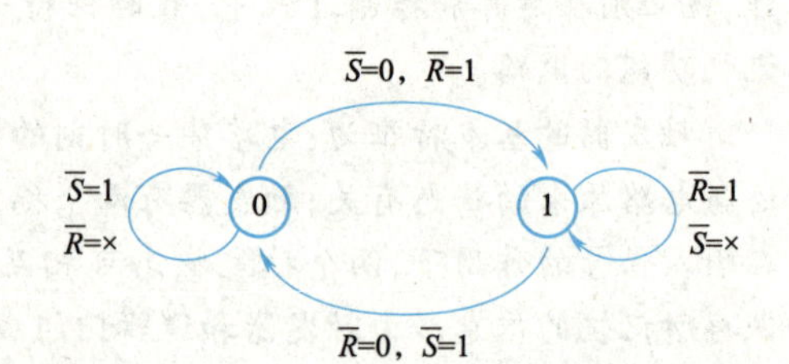

图 8.2　基本 RS 触发器的状态转换图

（二）基本 RS 触发器工作原理

视频

基本RS触发器的工作原理

下面根据与非门的逻辑功能，分析基本 RS 触发器的工作原理。

（1）$\overline{R}_D=0,\overline{S}_D=1$ 时，与非门 G_2 有一个输入为 0，所以其输出端 $\overline{Q}=1$；而与非门 G_1 的两个输入全为 1，故其输出端 $Q=0$，即触发器处于 0 状态。这种情况称为触发器置 0 或复位。

（2）$\overline{R}_D=1,\overline{S}_D=0$ 时，与非门 G_1 有一个输入为 0，所以其输出端 $Q=1$；而与非门 G_2 的两个输入全为 1，故其输出端 $\overline{Q}=0$，即触发器处于 1 状态。这种情况称为触发器置 1 或置位。

（3）$\overline{R}_D=1,\overline{S}_D=1$ 时，两个与非门的工作状态不受影响，各自的输出状态保持不变，即触发器保持原来的状态不变。

（4）$\overline{R}_D=0,\overline{S}_D=0$ 时，两个与非门的输出端都是 1，即 Q 和 $\overline{Q}$ 都为 1。根据对触发器状态的规定，这种情况下触发器既不是 1 态，也不是 0 态。这与双稳态触发器两个输出端的状态应该相反的要求不符，而一旦去除输入信号，触发器的状态将由偶然因素决定。因此这种情况下触发器为不确定状态，应禁止这种状态出现，是基本 RS 触发器的约束条件。

学习笔记

视频

基本RS触发器的功能描述

(三)基本RS触发器逻辑功能描述

触发器的逻辑功能通常可以用功能真值表、特性方程、状态转换图、时序图等来描述。

1. 功能真值表

将基本RS触发器以上几种情况归纳起来,可得到基本RS触发器的功能真值表,见表8.1。功能真值表是以表格形式反映触发器从现态 Q^n 向次态 Q^{n+1} 转移的规律。

表8.1　基本RS触发器的功能真值表

$\overline{R}$	$\overline{S}$	Q^n	Q^{n+1}	功能
0	1	0或1	0	置0(复位)
1	0	0或1	1	置1(置位)
1	1	0或1	Q^n	保持(记忆)
0	0	0或1	不确定	禁止

2. 特性方程

把描述触发器次态 Q^{n+1}、输入、现态 Q^n 之间关系的逻辑表达式称为触发器的特性方程。特性方程在时序逻辑电路的分析和设计中均有应用。由卡诺图法很容易得到基本RS触发器的特性方程为

$$\begin{cases} Q^{n+1} = S + \overline{R}Q^n \\ \overline{R} + \overline{S} = 1 \end{cases} \tag{8.1}$$

式中的约束条件表明,基本RS触发器不允许两个输入端同时为有效的低电平。

3. 状态转换图

描述触发器的状态转换关系及转换条件的图形称为状态转换图。图8.2所示为基本RS触发器的状态转换图。状态转换图为一种有向图,两个圆圈中的0和1表示触发器输出的两种状态,带箭头线段表示触发器状态转换的方向,箭头旁边的标注是触发器状态转换的条件。在时序逻辑电路的分析和设计中,状态转换图是一个重要的工具。

4. 时序图

以波形图形式直观描述触发器工作状态和输入信号取值对应关系的图形称为时序图,基本RS触发器的时序图如图8.3所示。

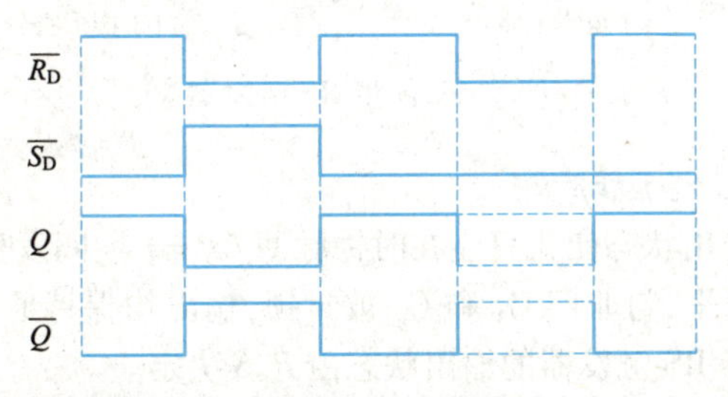

图8.3　基本RS触发器的时序图

根据输入信号的取值和逻辑功能,可以画出 Q、$\overline{Q}$ 的波形。画时序图时,应首先假设触发器的初态,一般都把初态设置为0。

在数字电路中，凡根据输入信号情况的不同，具有置0、置1和保持功能的电路，都称为RS触发器。常用的基本RS触发器是由两个与非门交叉耦合组成，有时也可由两个或非门交叉耦合组成。基本RS触发器的输出状态直接由输入端数据信号控制，具有线路简单、操作方便等特点，被广泛应用于键盘输入电路、无抖动开关单脉冲发生器、脉冲变换电路、开关消噪电路以及运控部件中某些特定的场合。

想一想：

(1)基本RS触发器的功能是什么？怎样使触发器置0和置1？

(2)在基本RS触发器电路中，触发脉冲消失后，其输出状态是怎样的状态？

(3)能否写出两个或非门构成的基本RS触发器的逻辑功能和约束条件？

二、同步RS触发器

数字系统中往往会含有多个触发器，为了协调各部分电路的运行，常常要求触发器不是直接由输入信号直接控制，而是在时钟信号的控制下按一定的节拍同时动作，因此给触发器加上一个时钟控制。有时钟控制端的触发器称为同步RS触发器，又称钟控RS触发器或可控RS触发器。

(一)同步RS触发器的电路结构和图形符号

视频

同步RS触发器的结构

同步RS触发器的逻辑电路和图形符号如图8.4所示。它由4个与非门 $G_1 \sim G_4$ 构成，其中 G_1 和 G_2 构成基本RS触发器，G_3 和 G_4 构成输入控制电路。CP 为时钟脉冲，时钟脉冲起触发信号的作用。输入控制电路由时钟脉冲控制，将 R、S 的信号传送到基本RS触发器。$\overline{R_D}$、$\overline{S_D}$ 是直接复位端和直接置位端，不受时钟 CP 的控制，可以直接置0、置1，在数字电路中清零和预置数就是用这两个端子实现的。触发器工作过程中一般不用它们，不用时要让它们处于1状态(高电平或悬空)。

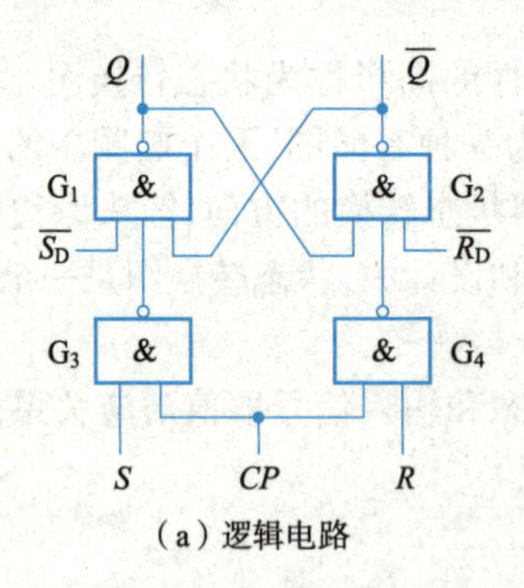

(a)逻辑电路

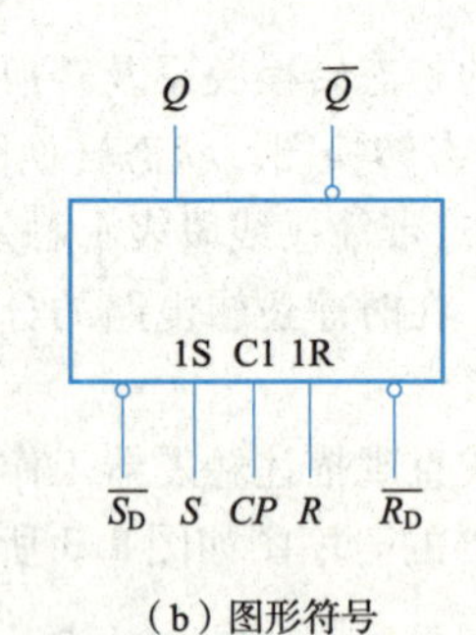

(b)图形符号

图8.4　同步RS触发器

(二)同步RS触发器工作原理

视频

同步RS触发器的工作原理

同步RS触发器输出状态变化只能在时钟脉冲 $CP=1$ 期间发生，在时钟脉冲 $CP=0$ 时，无论 R、S 为何种电平，与非门 G_3 和 G_4 被封锁，输出均保持原来的状态不变。当时钟脉冲 $CP=1$ 时，同步RS触发器的输出状态由 R、S 决定。

(1)当 $R=0$，$S=0$ 时，与非门 G_3 和 G_4 均“见0出1”保持为1态，不向基本RS触发器输送低脉冲信号，故触发器保持原来的状态不变，即不翻转。

(2)当 $R=1$，$S=0$ 时，与非门 G_4 输出为0态，与非门 G_2 获得低电平信号，不管触发

器原来状态是1还是0,触发器状态变为0态。

(3)当$R=0,S=1$时,与非门G_3输出为0态,与非门G_1获得低电平信号,不管触发器原来状态是1还是0,触发器状态变为1态。

(4)当$R=1,S=1$时,与非门G_3和G_4"全1出0"保持为0态,均向基本RS触发器输送低脉冲信号,使得Q和$\bar{Q}$都为1。违反了双稳态触发器两个输出端的状态相反的要求。当时钟脉冲去除后,触发器为不确定状态,应禁止这种状态出现,这是同步RS触发器的约束条件。

视频

同步RS触发器的功能描述

(三)同步RS触发器逻辑功能描述

1. 同步RS触发器的功能真值表

综合上述同步RS触发器的分析结果,可得到其功能真值表,见表8.2。

表8.2 同步RS触发器的功能真值表

R	S	Q^n	Q^{n+1}	功能
0	0	0或1	Q^n	保持
1	0	0或1	0	置0
0	1	0或1	1	置1
1	1	0或1	不确定	禁止

2. 特性方程

$$\begin{cases} Q^{n+1}=S+\bar{R}Q^n \\ SR=0 \end{cases} (CP=1) \tag{8.2}$$

3. 状态转换图

同步RS触发器的状态转换图如图8.5所示。

4. 时序图

同步RS触发器是受时钟脉冲CP控制的触发器。在时钟脉冲$CP=0$时,无论输入信号为何种状态,触发器的输出状态均保持不变;当时钟脉冲$CP=1$时,输出信号将随着输入信号的变化而变化。设初始状态为0态,同步RS触发器时序图如图8.6所示。

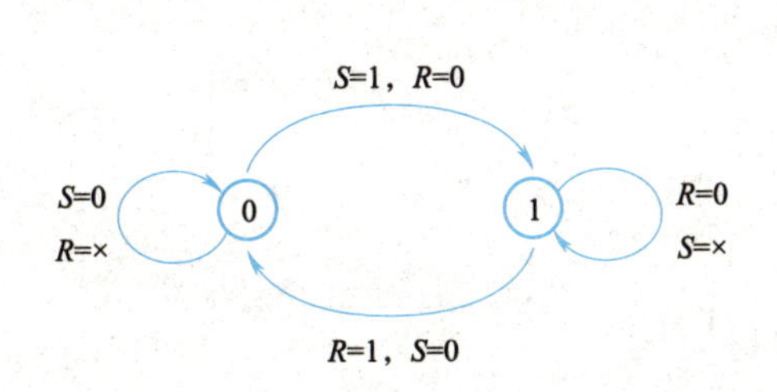

图8.5 同步RS触发器的状态转换图

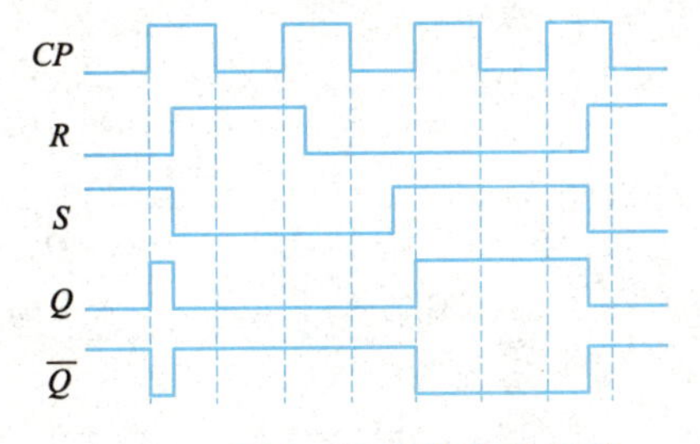

图8.6 同步RS触发器时序图

5. 空翻

从图8.6所示的同步RS触发器时序图可以看出,在整个$CP=1$期间,输入信号都能起作用,当输入信号发生多次变化时,触发器输出状态也会相应发生多次变化,这种现象称为空翻。空翻是一种有害的现象,它使得时序逻辑电路不能按时钟节拍工作,从

学习笔记

而造成系统的误动作。造成空翻现象的原因是同步 RS 触发器结构的不完善,通过结构上采取改进措施,可以有效克服空翻现象。

想一想:

(1)同步 RS 触发器的$\overline{R_D}$和$\overline{S_D}$在电路中的作用是什么?触发器正常工作时它们应如何处理?

(2)同步 RS 触发器两个输入端的有效态和两个与非门构成的基本 RS 触发器的有效态相同吗?

(3)何为空翻现象?空翻和不确定态有何区别?

三、JK 触发器

同步 RS 触发器与基本 RS 触发器一样有约束条件,R、S 不能同时为 1,这给同步 RS 触发器在使用时带来不便。如何解决这个问题呢?由于触发器的两个输出端 Q 和 $\overline{Q}$ 在正常工作时状态是互补的,因此,如果把这两个信号通过分别反馈到输入端,就一定有一个门被封锁,这时候就不怕输入信号同时为 1 了。这就是主从型触发器的构成思路。

JK 触发器是一种功能比较完善、应用极为广泛的触发器。图 8.7(a)是 JK 触发器的一种典型结构,即主从型 JK 触发器的逻辑电路。它由两个同步 RS 触发器串联构成,前一级直接接收输入信号,称为主触发器,后一级接收主触发器的输出信号,称为从触发器。两级触发器的时钟信号互补,可有效地克服空翻现象。

(一)主从型 JK 触发器的电路结构和图形符号

视频

主从型JK触发器的结构

主从型 JK 触发器如图 8.7 所示。它由 8 个与非门 $G_1 \sim G_8$ 构成,其中 $G_1 \sim G_4$ 构成从触发器,$G_5 \sim G_8$ 构成主触发器。主触发器具有双 R、S 端,将其中一对 R、S 端分别与触发器的输出端 Q、$\overline{Q}$ 相连,另一对 R、S 端分别标为 K、J,作为主触发器的输入端。时钟脉冲 CP 直接控制主触发器,CP 经过非门反相后控制从触发器。

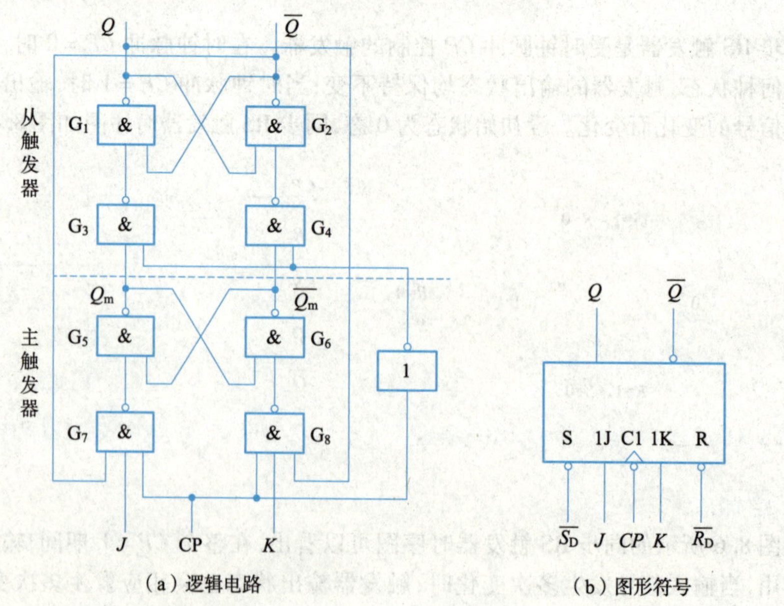

(a)逻辑电路　　(b)图形符号

图 8.7　主从型 JK 触发器

学习笔记

视频

主从型JK触发器的工作原理

视频

主从型JK触发器的功能描述

(二)主从型 JK 触发器工作原理

由图 8.7(a)可知,当 $CP=1$ 时,主触发器的状态由输入端 J、K 信号和从触发器的状态来决定;但此时因 $\overline{CP}=0$,从触发器被封锁而维持原来的状态不变,即主从 JK 触发器的状态不变。当 $CP=0$ 时,主触发器被封锁,其状态不变;但此时因 $\overline{CP}=1$,从触发器因受主触发器输出状态的控制,其输出状态将变为与主触发器的输出状态相同。

可见,主从型 JK 触发器是分两步工作的:第一步,CP 为高电平时,J、K 的输入信号存入主触发器,从触发器状态不变;第二步,CP 下降为低电平时,信息从主触发器传送到从触发器,主触发器控制从触发器状态变化,使两者的状态一致,而此时主触发器的状态保持不变,不受 J、K 输入信号改变的影响。对整个触发器而言,当 CP 为高电平时做准备,CP 下降沿到来时才翻转。由于 CP 对主、从触发器的这种隔离作用,使得主从型 JK 触发器翻转可靠,有效克服了多次翻转的空翻现象。

(三)主从型 JK 触发器逻辑功能描述

1. 主从型 JK 触发器的功能真值表

综合主从型 JK 触发器逻辑功能分析结果,可得到其功能真值表,见表 8.3。

表 8.3　JK 触发器的功能真值表

J	K	Q^n	Q^{n+1}	功能
0	0	0 或 1	Q^n	保持
0	1	0 或 1	0	置 0
1	0	0 或 1	1	置 1
1	1	0 或 1	$\overline{Q^n}$	翻转

从 JK 触发器的功能真值表可以看出,JK 触发器具有保持、置 0、置 1 和翻转等 4 种功能。主从型触发器具有在时钟脉冲下降沿触发的特点,该触发方式与 RS 触发器的电平触发有区别,与时钟上升沿触发也不同,在图 8.7(b)中通过符号“∧”和符号“∘”来表示“边沿触发”和“下降沿触发”。

边沿触发器和主从触发器都是在 CP 边沿时刻翻转,都有效克服了空翻现象,可靠性和抗干扰能力强,应用范围广。为了保证电路正常工作,要求主从型 JK 触发器的 J、K 信号在 $CP=1$ 期间保持不变,而边沿触发没有这种要求,其功能更完善,因此也应用更为广泛。

2. 特性方程

根据表 8.3 可得 JK 触发器的特性方程如下:

$$Q^{n+1}=J\overline{Q^n}+\overline{K}Q^n \tag{8.3}$$

3. 状态转换图

JK 触发器的状态转换图如图 8.8 所示。

4. 时序图

以受时钟脉冲 CP 下降沿触发控制的 JK 触发器为例,当时钟脉冲 CP 由高电平变为低电平时,触发器的输出状态由 J、K 输入信号决定;其他情况下,触发器的状态均保持不变。设 JK 触发器初始态为 0,则其时序图如图 8.9 所示。

学习笔记

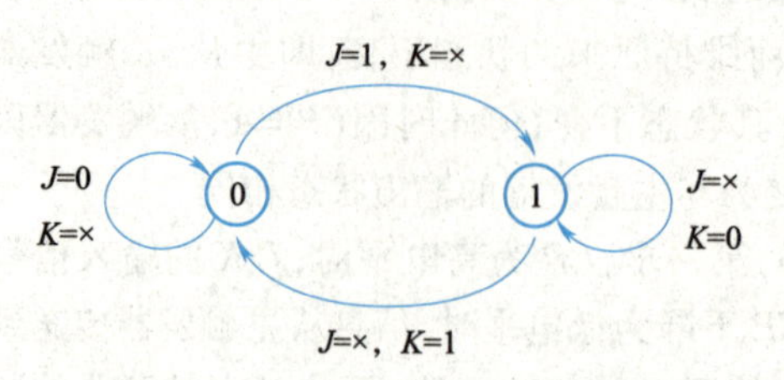

图 8.8 主从型 JK 触发器的状态转换图

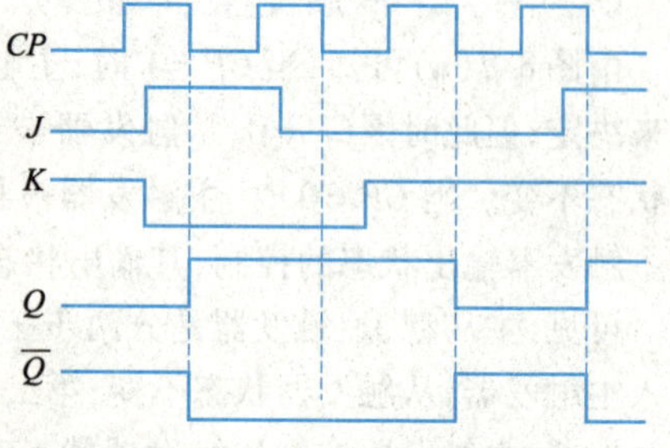

图 8.9 主从型 JK 触发器时序图

画时序图时，首先要明确 Q 的初始状态，其次要明确触发类型，再就是要明确主从触发时，输入信号在 $CP=1$ 期间不能有干扰，否则可能产生误动作。而边沿触发时完成一个触发动作后，在下一个边沿触发信号到来前，触发器的输出状态不会受输入信号的影响。

（四）集成 JK 触发器

常用的边沿触发型集成 JK 触发器产品很多，以下降沿触发为主，也有部分上升沿触发的集成 JK 触发器。目前使用的触发器有 TTL 型和 CMOS 型，虽然它们内部结构不同，但功能是一样的，采用相同的图形符号。对于 TTL 触发器，与 TTL 集成逻辑门电路一样，若输入端悬空时，相当于高电平 1。在实际应用中，为提高器件工作可靠性，对闲置的输入端多采用接高电平处理。

对于集成触发器，应主要掌握其逻辑功能。在搭建电路时，要根据产品型号，查阅产品手册，以了解其引脚排列、逻辑功能和有关使用参数。下面以常用的 74LS112 双 JK 下降沿触发器为例，简单介绍一下集成 JK 触发器的引脚排列和图形符号，如图 8.10 所示。

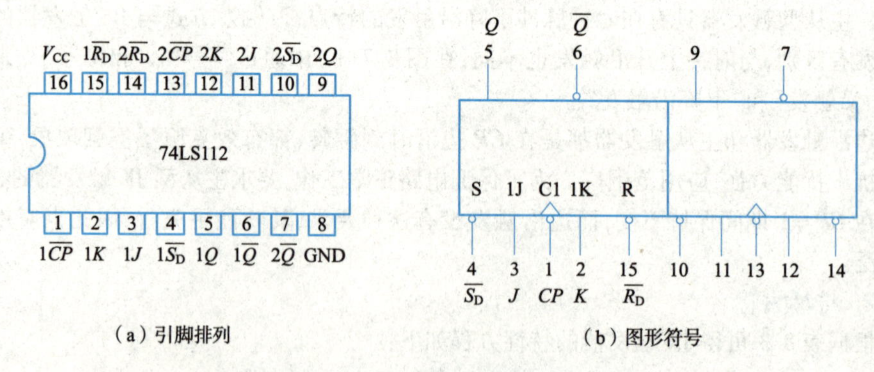

（a）引脚排列 （b）图形符号

图 8.10 双 JK 下降沿触发器 74LS112

74LS112 双 JK 下降沿触发器共有 16 个引脚，是 TTL 集成电路芯片，每个芯片包含两个具有复位、置位功能的独立下降沿触发的 JK 触发器，常用于缓冲触发器、计数器和移位寄存器电路中。图 8.10（a）中字符前的数字相同代表属于同一个触发器的端子。74LS112 的功能真值表见表 8.4。由表 8.4 可以看出，74LS112 具有异步置 0、异步置 1、保持、置 0、置 1 和翻转（计数）功能。

学习笔记

表 8.4　74LS112 的功能真值表

输入					输出		功能说明
$\overline{R_D}$	$\overline{S_D}$	J	K	CP	Q^{n+1}	$\overline{Q^{n+1}}$	
0	1	×	×	×	0	1	异步置 0
1	0	×	×	×	1	0	异步置 1
1	1	0	0	↓	Q^n	$\overline{Q^n}$	保持
1	1	0	1	↓	0	1	置 0
1	1	1	0	↓	1	0	置 1
1	1	1	1	↓	$\overline{Q^n}$	Q^n	翻转(计数)
1	1	×	×	×	Q^n	$\overline{Q^n}$	保持
0	0	×	×	×	1	1	不允许

(五)JK 触发器的特点

JK 触发器的特点主要可以概括为以下几点：

(1)边沿触发(下降沿触发为主)，即 CP 边沿到来时，状态发生翻转。

(2)具有保持、置 0、置 1、翻转四种功能，无同步 RS 触发器的空翻现象。

(3)使用方便灵活，抗干扰能力极强，工作速度很快。

想一想：

(1)JK 触发器有哪几种逻辑功能？试默写其功能真值表。

(2)边沿 JK 触发器有哪些优点？

四、D 触发器

D 触发器也是一种应用极为广泛的触发器。图 8.11(a)是 D 触发器的一种典型结构，即维持阻塞型 D 触发器的逻辑电路。图 8.11(b)为其图形符号。维持阻塞型 D 触发器也是一种边沿触发方式的能够有效抑制空翻现象的触发器。它和 JK 触发器一样，都是功能完善、应用广泛、使用灵活的触发器。

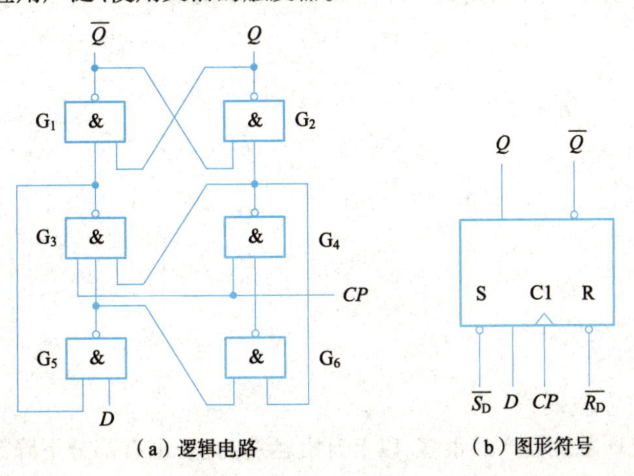

(a) 逻辑电路　　(b) 图形符号

图 8.11　维持阻塞型 D 触发器

学习笔记

（一）维持阻塞型 D 触发器的电路结构和图形符号

由维持阻塞型 D 触发器的逻辑电路结构可以看出，D 触发器只有一个输入端，它由 6 个与非门 $G_1 \sim G_6$ 构成，其中 $G_1 \sim G_4$ 构成同步 RS 触发器，$G_5 \sim G_6$ 构成输入信号的导引门。

（二）维持阻塞型 D 触发器工作原理

由图 8.11(a) 可知，当 $CP=0$ 时，G_3、G_4 被封锁，触发器维持原来的状态不变。当 CP 上升沿到来时，同步 RS 触发器触发开启，G_5、G_6 在 $CP=0$ 时的输出数据被 G_3、G_4 接收，触发器动作。如果 $D=1$，G_6 输出与 D 保持一致，G_4"全 1 出 0"，G_3"有 0 出 1"，故 G_2 输出为 1，G_1 输出为 0，即 $Q^{n+1}=D=1$；如果 $D=0$，G_6 输出与 D 保持一致，G_4"有 0 出 1"，G_3"全 1 出 0"，故 G_1 输出为 1，G_2 输出为 0，即 $Q^{n+1}=D=0$。

（三）维持阻塞型 D 触发器逻辑功能描述

1. 维持阻塞型 D 触发器的功能真值表

由工作原理分析，可得到其功能真值表，见表 8.5。

表 8.5　D 触发器的功能真值表

D	Q^n	Q^{n+1}	功能
0	0 或 1	0	输出状态与 D 相同
1	0 或 1	1	

2. 特性方程

根据表 8.5 可得 D 触发器的特性方程如下：

$$Q^{n+1}=D \tag{8.4}$$

3. 状态转换图

D 触发器的状态转换图如图 8.12 所示。

4. 时序图

以受时钟脉冲 CP 上升沿触发控制的 D 触发器为例，当时钟脉冲 CP 由低电平变为高电平时，触发器的输出状态由 D 输入信号决定；其他情况下，触发器的状态均保持不变。设 D 触发器初始态为 0，则其时序图如图 8.13 所示。

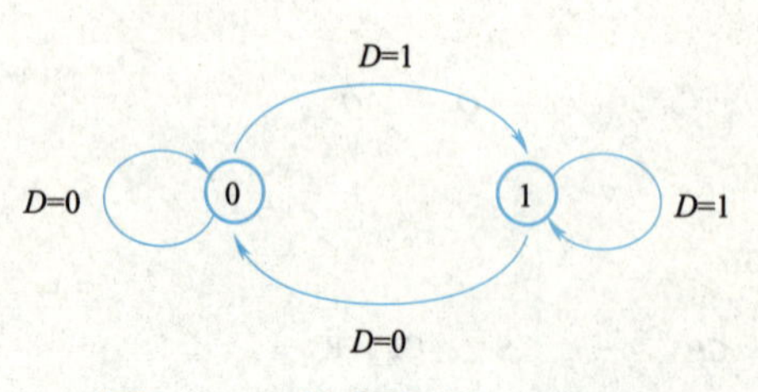

图 8.12　D 触发器的状态转换图

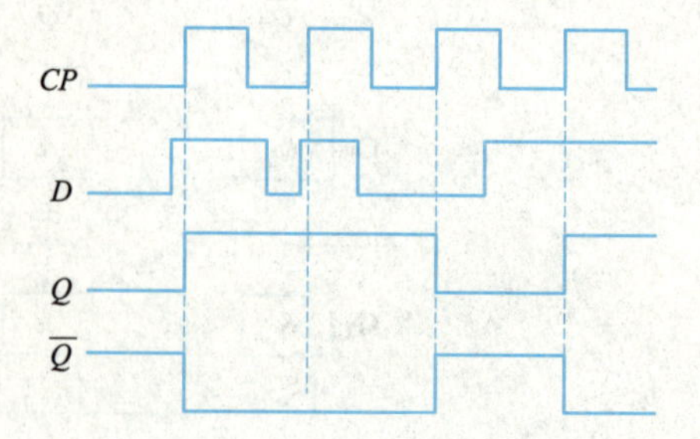

图 8.13　D 触发器时序图

（四）集成 D 触发器

常用的集成 D 触发器产品很多，以上升沿触发为主，也有部分下降沿触发的集成 D 触发器。下面以常用的 74LS74 双 D 上升沿触发器为例，简单介绍一下集成 D 触发器的引脚排列和图形符号，如图 8.14 所示。

学习笔记

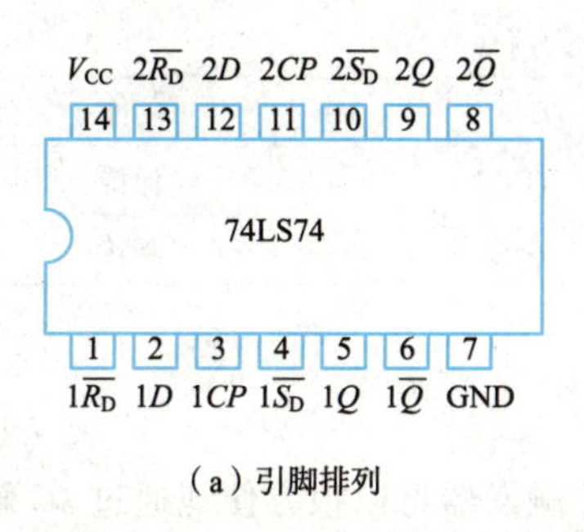

（a）引脚排列

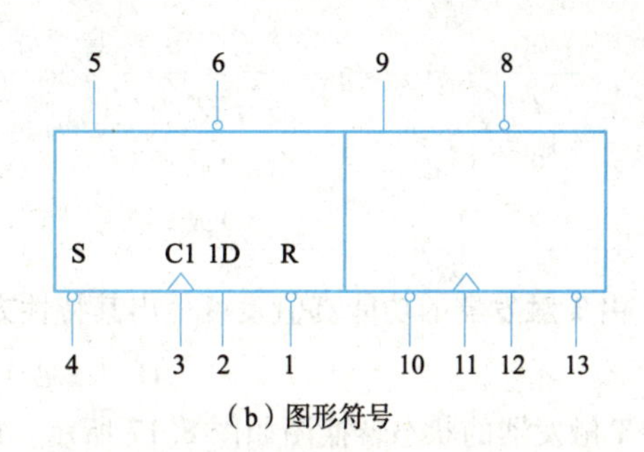

（b）图形符号

图8.14　双D上升沿触发器74LS74

74LS74双D上升沿触发器共有14个引脚，是TTL集成电路芯片，每个芯片包含两个具有复位、置位功能的上升沿触发的D触发器。图8.14(a)中字符前的数字相同代表属于同一个触发器的端子。

想一想：

(1)在图形符号中，如何区别某种触发器是电平触发还是边沿触发？

(2)在图形符号中，如何判别上升沿触发和下降沿触发？

(3)边沿触发和电平触发有什么不同？

五、不同触发器逻辑功能的转换

视频

不同触发器逻辑功能的转换

国产触发器的品种很多，可以自由选择使用。有时候不需要触发器具有全部的逻辑功能，比如JK触发器具有置0、置1、保持、翻转4种功能，但在应用中根据实际需要，有时只需要它的某种或部分逻辑功能，这时候就需要将触发器进行逻辑功能转换，可将某种逻辑功能的触发器经过改接或附加一些门电路后，转换为另一种逻辑功能的触发器。下面介绍几种一般的转换方法。

(一)JK触发器构成D触发器

JK触发器的特性方程为 $Q^{n+1}=J\overline{Q^n}+\overline{K}Q^n$，D触发器的特性方程为 $Q^{n+1}=D$。将D触发器的特性方程变换成与JK触发器的特性方程一样的形式，可得

$$Q^{n+1}=D=D(Q^n+\overline{Q^n})=DQ^n+D\overline{Q^n}$$

可见，若令 $J=D,\overline{K}=D$，即可将JK触发器转换为D触发器。逻辑电路如图8.15所示。

(二)JK触发器构成T触发器

将JK触发器的输入端 J 和 K 连接在一起作为 T 输入端，就构成了T触发器，如图8.16所示。$T=0$ 时，CP 不起作用，即电路为保持功能。$T=1$ 时，每来一个 CP 输出翻转一次。其功能真值表见表8.6。

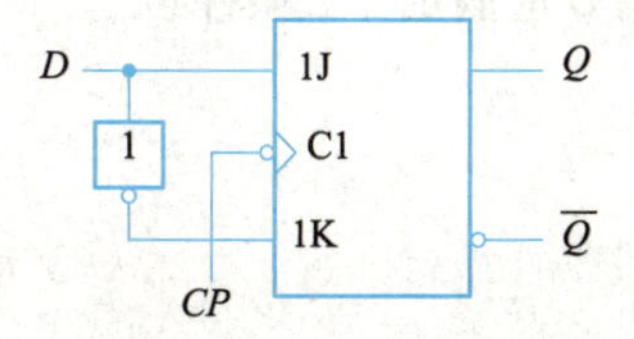

图8.15　JK触发器构成D触发器

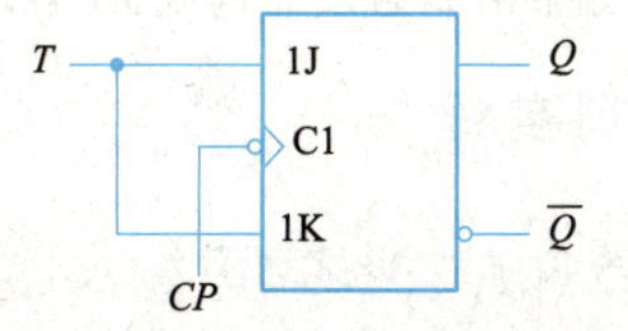

图8.16　JK触发器构成T触发器

学习笔记

表 8.6　T 触发器的功能真值表

T	Q^n	Q^{n+1}	功能
0	0 或 1	Q^n	保持
1	0 或 1	$\overline{Q^n}$	翻转

由 T 触发器的功能真值表可写出其特性方程为

$$Q^{n+1} = T\overline{Q^n} + \overline{T}Q^n \tag{8.5}$$

T 触发器的状态转换图如图 8.17 所示。由于 T 触发器可以很方便地通过 JK 触发器构成，因此，触发器定型产品中通常没有专门的 T 触发器。

(三)JK 触发器构成 T′触发器

在实际应用中，如果将 T 触发器的输入端 T 固定接在高电平上，就构成了 T′触发器，如图 8.18 所示。T′触发器只有 CP 输入端，每来一个时钟 CP，其输出状态翻转一次。其特性方程为

$$Q^{n+1} = \overline{Q^n} \tag{8.6}$$

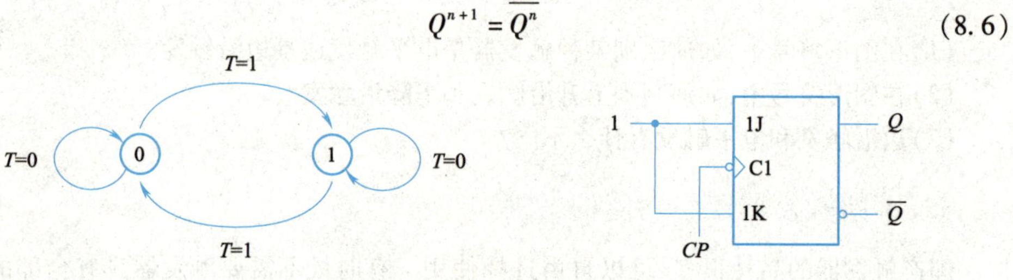

图 8.17　T 触发器的状态转换图　　图 8.18　JK 触发器转换成 T′触发器

(四)D 触发器构成 T′触发器

D 触发器的特性方程为 $Q^{n+1}=D$，T′触发器的特性方程为 $Q^{n+1}=\overline{Q^n}$。比较两个触发器的特性方程可知，只要令 $D=\overline{Q^n}$，即可使 D 触发器具有 T′触发器的翻转功能，如图 8.19 所示。

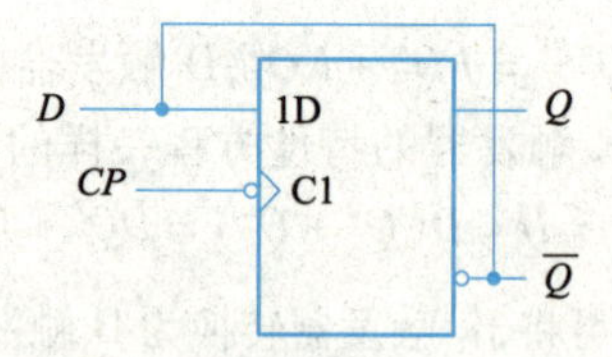

图 8.19　D 触发器转换成 T′触发器

类似的分析方法，同样可以由 D 触发器构成 JK 触发器、T 触发器，这里不再逐一介绍。

想一想：

(1)如果由 D 触发器构成 T 触发器，则输入端 D 应满足什么条件？

(2)如果由 D 触发器构成 JK 触发器，则输入端 D 应满足什么条件？

项目实践

任务 8.1　测试 JK 触发器 CD4027 的逻辑功能

(一)实践目标

(1)掌握 JK 触发器逻辑功能的测试方法。

(2)熟练搭建测试 CD4027 逻辑功能的电路。

(二)实践设备和材料

(1)焊接工具及材料、万用表、单孔板、直流可调电源、信号发生器等。

(2)所需元器件见表 8.7。

表 8.7　测试 JK 触发器 CD4027 的逻辑功能元器件清单

序号	名称	文字符号	规格	数量
1	转换开关	S1、S2、S3、S4、S5		5
2	直插电阻	R1、R2	10 kΩ	2
3	直插电阻	R3、R4	1 kΩ	2
4	集成块	U1A	CD4027	1
5	芯片底座		DIP-16	1
6	防反插座		2pin	3
7	三极管	VT1、VT2	9013	2
8	二极管	D1、D2		2
9	单股导线		0.5 mm×400 m	1
10	单孔板		10 cm×10 cm	1

(三)实践过程

1. 清点与检查元器件

按表 8.7 所示清点元器件,对照图 8.20 和图 8.21,对元器件进行检查,看有无损坏的元器件,如果有,立即进行更换。将元器件的检测结果记录在表 8.8 中。

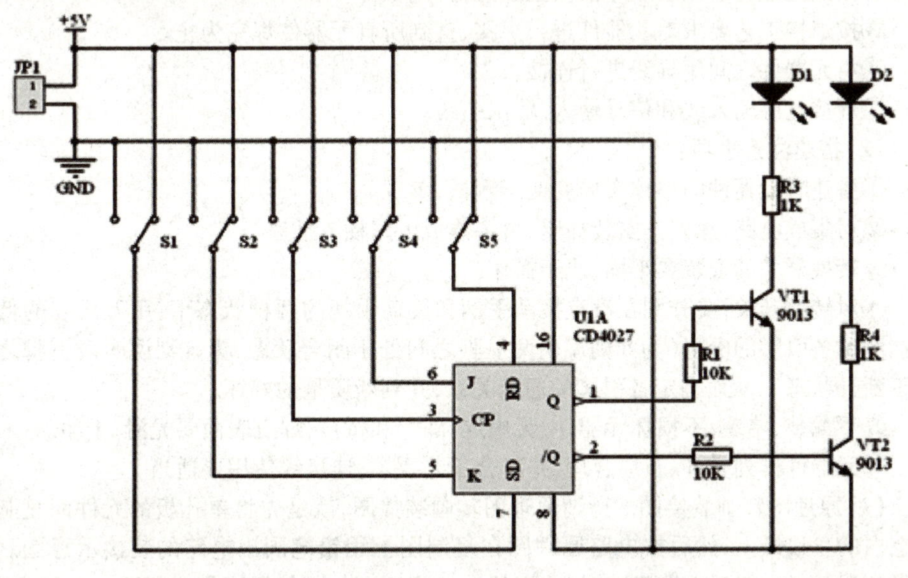

图 8.20　测试 JK 触发器 CD4027 逻辑功能电路

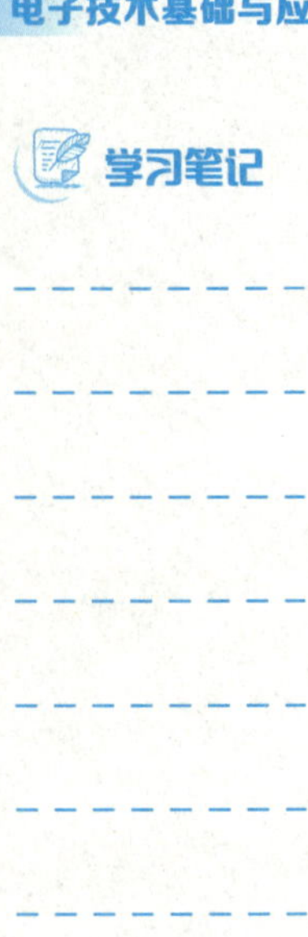

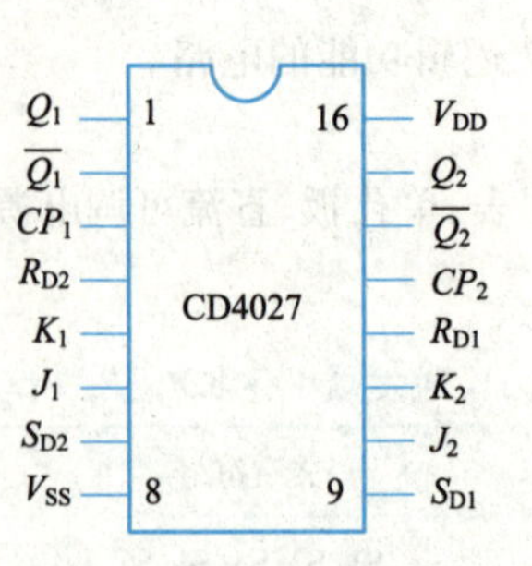

图 8.21　JK 触发器 CD4027 引脚图

表 8.8　元器件检测记录表

序号	名称	文字符号	元器件检测结果
1	三极管	VT1、VT2	将三极管引脚向下,平面对着自己,左边的引脚为________,中间的引脚为________,右边的引脚为________,管型为________________
2	电阻	R1、R2	测量值为________________kΩ,选用的万用表挡位是________。标称值是____________
3	电阻	R3、R4	测量值为________________kΩ,选用的万用表挡位是________。标称值是____________
4	发光二极管	D1、D2	长引脚为________极,检测时应选用的万用表挡位是________________,红表笔接二极管________极测量时,可使它微弱发光

2. 电路搭建

(1)搭建步骤:

①按图 8.20 在印制电路板上对元器件进行合理的布局。

②按照元器件的插装顺序依次插装元器件。

③按焊接工艺要求对元器件进行焊接,直到所有元器件焊完为止。

④将元器件之间用导线进行连接。

⑤焊接电源输入线和信号输入、输出引线。

(2)搭建注意事项:

①搭建时元器件的整体布局要便于测试、美观。

②对集成电路,建议先安装插座,再将集成电路插入插座。

③转换开关的安装要牢固,便于操作。

④对转换开关,要分别在没有拨动手柄和拨动手柄的两种状态下,用万用表的低电阻挡测试各引脚的电阻(为 0 则说明两引脚之间处于闭合状态,为∞则说明两引脚之间处于断开状态),从而确定各引脚的通断关系,并判断质量的好坏。

⑤不漏装、错装,不损坏元器件,无虚焊、漏焊和桥接,焊点表面要光滑、干净。

⑥元器件排列整齐、布局合理,并符合工艺要求,连接线使用要适当。

(3)原理图转画装接图。所谓原理图转画装接图,就是先将单孔板的元件面复制到在空白的草稿纸上,然后按电路原理图在复制图上用铅笔画出电路的装接示意图。这样做的目的是在最后电路搭建时,能方便地按照所画的装接示意图去搭建。测试 JK 触发器 CD4027 的电路装接图如图 8.22 所示。

学习笔记

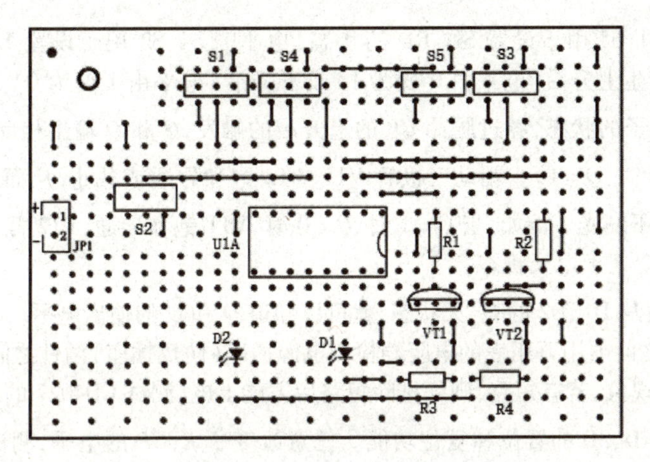

图 8.22　测试 JK 触发器 CD4027 的电路装接图

在原理图转画为装接图时,应注意:

①插接件(防反插座)、转换开关一般要设置在洞洞板的边缘,这样有利于操作。

②集成电路一般宜安装在单孔板的中央,其他元件以集成电路为核心进行布局。

(4)搭建实物图。搭建实物图时的注意事项如下:

①参照装接图进行电路的搭建。

②需按工艺要求对元器件的引脚进行成形加工。插装极性元器件时需要注意引脚的正确性,特别要注意防反电源插座1、2引脚的位置。

③搭建跳线时,要按工艺要求对跳线整形,超过5个孔的跳线需要保留绝缘层。

④搭建元器件时,电阻、普通二极管等元件要卧式安装,发光二极管、电解电容等元件要贴板安装,瓷片电容、三极管等元件的下端应与电路板保持3~5 mm的间隙。

⑤焊点大小要适中,焊点表面应光滑整洁,无虚焊、错焊、连焊和漏焊等现象。对发光二极管、三极管的焊接时间要短(一般每个引脚的焊接时间要小于3 s),以免过热损坏PN结。

⑥先安装集成电路插座,再将集成电路插入插座中。

⑦搭建完成后,应对比装接图或电路原理图再仔细检查,防止装接错误。

JK 触发器 CD4027 的测试电路搭建实物图如图 8.23 所示。

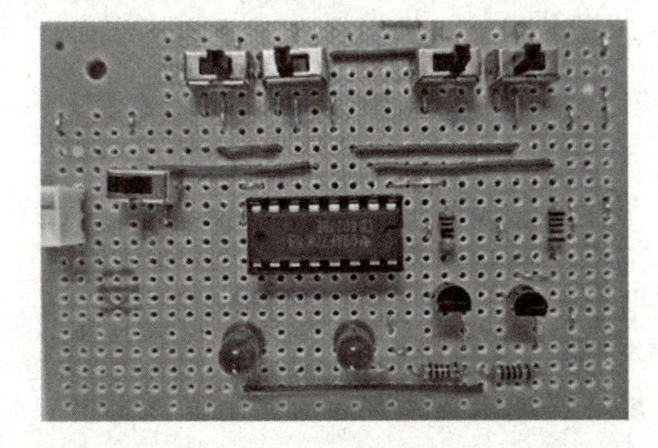

图 8.23　JK 触发器 CD4027 的测试电路搭建实物图

3. 电路通电及测试

CD4027 内含两个相互独立的主从 JK 触发器,供电电压为 3~15 V。如图 8.20 所

学习笔记

示，转换开关 S1、S5 用于设置 SD、RD 的状态（电平），S4、S2 用于设置 J、K 的状态（电平），S3 用于产生上升沿（电平由 0 变为 1）或下降沿（电平由 1 变为 0）。CD4027 根据 SD、RD、J、K 端子的状态，经过脉冲 CP 的上升沿的触发，Q 和 $\overline{Q}$ 输出相反的电平（$Q=1$ 时，$\overline{Q}=0$；$Q=0$ 时，$\overline{Q}=1$）。驱动三极管 VT1、VT2 饱和导通或截止，从而使发光二极管 D1、D2 发光或不发光。例如，当 $Q=1$ 时，$\overline{Q}=0$ 时，VT1 饱和导通，VT2 截止，所以 D1 处于点亮状态，D2 处于熄灭状态。

在测试中，从 D1、D2 的亮、灭状态，就可以知道 Q 和 $\overline{Q}$ 的输出电平。

（1）上电之前须用万用表的电阻挡检测电源插座（防反插座）两针之间的电阻，以确定是否有短路现象，若有短路，则须排除短路后方能上电，测试 CD4027 的逻辑功能。

（2）测试 RD、SD 的置位和复位功能。任意改变 J、K、CP 的电平，测试 Q 和 $\overline{Q}$ 的电平（通过观察发光二极管的点亮或熄灭），将实验结果填在表 8.9 中。

表 8.9　测试 JK 触发器的置位和复位功能（×为任意电平）

CP	J	K	RD	SD	Q^{n+1}	功能说明
×	×	×	0	1		
×	×	×	1	0		

（3）测试 JK 触发器的逻辑功能。将 SD、RD 均设为低电平，按表 8.10 的要求，测试 Q 和 $\overline{Q}$ 的电平，将实验结果填入表 8.10 中。

表 8.10　测试 JK 触发器 CD4027 的逻辑功能

J	K	CP	初态为 0 时的 Q^n	Q^{n+1}	初态为 0 时的 Q^n	Q^{n+1}	功能说明
0	0	0→1	0		1		
		1→0	0		1		
0	1	0→1	0		1		
		1→0	0		1		
1	0	0→1	0		1		
		1→0	0		1		
1	1	0→1	0		1		
		1→0	0		1		

想一想：

（1）图 8.22 中 VT1 和 VT2 工作在什么状态？

（2）什么是 JK 触发器的置 0 和置 1 功能？

（3）边缘触发 JK 触发器的优点是什么？

任务 8.2　用 JK 触发器搭建多路控制开关电路

（一）实践目标

（1）了解 74HC112 芯片的内部结构与引脚排列。

(2)掌握 JK 触发器的逻辑功能和应用常识。

(3)掌握数字集成器件的组装和调试方法。

(二)实践设备和材料

(1)焊接工具及材料、直流可调稳压电源、数字示波器、万用表、连孔板等。

(2)所需元器件见表 8.11。

表 8.11　JK 触发器搭建的多路控制开关电路元器件清单

序号	名称	文字符号	规格	数量
1	集成块	U1	74HC112	1
2	集成块	U2	74HC04	1
3	6×6 轻触按钮	S1、S2、S3	6 mm×6 mm	3
4	LED 发光二极管	D2	红色 $\phi3$	1
5	电阻	R1、R2	2 kΩ	2
6	三极管	Q1	8050	1
7	电阻	R3	100 kΩ	1
8	继电器	K1	HRS1H-S-DC5V	1
9	二极管	D1	1N4007	1
10	连孔板		8.3 cm×5.2 cm	1
11	单股导线		0.5 mm×200 mm	若干

(三)实践过程

1. 清点与检查元器件

按表 8.11 所示清点元器件。根据图 8.24,对元器件进行检查,看有无损坏的元器件,如果有,立即进行更换,将元器件的检测结果记录在表 8.12 中。

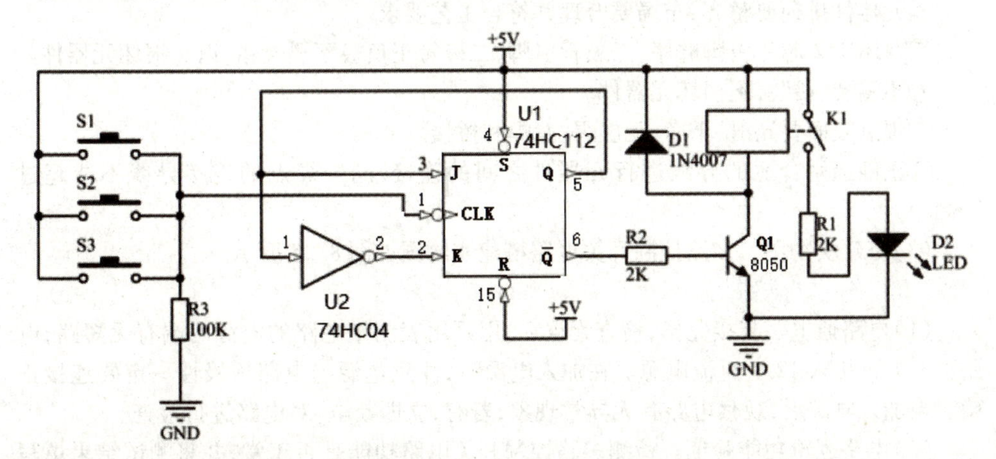

图 8.24　多路控制开关原理图

学习笔记

表 8.12　元器件检测记录表

序号	名称	图号	元器件检测结果
1	集成块	U1	型号是________
2	集成块	U2	型号是________
3	LED 发光二极管	D2	长引脚为________极，检测时应选用的万用表挡位是________________，红表笔接二极管________极测量时，可使它微弱发光
4	电阻	R1、R2	测量值为________________kΩ，选用的万用表挡位是________
5	电阻	R3	测量值为________________kΩ，选用的万用表挡位是________
6	继电器	K1	线圈的阻值为________
7	二极管	D1	检测质量时，应选用的万用表挡位是________________；正向导通时黑表笔接的是________极，所测得的阻值是________

2. 电路搭建

（1）搭建步骤：

①按图 8.24 在印制电路板上对元器件进行合理的布局。

②按照元器件的插装顺序依次插装元器件。

③按焊接工艺要求对元器件进行焊接，直到所有元器件焊完为止。

④将元器件之间用导线进行连接。

⑤焊接电源输入线和信号输入、输出引线。

（2）搭建注意事项：

①操作平台不要放置其他器件、工具与杂物。

②操作结束后，收拾好器材和工具，清理操作平台和地面。

③插装元器件前须按工艺要求对元器件的引脚进行成形加工。

④元器件排列要整齐，布局要合理并符合工艺要求。

⑤74HC112 芯片引脚顺序、三极管引脚、二极管正负极不要弄错，以免损坏元器件。

⑥不漏装、错装，不损坏元器件。

⑦焊点表面要光滑、干净，无虚焊、漏焊和桥接。

⑧正确选用合适的导线进行元器件之间的连接，同一焊点的连接导线不能超过 2 根。

（3）搭建实物图。多路控制开关电路搭建实物图如图 8.25 所示。

3. 电路通电及测试

（1）电路通电。装接完毕，检查无误后，用万用表测量电路的电源两端有无短路，电路正常方可接入 12 V 直流电源。在加入电源时，注意电源与电路板极性一定要连接正确。当加入电源后，观察电路有无异常现象，若有，立即断电，对电路进行检查。

（2）电路逻辑功能验证。检测多路控制开关电路功能是否正常，并将测试结果填写在表 8.13 中。

学习笔记

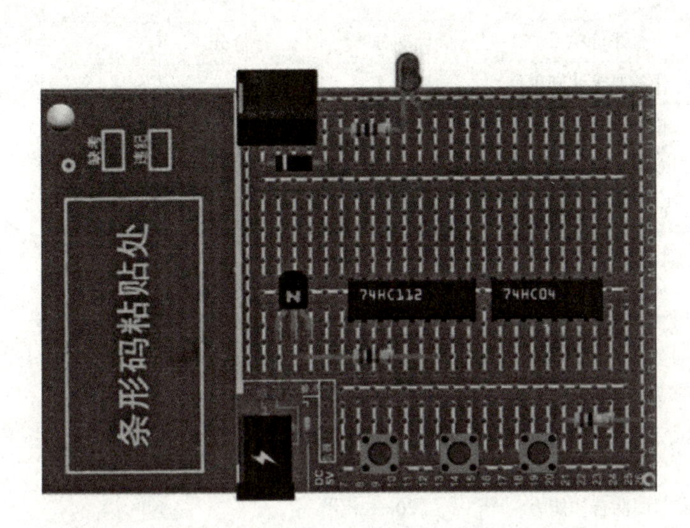

图 8.25　多路控制开关电路搭建实物图

表 8.13　多路控制开关电路测试结果

开关	开关状态	二极管状态	多路开关状态
S1	接通		
	断开		
S2	接通		
	断开		
S3	接通		
	断开		

想一想：

(1)74HC112 芯片是何种芯片？画出其引脚图并说明各引脚的功能。

(2)74HC04 芯片是何种芯片？画出其引脚图并说明各引脚的功能。

考核评价

根据任务完成情况及评价项目，学生进行自评。同时组长负责组织成员讨论，对小组每位成员进行评价。结合教师评价、小组评价及自我评价，完成考核评价环节。考核评价表见表 8.14。

表 8.14　考核评价表

任务名称					
班级		小组编号		姓名	
小组成员	组长	组员	组员	组员	组员

学习笔记

	评价项目	标准分	评价分	主要问题
自我评价	任务要求认知程度	10		
	相关知识掌握程度	15		
	专业知识应用程度	15		
	信息收集处理能力	10		
	动手操作能力	20		
	数据分析处理能力	10		
	团队合作能力	10		
	沟通表达能力	10		
	合计评分			
小组评价	专业展示能力	20		
	团队合作能力	20		
	沟通表达能力	20		
	创新能力	20		
	应急情况处理能力	20		
	合计评分			
教师评价				
总评分				
备注	总评分 = 教师评价 ×50% + 小组评价 ×30% + 自我评价 ×20%			

拓展阅读

为芯片“保鲜”！国产首个“量子芯片冰箱”背后有何“玄机”？

近年来，量子科技发展突飞猛进，已成为新一轮科技革命和产业变革的前沿领域，对促进高质量发展、保障国家安全具有非常重要的作用。量子计算机甚至被称为“信息时代原子弹”，已成为全球多国国家战略。

谷歌曾称，其研发的量子计算机成功在3分20秒时间内，完成传统计算机需1万年时间处理的问题，并声称是全球首次实现“量子霸权”。清华大学副校长、中国科学院院士薛其坤说，目前全球一年产生的数据需要百亿TB的存储量才能完成，而未来的量子存储设备，可能只需指甲盖大小就能存储人类几百年的信息数据……如此看来，量子计算技术已经成为未来科技的重要发展趋势。而量子芯片作为量子计算机的核心部件，则成为业界关注的重点。与传统经典集成电路芯片不同，量子芯片需要经过复杂的系统生产过程，像环境温度、洁净程度、噪声、振动、电磁波以及微小杂质颗粒等，都会对量子芯片产生影响。因此，来自安徽省量子计算工程研究中心的团队，成功研制出国产首个用于保存量子芯片的“冰箱”，并投入国内首条量子芯片生产线使用。这让我国在量子芯片的研发和系统生产中取得了显著优势。

学习笔记

那么，这款“量子芯片冰箱”意义几何？我国的量子技术市场化又将如何发展？

量子芯片是量子计算机的核心

量子芯片是量子计算机的核心部件。在量子计算中，作为量子信息单位的是量子比特，量子比特与经典比特相似，只是增加了物理原子的量子特性。由于量子比特具有量子性，因此量子比特包含信息更多，且有望实现更快的计算速度。对比来看，一台30个量子比特的量子计算机的计算能力和一台每秒万亿次浮点运算的经典计算机水平相当。据科学家估计，一台50比特的量子计算机，在处理一些特定问题时，计算速度将超越现有最强的超级计算机。

如此看来，作为“未来100年内最重要的计算机技术”“第四次工业革命的引擎”，量子计算对于很多人来说，就像是属于未来的“黑科技”，代表着人类技术水平在想象力所及范围之内的巅峰。世界各国纷纷布局量子计算并取得不同成就后证实，量子计算虽然一直“停在未来”，但“未来可期”。

而量子芯片作为量子计算机最核心的部分，则成为目前该领域人们讨论的重中之重，量子芯片是执行量子计算和量子信息处理的硬件装置。但由于量子计算遵循量子力学的规律和属性，较传统的经典集成电路芯片而言，量子芯片在材料、工艺、设计、制造、封测等方面的要求和实现路径上都存在一定差异。

传统集成电路芯片主要指经典计算机的硅基半导体芯片，它基于半导体制造工艺，采用硅、砷化镓、锗等半导体材料。而想要实现对于量子芯片中的量子比特的精确控制，对环境要求苛刻，不仅要超低温，还要“超洁净”，极其微弱的噪声、振动、电磁波和微小杂质颗粒都会扰乱信号，这对于量子芯片的材料和设计提出了更高的要求。

用“冰箱”为量子芯片“保鲜”

量子芯片的系统生产过程中，需要经过复杂的系统生产过程，对于环境的要求也十分“苛刻”，例如较为重要的超导材料对环境敏感度较高，在制作和存储过程中如果环境不达标，就容易和空气中的氧气、水分子产生化学反应，吸附各类杂质。

同时，如果流片过程中或者流片完成的量子芯片样品储存环境不达标，超导量子芯片就会吸附各类杂质，其关键部件——比如约瑟夫森结、超导电容等就会因此老化，导致量子比特频率一致性变差、量子芯片相干时间降低，最终量子芯片的性能发生恶化。因此，如果量子芯片没有妥善储存，就会像食物暴露在空气中“氧化腐烂”一样，量子芯片也会因为“不新鲜”而无法使用。

因此，如何保证量子芯片的系统生产，以及如何让量子芯片“保鲜”，成为摆在科研人员面前的第一道难题。对此，我国科研人员自主研发了量子芯片高真空存储箱来放置量子芯片，这就是我国首款“量子芯片冰箱”。“量子芯片冰箱”本质上是一个量子芯片高真空存储箱，由安徽省量子计算工程研究中心研发，它可以为量子芯片提供高真空的保存环境，就像是冰箱一样。研发人员用它调节存储空间的室内压强，从而给量子芯片“保鲜”，避免其失去效用。此外，这款量子芯片高真空存储箱还具有三个保存腔体，单个腔体可独立操作；同时配备了智能监控系统，可实时监控真空度，为芯片保存过程提供稳定的高真空环境。研发人员还研发了人机交互功能界面，可实现设备全自动化操作。

我国量子芯片商用将加速发展

当前，量子计算机被誉为新一轮科技革命的战略制高点，能够在众多关键技术领域

学习笔记

提供超越经典计算机极限的核心计算能力，在新材料研发、生物医疗、金融分析乃至人工智能领域将发挥重要的作用。

早在2020年底，中国科学技术大学潘建伟团队等人就成功构建76个光子的量子计算原型机“九章”，成为全球第二个实现“量子优越性”的国家。其计算5000万样本的高斯玻色取样的速度只需要200秒，而目前的超级计算机需要耗时6年。九章的诞生，将全球量子计算前沿研究推向了一个新的高度，其超强算力在图论、机器学习、量子化学等领域具有潜在应用价值。

随后，合肥本源量子计算机的交付，也让我国成为世界上第三个具备量子计算机整机交付能力的国家，也是继实现“量子优越性”之后，又一次确立了在国际量子计算研究领域的领先地位。

2022年1月，我国首条量子芯片生产线投入运营，陆续导入24台量子芯片生产相关的工艺设备，孵化出了3套自研的量子芯片专用设备，生产了1 500多个批次流片试制的产品，交付了多个批次的量子芯片以及量子放大器等产品。

而2023年1月，“量子芯片冰箱”的问世，让量子芯片的未来储存有了着落，而量子芯片冰箱更重要的意义，却是在于为国内首条量子芯片生产线增添了最后一步。

总之，随着我国在量子芯片领域的不断突破，量子芯片的商用将得到加速发展，但是仍旧需要时间沉淀。就全球而言，学术界普遍认为，真正实现可编程通用量子计算机还需15年甚至更久，但在政策的推动、相关产业的升级和资本的不断加持下，规模化与商业化的量子计算将加速到来。

（来源《中国科技信息》杂志）

小结

（1）触发器是一种具有记忆功能而且在触发脉冲作用下会翻转状态的电路。它有3个基本特性：①在一定条件下，触发器可维持在两种稳定状态（0状态或1状态）之一而保持不变；②在一定的外加信号作用下，触发器可从一个稳定状态转变到另一个稳定状态；③外加信号消失后，已转换的状态可以长期保存。

（2）根据逻辑功能的不同，触发器可分为RS触发器、JK触发器、D触发器、T触发器、T′触发器。

（3）触发器逻辑功能的表示方法主要有功能真值表、特性方程、状态转换图和波形图（又称时序图）等。

（4）触发器的触发方式有主从触发、边沿触发。

（5）不同功能触发器间逻辑功能可相互转换。

自我检测题

一、填空题

1. 触发器有两个互补输出端Q和$\overline{Q}$，当$Q=0$、$\overline{Q}=1$时触发器处于________状态；当$Q=1$、$\overline{Q}=0$时触发器处于________状态。可见，触发器的状态是指________端的状态。

2. 基本RS触发器的特性方程中，约束条件为$\overline{R}+\overline{S}=1$，说明这两个输入信号不能同时为________；同步RS触发器的特性方程中，约束条件为$RS=0$，说明这两个输入信号不能同时为________。

3. JK触发器有________、________、________、________4种功能。

4. 边沿JK触发器的次态由时钟CP下降沿达到时刻输入信号________决定。当$J=K=$________时触发器的状态保持不变,即原来触发器的状态被触发器存储起来,这体现了触发器的________功能。

5. D触发器的次态由时钟CP上升沿达到时刻D的状态决定,所以它是________,$D=0$时触发器的状态为________态;$D=1$时触发器的状态为________态。

6. 对于JK触发器,若$J=K$,则可完成________________触发器的逻辑功能;若$J=K=1$,则可完成________________触发器的逻辑功能;若$J=\overline{K}$,则可完成________触发器的逻辑功能。

7. 触发器有________个稳定状态,它可存储________位二进制信息。如果要存储4位二进制信息时,则需要________个触发器。

8. 为了有效地抑制空翻,所以研制出了________触发方式的________触发器和________触发器。

9. D触发器的输入端子有________个,具有________和________功能。

10. 当JK触发器满足条件________时,就构成了T′触发器,当D触发器满足条件________时,就构成了T′触发器。T′触发器仅具有________ 功能。

二、判断题

1. 基本RS触发器具有空翻现象。 ( )
2. 触发器属于组合逻辑电路。 ( )
3. 触发器具有两个状态:一个是现态,另一个是次态。 ( )
4. 同步触发时钟脉冲的作用是使触发器翻转。 ( )
5. 同步触发器在$CP=1$期间,若输入信号发生变化,对输出状态没有影响。 ( )
6. D触发器的逻辑功能是每来一个时钟脉冲翻转一次。 ( )
7. 边沿触发抗干扰能力强,且不存在空翻,应用较广泛。 ( )
8. RS、JK、D和T四种触发器中,唯有RS触发器存在输入信号的约束条件。( )
9. 下降沿触发的JK触发器在$J=1$、$K=0$时,输入时钟脉冲CP下降沿,触发器只能翻转为1。 ( )
10. 边沿D触发器在$CP=1$期间,输出状态随D端输入信号而变化。 ( )
11. 同步触发器存在空翻现象,而边沿触发器和主从触发器克服了空翻。 ( )

三、选择题

1. 下列几种触发器中,( )的逻辑功能最灵活。

A. D触发器　　B. JK触发器

C. T触发器　　D. RS触发器

2. 由与非门组成的RS触发器不允许输入的变量组合RS为( )。

A. 00　　B. 01　　C. 11　　D. 10

3. 激励信号有约束条件的触发器是( )。

A. RS触发器　　B. D触发器　　C. T触发器　　D. JK触发器

4. 同步触发器工作时,时钟脉冲作为( )。

学习笔记

学习笔记

A. 控制信号　　B. 输入信号　　C. 置0信号　　D. 置1信号

5. JK触发器在触发脉冲的作用下，若将 J、K 同时接地，触发器实现(　　)功能。

A. 置0　　B. 置1　　C. 保持　　D. 翻转

6. JK触发器在触发脉冲的作用下，若将 J、K 同时悬空，触发器实现(　　)功能。

A. 置0　　B. 置1　　C. 保持　　D. 翻转

7. 边沿触发只能用(　　)。

A. 电平触发　　B. 边沿触发

C. 正脉冲触发　　D. 负脉冲触发

8. 要使JK触发器的状态由0转为1，所加激励信号 JK 应为(　　)。

A. 0×　　B. 1×　　C. ×1　　D. ×0

9. 使同步RS触发器置0的条件是(　　)。

A. $RS=00$　　B. $RS=01$　　C. $RS=10$　　D. $RS=11$

10. 对于T触发器，当 $T=$(　　)时，触发器处于保持状态。

A. 0　　B. 1　　C. 0,1都可以　　D. 以上都不对

11. 下面的逻辑电路中，属于时序逻辑电路的基本部件的是(　　)。

A. 与门　　B. 或非门　　C. JK触发器　　D. 编码器

习题

8.1　分析图8.26所示RS触发器的功能，写出其特性方程和约束条件，并根据输入波形画出 Q 和 $\overline{Q}$ 的波形。

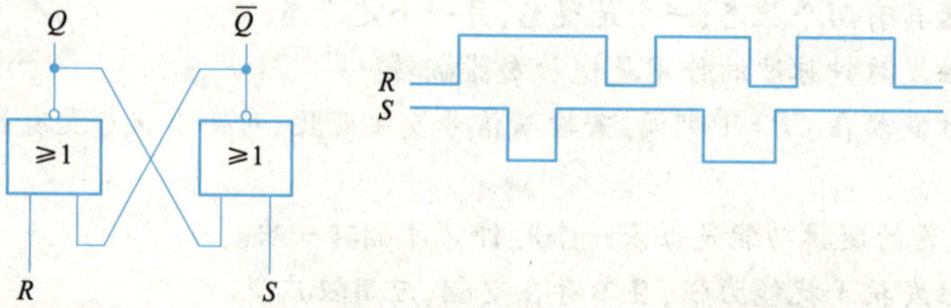

图8.26　习题8.1图

8.2　下降沿触发的JK触发器输入波形如图8.27所示，设触发器初态为0，试画出输出 Q 的波形。

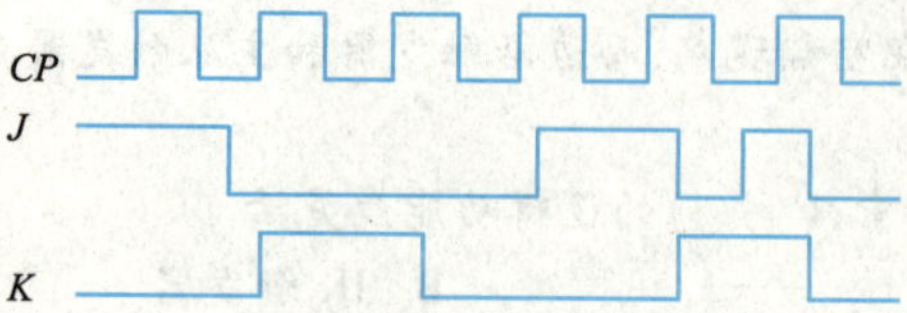

图8.27　习题8.2图

8.3　如图8.28所示D触发器，写出其特性方程。设触发器初态为0，试画出对应输入时输出 Q 的波形。

8.4　如图8.29所示，写出触发器的特性方程。设触发器初态为0，试画出输出 Q 的波形。

学习笔记

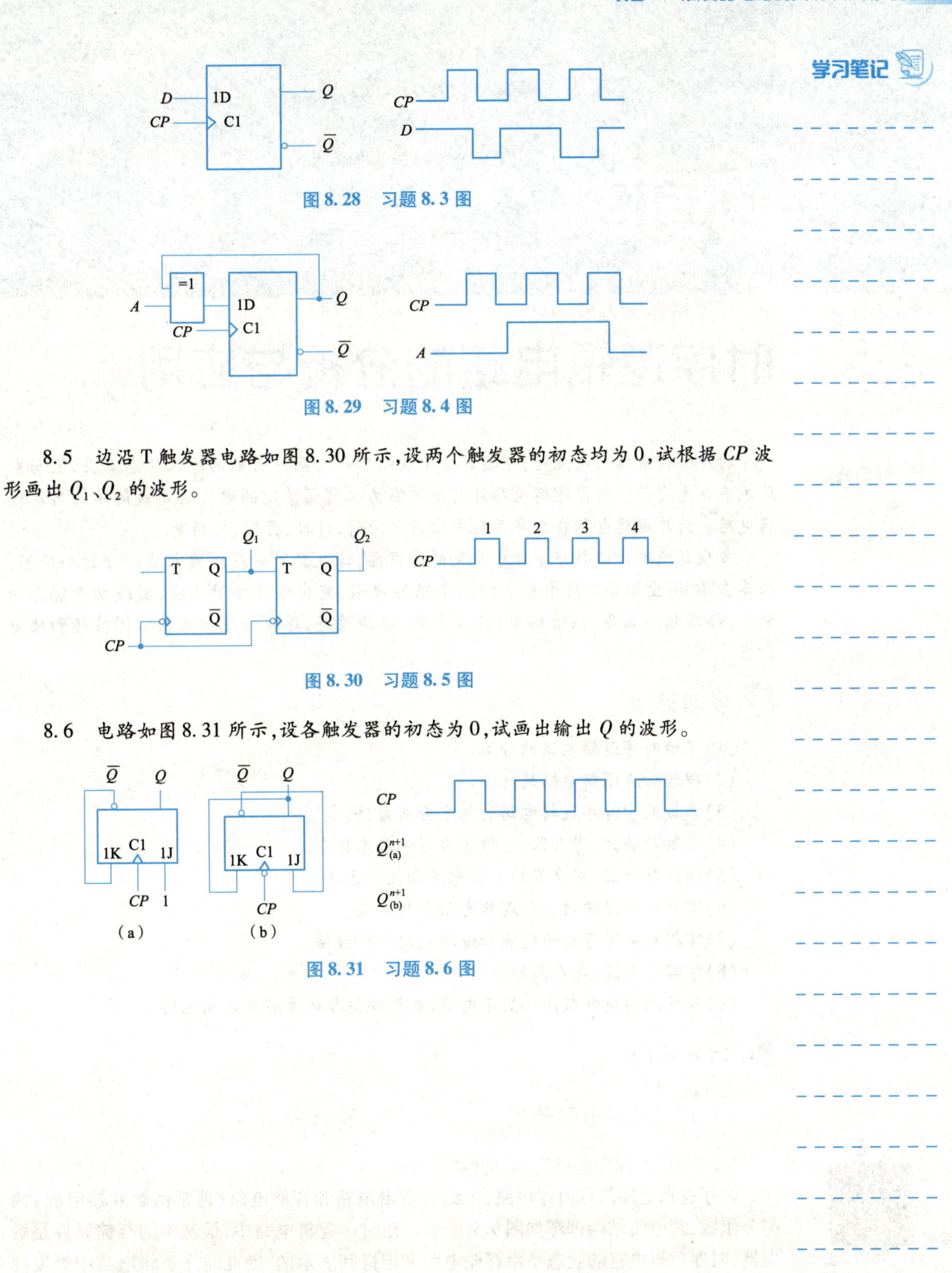

图 8.28　习题 8.3 图

图 8.29　习题 8.4 图

8.5　边沿 T 触发器电路如图 8.30 所示，设两个触发器的初态均为 0，试根据 *CP* 波形画出 Q_1、Q_2 的波形。

图 8.30　习题 8.5 图

8.6　电路如图 8.31 所示，设各触发器的初态为 0，试画出输出 *Q* 的波形。

图 8.31　习题 8.6 图

项目9

时序逻辑电路的分析与应用

学习笔记

时序逻辑电路的特点是:电路的输出状态不仅与同一时刻的输入状态有关,还与电路原有状态有关。时序逻辑电路具有记忆能力。前面学过的触发器是最简单的时序逻辑电路。时序逻辑电路在数字系统中常用于定时、计数、存储、分频等。

本项目通过介绍数字系统中常见的寄存器、计数器等时序逻辑电路的分析和应用,培养在学习、生活和工作中养成归纳小结的习惯,突出专业学习方法、实践动手能力的提升,锤炼意志品质、注重细节、追求完美、不断改进,厚植科技报国的家国情怀和使命担当。

学习目标

(1)了解时序逻辑电路的分类。

(2)理解时序逻辑电路的特点。

(3)掌握同步时序逻辑电路的基本分析方法。

(4)了解计数器、寄存器、移位寄存器的基本概念。

(5)理解计数器、寄存器的工作原理和设计方法。

(6)掌握计数器的功能和逻辑电路分析方法。

(7)掌握数码寄存器的功能和逻辑电路分析方法。

(8)掌握计数器、寄存器的使用。

(9)能熟练搭建计数译码显示电路,能搭建简单的寄存器应用电路。

相关知识

一、时序逻辑电路基础

(一)时序逻辑电路的特点和分类

视频

时序逻辑电路的特点和分类

时序逻辑电路简称时序电路,由组合逻辑电路和存储电路(通常由触发器组成)两部分组成,其电路结构框图如图9.1所示。在时序逻辑电路中,最基本的存储元件是触发器,时序逻辑电路的状态是由存储电路来记忆和表示的,因此时序逻辑电路中触发器是必不可少的。存储电路的输出状态必须反馈到组合逻辑电路的输入端,与输入信号一起，共同决定组合逻辑电路的输出。有些时序逻辑电路中没有组合逻辑电路。

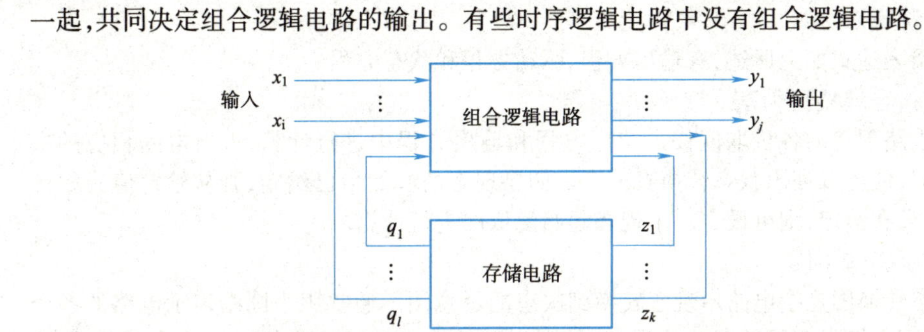

图9.1　时序逻辑电路结构框图

按照电路状态转换情况的不同，时序逻辑电路可分为同步时序逻辑电路和异步时序逻辑电路两大类。在同步时序逻辑电路中，所有触发器都受同一个时钟脉冲控制，所有触发器的状态变化都在同一时刻发生，比如在 CP 脉冲的上升沿或下降沿。异步时序逻辑电路中，各触发器的时钟信号不是同一个，有先有后，因而触发器的变化也不是同时发生，也有先有后。

按照电路中输出变量是否和输入变量直接相关，时序逻辑电路又分为米利（Mealy）型电路和穆尔（Moore）型电路。米利型电路的外部输出 Z 既与触发器的状态 Q^n 相关，又与外部输入 X 相关。而穆尔型电路的外部输出 Z 仅与触发器的状态 Q^n 相关，与外部输入 X 无关。

电路的工作过程可描述为：外部输入信号 $x_1 \sim x_i$ 输入到组合逻辑电路，产生一组输出信号 $y_1 \sim y_j$，同时产生一组输出信号 $z_1 \sim z_k$ 作为存储电路的输入，存储电路输出一组信号 $q_1 \sim q_l$ 反馈到组合逻辑电路作为一组输入，与 $x_1 \sim x_i$ 共同作用。

根据图9.1，可以用输出方程、驱动方程、状态方程三个方程组来描述时序逻辑电路各输出信号与输入信号之间的关系。输出方程为组合逻辑电路的输出函数表达式，驱动方程为存储电路输入端的信号函数表达式，状态方程为存储电路输出端的信号函数表达式。输出方程、驱动方程、状态方程表示如下：

$$\begin{cases} y_1 = f_1(x_1, x_2, \cdots, x_i, q_1, q_2, \cdots, q_l) \\ \vdots \\ y_j = f_1(x_1, x_2, \cdots, x_i, q_1, q_2, \cdots, q_l) \end{cases} \Rightarrow \text{输出方程 } Y = F(X, Q)$$

$$\begin{cases} z_1 = g_1(x_1, x_2, \cdots, x_i, q_1, q_2, \cdots, q_l) \\ \vdots \\ z_k = g_1(x_1, x_2, \cdots, x_i, q_1, q_2, \cdots, q_l) \end{cases} \Rightarrow \text{驱动方程 } Z = G(X, Q)$$

$$\begin{cases} q_1^{n+1} = h_1(z_1, z_2, \cdots, z_i, q_1^n, q_2^n, \cdots, q_l^n) \\ \vdots \\ q_l^{n+1} = h_1(z_1, z_2, \cdots, z_i, q_1^n, q_2^n, \cdots, q_l^n) \end{cases} \Rightarrow \text{状态方程 } Q^{n+1} = H(Z, Q^n)$$

（二）时序逻辑电路功能的表示方法

时序逻辑电路可以采用逻辑表达式、状态转换真值表、状态转换图、时序图和逻辑图等方法来描述，各种表示方法之间可以相互转换。它们是时序逻辑电路分析和设计的基础。

学习笔记

1. 逻辑表达式

逻辑表达式如上所述，有输出方程、驱动方程和状态方程。

2. 状态转换真值表

将电路现态的各种取值代入状态方程和输出方程中进行计算，求出电路相应的次态和输出，便可以列出状态转换真值表。如果现态的起始值已给定，则从给定值开始计算；如果没有给定，则可设定一个现态起始值依次进行计算。

3. 状态转换图

状态转换图是指电路由现态转换到次态的示意图。通常用小圆圈表示电路的各个状态，圆圈内填入存储单元的状态值，圆圈之间的箭头表示电路状态的转换方向，箭头线上方标注的 X/Y 为转换条件，X 为电路状态转换前输入变量的取值，Y 为输出值，输入和输出用斜线分开。

4. 时序图

在时钟脉冲 CP 作用下，电路的 X、Q^n、Q^{n+1}、Y 随时间变化的波形图就是时序图，它能直观形象地描述时序逻辑电路的工作过程。

5. 逻辑图

逻辑图是由许多逻辑图形符号构成，它也是描述逻辑函数的一种方法。把实际要求的逻辑功能转换为真值表，根据真值表写出逻辑表达式，再根据逻辑表达式中对应的逻辑图形符号，画出相应的逻辑图。为方便硬件实现，通常逻辑图要用同类单元电路来实现。

视频

时序逻辑电路的分析方法

（三）时序逻辑电路的分析方法

时序逻辑电路的分析是指对给定的时序逻辑电路，研究在一系列输入信号的作用下，电路将产生什么样的输出，并总结说明电路的逻辑功能的过程。时序逻辑电路分析时，首先应该明确是同步时序逻辑电路还是异步时序逻辑电路，然后明确输入变量和输出变量，再进行分析。

分析时序逻辑电路的一般步骤如下：

(1)观察逻辑图，明确时钟驱动情况，是同步时序逻辑电路还是异步时序逻辑电路。分析存储电路中每个触发器的触发方式，分清输入变量和输出变量，组合逻辑电路和存储电路部分。

(2)根据给定的逻辑图写出下列各逻辑方程：存储电路中各触发器的时钟方程（同步时序逻辑电路可以不写）、时序逻辑电路的输出方程、存储电路中各触发器的驱动方程、存储电路中各触发器的状态方程。

时钟方程是存储电路中各触发器能否有效触发的条件。输出方程是时序逻辑电路输出信号的逻辑表达式，一般为现态的函数，有时也为现态和输入的函数。驱动方程（又称激励方程）是存储电路中各触发器输入的逻辑表达式。状态方程是存储电路中各触发器次态的逻辑表达式，存储电路中各触发器只有在满足时钟条件时其状态方程才能使用。

(3)将驱动方程代入相应触发器的特性方程，求得各触发器的次态方程，也就是时序逻辑电路的状态方程。

(4)根据状态方程和输出方程，列出该时序逻辑电路的状态表，画出状态转换图或时序图。

学习笔记

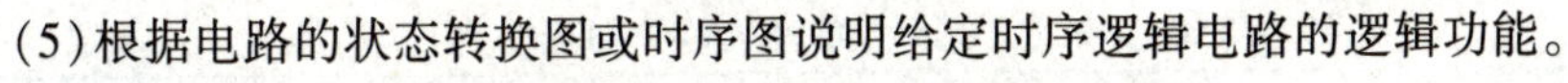
(5)根据电路的状态转换图或时序图说明给定时序逻辑电路的逻辑功能。

例9.1 试分析图9.2所示时序逻辑电路的逻辑功能。

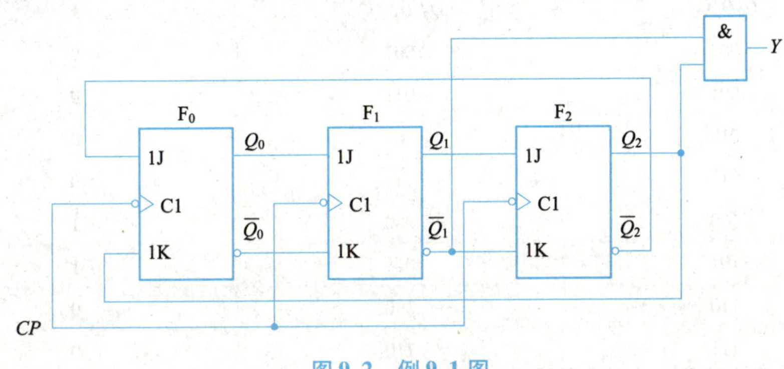

图9.2　例9.1图

解: 由逻辑图可以看出,该电路属于同步时序逻辑电路,时钟方程可以不写。为书写方便,将现态记为 Q_0、$\overline{Q_0}$、Q_1、$\overline{Q_1}$、Q_2、$\overline{Q_2}$,将次态记为 Q_0^*、$\overline{Q_0^*}$、Q_1^*、$\overline{Q_1^*}$、Q_2^*、$\overline{Q_2^*}$。(本书后面没有特殊情况均是如此处理)

(1)电路输出方程为 $Y=\overline{Q_1}Q_2$,输出仅与电路现态有关,为穆尔型电路。

电路的驱动方程为

$$\begin{cases} J_0=\overline{Q_2} & K_0=Q_2 \\ J_1=Q_0 & K_1=\overline{Q_0} \\ J_2=Q_1 & K_2=\overline{Q_1} \end{cases}$$

(2)JK触发器的特性方程为 $Q^*=J\overline{Q}+\overline{K}Q$,现将上面各驱动方程代入特性方程中,即可得到电路的状态方程为

$$\begin{cases} Q_0^*=J_0\overline{Q_0}+\overline{K_0}Q_0=\overline{Q_2}\ \overline{Q_0}+\overline{Q_2}Q_0=\overline{Q_2} \\ Q_1^*=J_1\overline{Q_1}+\overline{K_1}Q_1=Q_0\overline{Q_1}+Q_0Q_1=Q_0 \\ Q_2^*=J_2\overline{Q_2}+\overline{K_2}Q_2=Q_1\overline{Q_2}+Q_1Q_2=Q_1 \end{cases}$$

(3)设电路的初始状态 $Q_2Q_1Q_0$ 为000,当第1个时钟脉冲下降沿到来时刻,$Q_2^*Q_1^*Q_0^*$ 变为001,Y 为0;当第2个时钟脉冲下降沿到来时刻,$Q_2^*Q_1^*Q_0^*$ 变为011,Y 为0;当第3个时钟脉冲下降沿到来时刻,$Q_2^*Q_1^*Q_0^*$ 变为111,Y 为0;当第4个时钟脉冲下降沿到来时刻,$Q_2^*Q_1^*Q_0^*$ 变为110;当第5个时钟脉冲下降沿到来时刻,$Q_2^*Q_1^*Q_0^*$ 变为100,Y 为0;当第6个时钟脉冲下降沿到来时刻,$Q_2^*Q_1^*Q_0^*$ 变为000,Y 为1。后面电路继续周而复始地重复上面的循环。

3个触发器共有 $2^3=8$ 种状态,本题中只用了6种状态(称为有效状态)形成循环,还有2种状态(称为无效状态)在循环中没有出现。

把以上分析结果填写在状态转换真值表中,见表9.1。

学习笔记

表 9.1 例 9.1 状态转换真值表

现态	次态	输出
$Q_2Q_1Q_0$	$Q_2^*Q_1^*Q_0^*$	Y
000	001	0
001	011	0
010	101	0
011	111	0
100	000	1
101	011	1
110	100	0
111	110	0

(4)画出状态转换图和时序图。状态转换图如图 9.3 所示。时序图如图 9.4 所示。

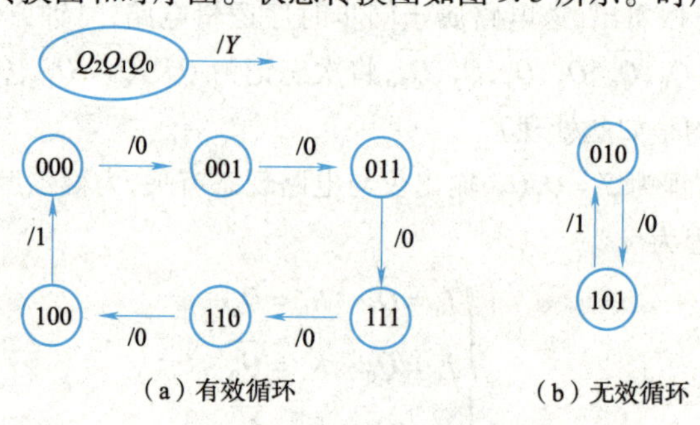

图 9.3 例 9.1 状态转换图

图 9.4 例 9.1 时序图

(5)电路逻辑功能。常把时序逻辑电路一次循环包含的状态总数称为模。由分析可知,该时序逻辑电路的模为6。这是一个按递增规律变化的同步 3 位计数器,6 个状态分别为 0 ~5 这 6 个十进制数的格雷码。当第 6 个时钟脉冲下降沿到来时刻,计数器又重新从 000 开始计数,并产生输出 $Y=1$。

值得注意的是,如果是异步时序逻辑电路,其分析方法与上述例题中的同步时序逻辑电路的分析方法基本相同,不同的地方是分析异步时序逻辑电路时,由于各触发器没有统一的时钟脉冲,因此,必须先分析各触发器的时钟是否为有效触发,然后再根据各有效触发时钟去计算对应电路状态方程中的次态。

学习笔记

(四)时序逻辑电路的设计方法

时序逻辑电路设计是时序逻辑电路分析的逆过程。时序逻辑电路设计就是根据具体的逻辑问题,设计出实现这一逻辑功能的电路,且要求电路尽量简单。时序逻辑电路的一般设计步骤如下:

(1)根据设计要求,进行逻辑抽象,设定状态,导出对应状态图或状态表。

(2)状态化简。如果两个电路状态在相同的输入下有相同的输出,且能够转换到同一状态,则这两个状态称为等价状态。等价状态可合并为一个,这样就可使电路的状态数最少,从而使设计出来的电路更为简单。状态化简的目的就是合并等价状态,得到简化状态图(或状态表)。

视频

时序逻辑电路的设计方法

(3)对各状态进行编码。把一组适当的二进制代码分配给简化状态图(表)中各个状态。一般选用的状态编码及其排列顺序应该遵循一定的规律,以便记忆和识别。

(4)选择触发器的个数和类型。

(5)根据编码状态表以及所采用触发器的逻辑功能,导出存储电路中各触发器的输出方程和驱动方程。

(6)画逻辑图,并校验自启动能力。

想一想:

(1)时序逻辑电路主要由几部分组成?与组合逻辑电路的区别是什么?

(2)同步时序逻辑电路与异步时序逻辑电路有什么不同?

(3)时序逻辑电路分析的基本思路和步骤是什么?

二、计数器

在数字系统中,常常需要对脉冲的个数进行计数,以实现测量、运算和控制。具有计数功能的电路,称为计数器。计数器是数字系统中用得较多的基本逻辑器件,它不仅能统计输入脉冲的个数,还可以用作分频、定时、产生节拍脉冲等。计数器的应用十分广泛,从小型数字仪表到大型电子数字计算机均不可缺少计数器这一基本电路。

计数器有很多种分类方式。按计数进制可分为二进制计数器和非二进制计数器,其中非二进制计数器中最典型的是十进制计数器;按数字的增减趋势可分为加法计数器、减法计数器和可逆计数器;按计数器中触发器翻转是否与计数脉冲同步可分为同步计数器和异步计数器。

(一)二进制计数器

按照二进制运算规律进行计数的计数器称为二进制计数器。一个触发器可以表示1位二进制数,如果要表示 n 位二进制数,就要用 n 个双稳态触发器,其计数模数为 2^n,计数范围为 $0\sim2^n-1$。

视频

二进制计数器

1. 异步二进制加法计数器

加法计数器的基本规则是若某位为1,每输入一个脉冲,就进行一次加1运算,此位变为0,同时向高位进位,采取的是从低位到高位逐步进位的工作方式工作。异步计数器中各个触发器采用不同的脉冲时钟源控制。

图9.5所示为由4个下降沿触发的JK触发器构成的4位异步二进制加法计数器。最低位触发器 F_0 的时钟脉冲输入端接计数脉冲 CP,其他触发器的时钟脉冲输入端接相邻低位触发器的 Q 端。各触发器的 J、K 端均悬空,相当于 $J=K=1$,处于计数状态。

学习笔记

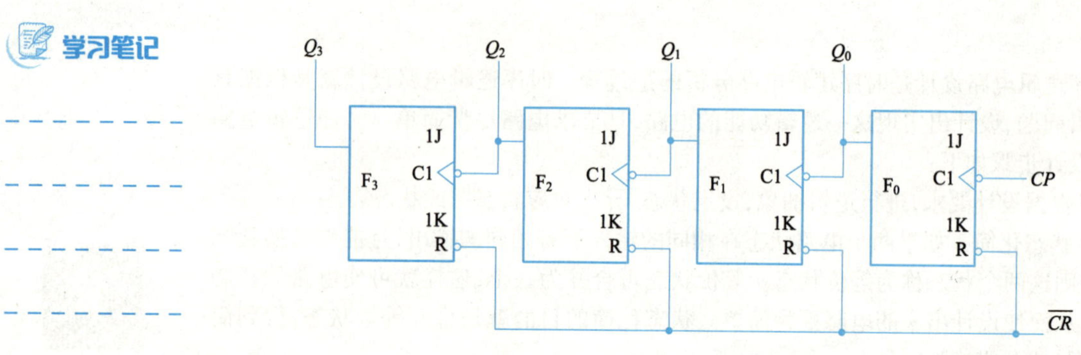

图 9.5　JK 触发器构成的 4 位异步二进制加法计数器

在计数脉冲输入前，先在$\overline{CR}$加入负脉冲清零，使 $Q_3Q_2Q_1Q_0$ 初态变为 0000。$\overline{CR}$恢复高电平后，从初态 0000 开始，每输入一个计数脉冲，计数器的状态按二进制加法规律加 1，所以是二进制加法计数器。又因为这个计数器有 0000 ~ 1111 这 16 种状态，所以又称十六进制加法计数器或模 16($M=16$)加法计数器。

时钟方程为
$$\begin{cases} CP_0 = CP \\ CP_1 = Q_0 \\ CP_2 = Q_1 \\ CP_3 = Q_2 \end{cases}$$

驱动方程为
$$\begin{cases} J_0 = K_0 = 1 \\ J_1 = K_1 = 1 \\ J_2 = K_2 = 1 \\ J_3 = K_3 = 1 \end{cases}$$

状态方程为
$$\begin{cases} Q_0^* = J_0\overline{Q_0} + \overline{K_0}Q_0 = \overline{Q_0} \\ Q_1^* = J_1\overline{Q_1} + \overline{K_1}Q_1 = \overline{Q_1} \\ Q_2^* = J_2\overline{Q_2} + \overline{K_2}Q_2 = \overline{Q_2} \\ Q_3^* = J_3\overline{Q_3} + \overline{K_3}Q_3 = \overline{Q_3} \end{cases}$$

由上面的方程可知，$\overline{CR}$恢复高电平后，CP 每次下降沿到来后，触发器 F_0 的状态 Q_0 翻转一次；Q_0 是触发器 F_1 的时钟脉冲，所以 Q_0 每次下降沿到来后，触发器 F_1 的状态 Q_1 翻转一次；Q_1 是触发器 F_2 的时钟脉冲，所以 Q_1 每次下降沿到来后，触发器 F_2 的状态 Q_2 翻转一次；Q_2 是触发器 F_3 的时钟脉冲，所以 Q_2 每次下降沿到来后，触发器 F_3 的状态 Q_3 翻转一次。把以上分析结果填写在状态转换真值表表 9.2 中。

表 9.2　JK 触发器构成的 4 位异步二进制加法计数器状态转换真值表

时钟条件				现态				次态			
CP_3	CP_2	CP_1	CP_0	Q_3	Q_2	Q_1	Q_0	Q_3^*	Q_2^*	Q_1^*	Q_0^*
			↓	0	0	0	0	0	0	0	1
		↓	↓	0	0	0	1	0	0	1	0
			↓	0	0	1	0	0	0	1	1

学习笔记

续表

时钟条件				现态				次态			
CP_3	CP_2	CP_1	CP_0	Q_3	Q_2	Q_1	Q_0	Q_3^*	Q_2^*	Q_1^*	Q_0^*
	↓	↓	↓	0	0	1	1	0	1	0	0
			↓	0	1	0	0	0	1	0	1
		↓	↓	0	1	0	1	0	1	1	0
			↓	0	1	1	0	0	1	1	1
↓	↓	↓	↓	0	1	1	1	1	0	0	0
			↓	1	0	0	0	1	0	0	1
		↓	↓	1	0	0	1	1	0	1	0
			↓	1	0	1	0	1	0	1	1
	↓	↓	↓	1	0	1	1	1	1	0	0
			↓	1	1	0	0	1	1	0	1
		↓	↓	1	1	0	1	1	1	1	0
			↓	1	1	1	0	1	1	1	1
↓	↓	↓	↓	1	1	1	1	0	0	0	0

根据状态转换真值表,可以得到JK触发器构成的4位异步二进制加法计数器状态转换图如图9.6所示。

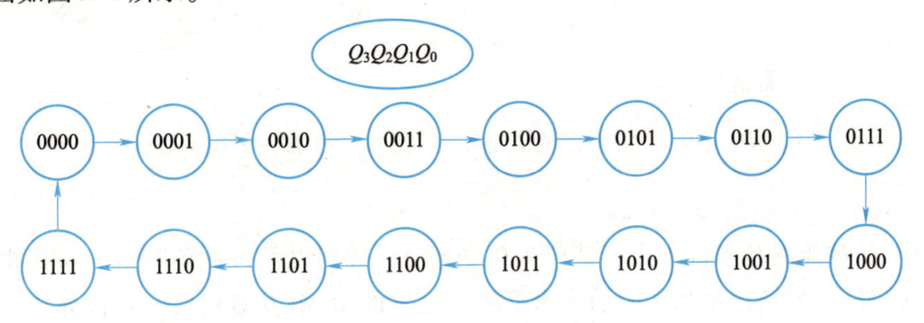

图9.6　JK触发器构成的4位异步二进制加法计数器状态转换图

JK触发器构成的4位异步二进制加法计数器时序图如图9.7所示。

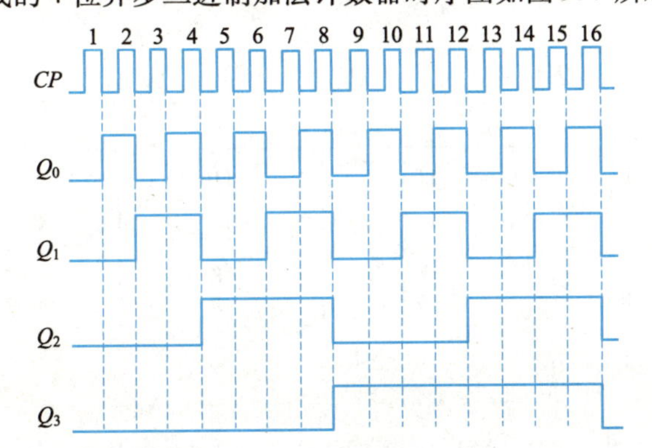

图9.7　JK触发器构成的4位异步二进制加法计数器时序图

学习笔记

从图9.7中可以看出，每次CP脉冲下降沿过后，$Q_3Q_2Q_1Q_0$的状态就是脉冲个数对应的二进制码。例如，第七个脉冲下降沿后，$Q_3Q_2Q_1Q_0=0111$，从而实现了二进制计数的功能。4位异步二进制加法计数器的计数范围是0000～1111，对应十进制数0～15，共有16种状态，第16个脉冲输入后，计数器又从初始状态0000开始递增计数。

在上述的由JK触发器构成的异步二进制加法计数器中，各个触发器状态的变化是逐个依次进行的，其间有一段逐级触发的延时时间，即计数器完成计数状态的转换过程与输入的计数脉冲是不同步的，因而计数速度较慢。

由图9.7还可看出，输入的计数脉冲每经过一级触发器，其周期增加一倍，频率降低一半。Q_0、Q_1、Q_2、Q_3的周期分别为计数脉冲CP周期的2倍、4倍、8倍、16倍，则其频率分别为计数脉冲CP频率的1/2、1/4、1/8、1/16，上述的计数器是一个16分频器，所以计数器也可用作分频器。

如果使用上升沿触发的D触发器完成上面的异步二进制加法计数器，首先要将D触发器接成计数型，最低位触发器F_0的时钟脉冲输入端接计数脉冲CP，其他触发器的时钟脉冲输入端接相邻低位触发器的$\overline{Q}$端。由上升沿触发的D触发器构成的4位异步二进制加法计数器如图9.8所示。具体分析过程请读者自行完成。

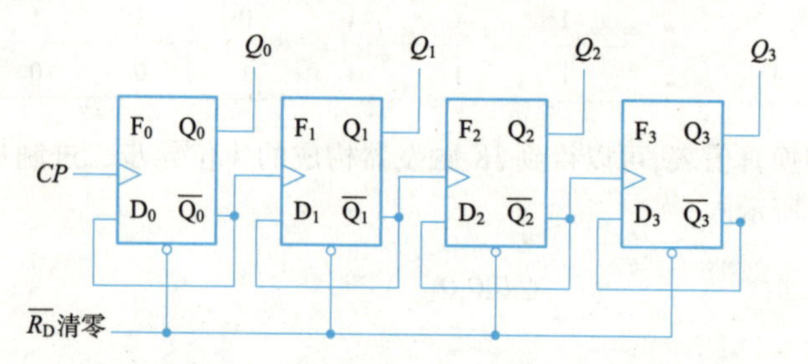

图9.8　D触发器构成的4位异步二进制加法计数器

2. 异步二进制减法计数器

减法计数器的基本规则是若某位为0，再输入一个计数脉冲此位变为1，同时向高位借位，使得高位翻转。图9.9所示为由下降沿触发的JK触发器构成的4位异步二进制减法计数器。最低位触发器F_0的时钟脉冲输入端接计数脉冲CP，其他触发器的时钟脉冲输入端接相邻低位触发器的$\overline{Q}$端。各触发器的J、K端均悬空，相当于$J=K=1$，处于计数状态。

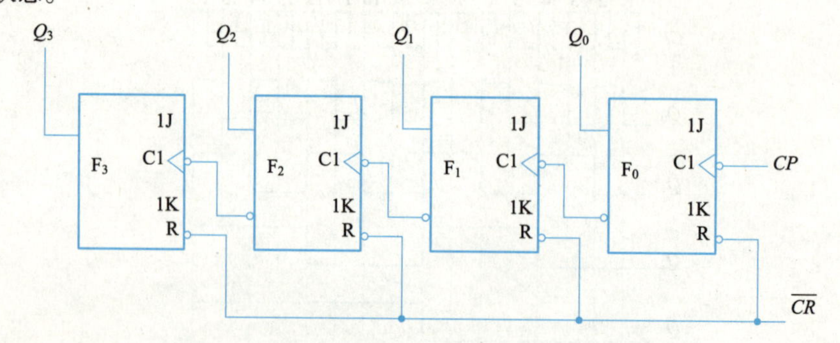

图9.9　JK触发器构成的4位异步二进制减法计数器

类似地，读者可以自行分析其工作过程。

如果使用上升沿触发的D触发器完成上面的异步二进制减法计数器，首先要将D触发器接成计数型，最低位触发器F_0的时钟脉冲输入端接计数脉冲CP，其他触发器的时钟脉冲输入端接相邻低位触发器的Q端。由上升沿触发的D触发器构成的4位异步二进制减法计数器如图9.10所示。

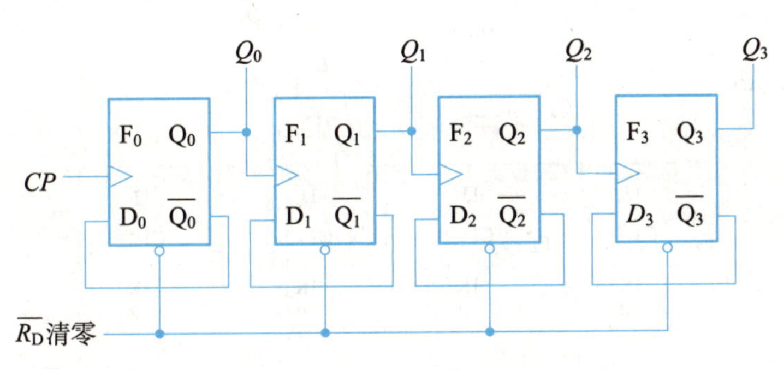

图9.10 D触发器构成的4位异步二进制减法计数器

用触发器构成异步二进制计数器的方法可总结如下：

(1) n位异步二进制计数器由n个计数型触发器构成。

(2) 计数脉冲CP作为最低位触发器的时钟脉冲。

(3) 使用下降沿触发的触发器，加法计数器进位信号从低位的Q端引入，减法计数器进位信号从低位的$\overline{Q}$端引入；使用上升沿触发的触发器，加法计数器进位信号从低位的$\overline{Q}$端引入，减法计数器进位信号从低位的Q端引入。

3. 同步二进制加法计数器

为了克服异步计数器计数速度较慢的缺点，设计了同步计数器。同步计数器的特点是，计数器中的各触发器受同一时钟脉冲的控制，各触发器状态的转换与输入时钟脉冲同步，因而计数速度得到提高。

由二进制“逢二进一”的计数规律可知：计数值每次加一，最低位Q_0的状态就翻转一次；当$Q_0=1$时，再来一个脉冲，计数值加1，向高位Q_1进位，Q_1状态翻转一次；当$Q_1Q_0=11$时，再来一个脉冲，计数值加1，向高位Q_2进位，Q_2状态翻转一次；当$Q_2Q_1Q_0=111$时，再来一个脉冲，计数值加1，向高位Q_3进位，Q_3状态翻转一次。即高位触发器翻转的条件是低位触发器状态全为1。图9.11是根据以上逻辑关系，用下降沿触发的JK触发器和二输入与门G_1、G_2组成的4位同步二进制加法计数器。由图9.11可知，计数脉冲是同时加到各触发器的脉冲输入端C1，因此各触发器状态变化几乎与计数脉冲同步，从而加快了计数速度。

根据图9.11写出各触发器的驱动方程为

$$\begin{cases} J_0=K_0=1 \\ J_1=K_1=Q_0 \\ J_2=K_2=Q_0Q_1 \\ J_3=K_3=Q_0Q_1Q_2 \end{cases}$$

各触发器的状态方程为

$$
\begin{cases}
Q_0^* = J_0\overline{Q_0} + \overline{K_0}Q_0 = \overline{Q_0} \\
Q_1^* = J_1\overline{Q_1} + \overline{K_1}Q_1 = Q_0\overline{Q_1} + \overline{Q_0}Q_1 \\
Q_2^* = J_2\overline{Q_2} + \overline{K_2}Q_2 = Q_0Q_1\overline{Q_2} + \overline{Q_0Q_1}Q_2 \\
Q_3^* = J_3\overline{Q_3} + \overline{K_3}Q_3 = Q_0Q_1Q_2\overline{Q_3} + \overline{Q_0Q_1Q_2}Q_3
\end{cases}
$$

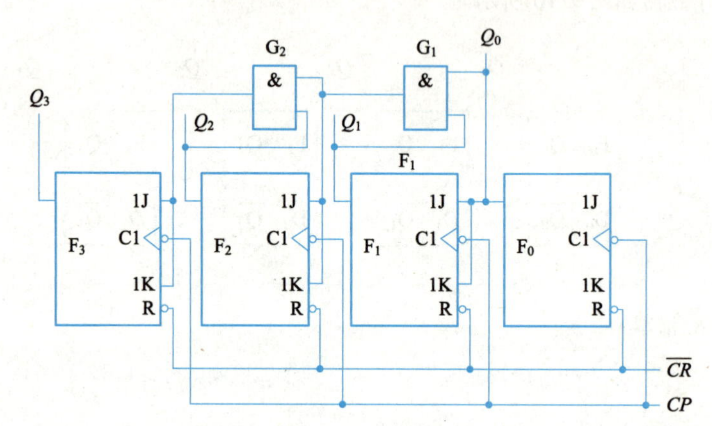

图 9.11　JK 触发器构成的 4 位同步二进制加法计数器

将各触发器的现态代入状态方程，可得到该逻辑电路的次态值，见表 9.3。

表 9.3　同步二进制加法计数器状态真值表

时钟脉冲顺序	现态				次态			
CP	Q_3	Q_2	Q_1	Q_0	Q_3^*	Q_2^*	Q_1^*	Q_0^*
1	0	0	0	0	0	0	0	1
2	0	0	0	1	0	0	1	0
3	0	0	1	0	0	0	1	1
4	0	0	1	1	0	1	0	0
5	0	1	0	0	0	1	0	1
6	0	1	0	1	0	1	1	0
7	0	1	1	0	0	1	1	1
8	0	1	1	1	1	0	0	0
9	1	0	0	0	1	0	0	1
10	1	0	0	1	1	0	1	0
11	1	0	1	0	1	0	1	1
12	1	0	1	1	1	1	0	0
13	1	1	0	0	1	1	0	1
14	1	1	0	1	1	1	1	0
15	1	1	1	0	1	1	1	1
16	1	1	1	1	0	0	0	0

学习笔记

4. 同步二进制减法计数器

同步二进制减法计数器能够完成从 1111 到 0000 的计数，且对于 0000 状态来说，减 1 后要跳到 1111 状态，共 16 种状态。由下降沿触发的 JK 触发器和二输入与门 G_1、G_2 组成的 4 位同步二进制减法计数器如图 9.12 所示。

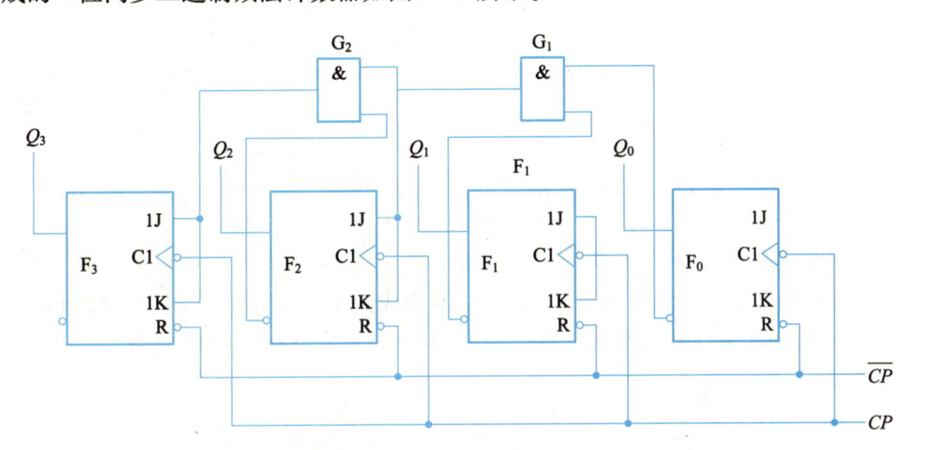

图 9.12　由 JK 触发器和二输入与门构成的 4 位同步二进制减法计数器

5. 可逆计数器

既能作加法计数又能作减法计数的计数器称为可逆计数器。将前面介绍的 4 位二进制同步加法计数器和减法计数器合并起来，并引入一加/减控制信号 X 便构成了 4 位二进制同步可逆计数器。当控制信号 $X=1$ 时，$F_1 \sim F_3$ 中的各 J、K 端分别与低位各触发器的 Q 端相连，作加法计数；当控制信号 $X=0$ 时，$F_1 \sim F_3$ 中的各 J、K 端分别与低位各触发器的 Q 端相连，作减法计数，实现可逆计数器的功能。

（二）十进制计数器

视频

十进制计数器

在许多场合，人们习惯使用十进制进行计数，在数字仪表中为了显示读数的方便也常采用十进制。十进制有 0～9 共 10 个数码，由于 4 位二进制可以表示 16 个状态，因此可以用 4 位二进制数表示 1 位十进制数，最常用的二-十进制编码是 8421BCD 码，取 16 个编码中的前 10 个状态 0000～1001 分别表示十进制的 0～9 十个数码。十进制数的 8421BCD 编码见表 9.4，编码名称中的 8、4、2、1 表示编码中每位数的“权”。二-十进制的编码方式，还有其他类型，如 5421BCD 编码等。

表 9.4　十进制数的 8421BCD 编码

脉冲顺序 CP	二进制数码				对应的十进制数码
	Q_3	Q_2	Q_1	Q_0	
0	0	0	0	0	0
1	0	0	0	1	1
2	0	0	1	0	2
3	0	0	1	1	3
4	0	1	0	0	4

学习笔记

续表

脉冲顺序 CP	二进制数码				对应的十进制数码
	Q_3	Q_2	Q_1	Q_0	
5	0	1	0	1	5
6	0	1	1	0	6
7	0	1	1	1	7
8	1	0	0	0	8
9	1	0	0	1	9

1. 异步十进制计数器

图9.13所示为由下降沿触发的JK触发器构成的1位异步十进制加法计数器。它是在异步二进制加法计数器基础上变化得来的，能够完成0000～1111计数。

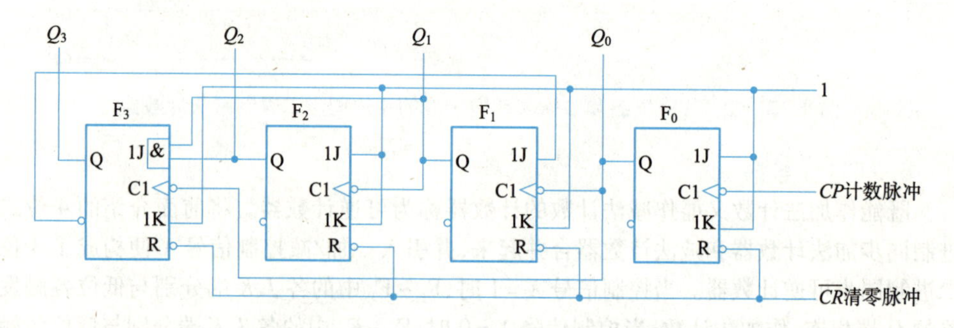

图9.13　由JK触发器构成的1位异步十进制加法计数器

在计数脉冲输入前，先在$\overline{CR}$端加入负脉冲清零，使$Q_3Q_2Q_1Q_0$初态变为0000，然后$\overline{CR}$恢复高电平。状态转换真值表见表9.5。

时钟方程为
$$\begin{cases} CP_3 = Q_0 \\ CP_2 = Q_1 \\ CP_1 = Q_0 \\ CP_0 = CP \end{cases}$$

驱动方程为
$$\begin{cases} J_0 = 1 & K_0 = 1 \\ J_1 = \overline{Q_3} & K_1 = 1 \\ J_2 = 1 & K_2 = 1 \\ J_3 = Q_2Q_1 & K_3 = 1 \end{cases}$$

状态方程为
$$\begin{cases} Q_0^* = J_0\,\overline{Q_0} + \overline{K_0}Q_0 = \overline{Q_0} \\ Q_1^* = J_1\,\overline{Q_1} + \overline{K_1}Q_1 = \overline{Q_3}\;\overline{Q_1} \\ Q_2^* = J_2\,\overline{Q_2} + \overline{K_2}Q_2 = \overline{Q_2} \\ Q_3^* = J_3\,\overline{Q_3} + \overline{K_3}Q_3 = Q_1Q_2\,\overline{Q_3} \end{cases}$$

表 9.5　由 JK 触发器构成的 1 位异步十进制加法计数器的状态转换真值表

时钟条件				现态				次态			
CP_3	CP_2	CP_1	CP_0	Q_3	Q_2	Q_1	Q_0	Q_3^*	Q_2^*	Q_1^*	Q_0^*
			↓	0	0	0	0	0	0	0	1
↓		↓	↓	0	0	0	1	0	0	1	0
			↓	0	0	1	0	0	0	1	1
↓	↓	↓	↓	0	0	1	1	0	1	0	0
			↓	0	1	0	0	0	1	0	1
↓		↓	↓	0	1	0	1	0	1	1	0
			↓	0	1	1	0	0	1	1	1
↓	↓	↓	↓	0	1	1	1	1	0	0	0
			↓	1	0	0	0	1	0	0	1
↓		↓	↓	1	0	0	1	0	0	0	0

状态转换图如图 9.14 所示，时序图如图 9.15 所示。

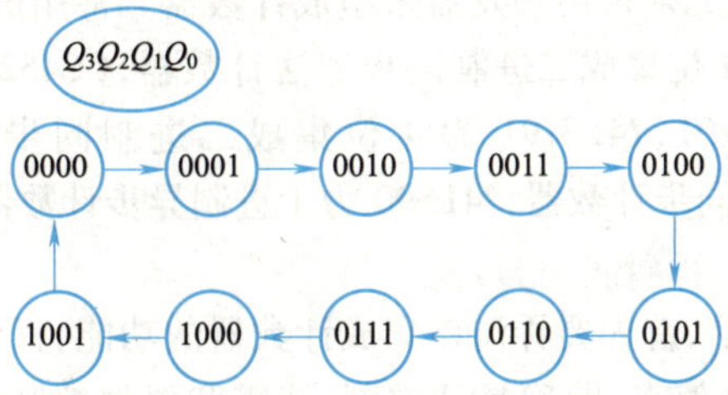

$Q_3Q_2Q_1Q_0$
0000 0001 0010 0011 0100
1001 1000 0111 0110 0101

图 9.14　由 JK 触发器构成的 1 位异步十进制加法计数器状态转换图

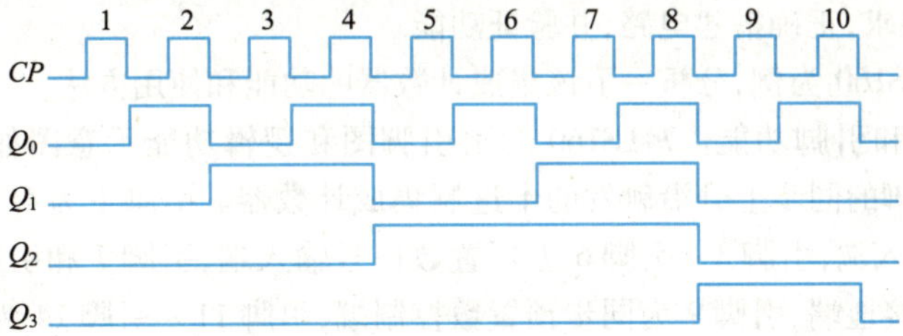

1 2 3 4 5 6 7 8 9 10
CP
Q_0
Q_1
Q_2
Q_3

图 9.15　由 JK 触发器构成的 1 位异步十进制加法计数器时序图

在上面的十进制计数器中，由于电路中有 4 个触发器，它们的状态组合共有 16 种。而在计数器中只用了 10 种，把这 10 种状态称为有效状态，其余 6 种状态称为无效状态。当由于某种原因使计数器进入无效状态时，如果能在时钟信号作用下，最终进入有效状态，就称该电路具有自启动能力。显然上述计数器能够自启动。

类似地，可由异步二进制减法计数器变化得到异步十进制减法计数器，读者可以自行完成。

2. 同步十进制计数器

图 9.16 所示为由下降沿触发的 JK 触发器构成的 1 位同步十进制加法计数器。它也是在同步二进制加法计数器基础上变化得来的，能够完成 0000 ~ 1111 计数。

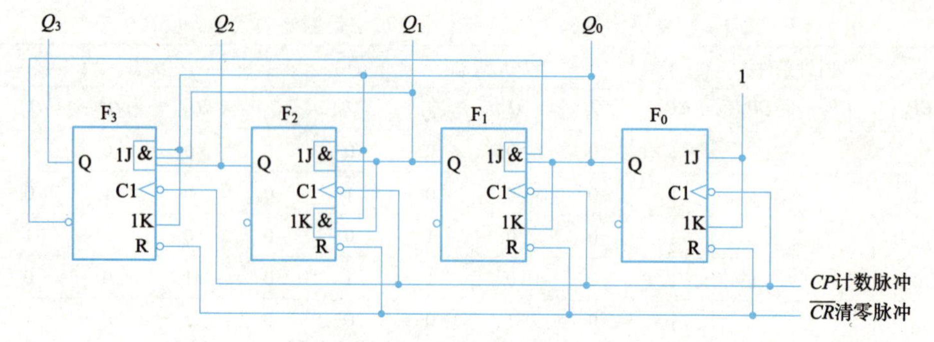

图 9.16　由 JK 触发器构成的 1 位同步十进制加法计数器

同样地，可以通过写驱动方程、状态方程，然后把电路现态的各种取值代入状态方程中进行计算，得到电路相应的次态，便可以列出状态转换真值表，画出状态转换图和时序图，进而总结出同步十进制加法计数的计数器规律和功能。

视频

集成计数器

（三）集成计数器及应用

计数器在控制、分频、测量等电路中应用十分广泛，在实际应用中一般有各种类型的集成计数器可供使用，无须再用触发器来组成计数器。常用的集成计数器种类很多，如 74LS161、74LS163 为 4 位集成二进制同步加法计数器，CC4520 为双 4 位集成二进制同步加法计数器，74LS191、74LS191 为 4 位集成二进制同步可逆计数器，74LS160、74LS1162 为集成十进制同步计数器，74LS90 为十进制异步计数器。

1. 集成计数器的功能和使用方法

集成计数器在使用前，首先要弄清该集成计数器的功能，仔细阅读引脚图并了解各引脚的作用；阅读功能真值表，明确是几进制、清零和置数控制方式、时钟触发方式、触发类型等等。然后对照功能真值表，分析集成计数器的工作原理和控制思路。最后根据具体的应用要求，正确搭建电路，并验证功能。

下面以 74LS160 为例，分析一下该集成计数器的功能和使用方法。

（1）引脚图和引脚功能。74LS160 的引引脚图和逻辑功能示意图如图 9.17 所示。它是一个 16 引脚的同步上升沿触发的十进制集成计数器。引脚 1 为直接清零端，引脚 2 为时钟脉冲输入端，引脚 3 ~ 引脚 6 为预置数信号输入端，引脚 7 和引脚 10 为输入使能端，引脚 8 为接地端，引脚 9 为同步预置数控制端，引脚 11 ~ 引脚 14 为从高位到低位的数据输出端，引脚 15 为进位输出端，引脚 16 为电源端。

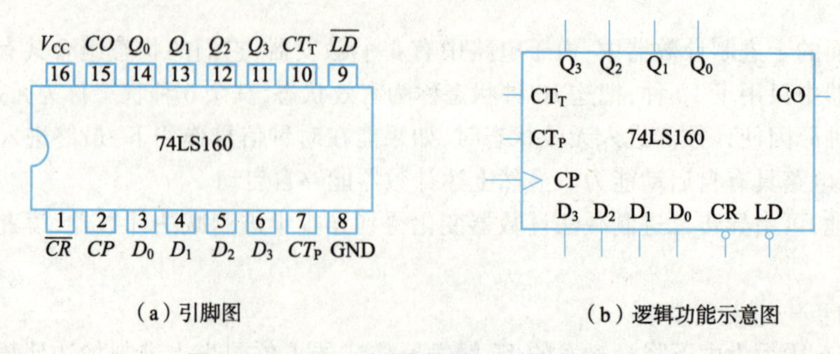

（a）引脚图　　（b）逻辑功能示意图

图 9.17　74LS160 引脚图和逻辑功能示意图

(2)功能真值表。74LS160 功能真值表见表9.6。

表9.6　74LS160 功能真值表

输入									输出			
$\overline{CR}$	$\overline{LD}$	CT_P	CT_T	CP	D_3	D_2	D_1	D_0	Q_3	Q_2	Q_1	Q_0
0	×	×	×	×	×	×	×	×	0	0	0	0
1	0	×	×	↑	d_3	d_2	d_1	d_0	d_3	d_2	d_1	d_0
1	1	1	1	↑	×	×	×	×	加法计数			
1	1	0	×	×	×	×	×	×	保持			
1	1	×	0	×	×	×	×	×	保持			

注:表中 $d_0 \sim d_3$ 为输入数据。

(3)功能分析。由表9.6可以看出,74LS160 集成芯片的控制输入端与电路功能之间的关系如下:

(1)当$\overline{CR}=0$时,计数器清零,无论其他输入端如何,$Q_3Q_2Q_1Q_0=0000$。

(2)当$\overline{CR}=1$、$\overline{LD}=0$时,进行预置数,若输入数据为$d_0 \sim d_3$,则 CP 上升沿到来后,存入数码,即 $Q_3Q_2Q_1Q_0=d_3d_2d_1d_0$。此时电路功能为同步预置数。

(3)当$\overline{CR}=\overline{LD}=1$,且 $CT_P=CT_T=1$ 时,计数器执行加法计数,满十从 CO 端送出正跳变进位脉冲。

(4)当$\overline{CR}=\overline{LD}=1$,$CT_P$ 或 CT_T 中有一个是低电平时,计数器输出 $Q_3Q_2Q_1Q_0$ 保持不变。

2. 集成计数器的级联

计数器的级联就是计数器的扩展使用。集成计数器可以很方便地实现级联。如果某单片计数器的模为 M,则多片级联后的计数器容量为每片的模相乘。还是以 74LS160 为例,介绍其级联应用。

1 片 74LS16 只能计 1 位十进制数,即模为 10,如果要构成一个模为 100(计数范围为 0~99)的计数器,可以将 2 片 74LS160 串联起来,如图9.18所示。低位的进位端 CO 接到高位的 CT_P 和 CT_T,只有低位片有进位输出,高位片才能计数。同理,若想得到模为 1000 的计数器,可将 3 片 74LS160 串联起来。

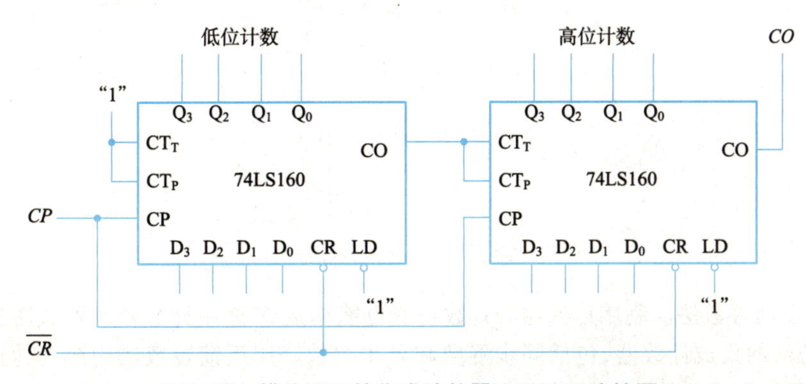

图9.18　模为100的集成计数器74LS160连接图

学习笔记

如果是异步计数器,一般没有专门的进位信号输出端,在进行级联时可以用本级的高位输出信号驱动下一级计数器计数。

3. 集成计数器构成任意进制计数器

在实际生产中,企业往往只生产常用进制的计数器,当需要其他类型进制数的计数器时,通常可以使用已有的计数器通过不同方式的外接电路来实现。集成计数器有集成异步计数器和集成同步计数器,其中集成同步计数器为主流产品。由于计数器的置零和置数也有异步和同步之分,可以利用计数器的功能很方便地构成任意进制计数器。

利用已有的集成计数器构成任意进制计数器时,要设法跳过某些状态,比如前面介绍的1位十进制计数器就是利用4位二进制计数器跳过了6个状态,在1001状态直接返回到了0000状态重新计数。不过由于集成计数器的模已确定,想要跳过某些状态就要添加外电路来实现。常用的方法有反馈置零法(复位法)和反馈置数法(置位法)。

(1)反馈置零法。反馈置零法适用于具有置零端的集成计数器,包括同步置零和异步置零。置零法的基本原理是:假如要用M进制的计数器构建N进制计数器,当计数器从初始状态接收了N计数脉冲后进入S_N状态,利用S_N状态产生一个置零信号,并加载到计数器的置零端,那么计数器就会立即返回到初始状态并重新开始计数,这样就跳过了$N-M$个状态而得到了N进制计数器。S_N状态只是极短时间出现,并不包含在有效循环中。

下面以集成计数器74LS160为例,介绍集成计数器74LS160异步置零法构成六进制计数器。

连接方法如图9.19所示。设计数器初始状态从0000开始,此时由于74LS160的CT_P、CT_T、$\overline{CR}$和$\overline{LD}$均接高电平,因此74LS160工作在计数状态。当接收6个计数脉冲后,进入到0110状态,Q_1、Q_2为高电平,输入到与非门G,从而产生低电平信号并送到$\overline{CR}$置零端,使得计数器清零回到0000状态,重新开始计数。因为0110状态只是短暂出现,所以并不是稳定有效循环,全部计数状态为0000~0101,共6个状态,实现了六进制计数。

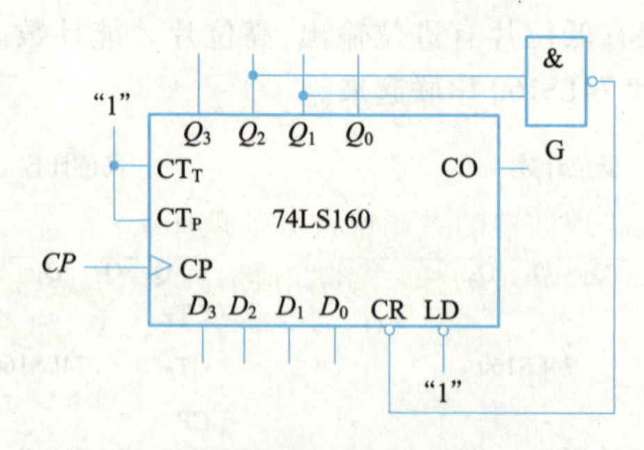

图9.19 异步置零法构成六进制计数器

(2)反馈置数法。利用计数器的置数功能也能构成N进制计数器。置数法适用于具有置位端的集成计数器,包括同步置数和异步置数。用反馈置数法构成其他进制计数器时,要根据预置数和计数器的进制大小来选择反馈信号,并且其并行数据输入端必须接入计数起始数据。不同之处在于:利用异步置数控制端构成N进制计数器时,应在

学习笔记

输入第 N 个计数脉冲后，将计数器输出中的高电平通过反馈控制电路产生一个置数信号加到置数控制端上，使计数器返回到初始预置状态；而利用同步置数控制端构成 N 进制计数器时，应在输入第 $N-1$ 个计数脉冲后，用计数器输出中的高电平来反馈置数函数，在输入第 N 个计数脉冲时，计数器返回到初始预置状态，实现 N 进制计数。

下面以集成计数器74LS160为例，介绍集成计数器74LS160同步置数法构成七进制计数器。

连接方法如图9.20所示。设计数器初始状态从0000开始，将并行数据输入 $D_3D_2D_1D_0$ 接入起始数据0000（接地），此时由于74LS160的 CT_P、CT_T、$\overline{CR}$和$\overline{LD}$均接高电平，因此74LS160工作在计数状态。当接收6个计数脉冲后，进入0110状态，Q_1、Q_2 为高电平，输入与非门G，从而产生低电平信号并送到$\overline{LD}$置数端，使得计数器同步置数，当第7个计数脉冲到达时，计数器返回到初始预置状态，实现了七进制计数。

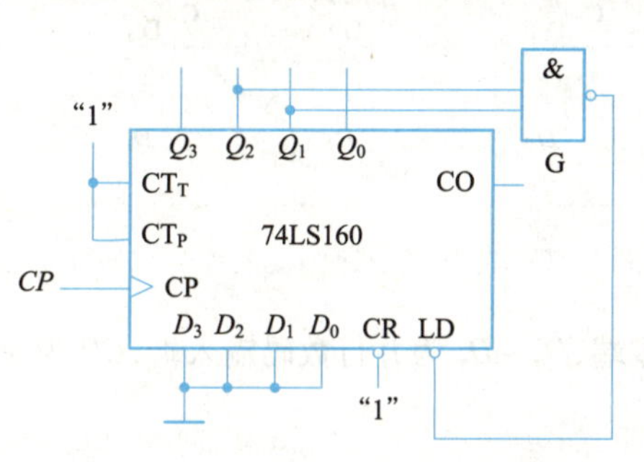

图9.20　同步置数法构成七进制计数器

用同步置零端或置数端构成 N 进制计数器的思路和步骤为：首先写出状态 S_{N-1} 的二进制代码，然后推算归零逻辑，即求同步置零端或置数端控制信号的逻辑表达式，最后进行连线。

用异步置零端或置数端构成 N 进制计数器的思路和步骤为：首先写出状态 S_N 的二进制代码，然后推算归零逻辑，即求异步置零端或置数端控制信号的逻辑表达式，最后进行连线。

想一想：

（1）计数器的基本功能是什么？同步计数器和异步计数器的主要区别和各自优缺点有哪些？

（2）加法计数器和减法计数器的主要特点分别是什么？

（3）集成计数器的反馈置零法的异步置零和同步置零构成任意进制计数器时的主要区别在哪里？

（4）集成计数器的反馈置数法的异步置数和同步置数构成任意进制计数器时的主要区别在哪里？

三、寄存器

寄存器是一种重要的数字逻辑部件，常用来存放数码、运行结果或指令。由于一个寄存器可以存储1位二进制代码0或1，因此 n 个触发器可以存放 n 位二进制代码，常用的寄存器有4位、8位和16位等。寄存器分为数码寄存器和移位寄存器。

学习笔记

视频

数码寄存器

(一)数码寄存器

数码寄存器是一种能够存放二进制数码的电路,它具有接收、存放和清除原有数码的功能。

图9.21是由4个D触发器构成的4位数码寄存器的逻辑图。4个触发器的时钟脉冲连在一起,作为接收数码的控制端。$D_0 \sim D_3$ 是寄存器并行的数据输入端,输入4位二进制数码;$Q_0 \sim Q_3$ 是寄存器并行的数据输出端。各触发器的直接置零端接到一起,作为总置零端$\overline{R_D}$。

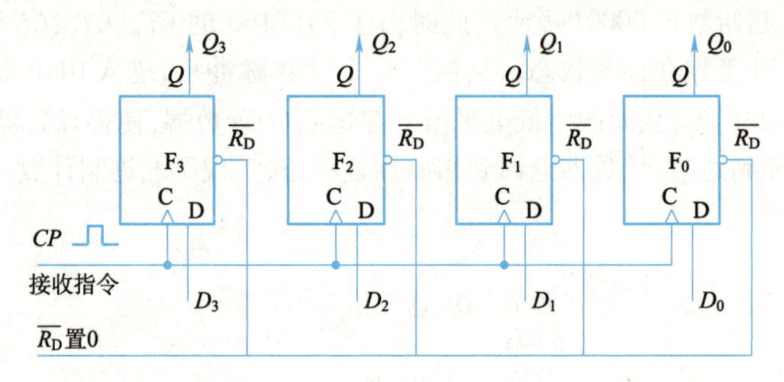

图9.21 由D触发器构成的4位数码寄存器

图9.21中$\overline{R_D}$为置零端,$D_0 \sim D_3$ 为并行数码输入端,CP 为时钟脉冲端,$Q_0 \sim Q_3$ 为并行数码输出端。

其工作过程为:

(1)清除数码。当置零端$\overline{R_D}=0$时,触发器 $F_0 \sim F_3$ 同时被置零,原来的数码被清除。

(2)接收数码。寄存器工作时,$\overline{R_D}$为高电平1。当时钟脉冲上升沿到达时,输入数码 $D_0 \sim D_3$ 并行置入触发器 $F_0 \sim F_3$ 中,使得4个触发器的输出分别 $Q_3Q_2Q_1Q_0 = D_3D_2D_1D_0$。

(3)存放数码。当时钟脉冲消失后,只要$\overline{R_D}=1$,各触发器的状态就保持不变。当需要这组数据时,可以直接从 $Q_3Q_2Q_1Q_0$ 端读出。

由于该寄存器能同时输入各位数码,同时输出各位数码,又称并行输入、并行输出数码寄存器。数码寄存器只能并行送入数据,需要时也只能并行输出。

视频

移位寄存器

(二)移位寄存器

移位寄存器不仅能够存储数码,而且在移位脉冲(时钟脉冲)的作用下,寄存器中的数码可以根据需要向左或向右移位。移位寄存器分为单向移位寄存器和双向移位寄存器。移位寄存器中的数据既可以并行输入、并行输出,也可以串行输入、串行输出,还可并行输入、串行输出,串行输入、并行输出,十分灵活,用途很广泛。

1. 单向移位寄存器

单向移位寄存器分为左移寄存器和右移寄存器两类,它们的工作原理相同。下面以右移寄存器为例来说明。图9.22是由4个D触发器构成的4位右移寄存器逻辑图。

时钟方程为 $CP_0 = CP_1 = CP_2 = CP_3 = CP$

驱动方程为$\begin{cases} D_0 = D_{SR} \\ D_1 = Q_0 \\ D_2 = Q_1 \\ D_3 = Q_2 \end{cases}$

学习笔记

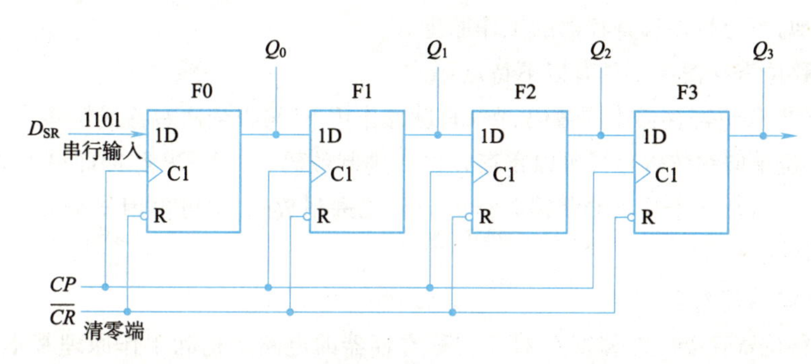

图 9.22　由 D 触发器构成的 4 位右移寄存器

状态方程为 $\begin{cases} Q_0^* = D_{SR} \\ Q_1^* = Q_0 \\ Q_2^* = Q_1 \\ Q_3^* = Q_2 \end{cases}$

从方程中可以看出，从 CP 上升沿达到开始到输出端新状态的建立需要一段传输延迟时间。因此，当 CP 上升沿同时作用于所有触发器时，只有 F_0 接收了寄存器数据输入端 D_{SR} 的代码，其他输入端 D 的状态来不及改变，F_1 按 Q_0 原来的状态翻转，F_2 按 Q_1 原来的状态翻转，F_3 按 Q_2 原来的状态翻转，相当于移位寄存器里原有的代码依次右移了 1 位。

在时钟脉冲作用下，将现态代入到状态方程进行计算，可得出 D 触发器构成的 4 位右移寄存器的工作过程为：寄存器要先清零，使 $\overline{CR}=0$ 时，则 $Q_0Q_1Q_2Q_3=0000$，然后 $\overline{CR}$ 置 1。假设输入数码为 1101，当第 1 个 CP 脉冲上升沿到来时，第 1 位数码进入 F_0，即 $Q_0=1$，则 $Q_0Q_1Q_2Q_3=1000$；当第 2 个 CP 脉冲上升沿到来时，第 2 位数码进入 F_0 中，即 $Q_0=1$，同时 F_0 原来的数码进入 F_1 中，即 $Q_1=1$，于是 $Q_0Q_1Q_2Q_3=1100$；当第 3 个 CP 脉冲上升沿到来时，第 3 位数码进入 F_0 中，即 $Q_0=0$，同时 F_0 原来的数码进入 F_1 中，F_1 原来的数码进入 F_2 中，于是 $Q_0Q_1Q_2Q_3=0110$；同理，第 4 个 CP 脉冲上升沿到来时，第 4 位数码进入 F_0 中，$Q_0Q_1Q_2Q_3=1011$，完成了数码的寄存。将上述串行输入数码右移寄存过程列于表 9.7 中。

表 9.7　4 位右移寄存器状态真值表

CP 顺序	输入	输出				移动过程
	D_{SR}	Q_0	Q_1	Q_2	Q_3	
0	0	0	0	0	0	清零
1	1	1	0	0	0	右移 1 位
2	1	1	1	0	0	右移 2 位
3	0	0	1	1	0	右移 3 位
4	1	1	0	1	1	右移 4 位

学习笔记

类似地，可分析左移寄存器的工作原理。

单向移位寄存器主要具有以下特点：

(1)单向移位寄存器中的数码，在 CP 脉冲作用下，可以依次右移或左移。

(2)n 位单向移位寄存器可以寄存 n 位二进制数码。n 个 CP 脉冲即可完成串行输入工作，此后可从 n 个输出端获得并行的 n 位二进制数码，也可再用 n 个 CP 脉冲实现串行输出。

2. 双向移位寄存器

单向移位寄存器中左移寄存器和右移寄存器的电路结构和工作原理基本相同，如果加入一些控制电路和控制信号，就可以将右移寄存器和左移寄存器结合在一起，构成双向移位寄存器。即在移位信号的作用下，电路既可以实现右移，又可以实现左移，同时还附有保持、异步清零等功能。

下面以集成双向移位寄存器 74LS194 为例，介绍一下其引脚和功能。

(1)引脚图和引脚功能。74LS194 引脚图如图 9.23 所示。它是一个由 4 个 D 触发器组成的功能强大的 4 位双向移位寄存器。16 个引脚中，引脚 1 为异步清零端，引脚 2 和引脚 7 分别为右移和左移串行输入端，引脚 3 ~ 引脚 6 为并行数据输入端，引脚 8 为接地端，引脚 9 和引脚 10 为使能控制端，引脚 11 为时钟脉冲端，引脚 12 ~ 引脚 15 为从高位到低位的数据输出端，引脚 16 为电源端。

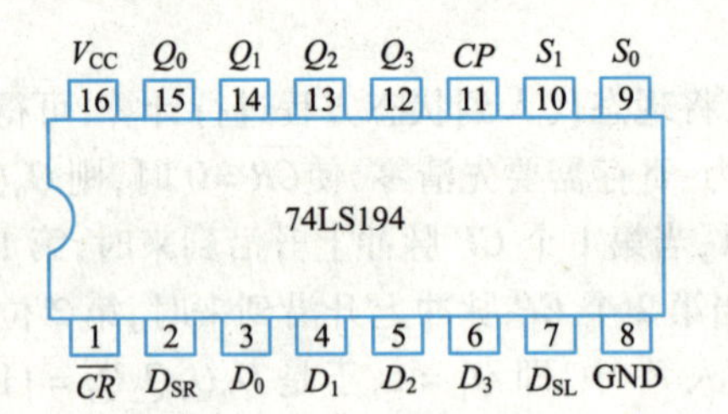

图 9.23　集成双向移位寄存器 74LS194 引脚图

(2)功能真值表。74LS194 功能真值表见表 9.8。

表 9.8　74LS160 功能真值表

输入										输出				功能
清零	控制		串行输入		时钟	并行输入				Q_0	Q_1	Q_2	Q_3	
$\overline{CR}$	S_0	S_1	D_{SL}	D_{SR}	CP	D_0	D_1	D_2	D_3					
0	×	×	×	×	×	×	×	×	×	0	0	0	0	清零
1	0	0	×	×	×	×	×	×	×	Q_0	Q_1	Q_2	Q_3	保持
1	0	1	×	1	↑	×	×	×	×	1	Q_0	Q_1	Q_2	右移，D_{SR} 为串行输入，Q_3 为串行输出
1	0	1	×	0	↑	×	×	×	×	0	Q_0	Q_1	Q_2	

续表

输入										输出				功能
清零	控制		串行输入		时钟	并行输入				Q_0	Q_1	Q_2	Q_3	
$\overline{CR}$	S_0	S_1	D_{SL}	D_{SR}	CP	D_0	D_1	D_2	D_3					
1	1	0	1	×	↑	×	×	×	×	Q_1	Q_2	Q_3	1	左移,D_{SL}为串行输入,Q_3为串行输出
1	1	0	0	×	↑	×	×	×	×	Q_1	Q_2	Q_3	0	
1	1	1	×	×	↑	d_0	d_1	d_2	d_3	d_0	d_1	d_2	d_3	并行置数

(3)功能分析。由表9.8可以看出,74LS194的主要功能如下:

①置零功能。当$\overline{CR}=0$时,双向移位寄存器置零,$Q_0Q_1Q_2Q_3=0000$。

②保持功能。当$\overline{CR}=1$,$CP=0$时,或$\overline{CR}=1$,$S_0S_1=00$时,双向移位寄存器保持原状态不变。

③并行置数功能。当$\overline{CR}=1$,$S_0S_1=11$时,在CP上升沿作用下,使得$D_0\sim D_3$端输入数码并行送入寄存器。

④右移串行输入。$\overline{CR}=1$,$S_0S_1=10$时,在CP上升沿作用下,执行右移功能,D_{SR}输入的数码依次送入寄存器。

⑤左移串行输入。$\overline{CR}=1$,$S_0S_1=01$时,在CP上升沿作用下,执行左移功能,D_{SL}输入的数码依次送入寄存器。

(三)移位寄存器的应用

移位寄存器可以用来组成环形计数器、扭环形计数器、分频器等时序逻辑电路。

如果将右移寄存器的串行输出端和右移串行数据输入端相连,便构成右移环形计数器,反之如果将左移寄存器的串行输出端和左移串行数据输入端相连,便构成左移环形计数器。

如果移位寄存器第N个输出端通过反相器加到右移串行数据输入端D_{SR}上,则构成$2N$进制扭环形计数器,即偶数分频器。如果移位寄存器第N个、第$N-1$个输出端通过与非门加到右移串行数据输入端D_{SR}上,则构成$2N-1$进制扭环形计数器,即奇数分频器。

图9.24所示为是用74LS194集成双向移位寄存器构成的环形脉冲分配器。它可以使一个矩形脉冲,按一定的顺序在输出端$Q_0\sim Q_3$之间,轮流分配反复循环地输出。其工作原理如下:

(1)工作前,使$S_1S_0=11$,$\overline{CR}=1$,此时电路处于并行输入状态,当CP的上升沿到来时,$Q_0Q_1Q_2Q_3=1000$。

(2)工作时,使$S_1S_0=01$,$\overline{CR}=1$,此时电路处于右移状态,当CP的上升沿到来时,$Q_0Q_1Q_2Q_3=1000$。

第1个CP:$Q_0Q_1Q_2Q_3=0100$,$D_{SR}=Q_3=0$。

第2个CP:$Q_0Q_1Q_2Q_3=0010$,$D_{SR}=Q_3=0$。

第3个CP:$Q_0Q_1Q_2Q_3=0001$,$D_{SR}=Q_3=1$。

第4个CP:$Q_0Q_1Q_2Q_3=1000$,回到初始状态。

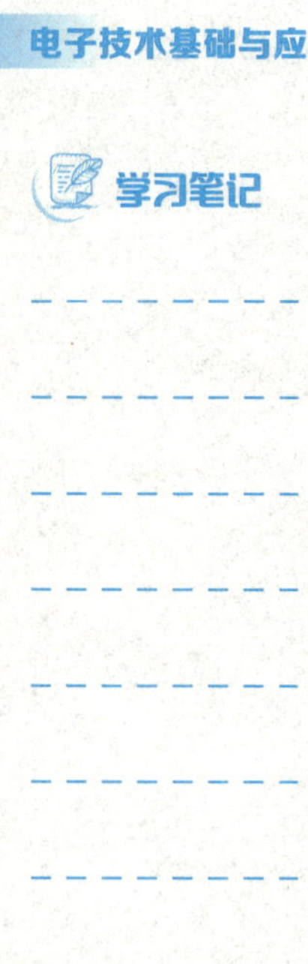

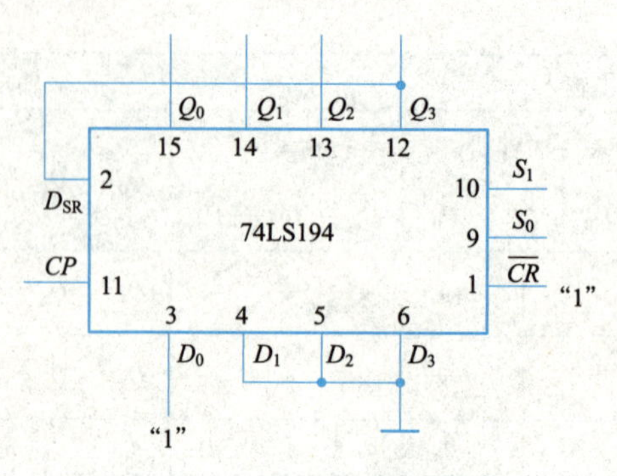

图 9.24　环形脉冲分配器

想一想：

(1)如果要寄存 8 位二进制数码,通常需要几个触发器来构成寄存器?

(2)数码寄存器和移位寄存器有什么区别?

(3)如何用 JK 触发器构成一个单向移位寄存器?

(4)什么是寄存器的并行输入、串行输入、并行输出、串行输出?

项目实践

任务 9.1　四人抢答器的安装与测试

(一)实践目标

(1)了解 74LS175 芯片的内部结构与引脚分布。

(2)掌握 D 触发器的逻辑功能和应用常识。

(3)会用触发器设计简单的时序逻辑电路。

(二)实践设备和材料

(1)焊接工具及材料、直流可调稳压电源、数字示波器、低频数字信号发生器、万用表、连孔板等。

(2)所需元器件见表 9.9。

表 9.9　四人抢答器电路元器件清单

序号	名称	文字符号	规格	数量
1	集成块	U1	74LS175	1
2	集成块	U2	74LS00	1
3	6×6 轻触按钮	S1、S2、S3、S4、S5	6 mm×6 mm	5
4	LED 发光二极管	LED1、LED2、LED3、LED4	ϕ3 红色	4
5	电阻	R1、R2、R4、R5、R6	10 kΩ	5
6	电阻	R3	270 Ω	1
7	二极管	D1、D2、D3、D4	1N4148	4
8	连孔板		8.3 cm×5.2 cm	1
9	单股导线		0.5 mm×200 mm	若干

学习笔记

(三)实践过程

1. 清点与检查元器件

按表9.9所示清点元器件。根据图9.25,对元器件进行检查,看有无损坏的元器件,如果有立即进行更换,将元器件的检测结果记录在表9.10中。

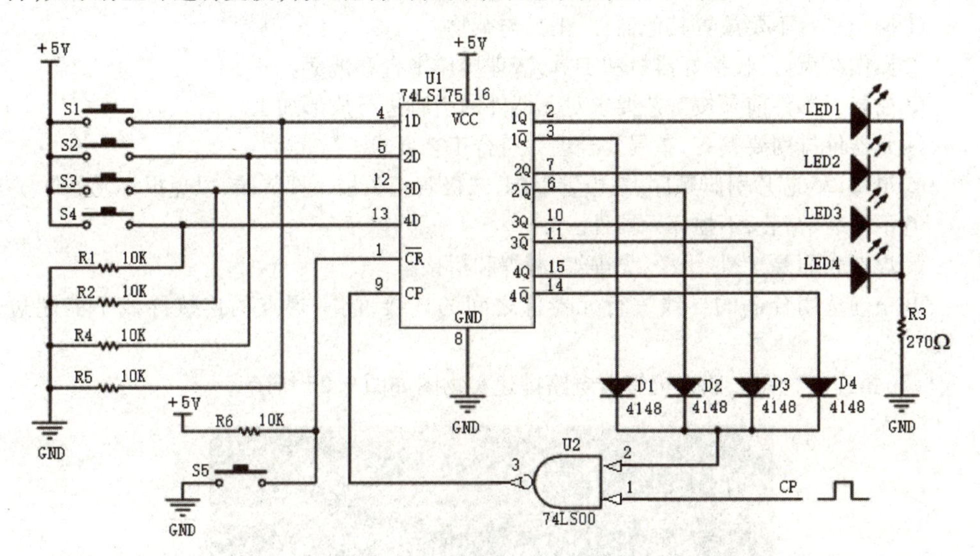

图9.25　四人抢答器电原理图

表9.10　元器件检测记录表

序号	名称	文字符号	元器件检测结果
1	集成块	U1	型号是________
2	集成块	U2	型号是________
3	LED发光二极管	LED1、LED2、LED3、LED4	长引脚为________极,检测时应选用的万用表挡位是________________,红表笔接二极管________极测量时,可使它微弱发光
4	电阻	R1、R2、R4、R5、R6	测量值为________________kΩ,选用的万用表挡位是________
5	电阻	R3	测量值为________________kΩ,选用的万用表挡位是________
6	二极管	D1、D2、D3、D4	检测质量时,应选用的万用表挡位是______________;正向导通时黑表笔接的是________极,所测得的阻值是________

2. 电路搭建

(1)搭建步骤:

①按图9.25在印制电路板上对元器件进行合理的布局。

②按照元器件的插装顺序依次插装元器件。

学习笔记

③按焊接工艺要求对元器件进行焊接,直到所有元器件焊完为止。

④将元器件之间用导线进行连接。

⑤焊接电源输入线和信号输入、输出引线。

(2)搭建注意事项:

①操作平台不要放置其他器件、工具与杂物。

②操作结束后,收拾好器材和工具,清理操作平台和地面。

③插装元器件前须按工艺要求对元器件的引脚进行成形加工。

④元器件排列要整齐,布局要合理并符合工艺要求。

⑤74LS175 芯片引脚顺序、三极管引脚、二极管正负极不要弄错,以免损坏元器件。

⑥不漏装、错装,不损坏元器件。

⑦焊点表面要光滑、干净,无虚焊、漏焊和桥接。

⑧正确选用合适的导线进行元器件之间的连接,同一焊点的连接导线不能超过 2 根。

(3)搭建实物图。四人抢答器电路搭建实物图如图 9.26 所示。

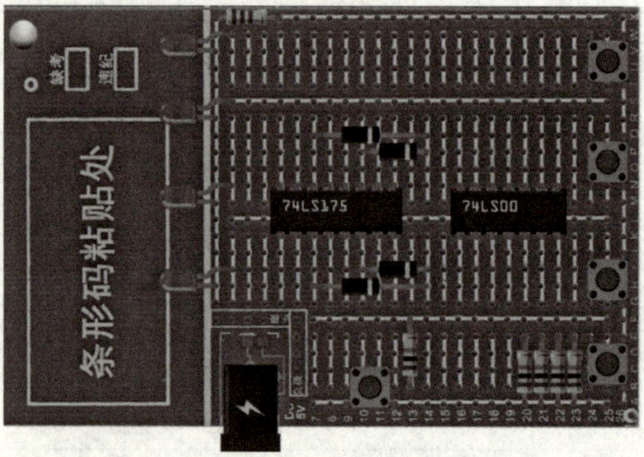

图 9.26　四人抢答器电路搭建实物图

3. 电路通电及测试

装接完毕,检查无误后,用万用表测量电路的电源两端有无短路,电路正常方可接入 5 V 直流电源。在加入电源时,注意电源与电路板极性一定要连接正确。当加入电源后,观察电路有无异常现象,若有,立即断电,对电路进行检查。

(1)检测四人抢答器电路功能是否正常,并将测试结果填写在表 9.11 中。

表 9.11　四人抢答器电路测试结果

开关	开关状态	二极管状态				四人抢答器的功能
		LED1	LED2	LED3	LED4	
S1	接通					
	断开					
S2	接通					
	断开					

学习笔记

续表

开关	开关状态	二极管状态				四人抢答器的功能
		LED1	LED2	LED3	LED4	
S3	接通					
	断开					
S4	接通					
	断开					
S5	接通					
	断开					

(2)结合所学理论知识,分析该电路的工作过程。

合上开关S5后,74LS175的1引脚输入________,2引脚输出________,7引脚输出________,10引脚输出________,15引脚输出________,此时熄灭的二极管为________。

合上开关S1后,74LS175的4引脚输入________,2引脚输出________,7引脚输出________,10引脚输出________,15引脚输出________,此时点亮的二极管为________。

想一想:

74LS175芯片是何种芯片?画出其引脚图并说明各引脚的功能。

任务9.2　双向移位寄存器电路分析与测试

(一)实践目标

(1)掌握74HC194双向移位寄存器的基本功能和引脚排列。

(2)掌握74HC194双向移位寄存器模块电路的搭建和调试方法。

(二)实践设备和材料

(1)模块:双向移位寄存器模块、电源模块。

(2)仪器:万用表、数字示波器。

本实践任务双向移位寄存器模块中的核心芯片74HC194是由D触发器构成的4位双向移位寄存器,它的引脚名称和功能见表9.12。

表9.12　74HC194引脚说明

引脚序号	符号	功能及名称
1	$\overline{CLR}$	异步复位输入(低电平有效)
2	SR	串行数据输入(右移)
3、4、5、6	A、B、C、D	并行数据输入
7	SL	串行数据输入(左移)
8、16	GND、VCC	地、电源
9、10	S0、S1	模式控制端口
11	CLK	时钟输入(低到高边沿触发)
15、14、13、12	QA、QB、QC、QD	并行数据输出

学习笔记

(三)实践过程

1. 双向移位寄存器原理图识读

图 9.27 所示为双向移位寄存器的电路原理图。

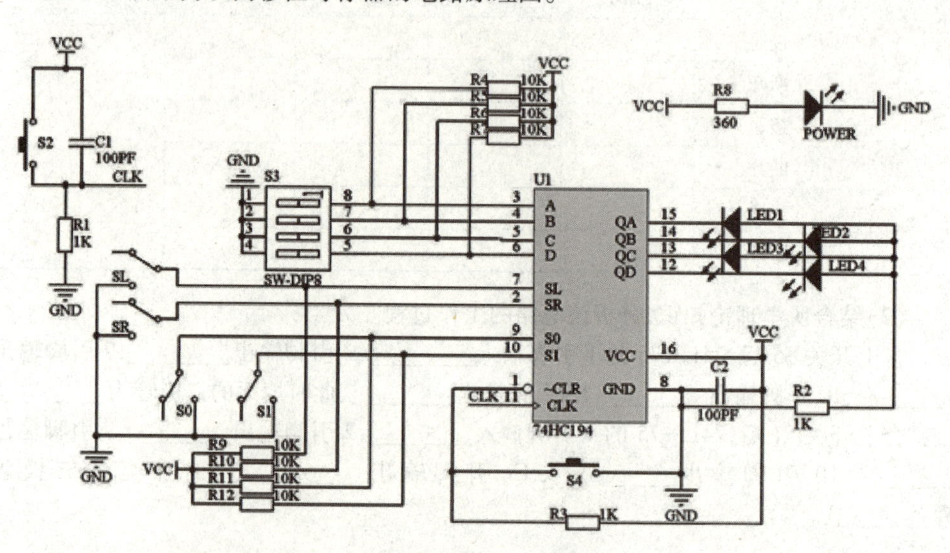

图 9.27　双向移位寄存器的电路原理图

2. 双向移位寄存器模块认知

图 9.28 所示为双向移位寄存器模块。

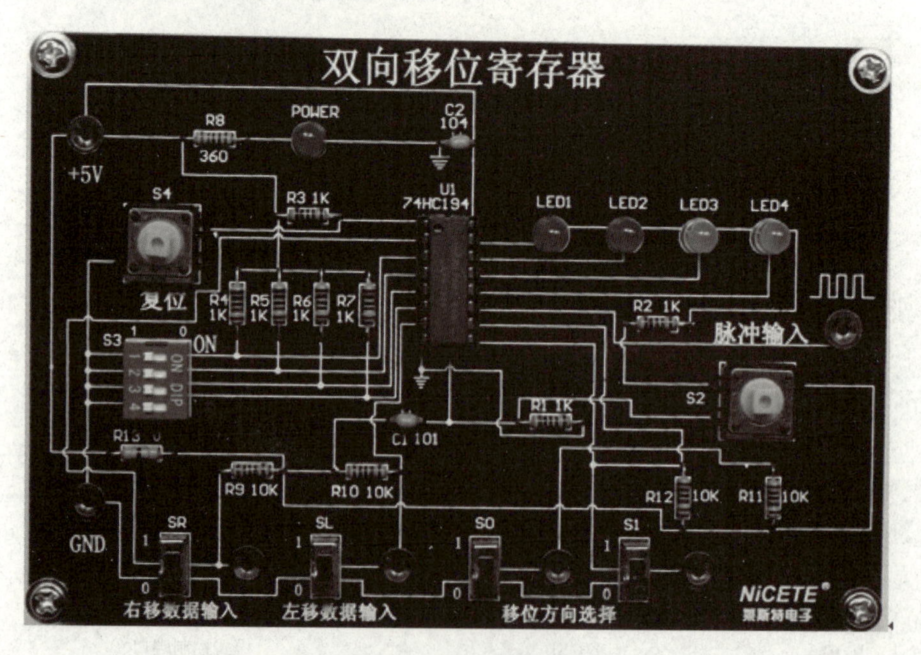

图 9.28　双向移位寄存器模块

3. 模块搭接

将双向移位寄存器的电源输入端连接到电源模块的 +5 V 输出端,将双向移位寄存

学习笔记

器模块上的4位拨码开关S2拨到ON端，左移、右移数据输入端的两个拨动开关拨动到高电平，即“1”。双向移位寄存器的接线实物图如图9.29所示。

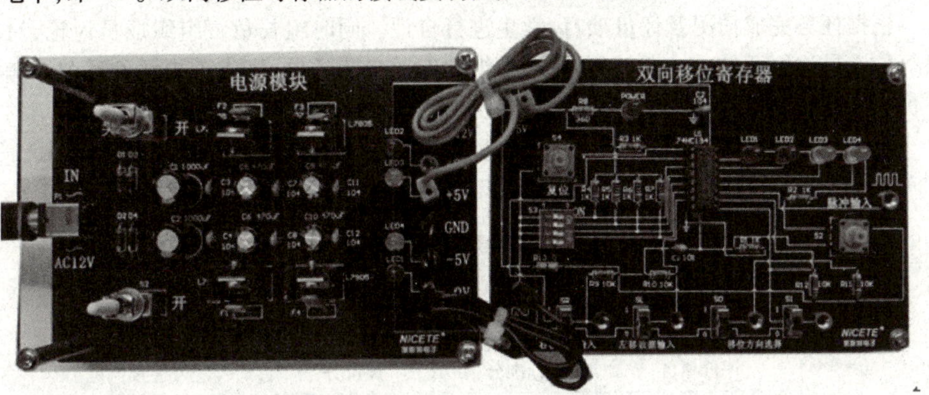

图9.29　双向移位寄存器的接线实物图

4. 电路分析与测试

74HC194具有并行输入、串行左移输入、串行右移输入的功能。

如果要选用并行输入，将左、右数据输入端分别置1，然后给74HC149芯片A、B、C、D端送数据，给CLK端一个上升沿，这样数据就被写到了输出端QD～QA。CLK相当于一个锁存信号控制，给一个上升沿，输出与输入同步；不给上升沿，输出保持。

如果要选用串行左移输入，只要设置S0＝0，S1＝1，然后给A、B、C、D端送数据（由4位拨码开关S3设置数码，即1或0的组合），串行数据送到左移输入端SL，在11引脚CLK的上升沿作用下依次由QA、QB、QC、QD方向移动，数据可以从QD串行输出，也可以由QA、QB、QC、QD并行输出。如果要取消输出数据，可以用S4置0的方式。串行右移的规律与此相似。

将观察到的实践现象填写到表9.13中。

表9.13　实践现象记录表

工作模式				输入				输出
项目	S1	S0	CLR	CP	SL	SR	DCBA	$Q_DQ_CQ_BQ_A$
异步清0								
数据保持								
同步右移								
同步左移								
同步置数								

想一想：

（1）如果用74LS194设计一个4位右移环形计数器，该如何搭建电路？

（2）如果用74LS194设计一个8分频器，该如何搭建电路？

学习笔记

考核评价

根据任务完成情况及评价项目,学生进行自评。同时组长负责组织成员讨论,对小组每位成员进行评价。结合教师评价、小组评价及自我评价,完成考核评价环节。考核评价表见表9.14。

表9.14 考核评价表

任务名称					
班级		小组编号		姓名	
小组成员	组长	组员	组员	组员	组员
自我评价	评价项目	标准分	评价分	主要问题	
	任务要求认知程度	10			
	相关知识掌握程度	15			
	专业知识应用程度	15			
	信息收集处理能力	10			
	动手操作能力	20			
	数据分析处理能力	10			
	团队合作能力	10			
	沟通表达能力	10			
	合计评分				
小组评价	专业展示能力	20			
	团队合作能力	20			
	沟通表达能力	20			
	创新能力	20			
	应急情况处理能力	20			
	合计评分				
教师评价					
总评分					
备注	总评分 = 教师评价 ×50% + 小组评价 ×30% + 自我评价 ×20%				

拓展阅读

抓住发展机遇,抢先布局先进半导体存储技术

数字经济时代,如何更好获取并利用数据这一新型生产要素已成为全球竞争的新战场。随着数据上升为国家级战略,存储作为数字世界的基石,数据存储的能力将直接影响经济社会发展的质量。从数据的生产活动出发,存储既是数据生命周期的起点,也

是终点,协同算力、网络连接能力一起为上层应用分析提供数据生产要素。三者共同构成了数字基础设施,对于构筑数字世界来说缺一不可。

当下发展存储产业该如何抓住“牛鼻子”?4月20日,在《数据存力,高质量发展的数字基石》白皮书发布仪式上,全国人大代表、华中科技大学计算机科学与技术学院院长冯丹表示,一方面要发展国家的存储产业,要把整个产业链拉通,尽量发展基于闪存的先进存储,并以此为基础构建存储设备、存储系统。另一方面,要加快部署下一代新型非易失存储等技术,包括核心技术的底层研发、技术攻关,以此来打造全球存储创新高地。

时代需要更快、更可靠和更安全的存储

人类文明的演进,就是一部数据记录与传承的历史。5000多年前,在文字出现之前,人类通过结绳记事进行信息记录与传递。3000多年前,人们将文字刻在龟甲与兽骨上记录当时的社会生活。2200多年前,造纸术的发明对人类文明的记录和传承起着重大的推进作用。随着20世纪计算机的发明,人类进入数字时代,1956年,IBM发明了世界上第一个硬盘,以硬盘为核心的磁介质很长时间一直是主流介质。

“存储产品最早起源于纸带打孔机,1956年IBM生产了第一台磁盘,容量只有3.75 Mb,但是重量达到一吨。”冯丹介绍说,“20世纪80年代提出了磁盘阵列技术,将多个独立磁盘通过控制器统一管理,让用户像用大硬盘一样方便,这就是磁盘阵列的产生。磁盘阵列已成为当前所有的数据中心,包括一些服务器后台配备的基本存储形式。”

从数据的产生、处理到最后消亡,整个数据的生命周期都离不开存储。存储是数据的载体,是整个ICT系统数据的基石。存储系统有在线存储,主要用于做各种在线的处理;另外,还有近线存储,以及用于数据长期归档备份的离线存储。

大数据时代,爆炸增长的数据一定离不开存储的支撑。用户对存储主要的诉求就是不能丢,访问的时候不能停、不能等,希望能够“一访即得”。

“不管是遭遇自然灾害,还是系统的软硬件故障、病毒入侵、人为错误等,数据都不能丢。数据丢失就会导致灾难性的后果,比如欧洲的OVH机房着火,使大量的客户数据没办法恢复。而著名的‘9·11’事件,在那两栋楼里面就有300多家公司因为数据的丢失直接关门了。还有系统的软硬件故障,如勒索病毒入侵,实际上也是让你的数据不能访问,或者是篡改你的数据。至于人为错误把数据删除掉之后导致的后果也有,比如说某上市公司的数据库被删除之后,市值蒸发超过30亿港元,赔付商家1.2亿元人民币。”因此,冯丹强调,数据是非常宝贵的资源,因而作为数据载体的存储也是非常重要的。

不难看出,数据存储是经济高质量发展的基石,数据能否“存得下、存得好”关乎数字基础设施能否“行得稳”,关乎数字经济发展能否“跑得快、跑得远”,关乎数据要素能否“接地气”,切实带来生产生活进步、促进经济社会高质量发展。在数字经济正如火如荼发展的当下,存储需要走向更快、更可靠和更安全。

发展半导体存储是趋势更是机遇

在现实应用中,数据存力以存储为核心,存储的含金量决定了数据存力的成色。

存储的物理介质目前主要有磁、光、电三种,磁从软盘、磁带到硬盘,现在用得比较多的就是硬盘。光就是CD、DVD、蓝光存储等。电就是半导体存储,包括内存条、DRAM,还有目前常用的闪存存储(NAND Flash),以及用闪存构成的固态盘等。还有下

学习笔记

一代的半导体存储正在研发和酝酿中,包括相变 PRAM、阻变 RRAM、磁阻 MRAM 等。

当前存储系统中用到的设备主要是硬盘、固态盘两种。“目前来看,硬盘已经由希捷、西数、东芝三家垄断。整个硬盘的专利有4 000 多项,其中核心专利近400 项,基本上由这些企业把持。我们国家要发展硬盘产业,目前来看是非常难的。”冯丹说,另外一种设备就是固态盘(SSD),也是当前发展的热点。固态盘是以闪存芯片 NAND Flash 为基础构成的,由于闪存盘去掉了机械结构,在容量、性能、可靠性、能耗上都显著优于机械硬盘。

从存储设备来看,固态盘代替硬盘是国际上总的发展趋势。

冯丹介绍,从技术上看,闪存固态盘相比机械硬盘优势明显:高性能、低功耗、强抗震。闪存固态盘由于用的是 NAND Flash 芯片,延迟在 100 微秒左右,最大的 IOPS 可以达到 150 万量级,由于没有机械操作,抗震能力比硬盘更强。

从价格上看,闪存固态盘和机械硬盘的价格差距正在逐步缩小。2020 年—2025 年,固态盘每 GB 价格预计以 19% 的年复合增长率下降,到 2025 年,固态盘每 GB 价格会低于2.5 英寸 10 000 转的机械硬盘的价格。

因此无论是从性能、可靠性还有低功耗和价格来看,固态盘代替硬盘都成为一种发展趋势。冯丹强调,我国应准确把握这一趋势,加快先进存储产业创新升级。

“善弈者谋势,善治者谋全局”,如今国家在闪存芯片产业链上下游已经有了周密的布局,希望借助存储技术有一次革命的机会,构建好我国数字经济发展的数据基石。“要加快部署下一代存储技术,抓住存储全球发展的机遇,以此来部署创新技术、聚集人才。建议抓住固态盘代替硬盘的发展趋势,以满足大容量数据中心升级需要,打通整个产业链,从存储芯片到设备、系统,整个产业链加快新兴存储技术的升级,筑牢数字中国的基石,打造良好的国产化产业链生态。希望经过学界、产业界的共同努力,存储技术进一步得到发展,特别是在推动技术标准制定、引领技术发展等方面发挥作用。期待着存储产业发展得越来越好。”冯丹最后总结说。

[来源:人民邮电报(记者　徐勇)]

小结

(1)时序逻辑电路是数字电路中一类常用的电路,其主要特点是:在任何时刻的输出不仅和输入有关,而且还决定于电路原来的状态。为了记忆电路的状态,时序逻辑电路必须包含有存储电路。存储电路通常以触发器为基本单元电路构成。

(2)时序逻辑电路可分为同步时序和异步时序两类。它们的主要区别是,前者的所有触发器受同一时钟脉冲控制,而后者的各触发器则受不同的脉冲源控制。

(3)时序逻辑电路的逻辑功能可用逻辑图、状态方程、状态表、卡诺图、状态图和时序图等 6 种方法来描述,它们在本质上是相通的,可以互相转换。

(4)时序逻辑电路的分析是由逻辑图到状态图。时序逻辑电路分析的步骤一般为:逻辑图→时钟方程、驱动方程、输出方程→状态方程→状态转换真值表→状态转换图和时序图→逻辑功能。时序逻辑电路分析包括同步和异步分析,同步时序逻辑电路分析可以不考虑时钟方程,而异步时序逻辑电路分析必须要考虑时钟控制信号,即要确定时钟方程。

(5)时序逻辑电路的设计是从功能要求到逻辑图。时序逻辑电路的设计步骤一般为:设计要求→逻辑抽象→导出状态图或状态表→状态化简→状态分配→选择触发器

→驱动方程、输出方程→逻辑图→检查电路能否自动启动。

(6)寄存器是一种常用的时序逻辑器件。寄存器分为数码寄存器和移位寄存器两种。通过移位寄存器可以构成环形计数器、扭环形计数器、分频器等。

(7)计数器也是一种简单而又常用的时序逻辑器件。计数器不仅能用于统计输入脉冲的个数,还常用于分频、定时、产生节拍脉冲等。用已有的 N 进制集成计数器产品可以构成 M(任意)进制的计数器,常用的方法有置零法和置数法,当 $M>N$ 时,首先采用级联法构成 $N \times M$(或更大)计数器,然后再用置零法和置数法构成 M 进制计数器。

自我检测题

一、填空题

1. 时序逻辑电路主要由________和________组成,时序逻辑电路输出状态的改变与________和________有关。

2. 寄存器的功能是用来暂存________进制数码,按输入数码方式的不同可分为________、________两种。

3. 按照各触发器接收________的不同,时序逻辑可分为同步时序和异步时序。在同步时序逻辑电路中,所有触发器的________端都连在一起接同一个________信号源;在异步时序逻辑电路中,不是所有触发器的________端都连在一起接同一个________信号源。

4. 由四个触发器组成的4位二进制计数器共有________个有效计数状态,其最大计数值为________。4位移位寄存器经过________个 CP 脉冲后,4位数码恰好全部移入寄存器。

5. 3.2 MHz脉冲信号经10分频后输出为________kHz,再经8分频后输出为________kHz,最后经16分频后输出为________kHz。

6. 用以暂时存放数码的数字逻辑部件称为________,根据作用不同分为________、________两大类。

7. 计数器按计数进位制,常用的有________、________计数器;按 CP 脉冲控制触发方式不同可分为________计数器和________计数器。

8. 分析时序逻辑电路时,首先要根据给出的逻辑图分别写出相应的________方程、________方程和________方程。如所分析电路属于________步时序逻辑电路,则还要写出各触发器的________方程。

9. 在________、________、________等电路中,计数器应用非常广泛。构成一个六进制计数器最少需要采用________个触发器,这时构成的电路有________个有效状态,________个无效状态。

二、判断题

1. 计数器电路必须包含具有记忆功能的器件。(　　)

2. 同步加法计数器应将低位的 Q 端与高位的 CP 端相连接。(　　)

3. 计数器只能用边沿触发的JK触发器组成。(　　)

4. 由于每个触发器有两个稳定状态,因此,存放8位二进制数码时需要4个触发器。(　　)

5. 在时钟脉冲相同的情况下,同步计数器的计数速度高于异步计数器。(　　)

学习笔记

6. 移位寄存器不仅可以存储数码，还可以用来实现数据的串行－并行转换。（ ）

7. 和异步计数器相比，同步计数器的显著优点是工作速度快。（ ）

8. 一个时序逻辑电路进入无效状态后，只要继续输入时钟脉冲，电路能回到有效状态，称为能自启动。（ ）

9. 用集成计数器构成任意进制计数器的方法有反馈归零法和反馈置数法两种。（ ）

10. 十进制计数器只有8421BCD码一种编码方式。（ ）

三、选择题

1. 下列触发器中不能用于移位寄存器的是（ ）。

A. D触发器　B. JK触发器
C. 基本RS触发　D. 负边沿触发D触发器

2. 8421BCD码二-十进制加法计数器，计数器产生进位信号前的一个状态是（ ）。

A. 1111　B. 1001　C. 0111　D. 1000

3. 下列电路中不属于时序逻辑电路的是（ ）。

A. 同步计数器　B. 数码寄存器
C. 编码器　D. 异步计数器

4. 将三个十进制计数器级联起来后成为（ ）。

A. 三十进制计数器　B. 六十进制计数器
C. 一百进制计数器　D. 一千进制计数器

5. 由上升沿D触发器构成二进制减法计数器时，最低触发器 CP 端接时钟脉冲，其他各触发器 CP 端应接（ ）。

A. 相邻低位触发器 Q 端　B. 相邻低位触发器 $\overline{Q}$ 端
C. 相邻高位触发器 Q 端　D. 相邻高位触发器 $\overline{Q}$ 端

6. 同步时序逻辑电路和异步时序逻辑电路比较，其差异在于后者（ ）。

A. 没有触发器　B. 没有稳定状态
C. 输出只与内部状态有关　D. 没有统一的时钟脉冲控制

7. 计数器在电路组成上的特点是（ ）。

A. 有 CP 输入端，无数码输入端　B. 有 CP 输入端和数码输入端
C. 无 CP 输入端，有数码输入端　D. 以上都不对

8. 按各触发器的状态转换与 CP 的关系分类，计数器可分为（ ）计数器。

A. 加法、减法和加减可逆　B. 同步和异步
C. 二、十和 M 进制　D. 以上都不对

9. 按计数器的状态变化的规律分类，计数器可分为（ ）计数器。

A. 加法、减法和加减可逆　B. 同步和异步
C. 二、十和 M 进制　D. 以上都不对

10. 按计数器的进位制分类，计数器可分为（ ）计数器。

A. 加法、减法和加减可逆　B. 同步和异步

学习笔记

C. 二、十和 M 进制　　　　D. 以上都不对

11. 由两个模数分别为 M、N 的计数器级联成的计数器，其总的模数为(　　)。

A. $M+N$　　B. $M-N$　　C. $M\times N$　　D. M/N

12. 4 位二进制计数器有(　　)种计数状态。

A. 16　　B. 32　　C. 8　　D. 64

13. 利用集成计数器的同步置 0 功能构成 N 进制计数器时，写二进制代码的数是(　　)。

A. N　　B. $N-1$　　C. $2N$　　D. 2^N

14. 利用集成计数器的异步置数功能构成 N 进制计数器时，写二进制代码的数是(　　)。

A. N　　B. $N-1$　　C. $2N$　　D. 2^N

习题

9.1 由 D 触发器构成的计数器电路如图 9.30 所示，试画出各个触发器的输出波形，并说明电路的逻辑功能。

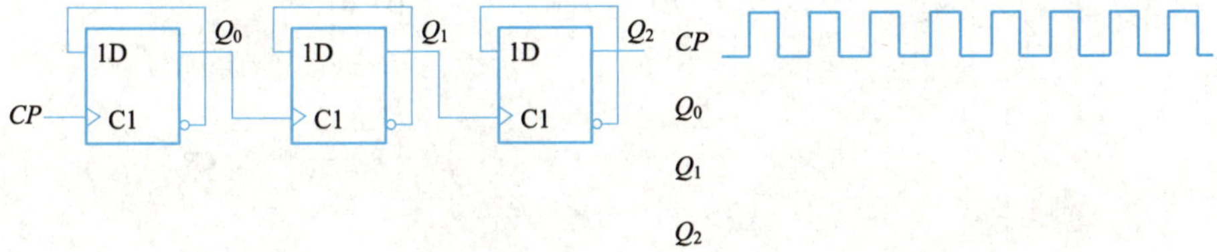

图 9.30 习题 9.1 图

9.2 图 9.31 是由三个 D 触发器组成的二进制计数器，工作前先通过 $\overline{S_D}$ (置 1 端)使电路输出呈 1111 状态。(1)按输入脉冲顺序完成表 9.15 的填写；(2)此计数器是二进制加法计数器还是减法计数器？

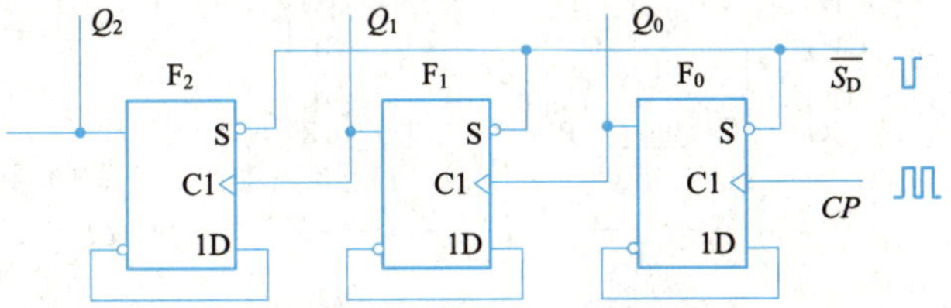

图 9.31 习题 9.2 图

表 9.15 习题 9.2 表

CP 个数	0	1	2	3	4	5	6	7	8
Q2									
Q1									
Q0									

学习笔记

9.3　试分析图 9.32 所示电路的逻辑功能。

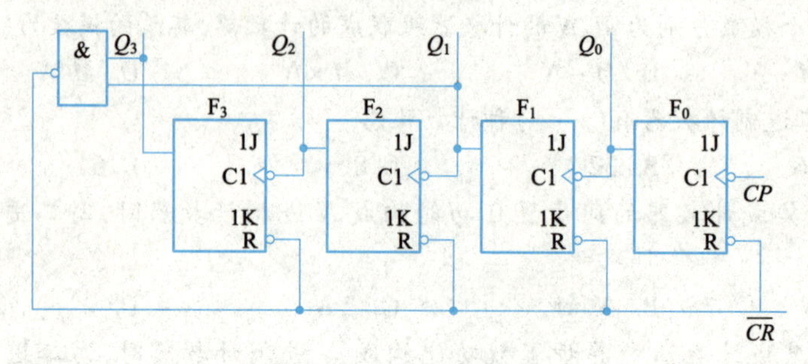

图 9.32　习题 9.3 图

9.4　参考图 9.18，试将 3 片十进制计数器 74LS160 连接成模为 1000 的计数器。

9.5　试分析图 9.33 所示时序逻辑电路的功能。

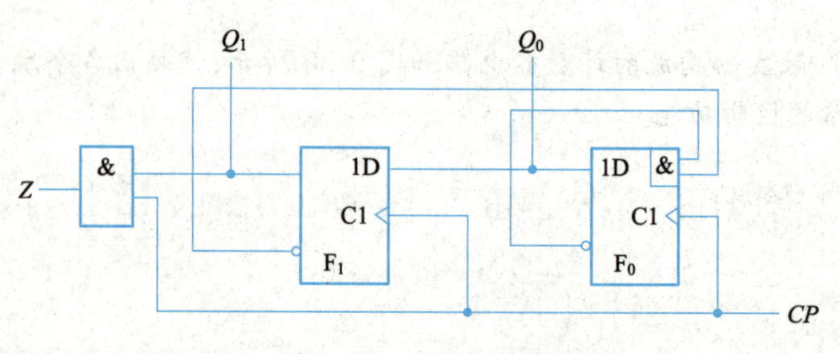

图 9.33　习题 9.5 图

9.6　分析图 9.34 所示电路，并说明是几进制计数器。

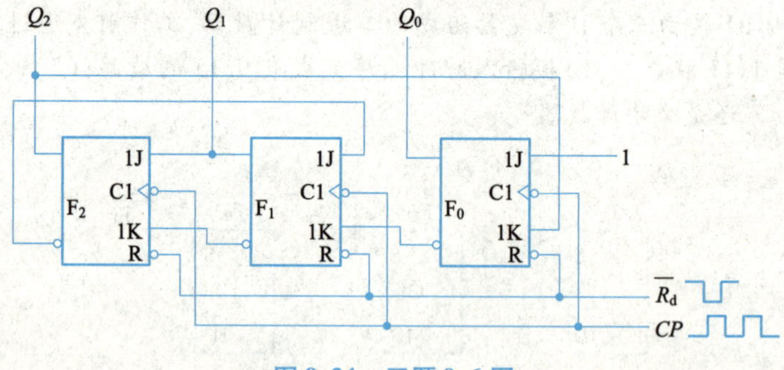

图 9.34　习题 9.6 图

9.7　试利用 74LS290 的异步清零功能设计一个七进制计数器。

9.8　试利用同步十进制加/减计数器 CT74LS192 的异步置数功能构成七进制计数器。

项目10

555定时器电路及应用

在数字系统中，常常需要各种脉冲波形，如时钟脉冲、控制过程的定时信号等。这些脉冲波形既可利用脉冲信号发生电路直接产生，还可通过对已经有信号进行变换或整形得到。555定时器是一种广泛应用的中规模集成电路，可用于实现脉冲波形的产生或整形。

学习笔记

555定时器将模拟与逻辑功能巧妙地组合在一起，配以外部元件，可以构成多种实际应用电路，具有结构简单、使用电压范围宽、工作速度快、定时精度高、驱动能力强等优点。广泛应用于产生多种波形的脉冲振荡器、检测电路、自动控制电路、家用电器以及通信产品等电子设备中。

本项目介绍555定时器电路的结构和工作原理，以及由555定时器构成施密特触发器、单稳态触发器、多稳态触发器的方法及应用。通过本项目的学习，激发学习和创新动力，提升技能和实践水平，锤炼意志品质，培育学生的工匠精神、创新意识和就业创业能力。

学习目标

(1)了解555定时器的电路结构。

(2)理解555定时器组成施密特触发器的方法和工作原理。

(3)理解555定时器组成单稳态触发器的方法和工作原理。

(4)理解555定时器组成多谐振荡器的方法和工作原理。

(5)会搭建单稳态触发电路、施密特触发器、多谐振荡器电路。

(6)会使用电子仪表仪器测试单稳态触发电路、施密特触发器、多谐振荡器电路。

(7)了解555定时器构成的施密特触发器、单稳态触发器、多稳态触发器的特点及其应用。

相关知识

一、555定时器电路

555定时器有TTL型和CMOS型，它们的电路结构、工作原理和逻辑功能基本相同。

TTL 型定时器具有较大的驱动能力，CMOS 型定时器具有较低的功耗和较高的输入阻抗。

（一）555 定时器的电路结构

图 10.1 所示为 555 定时器内部电路结构和引脚图。

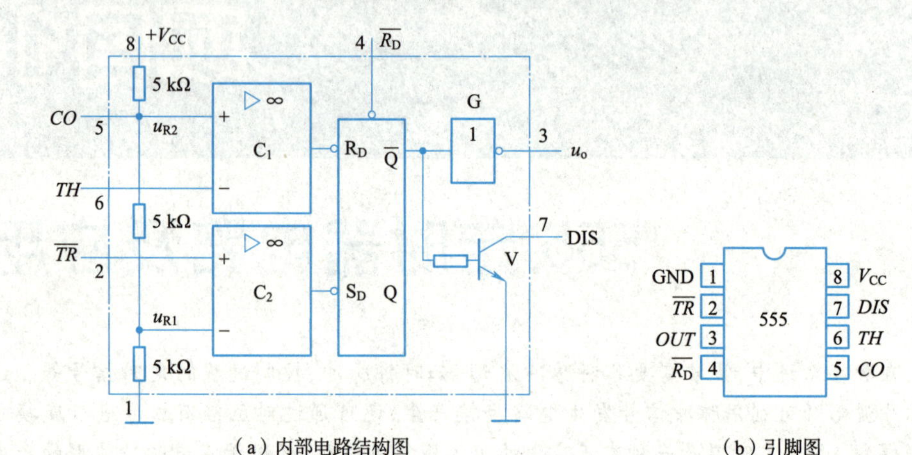

图 10.1　555 定时器内部电路结构图和引脚图

由 555 定时器引脚图可以看出，555 定时器有 8 个引脚，其中引脚 1 为接地端，引脚 2 为低电平触发端，引脚 3 为输出端，引脚 4 为复位端，引脚 5 为电压控制端，引脚 6 为阈值输入端，引脚 7 为放电端，引脚 8 为供电端。表 10.1 所示为 555 定时器的引脚功能说明。

表 10.1　555 定时器的引脚功能说明

引脚编号	引脚符号	功能说明
1	GND	接地端
2	$\overline{TR}$	触发端，当该引脚电压 $u_{\overline{TR}}<\frac{1}{3}V_{CC}$时，电路输出电压 u_O 为低电平
3	OUT	输出端
4	$\overline{R_D}$	复位端，当该引脚与 V_{CC}相连时，定时器工作；当该引脚与地相连时，使 RS 触发器复位，输出 u_o 为低电平
5	CO	控制端，当该引脚悬空时，$u_{R1}=\frac{1}{3}V_{CC}$，$u_{R2}=\frac{2}{3}V_{CC}$；当该引脚外接电压时，可改变“阈值”和“触发”端的比较电平，不用时可通过一个小电容接地，防止电路噪声进入
6	TH	阈值输入端，当该引脚电压 $u_{TH}>\frac{2}{3}V_{CC}$时，输出 u_O 为低电平
7	DIS	放电端，内部三极管的导通与关断，可为外部 RC 回路提供放电通路
8	V_{CC}	该引脚与电路的电源电压相连

由 555 定时器内部电路结构图可知，555 定时器电路主要由电阻分压器、电压比较器、基本 RS 触发器、三极管及输出缓冲器等几部分组成。各部分的作用如下：

学习笔记

1. 电阻分压器

电阻分压器由 3 个阻值为 5 kΩ 的精密电阻组成(555 由此得名),其作用是分别为比较器 C_1、C_2 提供基准电压。悬空或外接一抗干扰电容时,电压比较器 C_1 同相输入端基准电压为 $\frac{2}{3}V_{CC}$,电压比较器 C_2 反相输入端基准电压为 $\frac{1}{3}V_{CC}$。如在控制端 *CO* 加固定电压 U_{CO},则电压比较器 C_1 同相输入端基准电压为 U_{CO},电压比较器 C_2 反相输入端基准电压为 $\frac{1}{2}U_{CO}$。当 *CO* 端不用时,一般在 *CO* 与地之间接一个 0.01 μF 的电容,防高频干扰。

2. 电压比较器

由 2 个开环状态的集成运算放大器构成 2 个高精度电压比较器 C_1 和 C_2,电压比较器 C_1 同相端输入基准电压,其反相端 *TH* 为高电平触发端,电压比较器 C_2 反相端输入基准电压,其同相端 $\overline{TR}$ 为低电平触发端。

3. 基本 RS 触发器

基本 RS 触发器的 2 个输入端分别接比较器 C_1 和 C_2 的输出,$\overline{R_D}$ 为直接置零端,触发器工作时 $\overline{R_D}$ 接高电平。

4. 三极管 V

三极管 V 作为放电开关,它的基极受基本 RS 触发器输出状态的控制。若 $Q=0$,三极管 V 的基极为高电平,三极管导通;若 $Q=1$,三极管 V 的基极为低电平,三极管截止。

5. 输出缓冲器 G

输出缓冲器 G 主要功能是提高电流驱动能力,同时还起到隔离外接负载对 555 电路的影响。

(二)555 定时器的工作原理分析

555定时器的工作原理

设 *TH* 和 $\overline{TR}$ 的输入电压分别表示为 u_{TH}、$u_{\overline{TR}}$,电压比较器 C_1、C_2 的输出分别表示为 u_{C1}、u_{C2}。下面根据图 10.1(a)分析 555 定时器的逻辑功能。

(1)当 $u_{TH}>\frac{2}{3}V_{CC}$、$u_{\overline{TR}}>\frac{1}{3}V_{CC}$ 时,比较器 C_1 和 C_2 的输出 $u_{C1}=0$、$u_{C2}=1$,基本 RS 触发器置 0,555 定时器输出 $u_O=0$,三极管 V 基极接高电平处于导通状态。

(2)当 $u_{TH}<\frac{2}{3}V_{CC}$、$u_{\overline{TR}}<\frac{1}{3}V_{CC}$ 时,比较器 C_1 和 C_2 的输出 $u_{C1}=1$、$u_{C2}=0$,基本 RS 触发器置 1,555 定时器输出 $u_O=1$,三极管 V 基极接低电平处于截止状态。

(3)当 $u_{TH}<\frac{2}{3}V_{CC}$、$u_{\overline{TR}}>\frac{1}{3}V_{CC}$ 时,比较器 C_1 和 C_2 的输出 $u_{C1}=1$、$u_{C2}=1$,基本 RS 触发器保持原状态不变,555 定时器输出 u_O 和三极管 V 状态不变。

综合上面的分析结果得到 555 定时器的功能表见表 10.2。

表 10.2　555 定时器的功能表

复位端 $\overline{R_D}$	高触发端	低触发端	*Q*	输出 *OUT*	三极管 V
0	×	×	0	0	导通
1	$>\frac{2}{3}V_{CC}$	$>\frac{1}{3}V_{CC}$	0	0	导通

学习笔记

续表

复位端$\overline{R_D}$	高触发端	低触发端	Q	输出 OUT	三极管 V
1	$<\frac{2}{3}V_{CC}$	$>\frac{1}{3}V_{CC}$	保持	不变	不变
1	$<\frac{2}{3}V_{CC}$	$<\frac{1}{3}V_{CC}$	1	1	截止

想一想：

(1)555 定时器主要由几部分组成？各组成部分的作用是什么？

(2)试简述 555 定时器的功能。

二、555 定时器构成的施密特触发器

施密特触发器是脉冲数字系统中常用的电路，可以由门电路组成，也可以是集成电路。施密特触发器能够把输入缓慢变化的电压波形变换成符合数字电路要求的矩形波。由于施密特触发器具有滞回特性，因而具有较强的抗干扰能力。下面介绍由 555 定时器构成的施密特触发器。

视频

555定时器构成的施密特触发器

(一)555 定时器构成的施密特触发器的电路结构

将 555 定时器的阈值输入端 TH 和触发输入端$\overline{TR}$连在一起，作为触发信号 u_I 的输入端，CO 端对地接一个 0.01 μF 的电容，从输出端 OUT 取输出信号 u_O。555 定时器构成的施密特触发器的电路图如图 10.2(a)所示。

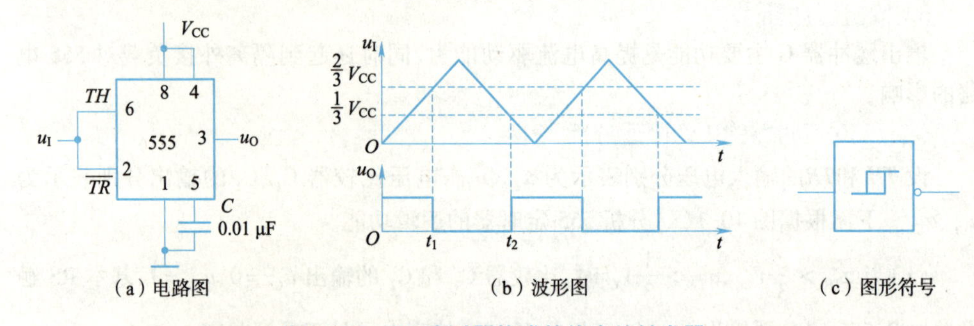

(a) 电路图　　(b) 波形图　　(c) 图形符号

图 10.2　555 定时器构成的施密特触发器

(二)555 定时器构成的施密特触发器工作原理分析

低电平触发端$\overline{TR}$比较电压为 $U_{T-}=\frac{1}{3}V_{CC}$，高电平触发端 TH 的比较电压为 $U_{T+}=\frac{2}{3}V_{CC}$。设输入端加一个幅度大于$\frac{2}{3}V_{CC}$的三角波，如图 10.2(b)所示。

(1)u_I 从 0 逐渐上升过程中，当 $u_I<\frac{1}{3}V_{CC}$时，$\overline{TR}$端有效，$Q=1$，电路输出 $u_O=1$，为高电平，处于第一稳态；当 u_I 继续上升但未超过$\frac{2}{3}V_{CC}$时，电路将保持这一状态。

(2)当 u_I 上升到超过$\frac{2}{3}V_{CC}$时，TH 端有效，$Q=0$，电路输出 $u_O=0$，为低电平，处于第二稳态。

学习笔记

(3) u_I 逐渐下降过程中，当 u_I 下降到未低于$\frac{1}{3}V_{CC}$时，将保持第二稳态不变；当 u_I 继续下降到小于$\frac{1}{3}V_{CC}$时，$\overline{TR}$端有效，电路输出 $u_O=1$，为高电平，又回到第一稳态。

由上面分析可以看出，施密特触发器属于电平触发，且有两个稳定状态。

(三) 555 定时器构成的施密特触发器的主要静态参数

1. 上限阈值电压 U_{T+}

在 u_I 上升过程中，输出电压由高电平跳变为低电平时所对应的输入电压称为上限阈值电压，$U_{T+}=\frac{2}{3}V_{CC}$。

2. 下限阈值电压 U_{T-}

在 u_I 下降过程中，输出电压由低电平跳变为高电平时所对应的输入电压值称为下限阈值电压，$U_{T-}=\frac{1}{3}V_{CC}$。

3. 回差电压 ΔU_T

把上限阈值电压与下限阈值电压的差称为回差电压，又称滞回电压，即 $\Delta U_T=U_{T+}-U_{T-}=\frac{1}{3}V_{CC}$。

如果在 CO 端接 U_{CO}时，则 $U_{T+}=U_{CO}$，$U_{T-}=\frac{1}{2}U_{CO}$，$\Delta U_T=U_{T+}-U_{T-}=\frac{1}{2}U_{CO}$。

(四) 施密特触发器的应用

1. 波形变换

利用施密特触发输入反相器可以把正弦波、三角波等变化缓慢的波形变换成矩形波，如图 10.2(b) 所示。

2. 脉冲整形

有些信号在传输过程中或放大时往往会发生畸变。通过施密特触发器电路，可对这些信号进行整形，整形波形如图 10.3(a) 所示。作为整形电路时，如果要求输出与输入相同，则可在上述施密特触发输入反相器之后再接一个反相器，如图 10.3(b) 所示。

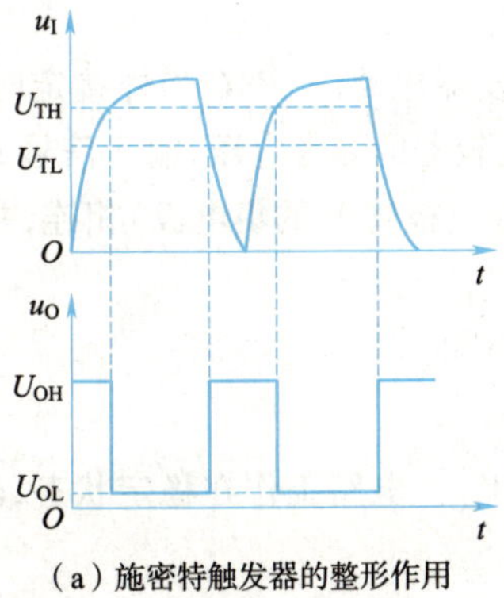

(a) 施密特触发器的整形作用 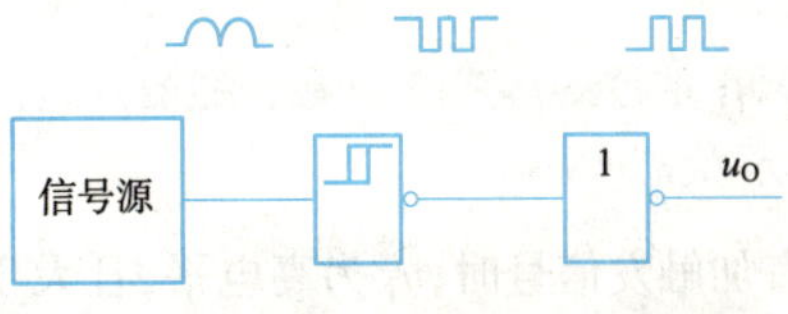　　(b) 施密特触发器输出端加反相器

图 10.3　施密特触发器对脉冲整形

学习笔记

3. 幅度鉴别

施密特触发器的翻转取决于输入信号是否大于 U_{T+} 和是否小于 U_{T-}。利用这一特点可将它作为幅度鉴别电路。如:一串幅度不等的脉冲信号输入施密特触发器,则只有那些幅度大于 U_{T+} 的信号才会在输出形成一个脉冲。而幅度小于 U_{T-} 的输入信号则被消去,如图 10.4 所示。

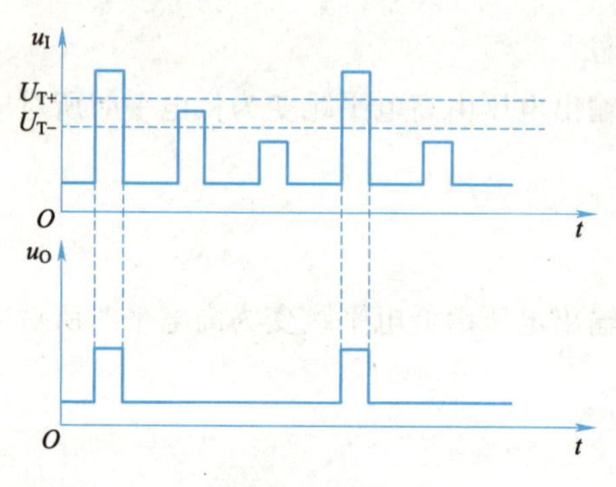

图 10.4　施密特触发器对脉冲幅度鉴别

想一想:

(1)施密特触发器的主要特点有哪些?

(2)简述由 555 定时器构成施密特触发器的方法。

(3)施密特触发器的用途有哪些?

(4)由 555 定时器构成的施密特触发器在输入控制端接 10 V 电压时,回差电压是多少伏?

三、555 定时器构成的单稳态触发器

单稳态触发器是具有一个稳定状态和一个暂稳状态的波形变换电路。在没有外界信号时,电路将保持稳定状态,在外来触发信号作用下,电路将会从原来的稳态翻转到另一个状态;但这一状态是暂时的,在经过一段时间后,电路将自动返回到原来的稳定状态。暂稳态时间的长短通常都是靠 RC 电路的充、放电过程来维持的,与触发脉冲无关。下面介绍由 555 定时器构成的单稳态触发器。

视频

555定时器构成的单稳态触发器

(一)555 定时器构成的单稳态触发器的电路结构

图 10.5(a)是由 555 定时器构成的单稳态触发器电路图,R、C 为外接定时元件,C_1 是滤波电容,防止干扰脉冲串入触发器内部影响比较器的参考电压,输入信号 u_I 加在引脚 2($\overline{TR}$端),低电平触发,引脚 6(TH 端)与引脚 7(三极管 V 的集电极)相连,并接在 R、C 之间。

(二)555 定时器构成的单稳态触发器的工作原理分析

1. 稳定状态

当没有加触发信号时,u_I 为高电平,且大于$\frac{1}{3}V_{CC}$。电路工作在稳定状态,输出保持为低电平,电容电压 $u_C=0$。

接通电源后,V_{CC} 经 R 对电容 C 充电,当 $u_C>\frac{2}{3}V_{CC}$,RS 触发器置 0,使得输出 $u_O=0$,

此时 555 定时器引脚 3 为低电平，电路处于稳定状态。这时，三极管 V 导通，电容 C 经三极管 V 放电，$u_C=0$，电路仍保持原稳定状态，输出为低电平。

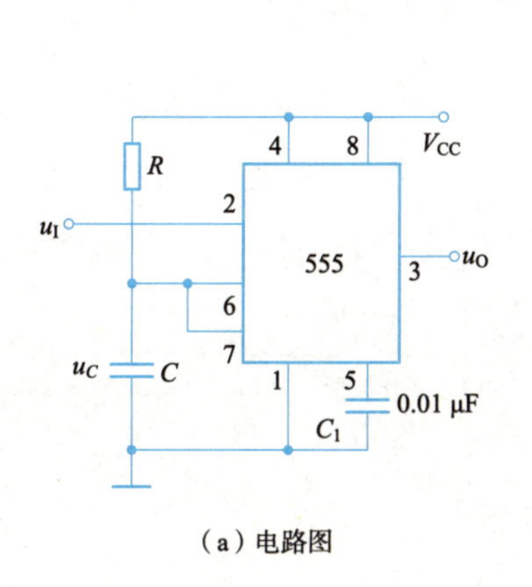

（a）电路图

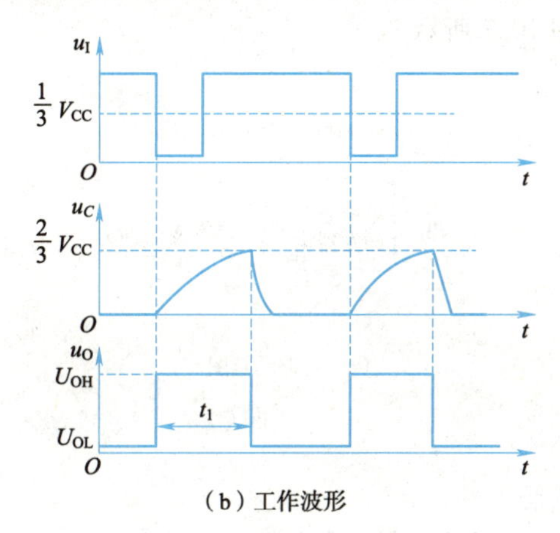

（b）工作波形

图 10.5　555 定时器构成的单稳态触发器

2. 暂稳态

当 u_I 下降沿到达，$u_I<\frac{1}{3}V_{CC}$时，触发器置 1，电路状态翻转，进入暂稳态，输出为高电平。这时，三极管截止，电源通过电阻 R 向电容 C 充电，u_C 逐渐升高，在 u_C 上升到 $u_C<\frac{2}{3}V_{CC}$前，电路保持暂稳态不变。

当 u_C 上升到 $u_C=\frac{2}{3}V_{CC}$时，输出由高电平跳变为低电平，三极管由截止变成饱和导通，电容 C 经三极管 V 放电，u_C 迅速降为 0，电路由暂稳态重新转入稳态。

到下一个触发脉冲到来时，电路重复上述过程。电路的工作波形如图 10.5（b）所示。其中输出 u_O 脉冲的持续时间 $t_1=1.1RC$，一般取 R 为 1 kΩ ~ 10 MΩ，$C>1\ 000$ pF。

由上面分析可以看出，单稳态触发器属于脉冲触发，有 1 个稳定状态和 1 个暂稳态，输出脉冲宽度可通过改变 R、C 的大小来调节。

（三）单稳态触发器的应用

1. 波形整理

通过 555 定时器单稳态电路将不规则的输入信号 u_I 整形为幅度和宽度都相同或规则的矩形脉冲波 u_O，t_p为脉冲宽度如图 10.6 所示。

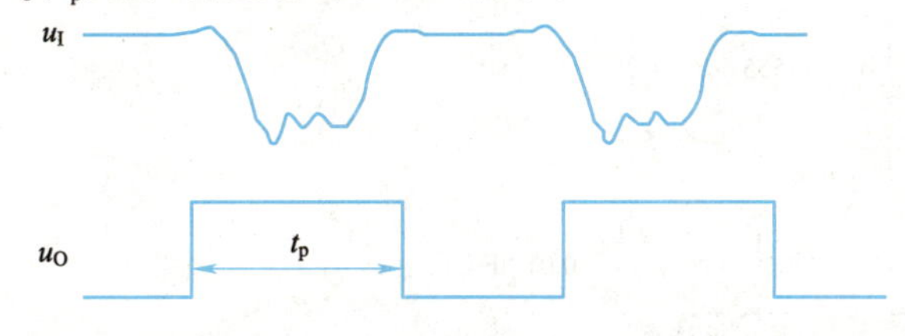

图 10.6　单稳态触发器对脉冲整形

2. 延时和定时

单稳态电路的输出信号 u_O 的下降沿总是滞后于输入信号 u_I 的下降沿，而且滞后时

学习笔记

间就是脉冲的宽度。因此,可利用这种滞后作用来达到延时的目的。利用单稳态电路输出的脉冲信号作为定时控制信号,来控制 u_A 的波形。脉冲宽度就是控制(定时)时间,如图 10.7 所示。

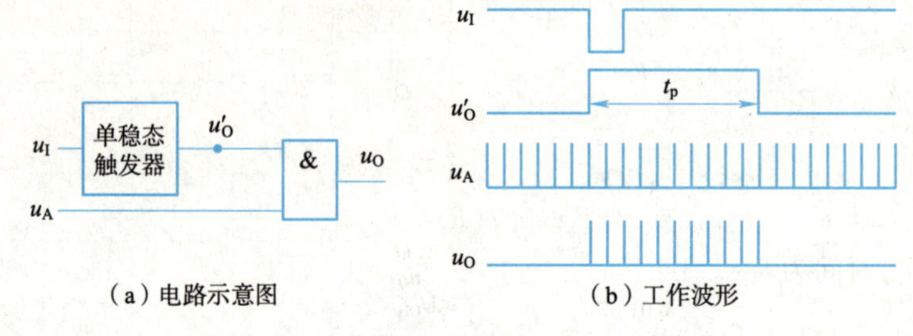

(a)电路示意图　　(b)工作波形

图 10.7　单稳态触发器用于延时和定时

想一想:

(1)单稳态触发器的特点有哪些?

(2)简述由 555 定时器构成单稳态触发器的方法。

(3)单稳态触发器有哪些用途?

四、555 定时器构成的多谐振荡器

视频

555定时器构成的多谐振荡器

多谐振荡器是一种自激振荡器,它有两个暂稳态,没有稳定状态。只要接通电源,无须外加触发信号,多谐振荡器便能自动输出一定频率和脉宽的矩形脉冲。由于矩形脉冲波含丰富的多次谐波,所以习惯上又把矩形波振荡器称为多谐振荡器。下面介绍由 555 定时器构成的多谐振荡器。

(一)555 定时器构成的多谐振荡器电路结构

图 10.8(a)是由 555 定时器构成的多谐振荡器电路图,图中 R_1、R_2、C 为外接定时元件,C_1 是滤波电容。引脚 2($\overline{TR}$端)与引脚 6(TH 端)短接在一起,由电容两端的电压控制,R_1、R_2 之间连接放电端。接通电源后不需要外加触发信号,输出端输出矩形波,其工作波形如图 10.8(b)所示。

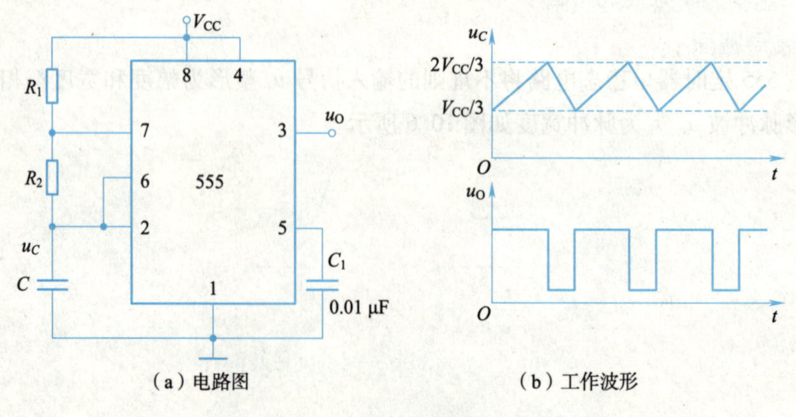

(a)电路图　　(b)工作波形

图 10.8　555 定时器构成的多谐振荡器

学习笔记

(二)555定时器构成的多谐振荡器的工作原理分析

接通 V_{CC} 后，V_{CC} 经 R_1 和 R_2 对 C 充电。当 u_C 上升到 $\frac{2}{3}V_{CC}$ 时，$u_O=0$，V 导通，C 通过 R_2 和 V 放电，u_C 下降。当 u_C 下降到 $\frac{1}{3}V_{CC}$ 时，u_O 又由 0 变为 1，V 截止，V_{CC} 又经 R_1 和 R_2 对 C 充电。如此重复上述过程，在输出端产生了连续的矩形脉冲 u_O。

在图 10.8 中，定时元件 R_1、R_2 和 C 决定了电路的充放电时间。

电容充电时间为

$$T_1=0.7(R_1+R_2)C$$

电容放电时间为

$$T_2=0.7R_2C$$

故振荡周期为 $T=T_1+T_2=0.7(R_1+2R_2)C$。

把脉冲宽度与脉冲周期之比称为占空比，一般用 q 表示，$q=\frac{T_1}{T}$。

在多谐振荡电路的实际应用中，可以用电位器来代替电路中的定时电阻，便可构成频率可调的多谐振荡器。

想一想：

(1)多谐振荡器的特点有哪些？

(2)简述由 555 定时器构成多谐振荡器的方法。

(3)多谐振荡器有什么用途？

项目实践

任务 10.1 施密特触发器的搭建与测试

(一)实践目标

(1)学会组装与调试由 555 定时器构成的施密特触发器。

(2)进一步理解由 555 定时器构成的施密特触发器的工作原理。

(二)实践设备和材料

(1)焊接工具及材料、示波器、直流稳压电源、万用表、连孔板等。

(2)所需元器件见表 10.3。

表 10.3 由 555 定时器构成的施密特触发器元器件清单

序号	名称	图号	规格	数量
1	开关	SW		1
2	发光二极管	LED1	φ5 红色	1
3	发光二极管	LED2	φ5 黄色	1
4	电阻	R1、R3	470 Ω	2
5	电阻	R2	1 kΩ	1
6	瓷片电容	C	103	1
7	电位器	RP	3296W-5K	1

学习笔记

续表

序号	名称	图号	规格	数量
8	集成块	U1	8引脚 NE555	1
9	集成块插座		DIP-8	1
10	单排针		1pin	3
11	防反接线座子、防反线		2pin	各1
12	单股导线		0.5 mm×200 mm	1
13	连孔板		8.3 cm×5.2 cm	

(三)实践过程

1. 清点与检查元器件

按表10.3所示清点元器件。对照图10.9,对元器件进行检查,看有无损坏的元器件,如果有,立即进行更换,将元器件的检测结果记录在表10.4中。

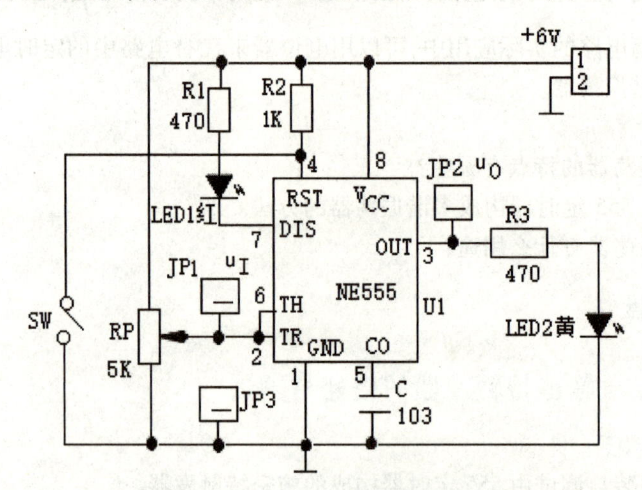

图10.9　施密特触发器电路原理图

表10.4　元器件检测记录表

序号	名称	文字符号	元器件检测结果
1	发光二极管	LED1	长引脚为________极,检测时应选用的万用表挡位是____________,红表笔接二极管________极测量时,可使它微弱发光
2	发光二极管	LED2	长引脚为________极,检测时应选用的万用表挡位是____________,红表笔接二极管________极测量时,可使它微弱发光
3	电阻	R1、R3	测量值为______________kΩ,选用的万用表挡位是________
4	电阻	R2	测量值为______________kΩ,选用的万用表挡位是________
5	瓷片电容	C	容量标称值为______________,检测质量时选用的万用表挡位是________
6	电位器	RP	测量值为______________kΩ,选用的万用表挡位是________
7	集成块	U1	型号是________

学习笔记

2. 电路搭建

(1)搭建步骤:

①按图 10.9 在印制电路板上对元器件进行合理的布局。

②按照元器件的插装顺序依次插装元器件。

③按焊接工艺要求对元器件进行焊接,直到所有元器件焊完为止。

④将元器件之间用导线进行连接。

⑤焊接电源输入线和信号输入、输出引线。

(2)搭建注意事项:

①操作平台不要放置其他器件、工具与杂物。

②操作结束后,收拾好器材和工具,清理操作平台和地面。

③插装元器件前须按工艺要求对元器件的引脚进行成形加工。

④元器件排列要整齐,布局要合理并符合工艺要求。

⑤555 芯片的引脚顺序、二极管和电解电容的正负极不要接错。

⑥不漏装、错装,不损坏元器件。

⑦焊点表面要光滑、干净,无虚焊、漏焊和桥接。

⑧正确选用合适的导线进行元器件之间的连接,同一焊点的连接导线不能超过 2 根。

(3)搭建实物图。施密特触发器电路的装接实物图如图 10.10 所示。

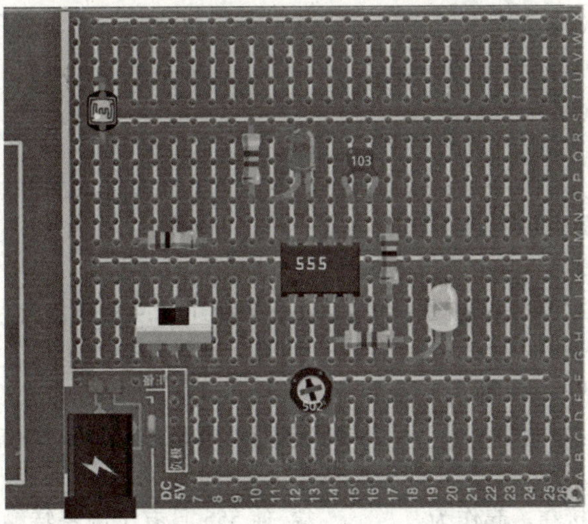

图 10.10　施密特触发器电路装接实物图

(4)电路通电及测试。装接完毕,检查无误后,用万用表测量电路的电源两端有无短路,电路正常方可接入 6 V 直流电源。在加入电源时,注意电源与电路板极性一定要连接正确。当加入电源后,观察电路有无异常现象,若有,立即断电,对电路进行检查。

通电后:

(1)开关 SW 断开状态时,调节 RP 改变输入电压,用万用表监测 2、6 和 4 引脚电压,

学习笔记

观察电路中发光二极管的状态，将结果填入表10.5中。

表10.5　测试结果记录表1

JP1端输入电压		2、6引脚电平	JP2输出电平(黄灯状态)	7引脚电平(红灯状态)	4引脚电平
0 V	0 V→2 V				
↓	2 V→4 V				
6 V	4 V→6 V				
6 V	6 V→4 V				
↓	4 V→2 V				
0 V	2 V→0 V				

红灯亮时，7引脚状态是________(0或1)，红灯不亮时，7引脚状态是________(0或1)；黄灯亮时，3引脚状态是________(0或1)，黄灯不亮时，3引脚状态是________(0或1)。

(2)开关SW闭合状态时，调节RP改变输入电压，用万用表测试2、6和4引脚电压，观察电路中发光二极管的状态，将结果填入表10.6中。

表10.6　测试结果记录表2

JP1端输入电压		2、6引脚电平	JP3输出电平(绿灯状态)	4引脚电平
0 V	0 V→2 V			
↓	2 V→4 V			
6 V	4 V→6 V			
6 V	6 V→4 V			
↓	4 V→2 V			
0 V	2 V→0 V			

表10.6中的数据说明，4引脚的功能是________。

(3)结合所学理论知识，分析电路的工作过程。

①R2、SW可改变复位端4引脚的状态：开关断开时，4引脚加________电平，3引脚的输出状态由输入端的触发电平而定；开关闭合时，4引脚加________电平，输出端复位，3引脚的输出状态被锁定为0态。

②R1、LED1是放电端________引脚状态指示电路；R3、LED2是输出端________引脚状态指示电路。

③2、6引脚短接在一起作为________端，使555具有了施密特触发器的特性，由电位器RP提供输入电压。

④对6引脚(TH)：大于$\frac{2}{3}V_{CC}$时是________电平，小于$\frac{2}{3}V_{CC}$时是________电平。对2引脚($\overline{TR}$)：大于$\frac{1}{3}V_{CC}$时是________电平，小于时$\frac{1}{3}V_{CC}$是________电平。

⑤结合图10.9，总结电路的功能并在表10.7中空白的地方填入合适的电平。(1为高电平，0为低电平)

学习笔记

表 10.7　施密特触发器电路功能表

4 引脚(RST)	输入 u_I	6 引脚(TH)	2 引脚($\overline{TR}$)	输出 u_O	7 引脚(DIS)
0	×	×	×	0(复位)	接地
1	$0\sim\frac{1}{3}V_{CC}$			1(置 1)	悬空
1	$\frac{1}{3}V_{CC}\sim\frac{2}{3}V_{CC}$			保持	保持
1	$\frac{2}{3}V_{CC}\sim V_{CC}$			0(置 0)	接地

想一想：

(1)发光二极管有极性吗？其正、负极如何目视判断？

(2)NE555 是 TTL 型还是 CMOS 型？

任务 10.2　多谐振荡器的搭建与测试

(一)实践目标

(1)学会组装与调试由 555 时基电路构成的多谐振荡器。

(2)进一步理解由 555 时基电路构成的多谐振荡器的工作原理。

(二)实践设备和材料

(1)焊接工具及材料、示波器、直流稳压电源、万用表、连孔板等。

(2)所需元器件见表 10.8。

表 10.8　由 555 定时器构成的多谐振荡器元器件清单

序号	名称	文字符号	规格	数量
1	二极管	V	1N4001	1
2	开关	SW		1
3	发光二极管	LED1	ϕ5 红色	1
4	发光二极管	LED2	ϕ5 绿色	1
5	电阻	R1	5 kΩ	1
6	电阻	R2	10 kΩ	1
7	电阻	R3	1 kΩ	1
8	电阻	R4、R5	220 Ω	2
9	电解电容	C1	10 μF/25 V	1
10	电解电容	C2	4.7 μF/25 V	1
11	瓷片电容	C3	103	1
12	电位器	RP	3296W-5K	1
13	集成块	U1	8 引脚 NE555	1
14	集成块插座		DIP-8	1
15	单排针		1pin	5
16	防反接线座子、防反线		2pin	各 1

学习笔记

续表

序号	名称	文字符号	规格	数量
17	单股导线		0.5 mm×200 mm	1
18	连孔板		8.3 cm×5.2 cm	

(三)实践过程

1. 清点与检查元器件

按表10.8所示清点元器件。对照图10.11,对元器件进行检查,看有无损坏的元器件,如果有,立即进行更换,将元器件的检测结果记录在表10.9中。

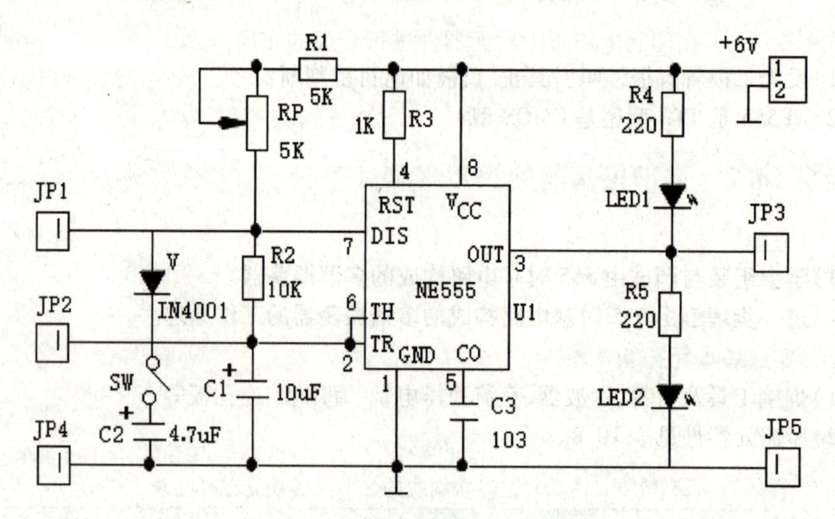

图10.11 多谐振荡器电路原理图

表10.9 元器件检测记录表

序号	名称	文字符号	元器件检测结果
1	二极管	V	检测质量时,应选用的万用表挡位是______;正向导通的那次测量中,黑表笔所接的是______极,所测得的阻值是______
2	发光二极管	LED1	长引脚为______极,检测时应选用的万用表挡位是______,红表笔接二极管______极测量时,可使它微弱发光
3	发光二极管	LED2	长引脚为______极,检测时应选用的万用表挡位是______,红表笔接二极管______极测量时,可使它微弱发光
4	电阻	R1	测量值为______kΩ,选用的万用表挡位是______
5	电阻	R2	测量值为______kΩ,选用的万用表挡位是______
6	电阻	R3	测量值为______kΩ,选用的万用表挡位是______
7	电阻	R4、R5	测量值为______kΩ,选用的万用表挡位是______
8	电解电容	C1	长引脚为______极,耐压值为______V
9	电解电容	C2	长引脚为______极,耐压值为______V

学习笔记

续表

序号	名称	文字符号	元器件检测结果
10	瓷片电容	C3	容量标称值为________________，检测质量时选用的万用表挡位是________。
11	电位器	RP	测量值为________________kΩ，选用的万用表挡位是________
12	集成块	U1	型号是________

2. 电路搭建

(1)搭建步骤：

①按图 10.11 在印制电路板上对元器件进行合理的布局。

②按照元器件的插装顺序依次插装元器件。

③按焊接工艺要求对元器件进行焊接，直到所有元器件焊完为止。

④将元器件之间用导线进行连接。

⑤焊接电源输入线和信号输入、输出引线。

(2)搭建注意事项：

①操作平台不要放置其他器件、工具与杂物。

②操作结束后，收拾好器材和工具，清理操作平台和地面。

③插装元器件前须按工艺要求对元器件的引脚进行成形加工。

④元器件排列要整齐，布局要合理并符合工艺要求。

⑤555 芯片的引脚顺序、二极管和电解电容的正负极不要接错。

⑥不漏装、错装，不损坏元器件。

⑦焊点表面要光滑、干净，无虚焊、漏焊和桥接。

⑧正确选用合适的导线进行元器件之间的连接，同一焊点的连接导线不能超过 2 根。

(3)搭建实物图。多谐振荡器电路的装接实物图如图 10.12 所示。

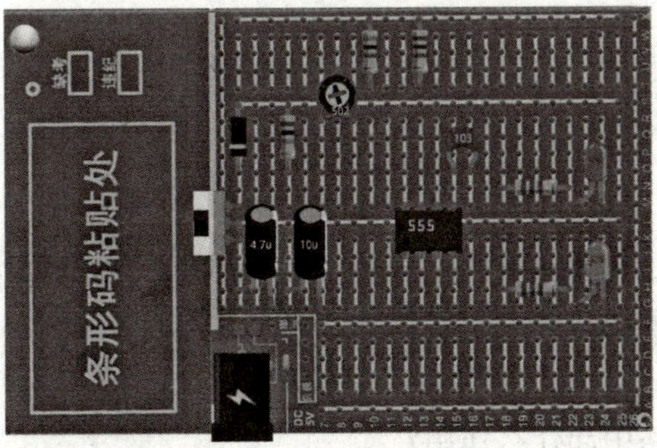

图 10.12　多谐振荡器电路装接实物图

3. 电路通电及测试

装接完毕，检查无误后，用万用表测量电路的电源两端有无短路，电路正常方可接入 6 V 直流电源。在加入电源时，注意电源与电路板极性一定要连接正确。当加入电源后，观察电路有无异常现象，若有，立即断电，对电路进行检查。

学习笔记

通电后：

(1)用万用表测集成电路4引脚的电位是________，逻辑值为________。

(2)开关SW断开，用数字双踪示波器同步测量JP2、JP3的波形，将结果填入表10.10中。

表10.10　示波器监测信号表1

项目	示波器波形	频率	峰-峰值
JP2信号			
JP3信号			

(3)开关SW闭合，C2与C1并联使用，用数字双踪示波器同步测量JP2、JP3的波形，将结果填入表10.11中。

表10.11　示波器监测信号表2

项目	示波器波形	频率	峰-峰值
JP2信号			
JP3信号			

(4)结合所学理论知识，分析电路工作过程。

断开SW：

①4引脚为复位端，电源通过R3给4引脚加________电平，不是复位状态，集成块3引脚的输出状态由输入端的触发而定。

②刚上电时，因电容C1两端电压不能突变，2、6引脚都为________电平，输出端3引脚为________电平，LED2 ________，LED1 ________。

③电源通过充电回路R1、RP及V对电容C1充电，C1两端电压逐渐升高。当C1两端电压升至大于$\frac{2}{3}V_{CC}$时，2、6引脚都为________电平，输出端3引脚为________电平，LED1 ________，LED2 ________。

④当输出端3引脚为________电平时，7引脚放电端对地接通(7引脚与3引脚关联)，充电结束，同时电容C1通过R2对7引脚放电，C1两端电压逐渐下降；当C1两端电压降至小于$\frac{1}{3}V_{CC}$时，2、6引脚都重回________电平，输出端3引脚重回________电平，LED2 ________，LED1 ________。如此不断循环，输出端3引脚不断在高、低电平之间转换，即形成矩形波信号。

想一想：

(1)电容C3在电路中起什么作用？

(2)电路中起定时作用的元件包括哪些？

考核评价

根据任务完成情况及评价项目，学生进行自评。同时组长负责组织成员讨论，对小组每位成员进行评价。结合教师评价、小组评价及自我评价，完成考核评价环节。考核评价表见表10.12。

学习笔记

表 10.12　评价考核表

任务名称					
班级		小组编号		姓名	
小组成员	组长	组员	组员	组员	组员
自我评价	评价项目	标准分	评价分	主要问题	
	任务要求认知程度	10			
	相关知识掌握程度	15			
	专业知识应用程度	15			
	信息收集处理能力	10			
	动手操作能力	20			
	数据分析处理能力	10			
	团队合作能力	10			
	沟通表达能力	10			
	合计评分				
小组评价	专业展示能力	20			
	团队合作能力	20			
	沟通表达能力	20			
	创新能力	20			
	应急情况处理能力	20			
	合计评分				
教师评价					
总评分					
备注	总评分 = 教师评价 ×50% + 小组评价 ×30% + 自我评价 ×20%				

拓展阅读

液态金属“变身”神经电极:向解密生命进发

科学家们已经证明,神经传导实际上是一种电化学的过程——神经纤维上顺序发生的电化学变化,让人类的“想法”变成了动作,让大脑能够指挥身体。那么,人类能不能模拟这种神经传导方式呢?这种尝试一旦成功,不仅能够让人们更了解生命的奥秘,更能治愈多种临床疾病。人们一直在努力寻找最合适的材料去制造最贴近生命方式的“放电”、“传导”和“探测”器件——神经电极。液态金属是一种新型材料,它的出现和不断进展,给神经电极的制备和研究带来新选择。

神经电极材料的发展,往往能够带动神经科学的进步

神经电极是一种探测神经信号的传感器件,不要小看这不起眼的电极,它的每一点改进都带来了神经科学领域的巨大进步。

学习笔记

神经电极的历史可以追溯到1786年,意大利科学家伽尔伐尼在实验室解剖青蛙时,铜和锌做成的金属弓偶然碰到了蛙腿神经,在原电池作用下产生的电流竟然使蛙腿痉挛起来。如今看来,这把金属弓恐怕就是人类最早的神经电极雏形了。

在接下来的百余年间,科学家手工制作出各种神经电极,这些早期的神经电极多采用一根细细的金属丝外部包裹着不导电的涂层,只在尖端露出一点金属来探测神经信号。正是依靠这些略显简单的神经电极,科学家们揭开了神经科学面纱的一角,弄明白了神经细胞内外有电势差,能产生动作电位来传输信息,这是神经系统能够思考和感觉的基础。

但是当科学家们把目光转移到单个神经细胞时却遇到了难以克服的困难——金属细丝电极的背景噪声过大,无法探测到微弱的单个细胞信号。

一直到第二次世界大战之后,一种意想不到的新材料——玻璃,被应用到神经电极,才极大减小了神经探测中的背景噪声。玻璃管电极发明的关键人物是一位年轻的中国留学生——凌宁。他和导师杰勒德一起开创性地把玻璃拉制成尖端仅有0.5 μm的毛细玻璃管,管内充入盐溶液导电,玻璃管后端有金属丝浸入在盐溶液中并与外电路相连,成功地探测到了清晰的单个细胞动作电位信号。玻璃管电极的发明直接催生了现代神经电生理学,细胞膜电位和膜片钳电极等几项获得诺贝尔奖的神经电生理学成果都建立在它的基础上。在玻璃管电极的帮助下,人类窥见了神经细胞内部的秘密,探测到了单个蛋白质构成的离子通道的打开和关闭,理解了神经细胞之间突触连接的细微工作机制。

随着神经研究的深入,科学家对神经细胞的群体行为越来越感兴趣,毕竟人的大脑是由数量庞大的神经细胞构成的,这就需要有通道数量足够多的神经电极来同时探测成千上万个神经细胞。20世纪60年代出现了基于半导体材料的集成电路技术,使得在很小的面积里能够容纳很多通道的神经电极,这就是集成式的神经电极阵列。

现在被广泛应用的各种多通道神经电极阵列基本上都是集成式神经电极,例如基于硅材料的密歇根电极、犹他电极和神经像素电极(neuropixels)等。它们被植入大脑和神经系统,使科学家能够同时获取成百上千个神经细胞的信号,帮助人类破解大脑思维的秘密;也能将编码的电信号发送给神经网络,治疗神经损伤和疾病,甚至替代增强神经功能。

液态金属让解决神经电极的生物相容性和工作持久性问题看到曙光

回顾近两百年来神经电极的发展历程,从金属弓、金属丝、玻璃到半导体材料,材料的更新换代推动着神经电极的进步。现代的神经科学对神经电极提出了更高的要求,不仅需要在背景噪声和通道数量等方面继续提升,也更注重生物相容性和在体工作持久性等方面的性能。

一直以来,让神经科学家们感到苦恼的是,无论神经科学研究还是神经疾病的治疗都需要神经电极尽可能长期地待在生物体内,但这对神经电极来说是一件非常困难的事情。基于玻璃、硅和固体金属材料的神经电极大都非常坚硬,和生物体神经组织的柔软和弹性难以匹配。一方面,坚硬的神经电极很容易碰伤神经细胞;另一方面,生物体的排异反应会生长出疤痕组织包裹电极,阻碍电极与神经细胞的连接。

近年来,科学家尝试使用各种柔性的材料来制作电极,以便减小神经电极的组织伤害,延长神经电极的工作寿命。

对于外周神经电极来说,对材料的柔性和弹性的要求就更高了——外周神经电极能够与生物外周神经束形成连接,获取神经信号或对神经进行刺激,广泛应用于神经科学研究、神经疾病治疗、神经假体和神经接口等领域。外周神经每天都会随着身体的日常运动而产生大量的伸缩扭曲变形,理想的外周神经电极也应该具有像人体神经一样优异的柔性和弹性,才能跟随身体运动而始终稳定无损地工作。但是现有的外周神经电极还无法达到这么高的柔性和弹性要求。采用铂、铱、钛、钨等固态金属材料制备的外周神经电极很难进行大幅度的伸缩变形,这阻碍了外周神经电极的长期科学研究和临床医疗应用。

为了解决这些问题,科学家们把目光投向了液态金属。

液态金属,顾名思义,指的是在室温附近呈液态的金属,也称低熔点金属,如镓基、铋基金属及其合金。此类材料因安全无毒,性能卓越独特,正成为异军突起的革命性材料。其他如汞、铯、钠钾合金等虽在常温下也处于液态,但因毒性、放射性及危险性等因素,在应用上受到很大限制。

镓的熔点很低且沸点很高(达2 204 ℃),在空气中比较稳定,蒸汽压也很低。基于镓的金属合金材料,如镓铟合金、镓铟锡合金等,熔点比单一成分的金属单质更低,因而可配得室温下呈液态的金属合金。最常使用的是EGaIn(镓铟合金)和Galinstan(镓铟锡合金),EGaIn的配比为镓75.5%、铟24.5%(重量比),熔点为15.5 ℃;Galinstan则由68.5%的镓、21.5%铟和10.0%的锡构成,熔点为10.5 ℃。

镓早在100多年前就被发现,以往主要以化合物方式得到应用,如氮化镓、砷化镓、磷化镓等,均是经典的半导体材料。镓基液态金属材料真正的普及化研究和应用大概是近20年的事,得益于国内外学者特别是中国科学家团队在基础探索与工业化实践方面的大量开创性努力和推动,液态金属的基础与应用研究已从最初的冷门,发展成当前备受国际广泛瞩目的重大科技前沿和热点,在能源、电子、先进制造、生命健康以及柔性智能机器等领域产生了广泛的影响。

例如,将液态金属作为流体散热介质,其换热系数远高于现有液冷技术;通过液态金属印刷电子技术可以实现柔性电路的制备;液态金属3D打印技术可以实现各种电子电路功能器件的快速成型;基于液态金属材料的柔性传感器和可穿戴设备已经实现了人体脉搏波动、呼吸状态等信息的实时监测;液态金属可以容易地实现固态和液态的转变,基于此理念设计的液态金属外骨骼夹具已经得到了临床应用。

在液态金属神经电极的研究中,中国科学家已经走到国际前沿

中国科学院理化技术研究所和北京理工大学的科研人员将液态金属材料引入外周神经电极制造领域,使外周神经电极的柔性和生物相容性取得了突破性的提高,初步显示了液态金属外周神经电极在探测、增强甚至替代生物外周神经功能领域的巨大潜力。

液态金属材料兼具流体的流动性和金属的导电性,与其他柔性的绝缘材料如硅橡胶结合,可以用来制作柔性、可拉伸的外周神经电极。中国科学家们用镓铟锡合金和人体硅胶材料制备的液态金属外周神经电极具有良好的可拉伸性和可扭转性,其弹性模量仅为铂的十万分到百万分之一、与硅橡胶及一些典型的柔性生物组织如骨骼肌和皮肤相近,这将有助于减少电极植入后对生物组织造成的机械损伤。液态金属外周神经电极还具备良好的导电性,其电导率远远高于导电水凝胶、离子液体和导电聚合物PEDOT:PSS,并与铂处于同一数量级。由于液态金属具有室温液态的特性,在拉伸后也

学习笔记

能保持出色的导电性,这是铂等刚性电极所不具备的优势,由此制成的液态金属外周神经电极能够适应生物体的反复拉伸或扭曲等姿态变化,同时仍能保持高信噪比神经信号的稳定有效双向传输。

液态金属神经电极在动物实验中取得了良好的效果。实验中,科学家们将液态金属外周神经电极植入到大鼠体内,在体植入的电极不仅经受了大鼠自由运动状态下的反复拉伸,还始终保持了运动和感觉神经信息在电极内双向传输的能力。液态金属电极不仅能够同步采集大鼠在跑台上模拟人类行走过程中的坐骨神经信号,还成功地把模拟神经脉冲电信号传输给自由状态下的大鼠坐骨神经,在大鼠的躯体感觉脑区诱发出刺激事件相关脑电位,液态金属电极从坐骨神经本身也记录到刺激诱发的大量神经场电位和动作电位。以上在生物体内外的实验表明,液态金属外周神经电极不仅具备媲美外周神经的柔性和拉伸性能,而且实现了运动和感觉神经信号的长期双向传输,显示了其成为人工外周神经并替代生物外周神经功能的潜力。

应该说,液态金属外周神经电极具有广泛的应用前景,可以作为外周神经的接口器件,在神经科学、神经疾病和脑机接口等领域发挥着重要作用。未来,液态金属外周神经电极可以作为神经疾病监测设备的传感器、疾病干预设备的刺激器、脑机接口设备的信息传递媒介,甚至作为人工外周神经假体对损伤的外周神经组织进行修复、替代或增强。具有良好生物相容性和柔性的外周神经电极能够减少组织损伤和延长电极长期工作寿命,使外周神经电极跨入未来广阔的应用发展空间,推动神经疾病治疗(如神经麻痹、癫痫、帕金森氏综合征及脊髓损伤)、神经假体(如人工神经束、人工脊髓)、神经接口(如瘫痪病人神经操控设备、与神经系统连接的假肢)等多领域的技术进步。

[来源:光明日报(作者:李雷、汤戎昱,分别系中国科学院理化技术研究所副研究员,北京理工大学副研究员)]

小结

(1)555 定时器是一种用途很广的集成电路,能组成施密特触发器、单稳态触发器和多谐振荡器,还能接成各种灵活多变的其他应用电路。

(2)由 555 定时器构成的施密特触发器和单稳态触发器是常用的两种整形电路,还可以把其他形状的信号变换为数字电路中需要的连续矩形脉冲信号。

(3)由 555 定时器构成的多谐振荡器是一种可以自激振荡,自动产生矩形脉冲信号的电路。

(4)利用多谐振荡器可以直接产生符合要求的矩形脉冲信号,也可通过整形电路对已有的波形进行整形、变换,使之符合要求。这是获得脉冲信号的两种方法。

(5)施密特触发器的回差电压特性用途非常广泛,可以用它将正弦波转换为方波,用来消除信号中存在的干扰信号以及构成多谐振荡器等。

自我检测题

一、填空题

1. 矩形脉冲的获得方法通常有两种:一种是________;另一种是________。
2. 占空比是________的比值。
3. 施密特触发器具有________现象;单稳态触发器只有________个稳定状态。

4. 在数字系统中,单稳态触发器一般可用于________、________、________功能。

5. 施密特触发器除了可作为矩形脉冲整形电路外,还可作为________、________。

6. 多谐振荡器在工作过程中不存在稳定状态,故又称________。

7. 单稳态触发器的工作原理是:没有触发信号时,电路处于一种________;外加触发信号时,电路由________翻转到________。电容充电,时电路由________自动返回至________。

二、判断题

1. 多谐振荡器没有稳定状态,只有两个暂稳态。 (　　)
2. 脉冲宽度与脉冲周期的比值和为占空比。 (　　)
3. 施密特触发器可用于将三角波变换为正弦波。 (　　)
4. 施密特触发器有两个稳态。 (　　)
5. 施密特触发器可将输入的任意波变换为矩形脉冲输出。 (　　)
6. 555定时器构成多谐振荡器,电源电压不变,减小控制电压 U_{CO} 时,振荡频率会升高。 (　　)
7. 单稳态触发器可作时钟脉冲信号源使用。 (　　)

三、选择题

1. 从下面电路中选择一个电路分别完成下列功能。

(1)存储二进制代码时,应采用(　　)。

(2)将宽度不同的脉冲信号变换为宽度相同的脉冲信号,应采用(　　)。

(3)获得时钟脉冲信号应采用(　　)。

(4)将变化缓慢的信号变换成矩形脉冲信号时,应采用(　　)。

A. 施密特触发器　　B. 单稳态触发器

C. 多谐振荡器　　D. D触发器

2. 单稳态触发器有(　　)个稳定状态。

A. 0　　B. 1　　C. 2　　D. 3

3. 555定时器不可以组成(　　)。

A. 多谐振荡器　　B. 单稳态触发器

C. 施密特触发器　　D. JK触发器

4. 用555定时器构成施密特触发器,当输入控制端CO外接10 V电压时,回差电压为(　　)。

A. 3.33 V　　B. 5 V　　C. 6.66 V　　D. 10 V

5. 下面电路中可以产生脉冲定时的是(　　)。

A. 多谐振荡器　　B. 单稳态触发器

C. 施密特触发器　　D. 加法器

6. 脉冲频率 f 与脉冲周期 T 的关系是(　　)。

A. $f=T$　　B. $f=1/T$　　C. $f=T^2$　　D. $f=0.1\ T$

7. 用以将输入变化缓慢的信号接为矩形脉冲的电路是(　　)。

A. 单稳态触发器　　B. 多谐振荡器

C. 施密特触发器　　D. 加法器

8. 单稳态触发器输出脉冲宽度的时间为(　　)。

学习笔记

A. 暂稳态时间　　B. 稳态时间

C. 暂稳态时间的0.7倍　　D. 暂稳态和稳态时间之和

9. 要使555定时器构成的多谐振荡器停止振荡，应使(　　)。

A. $\overline{R_D}$接高电平　　B. $\overline{R_D}$接低电平

C. CO接高电平　　D. GND接低电平

10. 施密特触发器用于整形时，输入信号最大幅度应(　　)。

A. 大于U_{T+}　　B. 小于U_{T+}

C. 大于U_{T-}　　D. 小于U_{T-}

11. 方波的占空比是(　　)。

A. 1/2　　B. 1/3　　C. 1/4　　D. 1

12. 555定时器控制端CO不用时，通常接一电容，此电容的值约为(　　)。

A. 0.01 μF　　B. 0.1 μF　　C. 1 μF　　D. 10 μF

13. 下列各项中，施密特触发器不具备的是(　　)。

A. 具有两个稳态　　B. 有回差电压

C. 电平触发　　D. 两个状态可自动转换

14. 只有暂稳态的电路是(　　)。

A. 多谐振荡器　　B. 单稳态触发器

C. 施密特触发器　　D. 定时器

习题

10.1　图10.13是占空比可调的方波发生器，试简单说明其工作过程。

10.2　555定时器应用广泛，图10.14所示电路的名称是什么？有什么基本功能？

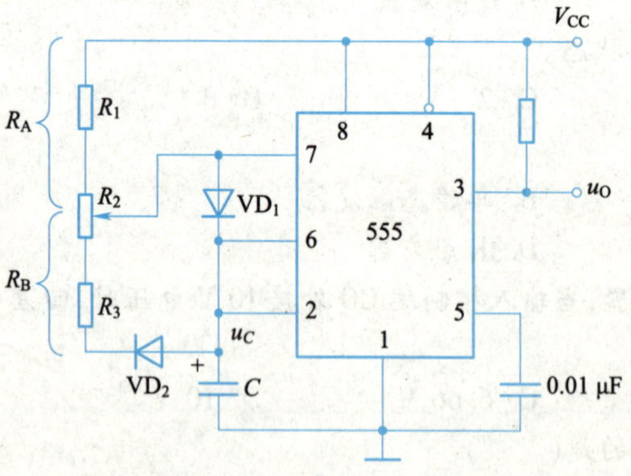

图10.13　习题10.1图

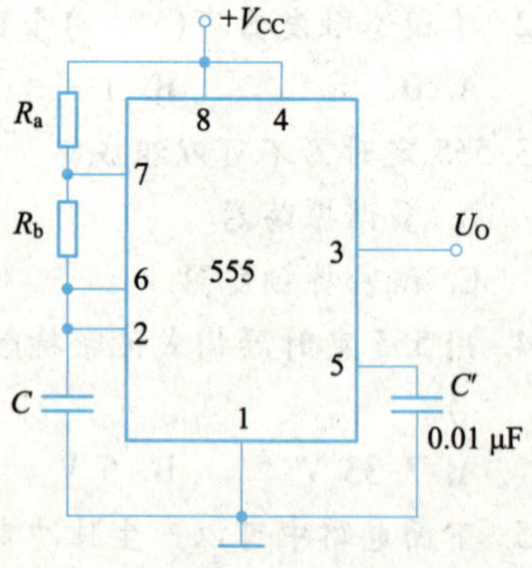

图10.14　习题10.2图

10.3　在由555定时器构成的施密特触发器中，当直接置0端R_D被误接到低电平时，会造成什么结果？

10.4　在由555定时器构成的单稳态触发器中，若RC定时电路中的电容C失效时，会产生什么结果？

附录 A　图形符号对照表

图形符号对照表见表 A. 1。

表 A. 1　图形符号对照表

序号	名称	国家标准中的画法	软件中的画法
1	发光二极管		
2	二极管		
3	电阻		
4	按钮开关		
5	接地		
6	与非门	&	
7	非门	1	

参 考 文 献

[1] 周鹏. 电工电子技术基础[M]. 北京：机械工业出版社，2021.

[2] 陶晋宜，李凤霞，任鸿秋. 基于 Multisim 的电工电子技术[M]. 北京：机械工业出版社，2021.

[3] 曾令琴，陈维克. 电子技术基础[M]. 北京：人民邮电出版社，2019.

[4] 周良权，方向乔. 数字电子技术基础[M]. 北京：高等教育出版社，2014 年.

[5] 徐超明，李珍. 电子技术项目教程[M]. 2 版. 北京：北京大学出版社，2016.

[6] 吕国泰，白明友. 电子技术[M]. 4 版. 北京：高等教育出版社，2015.

[7] 杨志忠. 数字电子技术[M]. 4 版. 北京：高等教育出版社，2014.

[8] 余红娟. 数字电子技术[M]. 北京：高等教育出版社，2013.

[9] 侯志勋，卜新华，张志平. 电路与电子技术简明教程：修订版[M]. 北京：北京邮电大学出版社，2007.

[10] 赵景波，逄锦梅. 电子技术[M]. 2 版. 北京：人民邮电出版社，2015.

[11] 黄军辉，冯文希. 电子技术[M]. 4 版. 北京：人民邮电出版社，2021.